高等院校土建类教材系列

结构试验

马永欣　郑山锁　编著

科学出版社
北京

内 容 简 介

本书是根据土木工程专业教学要求编写的，主要内容包括：结构试验的工作程序；制定试验方案的准则；试验结构的设计原理，模型试验；静力、动力试验荷载的模拟再现技术与试验全过程；各类结构性能参数的量测技术；服役结构可靠性鉴定方法；测量误差分析与试验数据处理。

本书可供从事结构试验的工程技术人员和高等院校土建类专业师生参考。

图书在版编目(CIP)数据

结构试验/马永欣，郑山锁编著. —北京：科学出版社，2001
(高等院校土建类教材系列)
ISBN 978-7-03-009543-5

Ⅰ. 结… Ⅱ. ①马…②郑… Ⅲ. 建筑结构-结构试验-高等学校-教材 Ⅳ. TU317

中国版本图书馆 CIP 数据核字(2001)第 054098 号

责任编辑：佘 江 / 责任印制：徐晓晨

科学出版社 出版
北京东黄城根北街 16 号
邮政编码：100717
http://www.sciencep.com
北京虎彩文化传播有限公司 印刷
科学出版社发行 各地新华书店经销
*
2001年8月第 一 版 开本: B5(720×1000)
2021年8月第十四次印刷 印张:19 1/4
字数:366 000
定价：69.00 元
(如有印装质量问题，我社负责调换)

序

结构试验是一门试验科学和技术，是研究和发展土木工程结构新材料、新结构、新施 工工艺以及检验结构计算分析和设计理论的重要手段，在土木工程结构科学研究和技术创新等方面起着重要作用。目前，结构试验已成为土木工程专业学生必修的一门专业基础课程。但由于试验设备缺乏，教学经费不足等，这门课的教学质量往往得不到保证。在教材建设方面，与土木工程结构的基他专业课程相比较，不同特色的教材似乎偏少。因此，本书作者在他们已有教材的基础上，考虑到仪器设备的更新和试验技术的改进，撰写了这本教材是很有意义的。

本书两位作者近 20 年来一直从事结构工程与工程抗震方面的教学、试验、研究，以及建(构)筑物、设备的抗震和可靠性检测鉴定、加固设计和震害预测工作。本书是作者在教学和工程实践中，学习、使用国内外先进结构试验技术的基础上，结合他们在结构试验技术，尤其在结构无损检测技术和模型试验方面的研究成果，并根据土木工程专业本科生和硕士研究生的教学要求而编著的。本书的特点是：内容全面、系统、精炼，包括本科生和硕士研究生两部分教学内容，且相对独立；以结构试验的基本理论和基础知识为重点，注意理论与实践相结合，主要章节附有详细的应用实例或试验示例，便于读者理解和掌握结构试验的基本方法与技能。希望读者能够从本书的学习中受益。

俞茂宏

2001 年 5 月于西安交通大学

前　言

本书是根据土木工程专业教学要求编写的。本书以结构试验的基本理论和基础知识为重点，注重理论与实践相结合，能使读者全面地掌握结构试验的基本方法与技能，以适应土木工程结构设计、施工、检测鉴定和科学研究工作的需要。

在本书编写过程中参考了傅恒菁教授主编的高等学校教学用书《建筑结构试验》，并特别注意到了土木工程结构试验领域的新发展，对我国近年来在结构试验方面新的研究成果与先进技术、仪器也作了充分介绍。本书在内容的编排上，既注重全书的系统性，又考虑到每一章节的相对独立性，以便于读者学习。

参加本书编写的人员有：马永欣（绪言、第一章至第四章、第六章、第九章），郑山锁（第五章、第七章、第八章）。全书由傅恒菁主审。

限于编者的水平，书中难免有错误和不足之处，欢迎读者批评指正。

目　　录

绪　论

土木工程结构是由工程材料构成的不同类型的承重构件(梁、板、柱等)相互连接的组合体,在一定的经济条件制约下,要求结构在规定的使用期限内、规定的条件下安全有效地承受外部及内部形成的各种作用,以满足结构在功能及使用上的要求。为了达到这个目的,要求设计者必须综合考虑结构在整个生命周期内如何适应可能产生的各种风险,如在建造阶段可能产生的各种施工荷载,正常使用阶段来自各式各样的外界活动,特别是自然和人为的灾害,以及老化阶段出现的各种损伤的积累和正常抗力的丧失等。为此,工程技术人员为了进行合理的设计,必须掌握在各种作用下结构的实际应力分布和工作状态,了解结构构件实际所具有的强度和安全储备以及刚度、抗裂性能等。

结构试验是研究和发展土木工程结构新材料、新体系、新施工工艺以及探索结构计算分析、设计理论的重要手段,在土木工程结构科学研究和技术创新等方面起着重要作用。

结构试验是结构工程专业的一门技术基础课程。它研究的主要内容有:结构静力试验和动力试验的加载模拟技术,结构变形(应变)的量测技术,试验数据的采集与处理技术,以及对试验对象进行理论分析或技术评价。

我国结构试验发展的初期,主要是为了适应国民经济恢复时期的需要,对一些改建和扩建工程进行现场静力试验。例如,鞍山钢铁公司旧厂房改造扩建工程、黄河铁桥加固工程等,通过现场静载试验,为改建扩建及加固处理提供了科学依据,并为结构试验的发展积累了宝贵经验。

随着经济和科学技术的发展,人们从不同角度对土木工程结构提出了更高的要求,促进了结构试验技术的发展,也为土木工程结构计算设计理论的发展和工程应用提供了可靠依据,所以说结构试验是土木工程领域科学研究不可缺少的一种技术手段。对此我国在不同时期进行的大型结构试验可以充分说明。

1953 年,长春市对 25.3m 高的输电铁塔进行了原型结构的检验性试验。当时由于试验手段落后,加载设备是用吊盘内装铁块作垂直荷载,水平荷载是用人工铰车施加,铁塔主要杆件的应变当时只能用机械式杠杆引伸仪量测,铁塔的水平变位则用经纬仪观测。1957 年,我国对武汉长江大桥全面地进行了静载和动载试验,它是我国建桥史上第一次进行的以工程验收为目的的结构试验。

20 世纪 70 年代以后,结构试验日益成为人们研究结构新体系不可缺少的手段。从确定结构材料的物理力学性能,到验证各种结构构件的受力特点和破坏特征,直至建立一个结构体系的计算理论,都是建立在试验研究的基础上。例如,对上海市体育馆及南京市五台山体育馆等建筑所进行的网架结构模型试验，为建立网架结构的计算理论和模型试验理论等提供了大量实测资料。70年代我国研究出许多新结构和构件，有些目前仍然在应用。

我国结构动力试验的工作起步较晚。早期主要是由科学研究机构研制一些小型振动台和起振设备(例如用火车车架作台面的机械式振动台等)，用它们对建筑物、高炉及水坝等结构模型进行动力试验。以后又研制出了脉动测量仪，开始对新丰江、小丰满和恒山等地的大型水坝工程实地进行了脉动观察和测量。60年代以后又研制出了我国第一批工程强震加速度计。从此，为研究实际地震作用下的结构性能开辟了新领域。由于我国是地震带分布很广的国家(据统计全国$\frac{2}{3}$以上的省都有七度以上的地震史)，地震是土木工程结构的一个重要灾害源，我国曾进行过各种结构的抗震试验和减震试验，如钢筋混凝土框架、剪力墙等结构的抗震性能试验，砖砌体和砌块结构以及底层框架砖混结构的抗震性能试验。在野外进行的规模较大的足尺房屋抗震性能破坏性试验就有十多次。例如1973年北京进行了装配整体式框架结构(两层、一开间)抗震试验，1978年兰州进行了粉煤灰密实砌块结构(五层、三开间)抗震试验，1979年上海进行了中型砌块结构的抗震试验等。此外，结构模型的抗震拟动力试验和振动台试验近年来也日益增多，如1982年中国建筑科学研究院对12层轻板框架结构模型进行的抗震试验，1991年西安建筑科技大学对混合结构(空心砖)模型(六层、二开间)进行的抗震试验，1997年西安建筑科技大学进行的底层框架上托砖混结构房屋的结构模型和振动台 抗震性能试验等，为研究发展抗震计算分析理论和指导工程应用提供了十分丰富的试验资料。

近年来，随着自动控制系统和电液伺服加载系统在结构试验中的广泛应用，从根本上改变了试验加载的技术，由过去的重力加载逐步改进为液压加载，进而过渡到低周反复加载、拟动力加载以及地震模拟随机振动台加载等。在试验数据的采集和处理方面，实现了量测数据的快速采集、自动化记录和数据自动处理分析等。尤其是计算机控制多维地震模拟振动台可以实现地震波的人工再现，模拟地面运动对结构作用的全部过程；用计算机联机的拟动力伺服加载系统可以帮助人们在静力状态下量测结构的动力反应；由计算机完成的各种数据采集和自动处理系统可以准确、及时、完整地收集并表达荷载与结构行为的各种信息。计算机也加强了人们进行结构试验的能力。

目前结构试验技术正在向智能化、模拟化方向深入发展，不断引用现代科学技术发展的新成果来解决应力、位移、裂缝、内部缺陷及振动的量测问题；正在广泛开展结构模型试验理论与方法的研究、计算机模拟试验及结构非破损试验技术的研究等。结构试验技术发展前景广阔。

在结构工程学科的发展过程中形成的由结构试验、结构理论与结构计算构成的学科结构体系中，结构试验本身也成为一门真正的试验科学。

科学实践是人们正确认识事物本质的一个源泉，可以帮助人们认识事物的内在规律。在土木工程结构工程学科中，人们为了正确认识结构的性能和不断深化这种认识，结构试验也是一种已被实践所证明的行之有效的方法。作为结构工程专业的学生，除了认真学习理论知识之外，还应努力掌握结构试验技术，提高自己动手的能力。因此，学习“结构试验”这门课程，应重视理论与实践的结合，认真掌握课程内容，以培养和提高观察事物及分析问题的能力，丰富自己的专业知识水平。

第一章 结构试验概论

§1-1 结构试验的任务和分类

1-1-1 结构试验的任务

结构在外荷载作用下，它就可能产生各种反应。钢筋混凝土简支梁在静力集中荷载作用下，通过测得梁在不同受力阶段的挠度、角变位、截面上纤维应变和裂缝宽度等参数来分析梁的整个受力过程以及结构的强度、刚度和抗裂性能。当一个框架承受水平的动力荷载作用时，同样可以从测得结构的自振频率、阻尼系数、振幅和动应变等研究结构的动力特性和结构承受动力荷载作用下的动力反应。在结构抗震研究中，经常是通过结构在承受低周反复荷载作用下，由试验所得的应力与变形关系的滞回曲线来分析抗震结构的强度、刚度、延性、刚度退化、变形能力等。

由此可见，结构试验的任务就是在结构物或试验对象（实物或模型）上，使用仪器设备和工具，以各种实验技术为手段，在荷载（重力、机械扰动力、地震力、风力……）或其他因素（温度、变形）作用下，通过量测与结构工作性能有关的各种参数（变形、挠度、应变、振幅、频率……），从强度（稳定）、刚度和抗裂性以及结构实际破坏形态来判明结构的实际工作性能，估计结构的承载能力，确定结构对使用要求的符合程度，并用以检验和发展结构的计算理论。

由结构试验的任务可知，它是以实验方式测定有关数据，由此反映结构或构件的工作性能、承载能力和相应的安全度，为结构的安全使用和设计理论的建立提供重要根据。

1-1-2 结构试验的分类

1. 根据不同的试验目的分类

一般把结构试验归纳为两大类，即生产性试验和科学研究性试验。

（1）生产性试验

这类试验经常是具有直接的生产目的，它是以实际建筑物或结构构件为试验鉴定的对象，经过试验对具体结构作出正确的技术结论。一般这类性质的试验经常用来解决以下有关的问题。

1）结构的设计和施工通过试验进行鉴定。

对于一些比较重要的结构与工程，除在设计阶段进行必要而大量的试验研究外，在实际结构建成以后，要求通过试验，综合性地鉴定其质量的可靠程度。南浦大桥、杨浦大桥建成后的荷载试验和核电站安全壳结构整体加压试验均属此例。

2）工程改建或加固，通过试验判断具体结构的实际承载能力。

对于已使用多年结构的扩建加层，由于生产需要提高吊车起重能力或由于建筑抗震需要提高抗震烈度而进行加固等，在单凭理论计算不能得到分析结论时，经常是通过试验确定这些结构的潜在能力。例如，西安建筑科技大学曾做过服役受损钢筋混凝土构件的承载能力试验研究和钢吊车梁满负荷运行时的应力、挠度试验。

3）处理工程事故，通过试验鉴定提供技术根据。

对于遭受地震、火灾、爆炸等原因而受损的结构，或是在建造和使用过程中发现有严重缺陷（施工质量事故，结构过度变形和严重开裂等）的危险性结构，也往往有必要进行详细的检验。

4）服役结构的可靠性鉴定，通过试验推断和估计结构的剩余寿命。

已建服役结构随着建造年代和使用时间的增长，结构逐渐出现不同程度的老化现象，有的到了老龄期、退化期和更换期，有的则到危险期。为了保证服役结构的安全使用，尽可能地延长它的使用寿命和防止结构破坏、倒塌等重大事故的发生，国内外对建筑物的使用寿命，特别是对使用寿命中的剩余期限，即剩余寿命特别关注。通过对已建建筑进行观察、检测和分析普查后，按可靠性鉴定规程评定结构的安全等级，由此推断其可靠性和估计其剩余寿命。可靠性鉴定大多数是采用非破损检测的试验方法。我国解放前和建国初期建成的钢铁厂，如鞍钢、武钢、太钢、本钢等的炼铁、炼钢、轧钢等厂房均进行过结构可靠性检测鉴定。

5）鉴定预制构件产品的质量。

对于在构件厂或现场成批生产的钢筋混凝土预制构件，在构件出厂或现场安装之前，必须根据科学抽样试验的原则，按照预制构件质量检验评定标准和试验规程的要求，通过少量的试件试验，以推断成批产品的质量。

（2）科学研究性试验

科学研究性试验的目的是验证结构设计计算的各种假定，发展新的设计理论，改进设计计算方法，为发展和推广新结构、新材料及新工艺提供理论与实践的依据。

1）验证结构计算理论的假定。

在结构设计中，人们经常为了计算上的方便，对结构构件的计算简图和本构关系作某些简化的假定。例如在较大跨度的钢筋混凝土结构厂房中，采用30～36m跨度竖腹杆形式的预应力钢筋混凝土空腹桁架，在设计中这类桁架的计算简图可假定为多次超静定的空腹桁架，也可按两铰拱计算，而将所有的竖杆看成是不受力的吊杆，一般这可以通过试验研究来加以验证。在构件静力和动力分析中，本构关系的模型化，则完全是通过试验加以确定的。

2）为制订设计规范提供依据。

我国现行的各种结构设计规范除了总结已有大量科学实验的成果和经验以外，为了理论和设计方法的发展，进行了大量钢筋混凝土结构、砖石结构和钢结构的梁、柱、框架、节点、墙板、砌体等实物和缩尺模型的试验，以及实体建筑物的试验研究，为我国编制各类结构设计规范提供了基本资料与试验数据。事实上现行规范采用的钢筋混凝土结构构件和砖石结构的计算理论，几乎全部是以试验研究的直接结果为基础的，这也进一步体现了结构试验学科在发展设计理论和改进设计方法上的作用。

3）为发展和推广新结构、新材料与新工艺提供实践经验。

随着土木工程结构科学和国家经济建设发展的需要，新结构、新材料和新工艺不断涌现。例如在钢筋混凝土结构中各种新钢种的应用和高强度混凝土的应用，薄壁弯曲轻型钢结构的设计推广，升板、滑模施工工艺的发展，以及大跨度结构、高层建筑与特种结构的设计施工等。但是一种新材料的应用，一个新结构的设计和新工艺的施工，往往需要经过多次的工程实践与科学试验，即由实践到认识，再由认识到实践的多次反复，从而积累资料，丰富认识，使设计计算理论不断改进和不断完善。结合我国钢材生产的特点，曾对16锰及硅钒类等钢种的原材料和使用这类钢材的结构构件做了大量的试验。在目前高层建筑的设计建设中，对筒中筒的结构体系进行了较多的试验研究。又如在升板结构与滑模施工中，通过现场实测积累了大量与施工工艺有关的数据，为发展以升带滑、滑升结合的新工艺创造了条件。

2. 以试验对象、荷载性质、试验场合、试验持续时间等不同因素进行分类

（1）真型试验和模型试验

真型试验的试验对象是实际结构（实物）或者是按实物结构足尺复制的结构或构件。对于实物试验一般均用于生产性试验，例如核电站安全壳加压整体性的试验就是一种非破坏性的现场试验。对于工业厂房结构的刚度试验、楼盖承载能力试验等均在实际结构上加载量测，另外在高层建筑上直接进行风振测试和通过环境随机振动测定结构动力特性等均属此类。在真型试验中另一类就是足尺结构或构件的试验，以往一般对构件的足尺试验做得较多，事实上试验对象就是一根梁、一块板或一榀屋架之类的实物构件，它可以在试验室内试验，也可以在现场进行。由于结构抗震研究的发展，国内外开始重视对结构整体性能的试验研究，因为通过对这类足尺结构物进行试验，可以对结构构造、各构件之间的相互作用、结构的整体刚度以及结构破坏阶段的实际工作进行全面观测了解。我国各地先后进行的装配整体式框架结构、钢筋混凝土大板、砖石结构、中型砌块、框架轻板等不同开间不同层高的足尺结构试验有许多。其中西安建筑科技大学就进行了四层空心砖房层的抗震破坏试验，通过液压同步加载器加载，比较理想地测得结构物在低周重复荷载下的恢复力特性曲线。

由于对测试要求保证精度，为了防止环境因素对试验的干扰影响，目前国外已将这类足尺结构从现场转移到结构试验室内进行试验。如日本已在室内完成了七层房屋足尺结构的抗震静力试验。近年来国内大型结构试验室的建设也已经考虑到这类试验的要求。

当进行真型结构试验由于投资大、周期长、测量精度受环境因素等影响，在物

质上或技术上存在某些困难时，人们在结构设计的方案阶段进行初步探索比较或对设计理论计算方法进行探讨研究时，可以采用比真型结构缩小的模型进行试验。

模型是仿照真型（真实结构）并按照一定比例关系复制而成的试验代表物，它具有实际结构的全部或部分特征，是尺寸比真型小得多的缩尺结构。

模型的设计制作与试验是根据相似理论，用适当的比例尺和相似材料制成与真型几何相似的试验对象，在模型上施加相似力系（或称比例荷载），使模型受力后重演真型结构的实际工作，最后按照相似理论由模型试验结果推算实际结构的工作。为此这类模型要求有比较严格的模拟条件，即要求做到几何相似、力学相似和材料相似。

由于严格的相似条件给模型设计和试验带来一定困难，在结构试验中尚有另一类型的模型，它仅是真型结构缩小几何比例尺寸的试验代表物，将该模型的试验结果与理论计算对比校核，用以研究结构的性能，验证设计假定与计算方法的正确性，并认为这些结果所证实的一般规律与计算理论可以推广到实际结构中去，这类试验就不一定要满足严格的相似条件了。正如我们在教学试验中通过钢筋混凝土结构受弯构件的小梁试验可以同样说明钢筋混凝土结构正截面的设计计算理论。

（2）静力试验和动力试验

静力试验是结构试验中量最大、最常见的基本试验，因为大部分建筑结构在工作时所承受的是静力荷载，一般可以通过重力或各种类型的加载设备来实现和满足加载要求。静力试验的加载过程是从零开始逐步递增一直到结构破坏为止，也就是在一个不长的时间段内完成试验加载的全过程，我们称它为结构静力单调加载试验。

近年来由于探索结构抗震性能，结构抗震试验无疑成为一种重要的手段。结构抗震静力试验是以静力的方式模拟地震作用的试验，它是一种控制荷载或控制变形作用于结构的周期性的反复静力荷载，为区别于一般单调加载试验，称之为低周反复静力加载试验，也有称之为伪静力试验，目前国内外结构抗震试验较多集中在这一方面。

静力试验的最大优点是加载设备相对来说比较简单，荷载可以逐步施加，还可以停下来仔细观测结构变形的发展，给人们以最明确和清晰的破坏概念。在实际工作中即使是承受动力荷载的结构在试验过程中为了了解静力荷载下的工作特性，在动力试验之前往往也先进行静力试验，如结构构件的疲劳试验就是这样。静力试验的缺点是不能反映应变速率对结构的影响，特别是在结构抗震试验中与任意一次确定性的非线性地震反应相差很远。目前在抗震静力试验中虽然发展一种计算机与加载器联机试验系统，可以弥补这一缺点，但设备耗资大大增加，而且静力试验的每个加载周期还是远远大于实际结构的基本周期。

对于在实际工作中主要承受动力作用的结构或构件，为了了解结构在动力荷载作用下的工作性能，一般要进行结构动力试验，通过动力加载设备直接对结构构件施加动力荷载。如研究厂房结构承受吊车及动力设备作用下的动力特性，吊车梁的疲劳强度与疲劳寿命问题，多层厂房由于机器设备上楼后所产生的振动影响，又如高层建筑和高耸构筑物（塔桅、烟囱）等在风载作用下的动力问题，结构抗爆炸抗冲击荷载（冲击波）的影响等。特别是结构抗震性能的研究中除了用上述静力加载模拟以外，更为理想的是直接施加动力荷载进行试验，目前抗震动力试验一般用电液伺服加载设备或地震模拟振动台等设备来进行。对于现场或野外的动力试验，利用环境随机振动试验测定结构动力特性模态参数也日益增多。另外还可以利用人工爆炸产生人工地震的方法甚至直接利用天然地震对结构进行试验。由于荷载特性的不同，动力试验的加载设备和测试手段也与静力试验有很大的差别，并且要比静力试验复杂得多。

（3）短期荷载试验和长期荷载试验

对于主要承受静力荷载的结构构件实际上荷载经常是长期作用的。但是在进行结构试验时限于试验条件、时间和基于解决问题的步骤，我们不得不大量采用短期荷载试验，即荷载从零开始施加到最后结构破坏或到某阶段进行卸荷的时间总共只有几十分钟、几小时或者几天。对于承受动荷载的结构，即使是结构的疲劳试验，则整个加载过程也仅在几天内完成，与实际工作有一定差别。对于爆炸、地震等特殊荷载作用时，整个试验加荷过程只有几秒甚至是微秒或毫秒级的时速，这种试验实际上是一种瞬态的冲击试验。所以严格地讲这种短期荷载试验不能代替长年累月进行的长期荷载试验。这种由于具体客观因素或技术的限制所产生的影响，我们在分析试验结果时就必须加以考虑。

对于研究结构在长期荷载作用下的性能，如混凝土结构的徐变，预应力结构中钢筋的松弛等就必须要进行静力荷载的长期试验。这种长期荷载试验也可称为持久试验，它将连续进行几个月或几年时间，通过试验以获得结构的变形随时间变化的规律。为了保证试验的精度，经常需要对试验环境有严格的控制，如保持恒温恒湿、防止振动影响等，当然这就必须在试验室内进行。如果能在现场对实际工作中的结构物进行系统长期的观测，则这样积累和获得的数据资料对于研究结构的实际工作，进一步完善和发展结构理论都具有极为重要的意义。

（4）试验室试验和现场试验

结构和构件的试验可以在有专门设备的试验室内进行，也可以在现场进行试验。

试验室试验由于可以获得良好的工作条件，可以应用精密和灵敏的仪器设备进行试验，具有较高的准确度。甚至可以人为的创造一个适宜的工作环境，以减少或消除各种不利因素对试验的影响，所以适宜于进行研究性试验。这样有可能突出研究的主要方面，而消除一些对试验结构实际工作有影响的次要因素。这种试验可以在真型结构上进行，也可以采用小尺寸的模型试验，并可以将结构一直试验到破坏。尤其是近年来发展足尺结构的整体试验，大型试验室为之提供了比较理想的条件。

现场试验与室内试验相比由于客观环境条件的影响，不宜使用高精度的仪器设备来进行观测，相对来看，进行试验的方法也可能比较简单粗率，所以试验精度和准确度较差。现场试验多数用以解决具体实际问题，所以试验是在生产和施工现场进行，有时研究或检验的对象就是已经使用或将要使用的结构物，它可以获得近乎完全实际工作状态下的数据资料。

§1-2 结构试验的一般程序

结构试验大致可划分为四个阶段：试验规划阶段、试验准备阶段、加载试验阶段和资料整理分析阶段。

1-2-1 试验规划阶段

试验规划是指导整个试验工作的纲领性技术文件。因而试验规划的内容应尽可能地细致和全面，规划的任何一点疏忽都可能导致试验的失败。

研究性试验的一般工作程序如图1-1所示。它反映了试验规划的主要内容。首先应根据研究课题，了解其在国内外的发展现状和前景，并通过收集和查阅有关的文献资料，确定试验研究的目的和任务；确定试验的规模和性质；在此基础上决定试件设计的主要组合参数，并根据试验设备的能力确定试件的外形和尺寸；进行试件设计及制作；确定加载方法和设计支承系统；选定量测项目及量测方法；进行设备和仪表的率定；作好材料性能试验或其他辅助试件的试验；制定试验安全防护措施；提出试验进度计划和试验技术人员分工；编写材料需用计划、经费开支及预算、试验设备、仪表及附件的清单等。

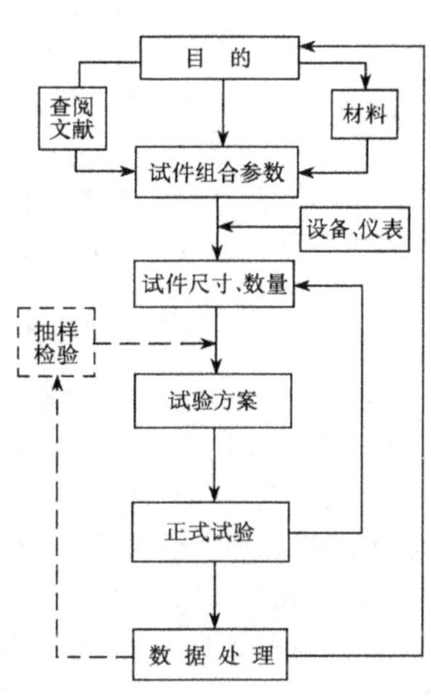

图1-1 结构试验工作程序

检验性试验的规划，因为试件往往都是某一具体结构，一般不存在试件设计和制作问题，但需要收集和研究该试件设计的原始资料、设计计算书和施工文件等，并应对构件进行实地考察，检查结构的设计和施工质量状况，最后根据检验的目的要求制订试验计划。

制订试验计划应有针对性，比如，先对试件作初步的理论计算及必要分析，这样就可以有目的地设置观测点，选取相匹配的设备和仪表，以及确定加荷程序等。

1-2-2 试验准备阶段

结构试验准备工作十分繁琐，不仅牵涉面很广，而且工作量很大，据估计准备工作约占全部试验工作量的$\frac{1}{2}\sim\frac{2}{3}$以上。试验准备阶段的工作质量直接影响到试验结果的准确程度，有时还关系到试验能否顺利进行到底。试验准备阶段控制和把握好几个主要环节(例如试件的制作和安装就位，设备仪表的安装、调试和率定等)是极为重要的。

准备阶段的工作，有些还直接与数据整理和资料分析有关(例如预埋应变片的编号和仪表的率定记录等)，为了便于事后查对，试验组织者每天都应作好工作日记。

1-2-3 加载试验阶段

对试验对象施加外荷载是整个试验工作的中心环节，参加试验的每一个工作人员都必须集中精力，各就其位，各尽其职，尽心做好本岗位工作。试验期间，一切工作都要按照试验规划规定的程序和方法进行。对试验起控制作用的重要数据，如钢筋的屈服应变 、构件的最大挠度和最大侧移、控制截面上的应变等，在试验过程中应随时整理和分析，必要时还应跟踪观察其变化情况，并与事先计算的理论数值进行比较；如有反常现象应立即查明原因，排除故障，否则不得继续加载试验。

试验过程中除认真读数记录外，必须仔细观察结构的变形，例如砌体结构和混凝土结构的裂缝出现、裂缝的走向及其宽度、破坏特征等。试件破坏后要绘制破坏特征图，有条件的可拍照或录相，作为原始资料保存，以便研究分析时使用。

1-2-4 试验资料整理分析阶段

通过试验准备和加载试验阶段，获得了大量数据和有关资料(量测数据、试验曲线、变形观察记录、破坏特征描述等)后，一般不能直接回答试验研究所提出的各类问题，必须将数据进行科学的整理、分析和计算，作到去粗取精、去伪存真，最后根据试验数据和资料编写总结试验报告。

以上各阶段的工作性质虽有差别，但它们都是互相联系又互相制约的，各阶段的工作没有明显的界限制订计划时不能只孤立地考虑某一阶段的工作，必须兼顾各个阶段工作的特点和要求，作出综合性的决策。

§1-3 试件设计

试件的型式和大小与试验的目的有关。它可以是真实结构，也可以是其中的某一部分。若把真实结构称作真型(原型)或足尺，则不论是整体或它的一部分，由于都是足尺，势必导致试验的规模很大，所需加荷设备的容量和费用会很高，制作试件的材料费、加工费也随之增加。所以当进行研究性试验时，一般都应将原型尺寸按一定的比例缩小，缩小后的试件称缩尺试件或称模型。据调查，全国各大型结构实验室所作结构试验的试件，绝大部分均为缩尺的部件，少量为整体模型试件。设计缩尺试件应根据相似理论找出其模型律，同时应尽可能根据正交设计的原理来选择设计参数。

1-3-1 试件的模型律

模型的试验结果与原型之间存在着一定的关系，这种关系称为模型律。模型律可用相似常数 C 来表示，实际工作中 C 也称为缩尺比。例如原型的线性尺寸为 L，与其对应位置的模型线性尺寸为 L_m，则其缩尺比 $C_L=\frac{L}{L_m}$，即模型的线性尺寸为原型的$\frac{1}{C_L}$。面积的缩尺比是两个方向线性尺寸的乘积，因而缩尺比为 $C_L^2=\frac{A}{A_m}$，即模型面积为原型面积的$\frac{1}{C_L^2}$。而惯性矩 I 和截面抵抗矩 W 的缩尺比分别为 $C_L^4=\frac{I}{I_m}$，$C_L^3=\frac{W}{W_m}$。

对静载试验，其荷载的相似常数为 $C_L^2=\frac{F}{F_m}$，轴向应力 σ 和剪应力 τ 的相似常数也为 C_L^2，弯矩的相似常数为 C_L^3。这时模型的应力和原型的应力相等，即

轴向应力

$$\sigma_m=\frac{N_m}{A_m}=\frac{N}{C_L^2}\cdot\frac{C_L^2}{A}=\sigma$$

剪应力

$$\tau_m=K\frac{V_m}{A_m}=K\frac{V}{C_L^2}\cdot\frac{C_L^2}{A}=\tau$$

弯曲应力

$$\sigma_m=\frac{M_m}{W_m}=\frac{M}{C_L^3}\cdot\frac{C_L^3}{W}=\sigma$$

对变形而言，当模型梁的材料和弹性模量与原型梁完全相同时，则模型梁在外力作用下的挠度为原型梁的$\frac{1}{C_L}$，因为

$$f_{m,F}=\alpha\frac{F_mL_m^3}{EI_m}=\alpha\frac{FL^3}{EI}\cdot\frac{C_L^4}{C_L^5}=\frac{1}{C_L}f_F \tag{1-1}$$

式中：$f_{m,F}$、f_F——在外荷载作用下模型梁的挠度和原型梁的挠度；

L_m、I_m——模型梁的计算跨度和截面惯性矩；

L、I、E——原型梁的计算跨度，截面惯性矩和弹性模量。

但是若要计入自重引起的挠度，则相似常数就不再是$\frac{1}{C_L}$，因为这时模型梁的总挠度由两部分组成。

由模型梁自重引起的挠度 $f_{m,G}$为

$$f_{m,G}=\beta\frac{G_mL_m^4}{EI_m}=\beta\frac{GL^4}{EI}\cdot\frac{1}{C_L^2}=\frac{1}{C_L^2}f_G \tag{1-2}$$

所以，模型的总挠度 f_m 为

$$f_m = f_{m,F} + f_{m,G} = \frac{1}{C_L} f_F + \frac{1}{C_L^2} f_G$$

$$= \frac{1}{C_L}\left(f_F + \frac{1}{C_L} f_G\right) \tag{1-3}$$

由公式(1-3)知，考虑模型梁自重对挠度的影响后，挠度的模型律变为不确定的了。为了解决此问题，可以采用改变原型与模型结构材料的弹性模量或容重等方法，但这种方法具体做起来却相当困难。因此，在实践中可以考虑对模型预先施加均布荷载以增大模型的挠度，该挠度称模型的附加挠度，用 $f_{m,d}$表示，且使得

$$f_{m,G} + f_{m,d} = \frac{1}{C_L} f_G \tag{1-4}$$

将式(1-2)代入式(1-4)，得模型梁附加挠度与自重挠度的关系为

$$f_{m,d} = f_{m,G}(C_L - 1) \tag{1-5}$$

最后的总挠度为

$$f_{m,F} + f_{m,G} + f_{m,d} = \frac{1}{C_L}(f_F + f_G) \tag{1-6}$$

由此证明，若对模型梁预加均布荷载，且使其荷载值为模型自重的(C_L-1)倍时，模型的挠度将为原型挠度的$\frac{1}{C_L}$。

按照上述关系将模型梁的变形换算为原型梁时，不论其量纲如何，均可保持原来的强度和变形关系。

1-3-2　试件的形式

试件设计的基本要求，是构造一个与实际受力相一致的应力状态。例如钢筋混凝土框架在水平力作用下，梁和柱的应力如图 1-2 所示。框架柱受有轴力 N、剪力 V 和反对称的弯矩 M。如何构造一个柱使其受这样一组力，可能的选择有表 1-1 几种方案。究竟选哪一种方案，应根据试验研究的目的和对 N、V、M 组合的要求，现有试验设备的容量和拥有的试验技术水平等条件确定。

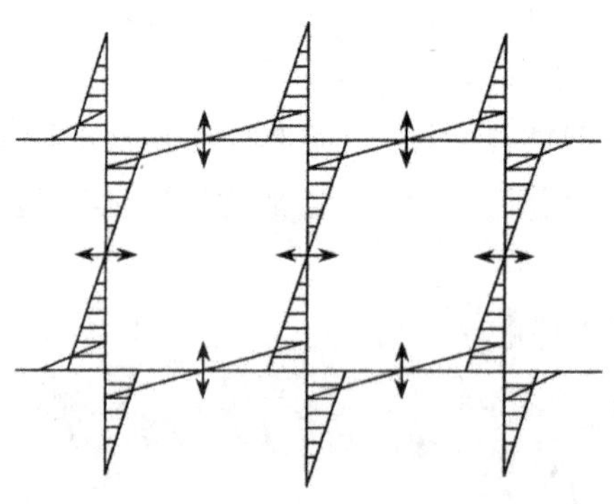

图 1-2　水平力作用下框架内力

表 1-1　框架柱型式与 N、M、V 关系

柱型式 / 力	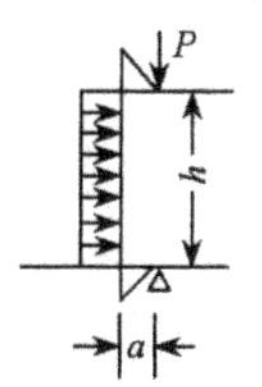	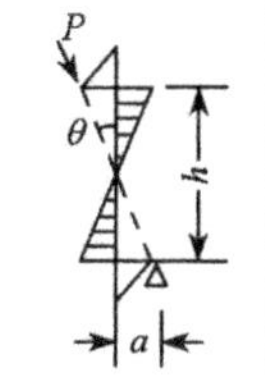	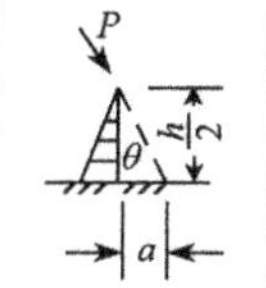	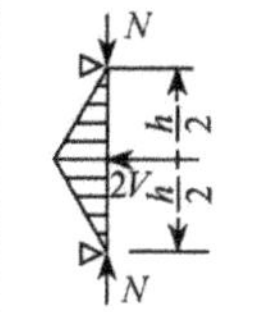	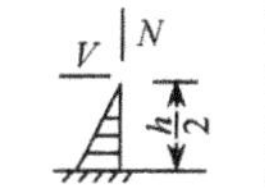	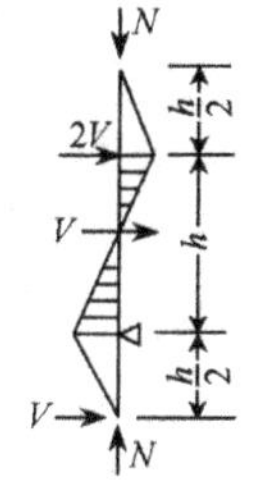
N	P	$P\cos\theta$	$P\cos\theta$	N	N	N
M	Pa	$P\dfrac{a}{2}\cos\theta$	$P\dfrac{h}{2}\sin\theta$	$\dfrac{h}{2}V$	$\dfrac{h}{2}V$	$\dfrac{h}{2}V$
V	—	$P\sin\theta$	$P\sin\theta$	V	V	V

设计试件时，还应兼顾到便于试验加载和安全试验等问题。例如为了对偏心受压柱施加偏心力，设计柱试件时应在柱的两端附设构造牛腿；为了防止柱头破坏先于柱身破坏，设计时应加强柱头的构造措施等。

1-3-3　试件数量的正交设计

为了达到试验目标，需要设计多少个试件是人们非常关注的问题。一般，试件的数量主要取决于测试参数的多少，测试参数多则试件数量大。若能采用科学方法(正交设计)进行设计，则可以减少试件数量而满足试验目标要求。

当试验目标是研究柱子强度时，应考虑若干对柱子强度起控制作用的参数，比如混凝土抗压强度、配筋率、轴压比和偏心距等。这些参数在正交设计中叫作主要分析因子，分析因子的数目用 1，2，3，…，n 表示，对每一个分析因子又考虑几种状态(比如混凝土的不同强度等级)，这种状态在正交设计中叫作水平数。水平数也用 1，2，3，…，n 表示。试验目标是要获得各种参数和相应的各种状态对试验目标的影响，因此必须把各种因子和水平组合起来。其组合方法之一，是按单因素考虑，比如影响混凝土强度的主要因素有水泥标号和水灰比，按单因素组合时，应该将这两个因素的所有水平一一搭配起来，逐组轮换全面进行试验，然后才能从中选出最佳方案。依此法进行试验，试件的数量相当多(如表 1-2 所示)。如当水平数为 4，因子由 2 增加到 3 时，试件数目将从 $4^2=16$ 个增加到 $4^3=64$ 个；5 个因子则将作 $4^5=1024$ 个试验；10 个因子就要作 $4^{10}=1048576$ 次试验。显然试件数量已大到不可接受的程度，因而，设计试件必须严格控制主要参数的数量。这种组合方式的缺点是工作量仍然相当大，且试验结果不一定就是最理想的。如能采用另一种组合方式(多因素组合)，即将参数组合和试验结果合并一起考虑，一方面使组合出来的试件数量少，同时还能提供丰富的试验数据和有用信息，最终得出全面的试验结论。这种组合方式叫正交设计。

表 1-2　试件组合数目

水平＼因子	1	2	3	4	5
2	2	4	8	16	32
3	3	9	27	81	243
4	4	16	64	256	1024
5	5	25	125	625	3125

正交设计是一种科学安排试验方案(试件设计方案)和分析试验结果的有效方法。它是通过一套特殊的表格(正交表)设计试件,从而分析影响试件质量指标的主要因素和次要因素,为选取最佳参数提供依据。由于正交设计把试验结果和试件数量联系在一起分析,所以能够合理安排试验。

正交表如表 1-3、表 1-4 所示。$L_9(3^4)$表示有 4 个因子,每个因子有 3 个水平,组成的试件数目为 9 个;$L_{12}(3^1\times 2^4)$表示有 1+4=5 个因子,第 1 个因子有 3 个水平,第 2～5 个因子各有 2 个水平,组成的试件数目为 12 个。更多因子和水平的正交表可查阅有关正交设计的书籍,在此不再赘述。

表 1-3　$L_9(3^4)$

试件＼水平＼因子	1	2	3	4
1	1	1	1	1
2	1	2	2	2
3	1	3	3	3
4	2	1	2	3
5	2	2	3	1
6	2	3	1	2
7	3	1	3	2
8	3	2	1	3
9	3	3	2	1

表 1-4　$L_{12}(3^1\times 2^4)$

试件＼水平＼因子	1	2	3	4	5
1	2	1	1	1	2
2	2	2	1	2	1
3	2	1	2	2	2
4	2	2	2	1	1
5	1	1	1	2	2
6	1	2	1	2	1
7	1	1	2	1	1
8	1	2	2	1	2
9	3	1	1	1	1
10	3	2	1	1	2
11	3	1	2	2	1
12	3	2	2	2	2

应该指出的是，利用正交表组织试验，虽然对所得结果作综合评价可以取得很好效果，但因正交设计不能提供某一因子的单值变化，因而要建立单个因子与试验目标间的函数关系有一定困难。此外，试件的数量还取决于结构性能的变异程度、试验研究的特点、试验技术水平、以及试验结果所要求的精确度等。

1-3-4 试件制作与安装误差

为了使试件某项参数的实际测试值与设计计算值尽量接近，必须加强试件制作成型和试验安装就位过程中的误差控制。

1. *试件尺寸偏差*

钢筋混凝土构件是借助模板来成型的，因而必须注意在成型振捣过程中混凝土构件有向两侧塌落和膨胀的可能，初凝后又有收缩趋势，因而一般应预先调整模板尺寸，并提高对模板的刚度要求，这样便可以减小试件的尺寸偏差，并将其控制在允许误差范围之内。又如砖砌体结构，砖的尺寸误差是不可避免的，在人工砌筑过程中，其总体尺寸的偏差，表面平整度和垂直度的偏差等也在所难免，但提高砌筑工人的技术水平可以有效地减小人为误差。总之，试件的这些偏差或误差虽然不可避免，但可人为加以控制，这样对试验结果的影响也将减至最低。

2. *保护层厚度控制*

在钢筋混凝土构件中，为防止钢筋锈蚀和充分发挥主筋的作用，混凝土保护层的厚度不能过小，也不能过大，必须满足设计要求。因此，主筋和箍筋的下料长度必须十分准确；箍筋加工时必须保证其设计规定的几何尺寸，在钢筋骨架的绑扎过程中，主筋和箍筋必须严格放置在设计位置上；在浇注混凝土前必须严格检查，发现问题及时纠正。浇注混凝土时还要注意不能把钢筋骨架直接放在底模上，应按要求留出保护层厚度，振捣时不能使钢筋骨架在模板中移动等。这些都是保证混凝土保护层厚度准确，试件截面有效高度准确的重要措施。

3. *材料强度控制*

钢筋混凝土试件的混凝土强度是通过混凝土立方体强度来确定的，因此立方体试块必须与试件混凝土保持同一性，即必须是同一批搅拌，同一条件下养护，同一拆模时间试验，并尽量采用相同材料的模板成型。这样，试块就具有较好的代表性，试块与试件之间的差别就可以减小。

钢材力学性能的均匀性一般较好，但必须选用同一批的钢筋。不同批的钢材不能在同一个试件内混用，否则应逐根留出钢筋试样，计算时按其每根钢筋的实际强度取用。此外，同一组试件的钢筋应该取用同一批钢材，否则也应分别留出试样。

4. *传感器、应变片等的埋置*

为了量测钢筋混凝土结构控制截面上的钢筋应变，一般都在混凝土浇捣前，预先在钢筋测点位置上粘贴电阻应变片，并作好防水防潮处理。电阻片引出线的编号和测点编号必须一一对应，不能有任何差错，混凝土浇捣时，引出线应加以保护，以防折断。为了量测混凝土的内部应变，需要在浇捣混凝土前预先埋置传感器，对传感器的位置和方向都必须采取有效的固定措施。测钢筋相对于混凝土的滑移，其预埋测试装置，必须严格与周围的混凝土隔离。从混凝土内部引出的全部测量导线，应理顺后分成束从构件的适当部位引出。

5. 试件的安装就位

为了减少试件的安装误差，试件就位后的计算跨度（梁）和计算高度（柱）必须与计算简图相一致。由于支座约束条件与构件的内力传递及变形有关，因而安装试件时，应严格按照设计要求选择支座形式。一般在试件就位前，应在试件上先画出支座反力的作用线位置和外荷载作用点位置，需要对中的试件还要画出中心线位置，荷载作用部位要附设定位零件，以使荷载有明确的着力点。

以上各类误差，有的属于主观人为产生的误差，有的属于仪器设备产生的系统误差，有的则是不可避免的随机误差。我们应该尽量精心操作，以克服主观造成的误差。对系统误差可以采用率定仪表的办法来加以修正。随机误差则可以用概率统计办法加以估计（具体方法详见本书第八章有关内容）。

1-3-5 辅助试件

辅助试件一般应包括：

1）反映结构材料性能的材性试件。主要有混凝土的立方体试件、棱柱体试件和劈裂试验的试件等；钢材的物理力学性能试件；砖砌体的强度和弹性模量试件等。

2）为整体结构试验时，需要补充的某些杆件或节点试件。

3）对处于复杂应力状态的某些部位，或难于直接计算和进行应力测定的区段，均可将其局部部位做成单独试件进行试验研究。

辅助试件对正确估计和判断整体结构的性能有重要意义，也是试验数据处理和结构性能评定的基本依据。

§1-4 结构试验方案

结构试验方案包括加载方案、试验量测方案以及试验安全防护措施。

1-4-1 加载方案

试验加载方案取决于试验对象的结构形式、试验的目的和要求、结构承受的荷载性质和受荷形式等，例如楼板是结构体系中的承重结构，它主要承受竖向均布荷载；柱（特别是多、高层结构的柱）除承受竖向集中荷载外还承受水平方向的风荷载和地震荷载。显然这两种结构的加载方案和需用设备有很大差别，应针对具体试验对象与测试要求选择加载方案。

结构静力试验的加载方案可分为重力加载、杠杆重力加载、机械力加载、真空负压加载、结构试验机加载、液压千斤顶加载以及电液伺服加载等。实现以上加载方案都必须有产生荷载作用的设备、承受荷载作用的承力台以及载荷架，只有将它们组成配套的加载系统才能对试验对象实现加载。图 1-3 为最简单的静力液压加载系统，由一台液压千斤顶产生一个集中力 P，经过荷载分配和支座将力传递至试验对象的各加载点上。千斤顶产生的力由横梁和立柱组成的载荷架及承力台来平衡，从而形成了一套完整的液压加载系统。加载系统的承力部件必须有足够的强度和刚度，荷载分配系统必须是静定结构系统，以保证荷载传递的准确性。

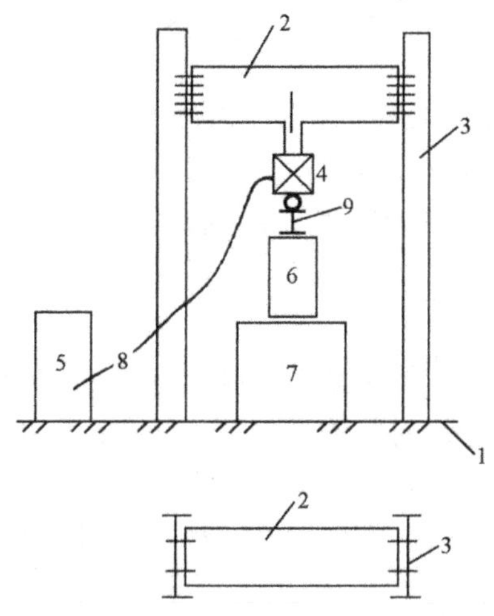

图 1-3　液压加载系统示意

1——承力台；2——横梁；3——立柱；
4——千斤顶；5——油泵；6——试件；
7——支墩；8——油管；9——荷载分配梁

结构动力试验的加载方案，由动力试验目的所决定。一般有结构的动力特性试验、结构抗震性能试验及结构疲劳性能试验等。它们所用的设备包括各种激励结构起振的激振器和振动台，使结构承受重复疲劳荷载的结构疲劳试验机，使结构承受反复地震荷载作用的拟动力试验装置等。这些设备都必须根据试验需要，有目的地进行选择与组合。尤其当由计算机控制试验过程时更应作好加载方案设计。具体加载设备和试验方案的拟定将在本书有关章节作详细介绍。

1-4-2　测试方案

测试方案应针对试验对象的测试参数确定。结构试验测试的参数主要有结构的整体变形（如挠度、侧移、振幅等）和局部纤维的变形（如应变等）两种。这两种不同形式的参数，其采用的量测仪表与量测方法是不同的。例如对于单个静态参数的测定，可以利用简单的单一仪表来进行。当量测与时间因素有关的动态参数或两个变量之间相互关系的静态曲线时，必须采用多种仪表组成的测试系统来完成。按其测量结果的表达方式不同，可将测试系统归纳为两类：

1）非连续测试系统。例如用单个机械式仪表，量测静力试验结构的挠度和侧移等整体变形时，所测得的都是非连续的数据。又如测量应变用的电阻应变仪，一般采用人工控制读数，即每个测点的应变由人工逐点读取并分别记录，所得结果是指某一时刻或与某一参数(如荷载)对应的应变值，也是一组非连续的数据。

2) 连续测试系统。它所得量测结果为一族连续的曲线，例如荷载位移曲线。需要配备的量测仪表有荷载传感器、位移传感器和记录两者关系用的 x-y 函数记录仪，这时需将以上仪表按一定要求联接组成测试系统才能得到荷载-位移曲线。

现代连续测试系统，一般都采用计算机进行控制，对试验参数进行自动扫描、高速记录、储存、显示以及进行数据处理和分析等。

测试方案设计应确定被测参数和参数的测点布置，正确选择量测仪表，并将其组成相互匹配的测试系统，最后对测试系统的灵敏度进行标定等。关于测试系统选用的仪表和量测方案设计的具体内容，请参阅本书第三、四、五章有关章节。

1-4-3 安全防护措施

结构试验中的安全问题，是关系到工作人员生命安全的大事，是保证试验设备不受损失、试验能够顺利进行的保障。在试验安全工作中应贯彻“安全第一、预防为主”的方针。

在制订试验计划时，对试验准备阶段、加载试验阶段和试验结束后的构件拆除阶段，都应提出可靠的安全防护技术措施。进行大型结构试验时更应给以足够重视。

1. 试验准备与结束阶段的安全与防护

结构试验所发生的事故调查表明，有相当多的事故发生在试验准备阶段和试件拆除阶段，例如在试件安装就位过程中、起吊或运输加载设备的过程中以及拆除加载装置过程中，都曾发生过安全事故。对这些试验环节的安全操作规定，可参照我国有关安全规程中的规定执行，例如《国家建筑企业安全生产工作条例》、《建筑安装工人安全技术操作规程》等。此外，还应针对结构试验的特点，在试验方案中拟定更具体的安全操作细则。

试验中所使用的各种加载设备，尤其是大型加载设备，例如各种试验机、拟动力试验装置、机房的控制系统、车间的吊车等，均应在试验准备与结束阶段按操作规程指定专人维修、保养。

试验用的载荷架、支座、支墩及支撑等均应有足够的强度、刚度和稳定性，能够承受试验荷载可能产生的冲击作用。此外，还应注意载荷架的连接件及其与承力台的连接件必须工作可靠。

在试验大型构件(如屋架、桁架)时，为防止可能产生的侧向失稳现象，应设置侧向支撑或安全架。

为便于工作人员在试验中读数、观察裂缝和进行加载等操作，在试件附近或周围应设置安全可靠的工作平台。

2. 试验阶段的安全与防护

试验过程中,为保证人员和仪表设备的安全,试验区域内宜设置明显标志,非试验人员不得入内。

各种机械式量测仪表,如千分表、百分表等,当结构进入破坏阶段时,由于变形过大或因试件表面材料酥松,可能导致安装在试件上的仪表发生松动,严重的甚至会跌落。一般当试验荷载达到极限荷载的85%左右时,可将大部分量测仪表拆除,留下少量起控制作用的仪表,并应对其采取保护措施,或改变量测方法后继续工作。

在结构试验中,还可能发生试验结构的局部倒塌或整体倒塌事故,因而必要时应设置安全托架,但不应阻碍结构的自由变形。

对于在试验中可能跌落的千斤顶、荷载分配梁和个别仪表等,均应用保护绳悬吊在试件附近的固定点上。

试验前,必须对参与试验的工作人员进行安全交底,做到人人心中有数。在现场进行大型结构试验时,一般应设安全员随时检查安全。

§1-5 试验结论与基本文件

1-5-1 试验结论

由于试验的目的不同,试验的技术结论内容和表达形式也不同。检验性试验的技术结论可根据现行《建筑结构设计统一标准》(GBJ68)中的有关规定进行编写。例如,该标准对结构设计规定了两种极限状态,即承载能力极限状态和正常使用极限状态,所以在结构性能检验报告书中,必须阐明试验结构在承载力极限状态和正常使用极限状态两种情况下,是否满足设计计算所要求的功能(例如构件的强度、刚度、稳定、疲劳或裂缝等)。只有检验结果同时都满足两个极限状态设计所要求的内容时,该构件的结构性能才可评为"合格",否则评为"不合格"。

判断结构是否已经达到承载能力极限状态设计所要求的功能,或正常使用极限状态设计所要求的功能,结构设计统一标准和构件检验标准(GBJ321)对此均作了相应的规定,给出了具体的"极限状态标志"作为判断的依据。详细内容参见本书第四章有关章节。

检验性试验的技术报告,主要应包括以下内容:

1) 检验或鉴定的原因和目的。

2) 试验前或检验后,存在的主要问题,结构所处的工作状态。

3) 采用的检验方案。

4) 试验数据的整理和分析结果。

5) 技术结论或建议。

6) 试验计划,原始记录,有关的设计、施工和使用情况调查报告等附件。

研究性试验，大多是为了探讨或验证某一新的结构理论，因此试验的技术结论无论从深度和广度上都远比检验性试验结论复杂，要求的内容也完全取决于具体的试验研究目的。

1-5-2 基本文件

试验大纲是进行整个试验的指导性文件，试验大纲内容的详略程度视不同的试验而定，但一般应包括以下各个部分：

1）试验目的要求(即通过试验最后应得出的数据，如破坏荷载值、设计荷载下的内力分布和挠度曲线、荷载-变形曲线等)。

2）试件设计及制作要求(包括试件设计的依据及理论分析，试件数量及施工图，对试件原材料、制作工艺、制作精度等的要求)。

3）辅助试验内容(包括辅助试验的目的、试件的种类、数量及尺寸、试件的制作要求、试验方法等)。

4）试件的安装与就位(包括试件的支座装置、保证侧向稳定装置等)。

5）加载方法(包括荷载数量及种类、加载设备、加载装置、加载图式、加载程序)。

6）量测方法(包括测点布置、仪表型号选择、仪表标定方法、仪表的布置与编号、仪表安装方法、量测程序)。

7）试验过程的观察(包括试验过程中除仪表读数外有关其他方面应作的记录)。

8）安全措施(安全装置、脚手架、技术安全规定等)。

9）试验进度计划。

10）附件(如经费、器材及仪表设备清单等)。

每一结构试验从规划到最终完成应收集整理以下各个文件资料：

1）试件施工图及制作要求说明书。

2）试件制作过程及原始数据记录(包括各部分实际尺寸及疵病情况)。

3）自制试验设备加工图纸及设计资料。

4）加载装置及仪表编号布置图。

5）仪表读数记录表(原始记录)。

6）量测过程记录(包括照片、录像及测绘图等)。

7）试件材料及原材料性能的测定结果。

8）试验数据的整理分析及试验结果总结(包括整理分析所依据的计算公式，整理后的数据图表等)。

9）试验工作日志。

10）试验报告是全部试验工作的集中反映，它概括了其他文件的主要内容。编写试验报告应力求简明扼要。试验报告有时也不单独编写，而作为整个研究报告中的一部分。

结构试验必须在一定的理论基础上有效地进行。试验的成果又为理论计算提供了宝贵的资料和依据。我们决不可只凭借一些观察到的表面现象，为结构的工作妄下断语，一定要经过周详的考察和理论分析，才可能作出正确的、符合实际情况的结论。“感觉只解决现象问题，理论才解决本质问题”。因此，不应该认为结构试验纯系是经验式的实验分析，相反，它是根据丰富的试验资料对结构的内在规律进行更深层次的理论研究。

结构试验技术的形成与发展，与结构实践经验的积累和试验仪器设备及量测技术的发展有着极为密切的关系。由于结构试验应用的日益广泛，目前几乎每一个重要的新结构都是经过规模或大或小的检验而投入使用，结构设计规范的制订和结构分析理论的发展亦愈加与试验研究紧密联系。另一方面，仪器设备和量测技术的发展，特别是非电量电测、自动控制和计算机等先进技术和设备应用到结构试验领域，为试验工作提供了有效的工具和先进的手段，使试验的加载控制、数据采集、数据处理以及曲线、图表绘制等实现了整个试验过程的自动化。国内外科研机构、高等院校及生产单位等从事土木工程结构和结构试验的科技工作者在结构试验技术研究方面的新成果，也为结构试验学科的发展在理论上和物质上奠定了坚实的基础。

第二章　试验荷载及其设备

§2-1　概　　述

结构上的作用分为直接作用与间接作用。直接作用主要是荷载作用，包括施加在结构上的作用和结构自重；间接作用主要有温度变化、地基不均匀沉降和结构内部物理或化学作用等。直接作用又分为静力荷载作用和动力荷载作用两类。静载作用是指对结构或构件不引起加速或加速度可以忽略不计的作用；动载作用则是使结构或构件产生不可忽略的加速度反映的直接作用。

结构试验为了真实反映结构在实际受力工作状态下的结构反应，所以结构的荷载试验是结构试验的基本方法。试验用的荷载形式、大小、加载方式等都是根据试验的目的要求，尽可能更好地模拟结构的实际荷载。

结构静力荷载的模拟比较容易实现，而动力荷载的模拟是比较复杂的，所以在进行结构的动力试验时，对于荷载激振设备或加荷方法的选择都要进行认真的分析研究。

在决定试验荷载时，还应考虑试验室的设备和现场所具备的条件，正确合理的荷载设计是整个试验工作的重要环节之一。

目前采用的加载方法与加载设备有很多种类。在静力试验中有利用重物直接加载或通过杠杆作用的间接加载的重力加载方法；有利用液压加载器（千斤顶）和液压试验机等的液压加载方法；有利用铰车、差动滑轮组、弹簧和螺旋千斤顶等机械设备的机械加载方法；以及利用压缩空气或真空作用的特殊加载方法等。在动力试验中可以利用惯性力或电磁系统激振；比较先进的设备是由自动控制、液压和计算机系统相结合而组成的电液伺服加载系统和由此作为振源的地震模拟振动台加载等设备；此外也可采用人工爆炸和利用环境随机激振（脉动法）的方法。

无论采用何种方法与加载设备，均应满足下列基本条件：

1）选用的试验荷载的图式应与结构设计计算的荷载图式所产生的内力值相一致或极为接近，即使截面或部位产生的内力与设计计算等效。

2）荷载传递方式和作用点明确，产生的荷载数值要稳定，满足试验的准确度，特别是静力荷载要不随时间、外界环境和结构的变形而变化。

3）荷载分级的分度值要满足试验量测的精度要求。

4）加载装置本身要安全可靠，不仅要满足强度要求，还必须按变形条件来控制加载装置的设计，即必须满足刚度要求有足够的强度储备，防止对试件产生卸荷作用而减轻了结构实际承担的荷载。

5）加载设备要操作方便，便于加载和卸载，并能控制加载速度，又能适应同步加载或先后加载的不同要求；

6）加载设备不应参与结构工作，一致改变结构的受力状态或使结构产生次应力。

7）尽量采用先进技术，减轻劳动强度，提高试验效率和质量。

§2-2　重力加载

重力加载就是利用物体的重量加于结构上作为荷载。在试验室可利用的重物有专门浇铸的标准铸铁块，混凝土块，水箱等；在现场则可就地取材，经常采用砂、石、砖块等建筑材料，或是钢锭、铸铁、废构件等。重物可以直接加于试验结构或构件上，或者通过杠杆间接加在构件上。

2-2-1　重力直接加载方法

重物荷载可直接堆放于结构表面（如板的试验）形成均布荷载（图 2-1）或置于荷载盘上通过吊杆挂于结构上形成集中荷载；后者多用于现场做屋架试验（图 2-2），此时吊杆与荷载盘的自重应计入第一级荷载。

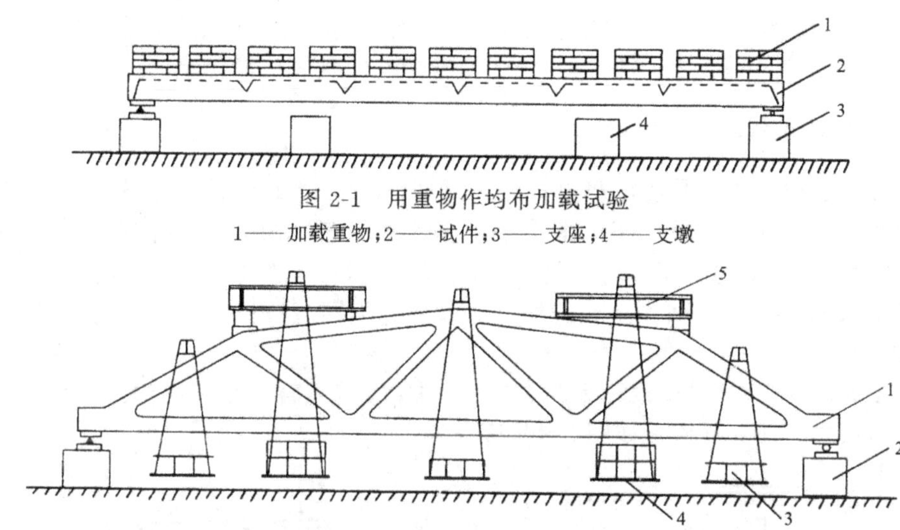

图 2-1　用重物作均布加载试验

1——加载重物；2——试件；3——支座；4——支墩

图 2-2　用重物作集中加载试验

1——试件；2——支座；3——重物；4——加载吊盘；5——分配梁

这类加载方法的优点是试验用的重物容易取得，并可重复使用，但加载过程中需要花费较大的劳动力。对于使用砂石等松散颗粒材料加载时，如果将材料直接堆放于结构表面，将会造成荷载材料本身的起拱，而对结构产生卸荷作用，为此，最好将颗粒状材料置于一定容量的容器之中，然后叠加于结构之上。如果是采用形体较为规则的块状材料加载，如砖石铸铁块、钢锭等，则要求叠放整齐，每堆重物的宽度 $\leqslant \frac{L}{6}$（L 为试验结构的跨度），堆与堆之间应有一定间隔（约 5～15cm）。如果利用铁块钢锭作为载重时，为了加载的方便与操作安全要求每块重量不大于20kg。对于利用吊杆荷载盘作为集中荷载时，每个荷载盘必须分开或通过静定的分配梁体系作用于试验的对象上，使结构所受荷载明确。利用砂粒、砖石等材料作为荷载，它们的容重常随大气湿度而发生变化，故荷载值不易恒定，容易使试验的荷载值产生误差。

利用水作为重力加载用的荷载，是一个简易方便经济的方法。水可以盛在水桶内用吊杆作用于结构上，作为集中荷载；也可以采用特殊的盛水装置作为均布荷载直接加于结构表面(图 2-3)。后者多用于大面积的平板试验，例如楼面、平屋面等钢筋混凝土结构试验等，在加载时可以利用进水管，卸载时则利用虹吸管原理，控制水面高度就可知所加荷载大小。

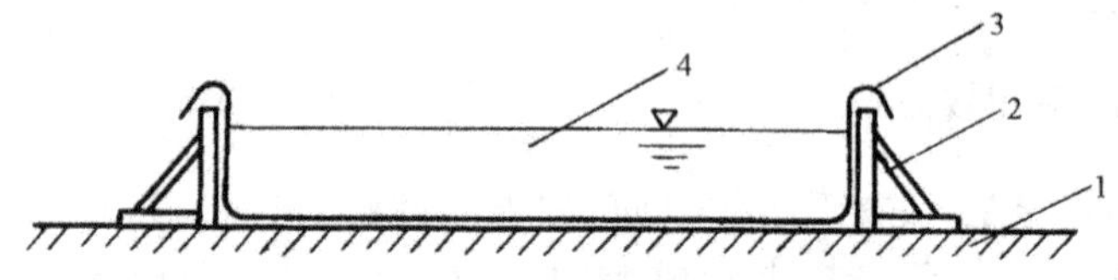

图 2-3　用水作均布加载的试验装置

1——试件；2——侧向支撑；3——防水胶布或塑料布；4——水

在现场试验水塔、水池、油库等特种结构时，水是最为理想的试验荷载，它不仅符合结构物的实际使用条件，而且还能检验结构的抗裂抗渗情况。

2-2-2　杠杆加载方法

杠杆加载也属于重力加载的一种。当利用重物作为集中荷载时，经常会受到荷载量的限制，因此，利用杠杆原理，将荷重放大作用于结构上。杠杆制作方便，荷载值稳定不变，当结构有变形时，荷载可以保持恒定，对于作持久荷载试验尤为适合。杠杆加载的装置根据试验室或现场试验条件的不同，可以有如图 2-4 所示的几种方案。

根据试验需要，当荷载不大时，可以用单梁式或组合式杠杆；荷载较大时，则可采用桁架式杠杆。其构造如图 2-5 所示。

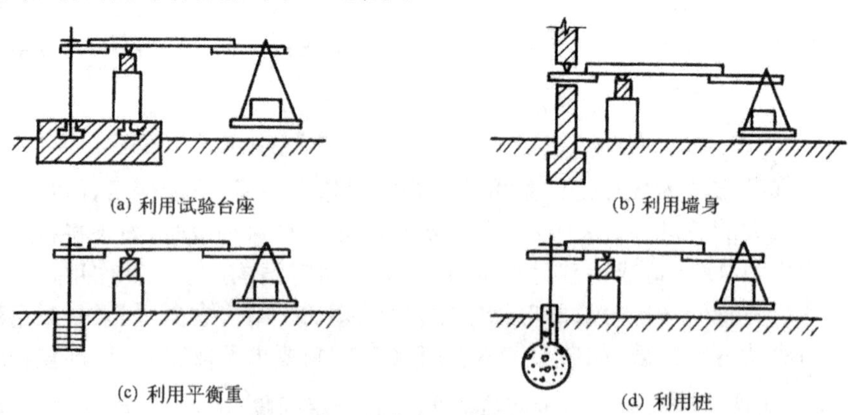

图 2-4　杠杆加载装置

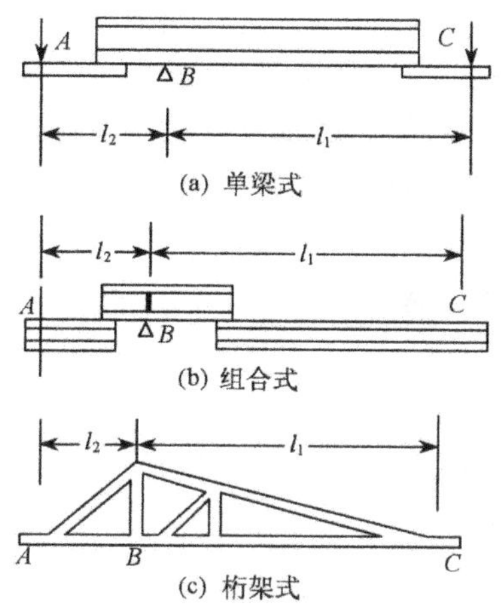

图 2-5　常用的杠杆型式

从图 2-4 及图 2-5 可见杠杆 ABC 的支点为 A 点，B 点为作用在结构上的着力点，而 C 点为重物的加载点。这三点的位置必须很准确，由此确定杠杆的比例或放大率。

§2-3　液压加载

液压加载是目前结构试验中应用比较普遍和理想的一种加载方法。它的最大优点是利用油压使液压加载器（千斤顶）产生较大的荷载，试验操作安全方便，特别是对于大型结构构件试验当要求荷载点数多、吨位大时更为合适。尤其是电液伺服系统在试验加载设备中得到广泛应用后，为结构动力试验模拟地震荷载等不同特性的动力荷载创造了有利条件，使动力加载技术发展到了一个新水平。

2-3-1　液压加载器

液压加载器（俗称千斤顶）是液压加载设备中的一个主要部件。其主要工作原理是用高压油泵将具有一定压力的液压油压入液压加载器的工作油缸，使之推动活塞，对结构施加荷载。荷载值由油压表示值和加载器活塞受压底面积求得，也可由液压加载器与荷载承力架之间所置的测力计直接测读，或用传感器将信号输给电子秤显示或由记录器直接记录。

在静力试验中常用的带手动液压加载器；有专门为结构试验设计的单向作用及双向作用的液压加载器。

手动液压加载器的构造原理见图 2-6。使用时先拧紧放油阀，掀动加载器所附带手动油泵的手柄，使储油缸中的油通过单向阀压入工作油缸，推动活塞上升。这种加载器的活塞最大行程（活塞可以上升的高度）为 20cm 左右。这类加载器规格很多，最大的加载能力可达 5000kN。由于这类加载器是使用手动油泵加载，目前已经很少使用。

为了配合结构试验同步液压加载的需要，专门设计的单向作用液压加载器的构造如图 2-7 所示。它的特点是储油缸、油泵、阀门等不附在加载器上，构造比较简单，只由活塞和工作油缸两者组成。其活塞行程较大，顶端装有球铰，可在 15°范围内转动，整个加载器可按结构试验需要倒置安装，并适宜于多个加载器组成同步加载系统使用，适应多点加载要求。

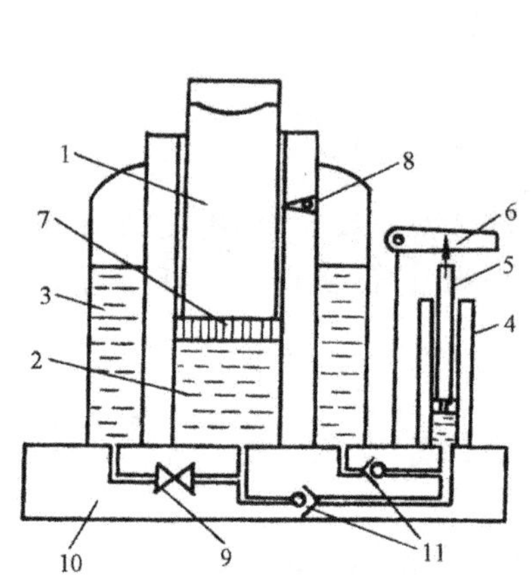

图 2-6　手动液压千斤顶

1——工作活塞；2——工作油缸；3——储油箱；4——油泵油缸；5——油泵活塞；6——手柄；7——油封；8——安全阀；9——泄油阀；10——底座；11——单向阀

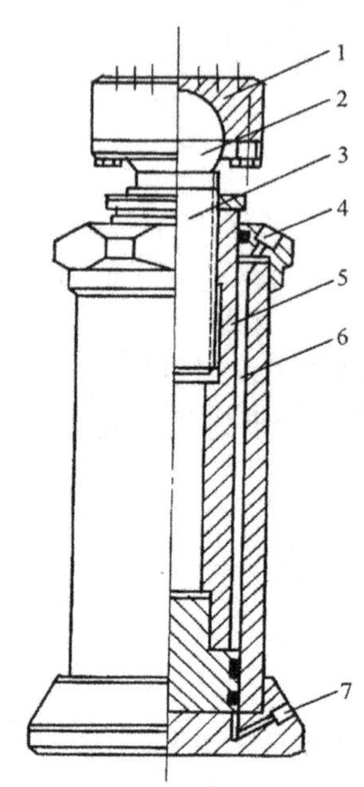

图 2-7　单向作用液压加载器

1——顶帽；2——球铰；3——活塞丝杆；4——活塞复位油管接头；5——活塞；6——油缸；7——工作压力油管接头

为适应结构抗震试验施加低周反复荷载的需要，采用了一种双向作用的液压加载器(图 2-8)，它的特点是在油缸的两端各有一个进油孔，设置油管接头，可通过油泵与换向阀交替进行供油，由活塞对结构产生拉、压双向作用，施加反复荷载。

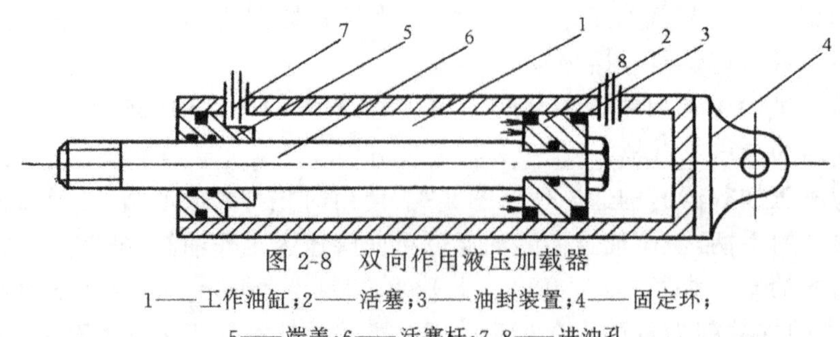

图 2-8　双向作用液压加载器

1——工作油缸；2——活塞；3——油封装置；4——固定环；5——端盖；6——活塞杆；7、8——进油孔

2-3-2 液压加载系统

液压加载中利用前述手动液压加载器配合加荷承力架和静力试验台座，是最简单的一种加载方法。设备简单，作用力大，加、卸载安全可靠，与重力加载法相比，可大大减轻笨重的体力劳动。但是，如要求多点加荷时则需要多人同时操纵多台液压加载器，这时难以做到同步加载、卸载，尤其当需要恒载时更难以保持稳压状态。所以，比较理想的加载方法是采用能够变荷的同步液压加载系统来进行试验。

液压加载系统主要是由储油箱、高压油泵、液压加载器、测力装置和各类阀门通过高压油管连接组成。

当使用液压加载系统在试验台座上或现场进行试验时尚必须配置各种支承系统，来承受液压加载器对结构加载时产生的平衡力系(图 2-9)。

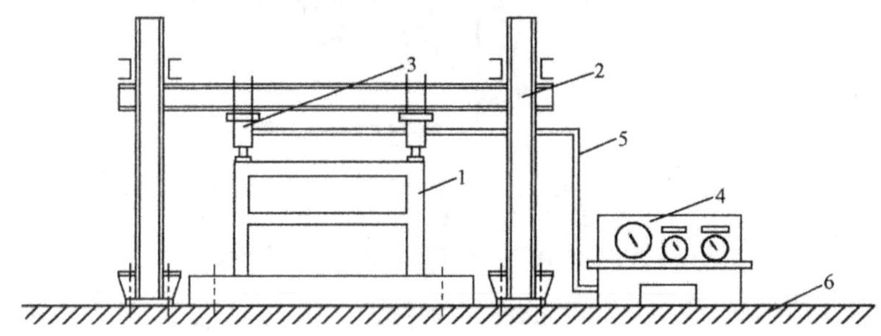

图 2-9 液压加载试验系统

1——试件；2——试验承力架；3——液压加载器；
4——液压操纵台；5——管路系统；6——试验台座

利用液压加载试验系统可以作各类结构(屋架、梁、柱、板、墙板等)静荷试验，尤其对大吨位、大跨度的结构更为适用，它不受加荷点数的多少、加荷点的距离和高度的限制，并能适应均布和非均布、对称和非对称加荷的需要。

2-3-3 大型结构试验机

大型结构试验机本身就是一种比较完善的液压加载系统。它是结构试验室内进行大型结构试验的一种专门设备，比较典型的是结构长柱试验机和疲劳试验机。

1. 结构长柱试验机

结构长柱试验机用以进行柱、墙板、砌体、节点与梁的受压与受弯试验。这种设备的构造和原理与一般材料试验机相同，由液压操纵台、大吨位的液压加载器和试验机架三部分组成。由于进行大型构件试验的需要，所以它的液压加载器的吨位要比一般材料试验机的大，至少在 2000kN 以上，机架高度在 3m 左右或更大。目前国内普遍使用的长柱试验机的最大吨位是 5000kN，试件最大高度可达 3m(见图 2-10)。国外有高达 7m 净空、最大荷载为 10000kN 的甚至更大的结构试验机。

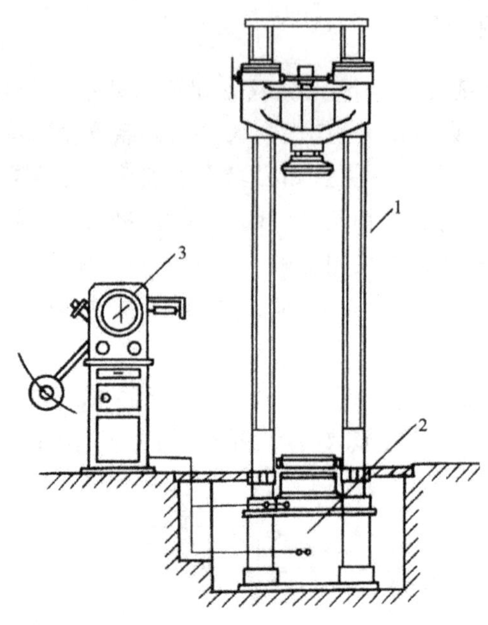

图 2-10　结构长柱试验机

1——试验机架；2——液压加载器；3——液压操纵台

日本最大的大型结构构件万能试验机的最大压缩荷载为 30000kN，同时可以对构件进行抗拉试验，最大抗拉荷载为 10000kN，试验机高度达 22.5m，四根工作立柱间净空为 3m×3m，可进行高度为 15m 左右构件的受压试验，最大跨度为 30m 构件的弯曲试验。这类大型结构试验机还可以通过专用的中间接口与计算机相连，由程序控制自动操作，此外还配有专门的数据采集和数据处理设备，试验机的操纵和数据处理能同时进行。

2. 结构疲劳试验机

结构疲劳试验机可做正弦波形荷载的疲劳试验，也可做静载试验等。结构疲劳试验机主要由脉动发生系统、控制系统和千斤顶工作系统三部分组成。从高压油泵打出的高压油经脉动器再与工作千斤顶和装于控制系统中的油压表连通，使脉动器、千斤顶、油压表都充满压力油。当飞轮带动曲柄运动时，就使脉动器活塞上下移动而产生脉动油压。

脉动频率用电磁无级调速电机控制飞轮转速进行调整。国产的 PME-50A 机，频率可在 100～500 次/min 内任意选用。

疲劳次数由记数器自动记录，计数至预定次数或试件破坏时即自动停机。

疲劳试验时，由于千斤顶运动部件的惯性力和试件质量的影响，会产生一个附加力作用在构件上，该值在测力仪表中未测出，故实际荷载值需按机器说明加以修正。目前国内使用的除国产 PME-50A 型外，同类型的还有瑞士 Amsler 机等。

2-3-4 电液伺服液压系统

电液伺服液压系统在 20 世纪 50 年代中期开始首先应用于材料试验，它的出现是材料试验机技术领域的一个重大进展。由于它可以较为准确地模拟试件所受的实际外力与受力状态，所以在近代试验加载技术中又被人们引入到结构试验的领域中，用以模拟并产生各种振动荷载，如地震、海浪等荷载。它是目前结构试验研究中一种比较理想的试验设备，特别是用来进行抗震结构的静力或动力试验，尤为适宜，所以愈来愈受到人们的重视和广泛应用。

1. 电液伺服系统的工作原理

电液伺服系统目前采用闭环控制，其主要组成是电液伺服加载器、控制系统和液压源等三大部分(见图 2-11)，它可将荷载、应变、位移等物理量直接作为控制参数，实行自动控制。由图 2-11 可见左侧为液压源部分，右侧为控制系统，中间为带有电液伺服阀的液压加载器。高压油从液压源的油泵 3 输出经过滤器进入伺服阀 4，然后输入到双向加载器 5 的左右室内，对试件 6 施加试验所需要的荷载。根据不同的控制类型，反馈信号由荷重传感器 7(荷重控制)、试件上的应变计 8(应变控制)或位移传感器 9(位移控制)测得。所测得的信号分别经过与之相适应的调节器 10、11、12 进行放大，其输出便是控制变量的反馈值。反馈值可在记录及显示装置 13 上反映。指令发生器 14 根据试验要求发出指令信号，该指令信号与反馈信号在伺服控制器 15 中进行比较，其差值即为误差信号，经放大后予以反馈，用来控制伺服阀 4 操纵液压加载器活塞的工作，从而完成了全系统的闭环控制。

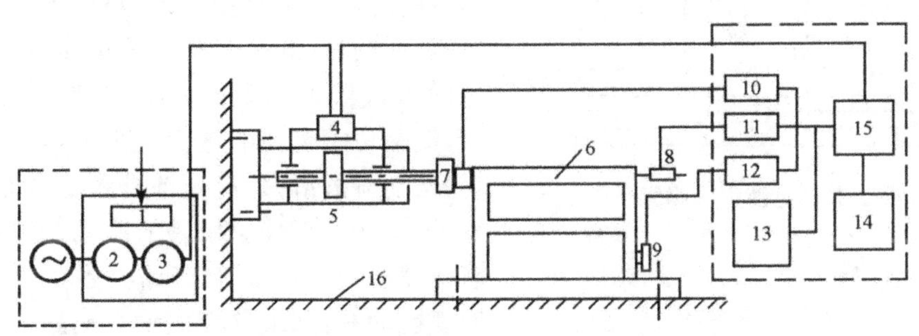

图 2-11 电液伺服液压系统工作原理

1——冷却器；2——电动机；3——高压油泵；4——电液伺服阀；
5——液压加载器；6——试验结构；7——荷重传感器；8——位移传感器；
9——应变传感器；10——荷载调节器；11——位移调节器；12——应变调节器；
13——记录及显示装置；14——指令发生器；15——伺服控制器；16——试验台座

电液伺服液压系统的基本闭环回路如图 2-12 所示。其中包括输入指令信号、反馈信号和误差信号，以便连续地调节反馈使之与指令相等，完成对试件的加载要求。

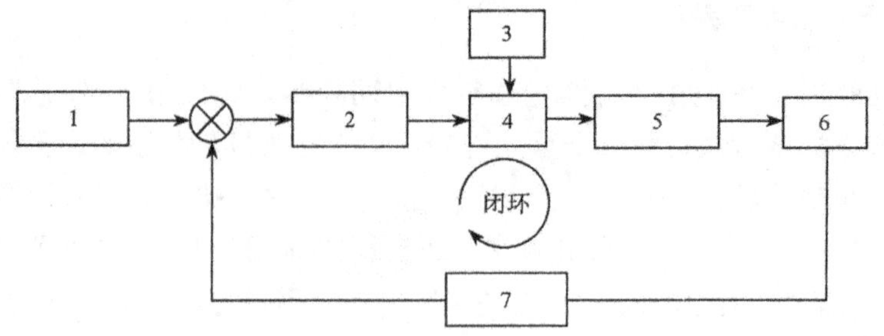

图 2-12　电液伺服液压系统的基本闭环回路

1——指令信号；2——调整放大系统；3——油源；

4——伺服阀；5——加载器；6——传感器；7——反馈系统

2. 电液伺服阀的工作原理

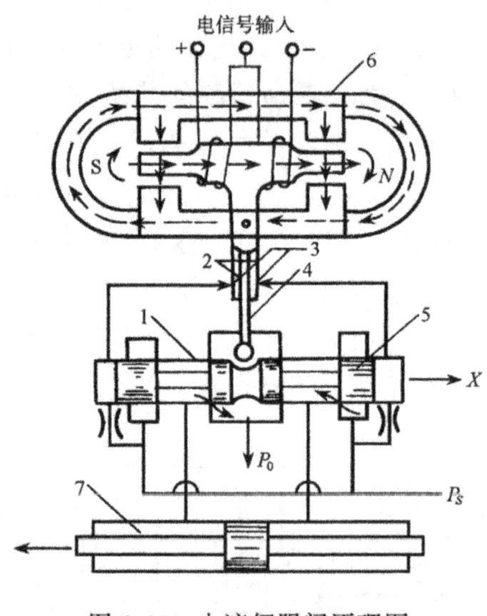

图 2-13　电液伺服阀原理图

1——阀套；2——挡板；3——喷嘴；

4——反馈杆；5——阀芯；6——永久磁铁；

7——加载器

电液伺服阀是电液伺服液压加载系统中的关键部分，它安装于液压加载器上，根据指令发生器发出的信号经放大后输入伺服阀，转换成大功率的液压信号，将来自液压源的液压油输入加载器，使加载器按输入信号的规律产生振动对结构施加荷载，同时由伺服阀及结构上量测的荷载、应变、位移等信号通过伺服控制器作反馈控制，以提高整个系统的灵敏度。图 2-13 是电液伺服阀的原理示意图。由力矩马达、喷嘴、挡板、反馈杆、阀芯和阀套等组成。当电信号输入线圈时，衔铁偏转，带动一挡板偏移，使两边喷嘴油的流量失去平衡，压力改变，推动滑阀滑移，高压油进入加载器的油腔，推动活塞工作。滑阀的移动，又带动反馈杆偏转，使另一挡板开始上述动作。如此反复运动，使加载器产生动力或静力荷载。由于高压油流量与方向随着输入电信号而改变，再加上闭环回路的控制，便形成了电液伺服工作系统。三级阀就是在二级阀的滑阀与加载器间再经一次滑阀功率放大。多数大、中型振动台使用三级阀。

2-3-5　地震模拟振动台

为了研究结构在地震和各种振动荷载作用下的动力性能，特别是在强地震作用下结构进入超弹性阶段的性能，我国先后引进、建成了一批大中型的地震模拟振动台，在试验室内进行结构物的地震模拟试验，研究地震反应对结构的影响。

地震模拟振动台是再现各种地震波对结构进行动力试验的一种先进试验设备，其特点是具有自动控制和数据采集及处理系统，采用了计算机和闭环伺服液压控制技术，并配合先进的振动测量仪器，是结构动力试验比较理想的试验设备。地震模拟振动台的组成和工作原理如下：

1. 振动台台体结构

振动台台面是有一定尺寸的平板结构，其尺寸的规模确定了结构模型的最大尺寸。台体自重和台身结构与承载的试件重量及使用频率范围有关。一般振动台都采用钢结构，控制方便、经济而又能满足频率范围要求，模型重量和台身重量之比以不大于 2 为宜。

振动台必须安装在质量很大的基础上，基础的重量一般为可动部分重量或激振力的 10～20 倍以上，这样可以改善系统的高频特性，并可以减小对周围建筑和其他设备的影响。

2. 液压驱动和动力系统

液压驱动系统是给振动台以巨大的推力。按照振动台是单向(水平或垂直)、双向(水平-水平或水平-垂直)或三向(二向水平-垂直)运动，并在满足产生运动各项参数的要求下，各向加载器的推力取决于可动质量的大小和最大加速度的要求。目前世界上已经建成的大中型地震模拟振动台，基本是采用电液伺服系统来驱动。它在低频时能产生大推力，故被广泛应用。

液压加载器上的电液伺服阀根据输入信号(周期波或地震波)控制进入加载器液压油的流量大小和方向，从而由加载器推动台面在垂直或水平方向上产生正弦运动或随机运动。液压动力部分有两个巨大的液压功率源，能供给所需要的高压油流量，以满足巨大推力和台身运动速度的要求，比较先进的振动台中都配有大型储能器组，根据储能器容量的大小使瞬时流量可为平均流量的 1～8 倍，它能产生短暂且具有极大能量的突发力，以便模拟地震力。

3. 控制系统

目前应用的模拟振动台中有两种控制方法：一种是模拟控制；另一种是用数字计算机控制。

模拟控制方法有位移反馈控制和加速度信号输入控制两种。在单纯的位移反馈控制中，由于系统的阻尼小，很容易产生不稳定现象，为此在系统中加入加速度反馈，增大系统阻尼从而保证系统稳定。与此同时，还可以加入速度反馈，以提高系统的反应性能，由此可以减小加速度波形的畸变。为了能使直接得到的强地震加速度记录推动振动台，在输入端可以通过二次积分，同时输入位移、速度和加速度三种信号进行控制。

为了提高振动台控制精度，采用计算机进行数字迭代补偿技术，实现台面地震波的再现。试验时，振动台台面输出的波形是期望再现的某个地震记录或是模拟设计的人工地震波。由于包括台面、试件在内的系统的非线性影响，在计算机给台面的输入信号激励下所得到的反应与输出的期望之间必然存在误差。这时，可由计算机根据台面输出信号与系统本身的传递函数(频率响应),求得下一次驱动台面所需的补偿量和修正后的输入信号。这样经过多次迭代,直至台面输出反应信号与原始输入信号之间的误差小于预先给定的量值,即得到满意的期望地震波形。

4. 测试和分析系统

测试系统除了对台身运动进行控制而测量位移、加速度等外,对做为试件的模型也要进行多点测量,一般量测的内容为位移、加速度、应变及频率等,总通道数可达百余点,位移测量多数采用差动变压器式和电位计式位移计,可测量模型相对于台面的位移或相对于基础的位移;加速度测量采用应变式加速度计、压电式加速度计、差容式或伺服式加速度计等。对模型的破坏过程可采用摄相机进行记录,便于在电视屏幕上进行破坏过程的分析。数据的采集可以在直视式示波器或磁带记录仪上将反应的时间历程记录下来,或经过模数转换送到计算机进行分析处理或储存。

振动台台面运动参数最基本的是位移、速度和加速度以及使用频率。一般是按模型比例及试验要求来确定台身满负荷时最大加速度、速度和位移等数值。最大加速度和速度均需按照模型相似原理来选取。

目前,国内外已经建成的地震模拟振动台已经很多。例如,西安建筑科技大学的地震模拟振动台的主要性能指标为:台面尺寸 2m×2.2m,最大模型重量 45kN,激振力 200kN,最大位移±100mm,最大加速度 1.0g,波型为地震波,振动方向为水平单向,驱动方式为电液伺服。国内外模拟地震台中,台面尺寸有 15m×15m 的,振动方向有 x、y、z 三个方向的。

§2-4 其他加载方法

2-4-1 惯性力加载

在结构试验中,利用物体质量在运动时产生的惯性力对结构施加动力荷载。也可以利用弹药筒或小火箭在爆炸时产生的反冲力,对结构进行加载。

1. 冲击力加载

冲击力加载的特点是荷载作用时间极为短促,在它的作用下使被加载结构产生自由振动,适用于进行结构动力特性的试验。

(1) 初位移加载法

初位移加载法也称为张拉突卸法。如图 2-14(a)所示,在结构上拉一钢丝缆绳,使结构变形而产生一个人为的初始位移,然后突然释放,使结构在静力平衡位置附近作自由振动。在加载过程中当拉力达到足够大时,事先连接在钢丝绳上的断开装置自动或人为断开而形成突然卸载。

对于小型试件可采用图 2-14(b)的方法,使悬挂的重物通过钢丝对试件施加水平拉力,剪断钢丝造成突然卸荷。这种方法的优点是结构自振时荷载已不存在于结构上，没有附加质量的影响。但仅适用于刚度不大的结构，才能以较小的荷载产生初始变位。这种加载方式一个值得注意的问题是使用怎样的牵拉和释放方法才能使结构仅在一个平面内产生振动，防止由于加载作用点偏差而使结构在另一平面内同时振动产生干扰；另一个问题是如何准确控制试件的初始位移。

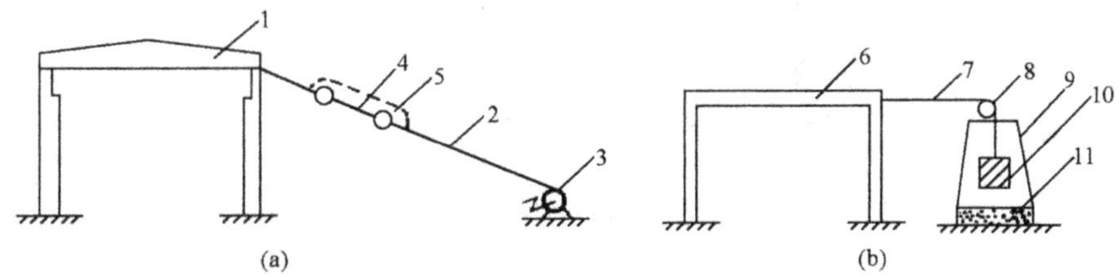

图 2-14 用张拉突卸法对结构施加冲击力荷载

1——结构物；2——钢丝绳；3——铰车；4——钢拉杆；5——保护索；6——模型；7——钢丝；8——滑轮；9——支架；10——重物；11——减振垫层

(2) 初速度加载法

如图 2-15(a、b)所示，利用摆锤或落重的方法是结构在瞬间受到水平或垂直的冲击荷载，并产生一个初速度。由于作用力的持续时间比结构的有效振型的自振周期短很多，所以引起振动是初速度的函数。

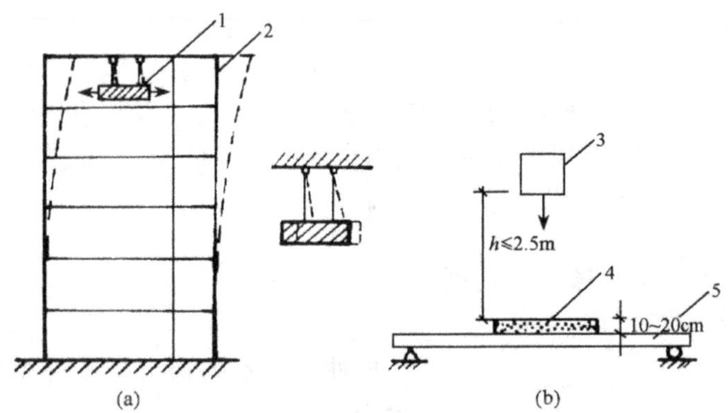

图 2-15 用摆锤或落重法施加冲击力荷载

1——摆锤；2——结构；3——落重；4——砂垫层；5——试件

当采用图 2-15(a)的摆锤进行激振时，如果摆和房屋有相同的自振周期，摆的运动就会使房屋引起共振而自振振动。当采用图 2-15(b)的方法进行激振时，重物将附着于结构上一起振动，并且落重的跳动又会影响结构的振动。因此，冲击力的大小要进行验算分析，不能使试件产生过度的应力和变形，同时应当做有效的防护措施不得使试件受到局部严重损伤。

(3) 反冲激振法

反冲激振也称小火箭激振。它适用于现场对结构实物进行试验，小冲量的也可在试验室内用于构件试验。

图 2-16 为反冲激振器的结构示意图。激振器的壳体是用合金钢制成，它的结构主要由以下五部分组成：

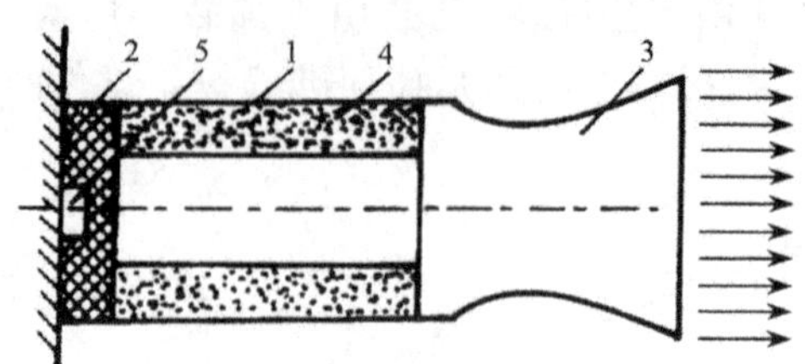

图 2-16 反冲激振器结构示意图

1——燃烧室壳体；2——底座；

3——喷管；4——主装火药；5——点火装置

① 燃烧室壳体：通常为圆筒形，一端与喷管相连，另一端固定于底座上。

② 底座：它与燃烧室固装后，再装到被测的试验结构上，在底座内腔装有点火装置。

③ 喷管：采用先收缩后扩散的形式，它将燃烧室内的燃气的压力势能转化为动能，控制燃气的流量及推力方向。

④ 主装火药：是激振器的能源。

⑤ 点火装置：包括点火头(电阻丝和引燃药)和点火药。

反冲激振器的基本工作原理是当点火装置内的火药被点、燃烧后，很快使主装火药到达燃烧温度，主装火药开始在燃烧室中进行平稳的燃烧，产生的高温高压气体便从喷管口以极高的速度喷出。如果每秒喷出气流的重量为 W，则按动量守恒定律便可得到反冲力 P，即为作用在被测结构上的反冲力：

$$P = W \cdot \frac{v}{g}$$

式中：v——气流从喷口喷出的速度；

g——重力加速度。

反冲激振器的输出特性曲线见图 2-17。主要分为升压段，平衡压力工作段，及火药燃尽后燃气继续外泄的后效段。根据主装火药的性能、重量及激振器的结构，可设计出不同的特性曲线。

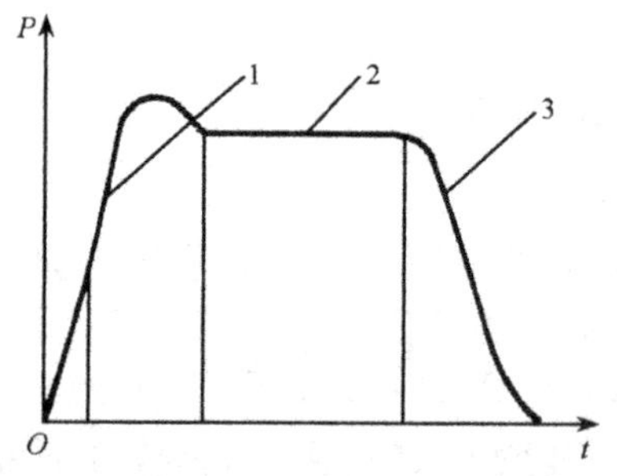

图 2-17 反冲激振器输出特性曲线

1——升压段；2——平衡压力工作段；

3——后效段

目前设计与使用的反冲激振器的性能为：

反冲力：0.1～0.8kN，1～8kN 共八种；

反冲输出：近似于矩形脉冲；

上升时间：2ms

持续时间：50ms

下降时间：3ms

点火延时时间：25±5ms。

当采用单个反冲激振器激发时，一般是将激振器布置在建筑物顶部，并尽量置于建筑质心的轴线上，这样效果较好。如果将单个激振器布置在离质心位置较远的地方，可以进行建筑物的扭振试验。当然如在结构平面的对角线上相反方向布置两台相同反冲力的激振器，则测量扭振的效果更好。对于高耸构筑物或高层建筑的试验，可将多个反冲激振器沿结构不同高度布置，以进行高阶振型的测定。

2. 离心力加载

离心力加载是根据旋转质量产生的离心力对结构施加简谐振动荷载。其特点是运动具有周期性，作用力的大小和频率按一定规律变化，使结构产生强迫振动。

利用离心力加载的机械式激振器的原理如图 2-18 所示。一对偏心质量，使它们按相反方向运转，通过离心力产生一定方向的加振力。由偏心质量产生的离心力为：

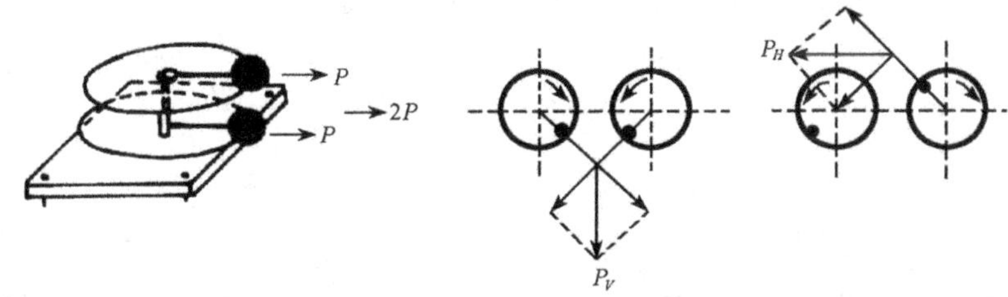

图 2-18 机械式激振器的原理图

$$P = m\omega^2 r$$

式中：m——偏心块质量；

ω——偏心块旋转速度；

r——偏心块旋转半径。

在任何瞬时产生的离心力均可分解成垂直与水平两个分力。

$$P_V = P$$

$$P_H = P$$

这里 P_V、P_H 是按简谐规律变化的。

使用时将激振器底座固定在被测结构物上，由底座把激振力传递给结构，使结构受到简谐变化的激振力作用。一般要求底座有足够的刚度，以保证激振力的传递效率。

激振器产生的激振力等于各旋转质量离心力的合力。改变质量或调整带动偏心质量运转电机的转速，即改变角速度 ω，即可调整激振力的大小。

激振器由机械和电控两部分组成。机械部分主要是由两个或多个偏心质量组成，对于小型的激振器，其偏心质量是安装在圆形旋转轮上，调整偏心轮的位置，可形成垂直或水平的振动。对于近年来研制成功的大型同步激振器在机械构造上采用双偏心重水平旋转式方案，偏心质量是安装于扁平的扇形筐内，这样可使旋转时质量更为集中，提高激振力，降低动力功率。

一般的机械式激振器工作频率范围较窄，大致在 50～60Hz 以下，由于激振力与转速的平方成正比，所以当工作频率很低时，激振力就较小。

为了改进一般激振器的稳定性和测速精度，并提高激振力，在电气控制部分采用单相可控硅，速度电流双闭环电路系统，对直流电机实行无级调速控制。通过测速发电机作速度反馈，通过自整角机产生角差信号，送往速度调节器与给定信号综合，以保证两台或多台激振器不但速度相同且角度亦按一定关系运行。

3. 机械加载

机械加载常用的机具有吊链、卷扬机、绞车、花篮螺丝、螺旋千斤顶及弹簧等。

吊链、卷扬机、绞车和花篮螺丝等主要是配合钢丝或绳索对结构施加拉力，还可与滑轮组联合使用，改变作用力的方向和拉力大小。拉力的大小通常用拉力测力计测定，按测力的量程有两种装置方式。当测力计量程大于最大加载值时用图 2-19(a)所示串联方式，直接测量绳索拉力。如测力计量程较小，则需用图 2-19(b)的装置方式，此时作用在结构上的实际拉力应进行计算。

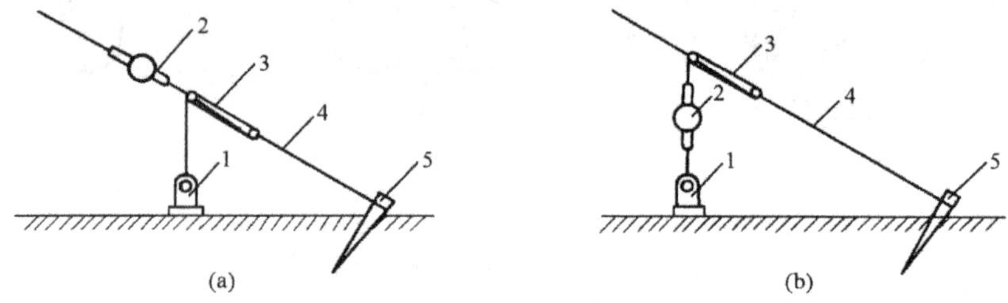

图 2-19 拉力测力装置布置图

1——绞车；2——拉力测力计；3——滑轮组；4——钢索；5——桩头

螺旋千斤顶是利用齿轮及螺杆式蜗轮蜗杆机构传动的原理，当摇动手柄时，就带动螺旋杆顶升，对结构施加顶推压力，用测力计测定加载值。

弹簧加载法常用于构件的持久荷载试验。图 2-20 为弹簧施加荷载进行梁的持久试验装置。当荷载值较小时，可直接拧紧螺帽以压缩弹簧，加载值很大时，需用千斤顶压缩弹簧后再拧紧螺帽。

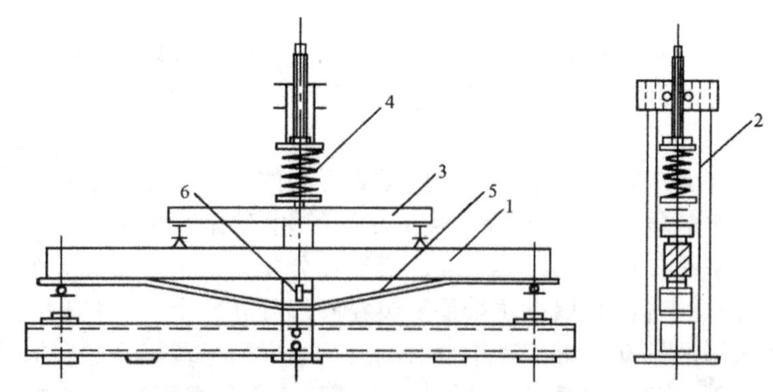

图 2-20 用弹簧施加荷载的持久试验装置

1——试件；2. 荷载支承架；3——分配梁；4——加载弹簧；5——仪表架；6——挠度计

弹簧变形值与压力的关系预先测定，故在试验时只需知道弹簧最终变形值，即可求出对试件施加的压力值。用弹簧作持久荷载时，应事先估计到由于结构徐变使弹簧压力变小时，其变化值是否在弹簧变形的允许范围内。

机械加载的优点是设备简单，容易实现，当通过索具加载时，很容易改变荷载作用的方向，故在建筑物、柔性构筑物（桅杆、塔架等）的实测或大尺寸模型试验中，常用此法施加水平集中荷载。其缺点是荷载值不大，当结构在荷载作用点产生变形时，会引起荷载值的改变。

4. 气压加载

利用气体压力对结构加载有两种方式：一种是利用压缩空气加载；另一种是利用抽真空产生负压对结构构件施加荷载。由于气压加载产生的是均布荷载，所以，对于平板或壳体试验尤为适合。

图 2-21 是用压缩空气试验钢筋混凝土板的装置。台座由基础（或柱墩式的支座）、纵梁和横梁、承压梁和板以及用橡胶制成的不透气的气囊组成。气囊外面有帆布外罩。由空气压缩机将空气通过蓄气室打入气囊，通过气囊对结构施加垂直于被试结构的均布压力。蓄气室的作用是储气和调节气囊的空气压力，由气压表测定空气压力。由气压值及气囊与结构接触面积求得总加载值。

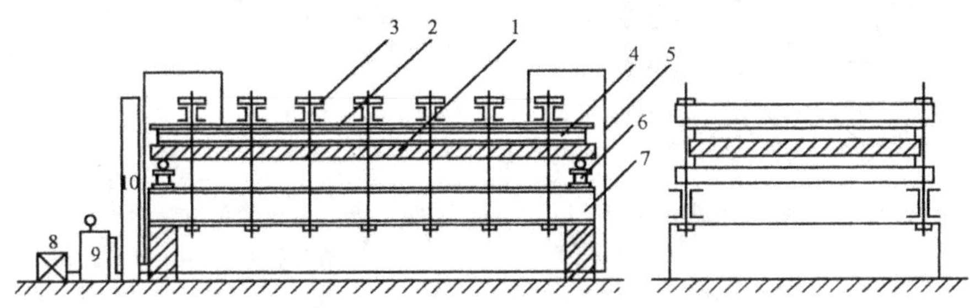

图 2-21　气压加载装置图

1——试件；2——拼合木板；3——承压梁；4——气囊；5——进气支管；6——横梁；7——纵梁；8——空气压缩机；9——蓄气室；10——气压计

压缩空气加载法的优点是加载、卸载方便，压力稳定。其缺点是结构的受载面无法观测。

对于某些封闭结构，可以利用真空泵抽真空的方法，造成内外压力差即利用负压作用使结构受力。这种方法在模型试验中用得较多。

5. 电磁加载

在磁场中通电的导体要受到与磁场方向相垂直的作用力，电磁加载就是根据这个原理，在磁场（永久磁铁或直流励磁线圈）中放入动圈，通入交变电流，则可使固定于动圈上的顶杆等部件作往复运动，从而对试验对象施加荷载。若在动圈上通以一定方向的直流电，则可产生静荷载。

目前常见的电磁加载设备有电磁式激振器和电磁振动台。

电磁式激振器是由磁系统（包括励磁线圈、铁芯、磁极板）、动圈（工作线圈）、弹簧、顶杆等部件组成。图 2-22 为电磁式激振器的构造图。动圈固定在顶杆上，置于铁芯与磁极板的空隙中，顶杆由弹簧支承并与壳体相连。弹簧除支承顶杆外，工作时还使顶杆产生一个稍大于电动力的预压力，使激振时不致产生顶杆撞击试件的现象。

当激振器工作时，在励磁线圈中通入稳定的直流电，使在铁芯与磁极板的空隙中形成一个强大的磁场。与此同时，由低频信号发生器输出一交变电流，并经功率放大器放大后输入工作线图，这时工作线圈即按交变电流谐振规律在磁场中运动并产生一电磁感应力 F，使顶杆推动试件振动（图 2-23）。根据电磁感应原理：

$$F = 0.102BLI \times 10^{-4}$$

式中：B——磁场强度；

L——工作线圈的有效长度；

I——通过工作线圈的交变电流。

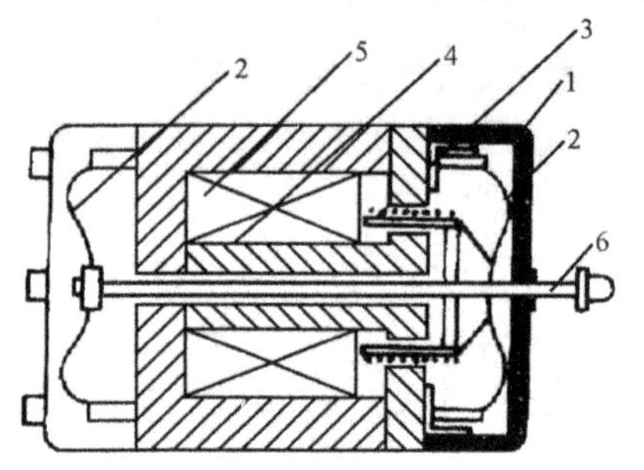

图 2-22　电磁式激振器的构造

1——外壳；2——支承弹簧；3——动圈；4——铁芯；5——励磁线圈；6——顶杆

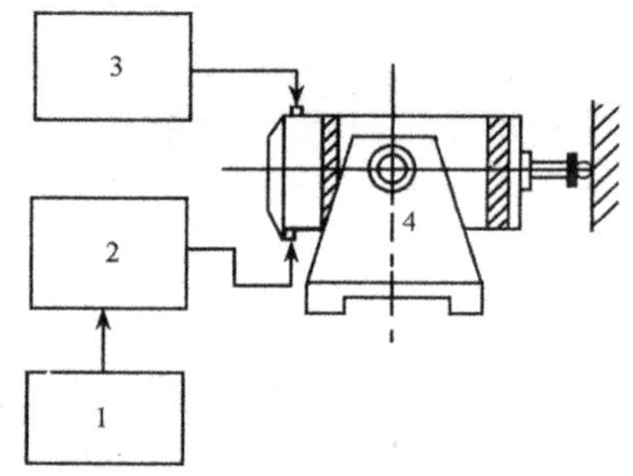

图 2-23　电磁式激振器的工作原理图

1——信号发生器；2——功率放大器；3——励磁电源；4——电磁式激振器

当通过工作线圈的交变电流以简谐规律变化时，则通过顶杆作用于结构的激振力也按同样规律变化。在 B、L 不变的情况下，激振力 F 与电流 I 成正比。

电磁激振器使用时装于支座上，可以作垂直激振，也可以作水平激振。电磁式激振器的频率范围较宽，一般在 0～200Hz，国内个别产品可达 1000Hz，推力可达几个千牛，重量轻，控制方便，按给定信号可产生各种波形的激振力。其缺点是激振力小，一般仅适合于小型结构及模型试验。

电磁振动台原理基本上与电磁激振器一样，在构造上实际是利用电磁激振器来推动一个活动的台面而构成。

电磁振动台通常是由信号发生器、振动自动控制仪、功率放大器、电磁激振器和台面组成，如图 2-24 所示。

6. 人激振动加载

在上述所有动力试验的加载方法中，一般都需要比较复杂的设备，这有时在试验室内尚可满足，而在野外现场试验时经常会受到各方面的限制。因此希望有更简单的试验方法，它既可以给出有关结构动力特性的资料数据而又不需要复杂设备。

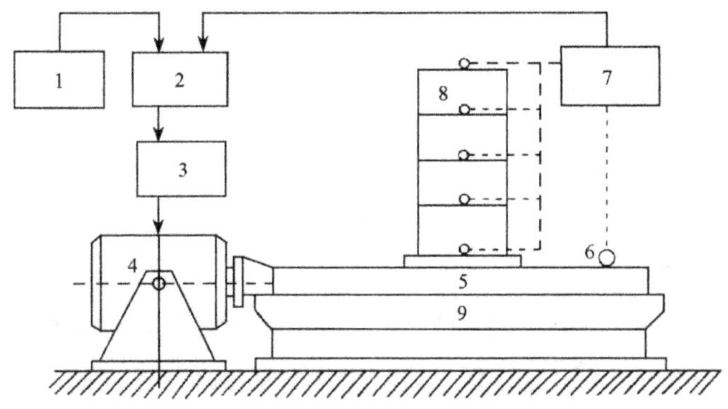

图 2-24　电磁振动台组成系统图

1——信号发生器；2——自动控制仪；3——功率放大器；
4——电磁激振器；5——振动台台面；6——测振传感器；
7——振动测量记录系统；8——试件；9——台座

在试验中发现，人们可以利用自身在结构物上的有规律的活动，即使人的身体作与结构自振周期同步的前后运动，产生足够大的惯性力，就有可能形成适合作共振试验的振幅。这对于自振频率比较低的大型结构来说，完全有可能被激振到足可进行量测的程度。

国外有人试验过，一个体重约 70kg 的人使其质量中心作频率为 1Hz、双振幅为 15cm 的前后运动时，将产生大约 0.2kN 的惯性力。由于在 1%临界阻尼的情况下共振时的动力放大系数为 50，这意味着作用于结构物上的有效作用力大约为 10kN。

7．环境随机振动激振

在结构动力试验中，除了利用以上各种设备和方法进行激振加载以外，环境随机振动激振法也被人们广泛应用。

环境随机振动激振法也称为脉动法。人们在许多试验观测中，发现建筑物经常处于微小而不规则的振动之中。这种微小而不规则的振动来源于微小的地震活动以及诸如机器运转、车辆来往等人为扰动的原因，使地面存在着连续不断的运动，其运动幅值极为微小，而它所包含的频谱是相当丰富的，故称为地面脉动。由地面脉动激起建筑及其他结构经常处于微小而不规则的振动中，通常称为脉动。可以利用这种脉动现象来分析测定结构的动力特性，它不需要任何激振设备，又不受结构形式和大小的限制。

20 世纪 50 年代开始我国就应用这一方法测定结构的动态参数，但数据分析方法一直采取从结构脉动反应的时程曲线记录图上按照“拍”的特征直接读取频率数值的主谐量法，所以一般只能获得第一振型频率这个单一参数。70 年代随着计算机技术的发展和一批信号处理机和结构动态分析仪的应用，使这一方法得到了迅速发展，目前已经可以从记录到的结构脉动信号中识别出全部模态参数，使环境随机激振法的应用更广泛。测试与识别分析技术也有了新的进展。

§2-5　荷载支承设备和试验台座

2-5-1　支座

结构试验中的支座是支承结构、正确传递作用力和模拟实际荷载图式的设备，一般由支座和支墩组成。

支墩本身的强度必须要进行验算，保证试验时不致发生过度变形。支墩在现场多用砖块临时砌成，支墩上部应有足够大的平整的支承面，最好在顶部铺钢板，支承底面积要按地耐力复核。在实验室内一般用钢或钢筋混凝土制成的专用设备。

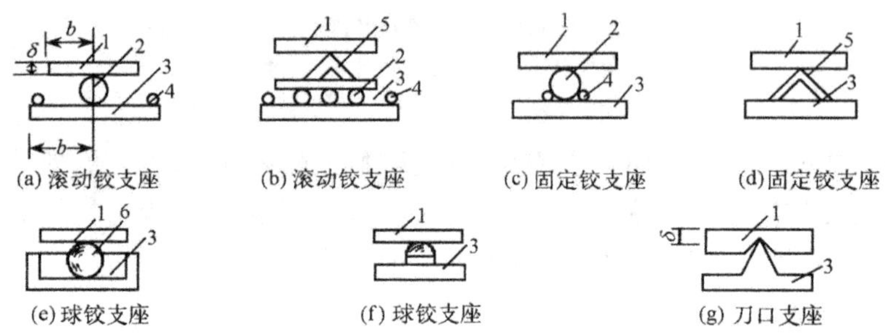

图 2-25　常用几种支座的形式

1——上垫板；2——滚轴；3——下垫板；

4——限位圆条；5——角钢；6——钢球

铰支座一般均用钢材制作，按自由度不同可分为滚动铰支座、固定铰支座、球铰支座、刀口支座，如图 2-25 所示。对铰支座的基本要求如下：

1）必须保证结构在支座处能自由转动。

2）必须保证结构在支座处力的传递。

如果结构在支承处没有预埋支承钢垫板，则在试验时必须另加垫板。其宽度一般不得小于试件支承处的宽度，支承垫板的长度 l 可按下式计算：

$$l = \frac{R}{bf_c}(\text{mm})$$

式中：R ——支座反力(N)；

b ——构件支座宽度(mm)；

f_c——试件材料的抗压强度设计值(N/mm^2)。

3）构件支座处铰的上下垫板要有一定刚度，其厚度 δ 可按下式计算：

$$\delta = \sqrt{\frac{2f_c a^2}{f}}(\text{mm})$$

式中：f_c ——混凝土抗压强度设计值(N/mm^2)；

f ——垫板钢材的强度设计值(N/mm^2)；

a ——滚轴中心至垫板边缘的距离(mm)。

4）滚轴的长度，一般取等于试件支承处截面宽度 b。

5）滚轴的直径：可参照表 2-1 选用，并按下式进行强度验算：

$$\sigma = 0.418\sqrt{\frac{RE}{rb}}$$

式中：E——滚轴材料的弹性模量(N/mm^2)；

r——滚轴半径(mm)。

表 2-1 滚轴直径选用表

滚轴受力/(kN/mm)	<2	2～4	4～6
滚轴直径/mm	40～60	60～80	80～100

2-5-2 加荷架

在进行结构试验加载时，液压加载器(即千斤顶)的活塞只有在其行程受到约束时，才会对试件产生推力。利用杠杆加载时，也必须要有一个支承点承受支点的上拔力。故进行试验加载时除了前述各种加载设备外，还必须要有一套加荷架，才能实现满足试验的加载要求。

加荷架在试验室内一般是由横梁、立柱组成的反力架和试验台座连结组成，也可利用适宜于试验中小型构件的抗弯大梁或空间桁架式台座。在现场试验则通过反力支架用平衡重块，锚固桩头或专门为试验浇注的钢筋混凝土地梁来平衡对试件所加的荷载。也可用箍架将成对构件作卧位或正反位加荷试验。

加荷架主要是由立柱和横梁组成。它可以用型钢制成，其特点是制作简单，取材方便，可按钢结构的柱与横梁设计，横梁与柱的连接采用精制螺栓或圆销。加荷架的强度刚度都要求较大，能满足大型结构构件试验的要求，加荷架的高度和承载能力可按试验需要设计，可成为试验室内固定在大型试验台座上的荷载支承设备。参见图 2-9 所示中的试验承力架。

另一种加荷架是用截面较大的圆钢制成的立柱，配以型钢制成的横梁，在圆钢立柱两端加工出螺纹，用螺帽固定横梁并与台座连接固定。这类加荷架比较轻便，但刚度较小，使用不当容易产生弯曲变形，同时螺杆的螺纹容易损坏，影响使用。

为了使加荷架随着试验需要在试验台座上移位，可安装一套电力驱动机构使加荷架接受控制能前后运行，横梁可上下移动升降，液压加载器可连接在横梁上，这样整个加荷架就相当于一台移动式的结构试验机，机架由电动机驱动使之以试验台的槽轨为导轨前后运行，当试件在台座上安装就位后，加荷架即可按试件位置需要调整位置，然后用立柱上的地脚螺丝固定机架，即可进行试验加载。

2-5-3 试验台座

在试验室内结构试验台座是永久性的固定设备，用以平衡施加在试验结构物上的荷载所产生的反力。

试验台座的台面一般与试验室地坪标高一致，这样可以充分利用试验室的地坪面积，使室内水平运输搬运物件比较方便，但对试验活动易受干扰影响；试验台座的台面也可以高出地平面，使之成为独立体系，这样试验区划分比较明确，不受周边活动及水平交通运行的影响。

试验台座的长度可从十几米以上到几十米，宽度也可到达几十米，台座的承载能力一般在 200～1000kN/m^2。台座的刚度极大，所以受力后变形极小，这样就允许在台面上同时进行几个结构试验，而不考虑相互的影响，试验可沿台座的纵向或横向进行。

试验台座除作为平衡对结构加载时产生的反力外，同时也能用以固定横向支架，以保证构件的侧向稳定，还可以通过水平反力架对试件施加水平荷载。

试验台座设计时在其纵向和横向均应按各种试验组合可能产生的最不利受力情况进行验算与配筋，以保证它有足够的强度和整体刚度。用于动力试验的台座还应有足够的质量和耐疲劳性能，防止引起共振和疲劳破坏，尤其要注意局部预埋件和焊缝的疲劳破坏。如果试验室内同时有静力和动力台座，则动力台座必须有隔振措施，以免试验时引起相互干扰。

目前国内外常见的试验台座，按结构构造的不同可分为以下几种形式：

1. *槽式试验台座*

这是目前国内用得较多的一种比较典型的静力试验台座，其构造特点是沿台座纵向全长布置几条槽轨，该槽轨是用型钢制成的纵向框架式结构，埋置在台座的混凝土内。

图 2-26 为槽式试验台座的横向剖面图。槽轨的作用在于锚固加载支架，用以平衡结构物上的荷载所产生的反力。如果加载架立柱用圆钢制成，直接可用两个螺帽固定于槽内；如加载架立柱由型钢制成，则在其底部设计成钢结构柱脚的构造，用地脚螺丝固定在槽内。在试验加载时，立柱受向上的拉力，因此要求槽轨的构造应该与台座的混凝土部分有很好的联系，不致拔出。这种台座的特点是加载点位置可沿台座的纵向任意变动，不受限制，以适应试验结构加载位置的需要。

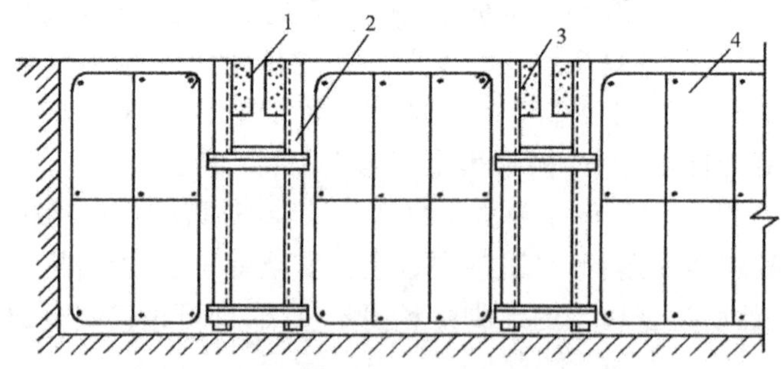

图 2-26 槽式试验台座横向剖面图

1——槽轨；2——型钢骨架；3——高标号混凝土；4——混凝土

2. 地脚螺丝式试验台座

这种试验台的特点是在台面上每隔一定间距设置一个地脚螺丝，螺丝下端锚固在台座内，其顶端伸出台座表面特制的圆形孔穴(但略低于台座表面标高)，使用时用套筒螺母与加载架的立柱连接，平时可用圆形盖板将孔穴盖住，保护螺丝端部及防止脏物落入孔穴。其缺点是螺丝受损后修理困难，此外由于螺丝和孔穴位置已经固定，所以试件安装的位置就受到限制，没有槽式台座灵活方便。这类台座通常设计成预应力钢筋混凝土结构，可以节省材料。图 2-27 所示为地脚螺丝试验台座的示意图。这类试验台座不仅用于静力试验，同时可以安装结构疲劳试验机进行结构构件的动力疲劳试验。

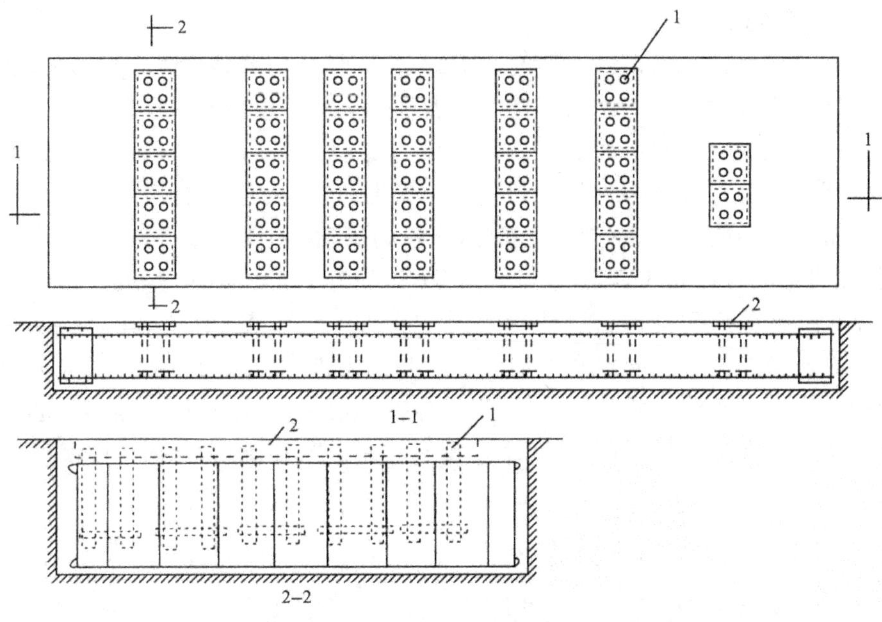

图 2-27　地脚螺丝式试验台座

1——地脚螺丝；2——台座地槽

3. 箱式试验台座(孔式试验台座)

图 2-28 为箱式试验台座剖面示意图。这种试验台座的规模较大，由于台座本身构成箱形结构，所以它比其他形式的台座具有更大的刚度。在箱形结构的顶板上沿纵横两个方向按一定间距留有竖向贯穿的孔洞，便于沿孔洞连线的任意位置加载，即先将槽轨固定在相邻的两孔洞之间，然后将立柱或拉杆按需要加载的位置固定在槽轨中。也可将立柱或拉杆直接安装于孔内，因此亦称孔式试验台座。试验量测与加载工作可在台座上面，也可在箱形结构内部进行，所以台座结构本身也是试验室的地下室，可供进行长期荷载试验或特种试验使用。大型的箱形试验台座可同时兼作试验室房屋的基础。

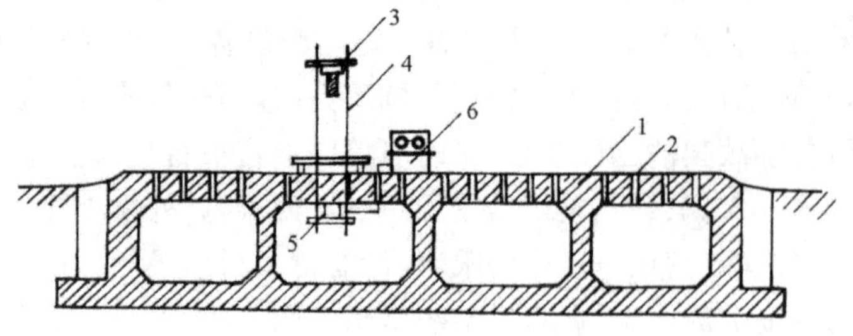

图 2-28　箱式结构试验台座剖面

1——箱形台座；2——顶板上的孔洞；3——试件；
4——加荷架；5——液压加载器；6——液压操纵台

4. 抗侧力试验台座

为了适应结构抗震试验研究的要求，需要进行结构抗震的静力和动力试验，即使用电液伺服加载系统对结构或模型施加模拟地震荷载的低周反复水平荷载。近年来国内外大型结构试验室都建造了抗侧力试验台(见图 2-29)，它除了利用前面几种形式的试验台座用以对试件施加竖向荷载外，在台座的端部建有高大的刚度极大的抗侧力结构，用以承受和抵抗水平荷载所产生的反作用力。由于变形要求较高，抗侧力结构可以是钢筋混凝土或预应力钢筋混凝土的实体墙，或者是为了增大结构刚度而用的箱型结构，在墙体的纵横方向按一定距离间隔布置锚孔，以便按试验需要在不同的位置上固定水平加载用的液压加载器。抗侧力墙体结构一般是固定的并与水平台座连成整体，可以提高墙体抵抗弯矩和基底剪力的能力。也可采用钢推力架的方案，利用地脚螺丝与水平台座连接锚固，其特点是推力钢架可以随时

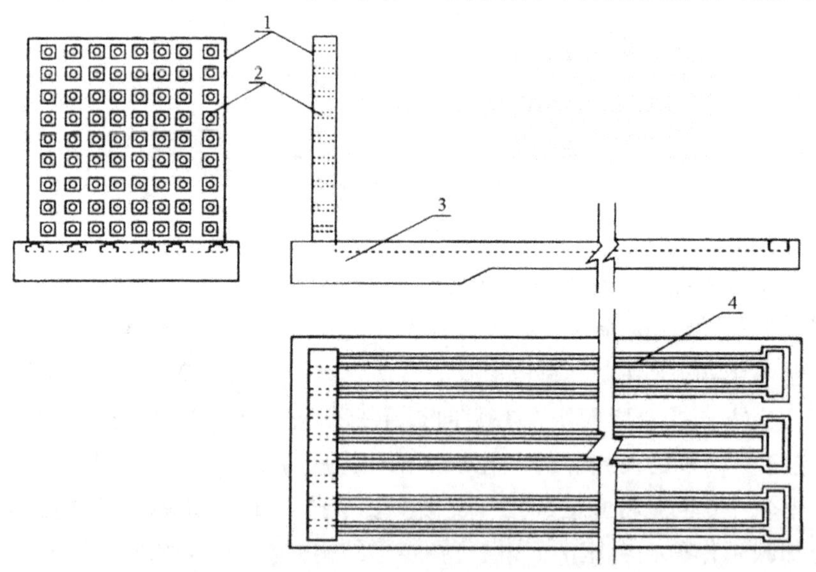

图 2-29　水平推力试验台座

1——承力墙；2——加载设备固定孔；3——水平台座；4——滑槽

拆卸，按需要移动位置、改变高度(将两个钢推力架竖向叠接)。但用钢量较大而且承载能力受到限制，此外钢推力架与台座的连接锚固较为复杂，同时要满足在任意位置可安装水平加载器的要求亦有一定困难。

大型结构试验室也有在试验台座的左右两侧设置两座反力墙，这时整个抗侧力台座的垂直剖面不是L型而成为U型，其特点是可以在试件的两侧对称施加荷载；也有在试验台座的端部和侧面建造水平向剖面成直角的抗侧力墙体，这样可以在 x 和 y 两个方向同时对试件加载，模拟 x、y 两个方向的地震荷载。

有的试验室为了提高反力墙的承载能力，将试验台座建在低于地面一定深度的深坑内，利用坑壁作为抗侧力墙体，这样在坑壁四周的任意面上的任意部位均可对结构施加水平推力。

5. 现场试验的荷载装置

由于受到施工运输条件的限制，对于一些跨度较大的屋架等构件，经常要求在施工现场解决试验问题，为此就必须要考虑适于现场试验的加载装置。现场试验装置的主要矛盾是液压加载器加载所产生的反力如何平衡的问题，也就是要设计一个能够代替静力试验台座的荷载平衡装置。

在现场广泛采用的是平衡重式的加载装置，其工作原理与前述固定试验设备中利用抗弯大梁或试验台座一样，即利用平衡重来承受与平衡由液压加载器加载所产生的反力，此时在加载架安装时必须要求有预设的地脚螺丝与之连接，为此在试验现场必须开挖地槽，在预制的地脚螺丝下埋设横梁和板，也可采用钢轨或型钢，然后在上面堆放块石、钢锭或铸铁，其重量必须经过计算。地脚螺丝露出地面以便于与加载架连接，连接方式可用螺丝帽或正反扣的花篮螺丝，甚至用简单的直接焊接。平衡重式加载装置的缺点是要耗费较大的劳动量。目前有的单位采用打桩或用爆扩桩的方法作为地锚，也有的利用厂房基础下原有桩头作锚固，在两个或几个基础间沿柱的轴线浇捣一钢筋混凝土大梁，作为抗弯平衡装置，在试验结束后这大梁则可代替原设计的地梁使用。

成对构件试验方法，即用另一根构件作为台座或平衡装置使用，通过简单的箍架作用以维持内力的平衡。此时较多的采用结构卧位试验的方法。当需要进行破坏试验时，用来作平衡的构件最好要比试验对象的强度和刚度都大一些，但这往往有困难，所以，经常是使用两个同样的构件并列来作为平衡的构件之用。成对构件卧位试验中所用箍架，实际上就是一个封闭的加载架。一般常用型钢作为横梁，用圆钢为拉杆较为方便，对于荷载较大时，拉杆以型钢制作为宜。

第三章　数据采集与测量仪器

在结构试验研究中，被测参数与结构的应力和变形性能密切相关。结构静态参数可分为局部纤维应变和整体变形两大类；结构动态参数主要是结构的动力特性和结构振动随时间而变化的动态反应。由于静态和动态参数的特征不同，采用的量测仪表和量测方法也有所区别。

由于各种参数的量测仪表有各自的构造特点和工作原理，因而分类方法也各有差异。例如利用弹簧、齿轮等机械零件制成的仪表称机械式仪表；利用电阻、电容、电感等元件制成的仪表称电测仪表；根据仪表与试件之间的关系又可将仪表分为接触式和附着式；按记录方式不同又可分为数字式和模拟量式；其他还有按光学、声学学科分类的仪表等。

在结构静力试验中，多数量测仪表是由机和电组成的复合式仪表，以及附有数字显示系统的数字式仪表。它们具有直观、准确和使用方便等优点。例如受弯构件的挠度、受压构件的侧向变位和整体结构的层间位移等，都可以用数字式位移计测量。局部纤维的应变可直接用应变仪测量。

在结构动力试验中，仅对参数的某一瞬时值进行测量是不能代表结构振动的实质的，必须量测结构振动的全过程。这种参量的量测仪表大多属于动态模拟量测仪表。它的优点是储存的信息量大，测点数不受限制，记忆速度快和具有再现的能力。对模拟量作定量分析时必须进行严格的标定。模拟量记录的主要缺点是不直观。

结构试验对量测数据的精确度要求，通常是根据试验的目的和要求来确定，并根据精度要求选择量测方法和量测仪表。为此，对量测仪表的技术性能、使用方法和适用范围等作全面的了解是完全必要的。

§3-1　测量仪表的基本概念

测量可定义为狭义测量和广义测量两种。狭义测量就是被测的量与同性质的标准量进行比较，并确定被测的量是标准量的多少倍。标准量应该是国家专门机构所指定的量，具有足够稳定的性能。标准量所采用的单位愈小，对一给定的被测量而言，其测量精确度则愈高。广义测量是指对被测对象进行检出、变换、分析、处理、判断、控制和显示等，这些环节的组合称为测试系统。换句话说，在广义测量系统中，有以敏感元件为中心的检出部分，有转换信号提高效率的变换放大部分，有执行信息分析处理的数据分析处理部分，和联系以上各部分的控制系统等。随着计算机自动控制技术的迅速发展，广义量测系统正在不断改进和完善，目前已在工程结构试验中广泛应用。

3-1-1　测量仪表的组成及技术指标

狭义测量仪表和广义测量系统从形式上看虽然有差别，甚至毫无共同之处。但是二者实现其测量任务时，它们必备的基本功能却是相同的，即每种测量仪表都应具备检出、变换、放大和显示记录等基本功能。一切量测仪表也都是由具备这些功能的元件或部件组合而成。

量测仪表的组成如图 3-1 所示。其中检出变换部分的敏感元件，一般都直接与被测对象接触或直接附着在被测对象上，用来感受被测对象的参数变化；有时还需要将感受的参数经过变换后才能送入放大系统，最后送至读数器、显示仪或记录器等进行数字或模拟记录。

图 3-1　量测仪表的组成

反映量测仪表性能优劣的是仪表的技术指标。量测仪表的主要技术指标如下：

(1) 刻度值 A

设置有指示装置的仪表，一般都配有分度表，刻度值是指分度表上每一最小刻度所代表的被测量的数值。刻度值的倒数为该仪表的放大率 V，即 $V=\frac{1}{A}$。

(2) 量程 S

量程是指测量上限值和下限值的代数差，即仪表刻度盘上的上限值减去下限值，$S=x_{\max}-x_{\min}$，通常下限值 $x_{\min}=0$，这样 $S=x_{\max}$。在整个测量范围内仪表提供的可靠程度并不相同，通常在上、下限值附近测量误差较大，故不宜在该区段内使用。

(3) 灵敏度 K

灵敏度 K 是指某实际物理量的单位输出增量与输入增量的比值，$K=\frac{\Delta y}{\Delta x}$。当仪表的输出特性曲线为一条直线时，则其各点的斜率相等，K 为常数，如图 3-2(a) 所示。若输出特性曲线为一条曲线，说明仪表的灵敏度将随被测物理量的大小而变化，如图 3-2(b)中 x_1、x_2 处的灵敏度是不相等的。

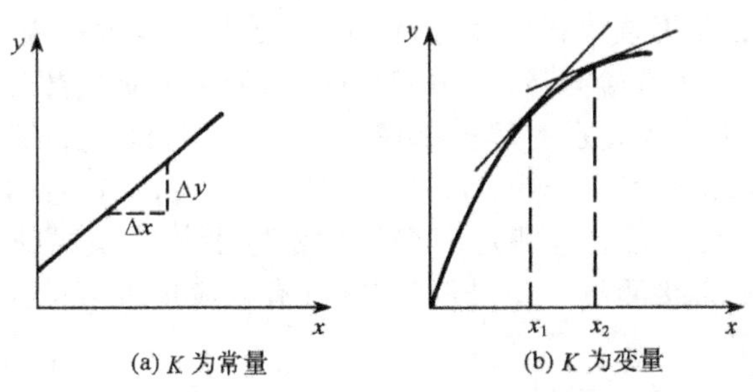

图 3-2　仪表的灵敏度

(4) 分辨率

当输入量从某个任意非零值开始缓慢地变化时,我们将会发现只要输入的变化值不超过某一数值,仪表的示值是不会发生变化的。因此使仪表示值发生变化的最小输入变化值叫作仪表的分辨率。

(5) 滞后

某一输入量从起始量程增至最大量程,再由最大量程减至最小量程,在这正反两个行程输出值之间的偏差称为滞后,滞后常用全量程中的最大滞后值与满量程输出值之比来表示。这种现象是由于机械仪表中有内摩擦或仪表元件吸收能量所引起。

(6) 精确度

精确度简称精度,它是精密度和准确度的综合反映。精度高的仪表,意味着随机误差和系统误差都很小。精度最终是用测量误差的相对值来表示的。误差愈小,精度越高。在工程应用中,为了简单表示仪表测量结果的可靠程度,可用仪表精确度等级 A 来表示:

$$A = \frac{\Delta_{g,\max}}{x_{\max} - x_{\min}} \times 100\% \tag{3-1}$$

式中:$\Delta_{g,\max}$——最大绝对允许误差值;

$x_{\max}$、$x_{\min}$——测量范围的上、下限值。

(7) 可靠性

仪表的可靠性可定义为:在规定的条件下(满足规定的技术指标,包括环境、使用、维护等),满足给定的误差极限范围内连续工作的可能性,或者说构成仪表的元件或部件的功能随着时间的增长仍能保持稳定的程度。现代的测试仪表元件数目都很多,每个元件都应该有很高的可靠性才能保证仪表具有可靠性。

3-1-2 测量方法

常用的测量方法有直接测量法和间接测量法、偏位测定法和零位测定法。

1. 直接测量法和间接测量法

直接测量法是用一个事先按标准量分度的测量仪表对某一被测的量进行直接测定,从而得出该量的数值。直接测量法是结构试验中最广泛应用的一种方法,但直接测量不等于必须用直读式仪表进行,用电压表(直读式仪表)和电位差计(比较式仪表)测量电压均属直接测量。所谓间接测量,就是不直接测量待求量 X,而是对与待求量 X 有确切函数关系的其他物理量 $Y_1, Y_2, \cdots, Y_n$ 进行直接测量,然后通过已知函数关系式求待求量 X 的值,即 $X = F(Y_1, Y_2, \cdots, Y_n)$。例如测量一构件某特定点上的应力,一般都是通过测定应变然后根据函数关系式($\sigma = E \cdot \varepsilon$)再导出应力。间接测量法是直接测量不便进行时,或没有相应仪表可采用时,或直接测量引起误差过大时使用。

2. 偏位测定法和零位测定法

偏位测定法和零位测定法都属于直接测量法。当测量仪表是用指针相对于刻度线的偏位来直接表示被测量的大小时，这种量测方法就称为偏位法。用偏位法测量时，指针式仪表内没有标准量具，而只设有经过标准量具标定过的刻度尺。刻度尺的精确度不可能做得很高，因而这种测量方法的测量精度不高。零位法是使被测的量 x 和某已知标准量 x'，对仪表指零机构的作用达到平衡，即两个作用的总效应为零。总效应为零（指零机构的示值为零）则表示被测量的值就等于该已知标准量的值。在零位法中测量结果的误差主要取决于标准量的误差，因而测量精度高于偏位测定法。但采用零位法测量必须及时调整标准量，这就需要一个时间历程，因此其测量速度受到限制。

偏位法测量和零位法测量在结构试验中都被广泛采用。以后所述及的接触式位移计（百分表）、动态电阻应变仪等都是采用偏位法进行测定。我们熟悉的天平秤和静态电阻应变仪的测量原理，都是采用零位法进行测量工作的。一般认为零位法比偏位法测量更精确，尤其当利用桥路特性对被测量加以放大后，量测精度可以进一步得到提高。

3-1-3 仪器误差及消除方法

仪器本身的误差属于系统误差范畴（关于测量误差详见本书第八章有关内容），产生系统误差的原因主要是由于仪器在生产工艺上或设计上的缺陷所造成的（例如零件的尺寸、安装位置和刻度分划不准确等），或者是由于使用日久带来的零件磨损、零件变形等造成。在设计原理上用线性关系近似地代替非线性关系也会产生系统误差。

仪器系统误差出现的规律可区分为定值误差和变值误差两种。在整个测量过程中，误差的大小和符号都保持不变称为定值误差（例如仪器的刻度不准确）。变值误差较复杂，分为累进误差、周期误差和按复杂规律变化的误差三种。在测量过程中，随时间递增或递减的误差称累进误差。周期性地改变其数值及符号的误差称为周期误差。

消除系统误差的基本方法，是事先找出仪器存在的系统误差及其变化规律，并对其建立各种修正公式，或绘制修正曲线、编制修正表格等。这就需要对仪器进行定期率定，率定方法有如下三种：

1）在专门的率定设备上进行，这种设备能产生一个已知标准量的变化，由它和被率定仪器的示值作比较，求出被率定仪器的刻度值。这种方法其率定设备的准确度要比被率定仪器的准确度高一个等级以上。

2）采用和被率定仪器同一等级的“标准”仪器作比较来进行率定。所谓“标准”仪器，其准确度并不比被率定的仪器高，但它不常使用，因而可认为该仪器的度量性能技术指标可保持不变，准确度也为已知。显然这种率定方法的准确度取决于“标准”仪器的准确度。因为被率定仪器和“标准”仪器具有同一精度，故率定结果的准确度要比上述方法差。但本法不需要特殊率定设备，所以常被采用。

3）利用标准试件率定仪器。将标准试件放在试验机上加荷，使标准试件产生已知的变化量,根据这个变化量就可以求出安装在试件上的被率定仪器的误差。此法准确度不高,但它更简单,容易实现,所以被广泛采用。

此外,对于在工作期间随时要求进行率定的仪器,可将专门的率定装置直接安装在仪器内部。例如动态电阻应变仪内部就设有这种内标定装置。

§3-2 应变测量

应变定义为单位长度范围内的伸长或缩短。在结构试验中相当一部分仪器的测量结果都是以指示部分的长度变化来表示。例如测得单位长度内的伸长量就可以导出应变$\left(\frac{\Delta L}{L}\right)$。又如结构试验中需要测定荷载或作用力的大小,而人的感觉器官又不能直接去观测力的大小,这时就可以借助仪器将力变换为仪器中某一部件相对于另一部件的位移而导出力的大小(如 $F=C\cdot\frac{\Delta L}{L}$,$C$ 为仪器部件的刚度)。这种方法在测力计及各种传感器中得到广泛应用。

测量构件表面(或材料表面)的纤维应变是结构试验测试的一项重要内容。结构的位移、应力、力、转角等都可以由应变通过已知函数关系式导出。应变测量一般可分应变机械测法和应变电测法两类。

3-2-1 应变的机械测量法

1. 手持应变仪

手持应变仪如图 3-3 所示。它是一台自成套的应变仪,主要由两片弹簧钢片连接两个刚性骨架组成,两个骨架可作无摩擦的相对移动。骨架两端附带有锥形插轴,进行测量时将锥形插轴插入结构表面预定的空穴里。结构表面的预定空穴应按照仪器插轴之间的距离进行设置,这个距离就是仪器的标距。试件的伸长或缩短量由装在骨架上的千分表来测读。千分表每一刻度代表的应变为$\frac{1}{1000L}$。

不同型号手持应变仪的标距有很大差别,国外的手持应变仪标距有 50mm、250mm 等,国产手持应变仪有 200mm 和 250mm 两种。由于标距不同,其上千分表

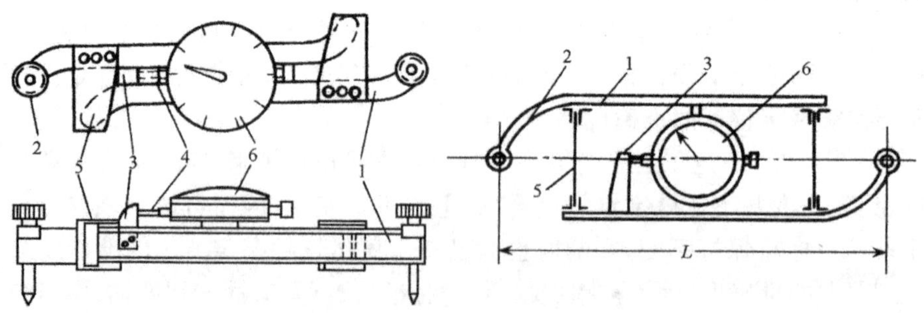

图 3-3 手持应变仪构造示意图

1——刚性骨架;2——插轴;3——骨架外凸缘;4——千分表测杆;5——薄钢片;6——千分表

每一刻度代表的应变值也不相同。一般大标距适于量测非匀质材料的应变。

用手持应变仪进行测量时，将应变仪两端的锥形插轴插入试件表面的标脚内（标脚上做有锥形空穴），标脚离构件表面的距离为 a，因而在弯曲平面内进行测量时，千分表的示值将大于（对受拉边）或小于（对受压边）构件表面纤维的实际伸长或缩短量。这时应对实测值进行修正。假定受弯构件截面的应变符合平截面假定，则修正后的应变 ε 为：

$$\varepsilon = \frac{h}{2\left(a + \frac{h}{2}\right)} \cdot \frac{\Delta L'}{L} \tag{3-2}$$

式中：h——试验构件截面高度；

a——试件表面至空穴底的距离；

$\Delta L'$——在高度 a 处的位移示值，如图 3-4 所示；

L——仪器标距。

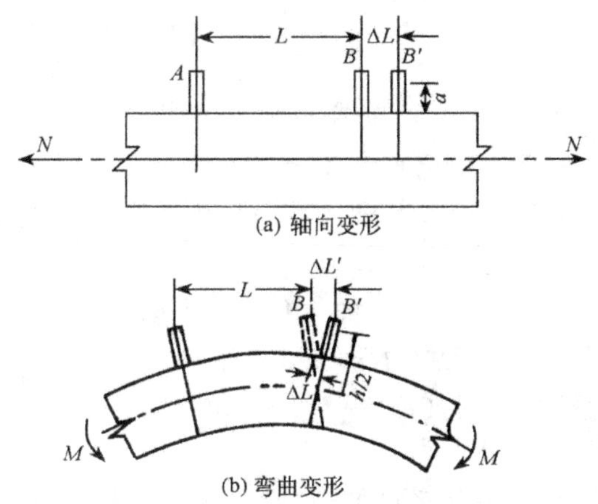

图 3-4　弯曲平面内的 $\Delta L'$

手持应变仪的主要优点是，仪器不需要固定在测点上，因而一台仪器可进行多个测点的测量。其缺点是每测读一次要重新变更一次位置，这样很可能引入较大的误差。因此，为减小测量误差在整个测试过程中，最好每个操作者固定一台仪器，并保持读数方法和测试条件前后一致，这样读数误差可以降至最低。尽管手持应变仪的测量误差偏大，但当用于测量混凝土构件的长期应变（徐变）、墙板的剪切变形，以及在大标距范围内进行其他类似的应变测量时，手持应变仪还是相当方便的。

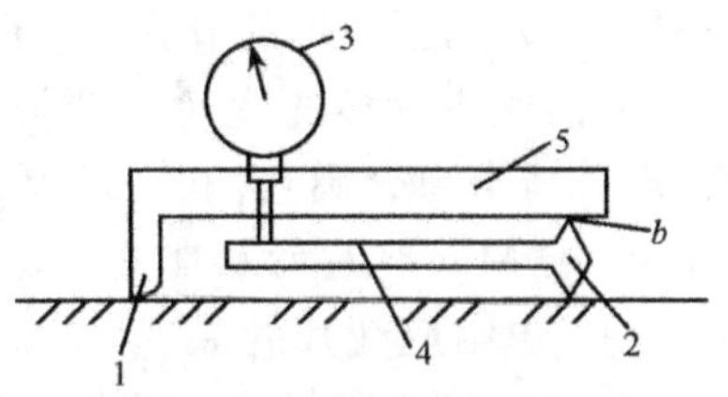

图 3-5　单杠杆应变仪

1——固定刀口；2——活动刀口；3——千分表；4——杠杆；5——刚性杆

2. 单杠杆应变仪

单杠杆应变仪如图 3-5 所示。它由刚性杆（一端带固定刀口）、杠杆（一端带棱形活动刀口)和千分表组成。构件变形后活动刀口以 b 为支点转动,经杠杆放大后由千分表测出。这种仪器的标距有 20mm、100mm 等,放大倍数与杠杆臂长度有关。使用时请查阅有关产品说明。这种仪器的优点是构造简单、重复使用性好、价廉、能满足一般精度要求。

3-2-2 应变电测法

在测量过程中,常将某些物理量(如长度)发生的变化,先变换为电参量的变化,然后用量电器进行量测,这种方法称为电测法或称非电量的电测技术。

在结构试验中,因结构受外荷载或受温度及约束等原因而产生应变。应变为机械量(即非电量),用量电器量测非电量,首先必须把非电量(应变)转换成电量的变化,然后才能用量电器量测。量测由应变引起的电量变化称为应变电测法。图 3-6 为应变电测法的框图。

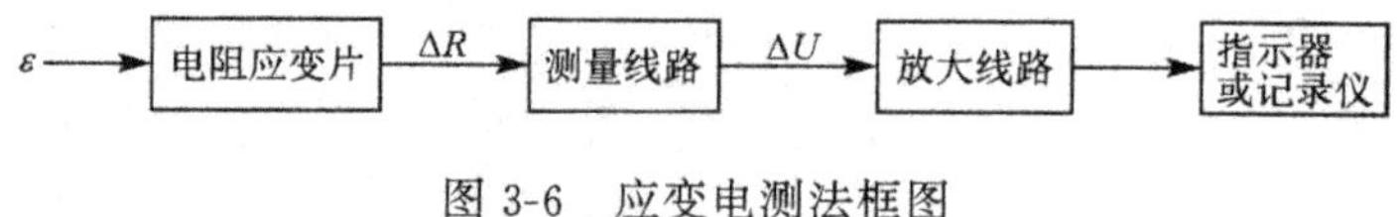

图 3-6 应变电测法框图

应变电测法与其他方法相比有下列优点:

1) 灵敏度及准确度高,测量范围大。电阻应变仪可以精确地量测 1×10^{-6}应变,应变测量范围最大可达$\pm11100\times10^{-6}$。

2) 由于变换元件(电阻应变片)的体积小、质量轻,可安装在形状复杂而空间甚小的区段内,且不影响欲测结构的静态及动态特性。

3) 对环境的适应性强。可在高温(800～1000℃)、高压(1×10^4 大气压以上)及水中进行测量。

4) 适用性好。它可以测量多种物理参数,例如测量静态应变、动态应变、还可通过各种传感器来测量位移、速度、加速度、振幅以及压力等力学参数。

采用应变电测法可以进行远距离测量,有助于实现测量的自动化,因此在试验应力分析、断裂力学及宇航工程中都有广泛用途。其主要缺点是连续长时间测量会出现漂移,原因在于粘合剂的不稳定性和对周围环境的敏感性所造成;另外应变片必须牢固地粘贴在试件表面,才能保证正确地传递试件的变形,这种粘贴工作技术性强,粘贴工艺复杂,工作量大;电阻应变片不能重复使用。

目前使用最多的变换元件是电阻式应变片,与其配套的测量仪表是电阻应变仪,本节将重点介绍它们的原理和使用技术。

1. 电阻应变片的原理及构造

(1) 电阻应变片的原理

电阻应变片的工作原理是基于电阻丝具有应变效应,即电阻丝的电阻值随其变形而发生改变。由物理学知

$$R=\rho\frac{L}{A} \tag{3-3}$$

式中：R——电阻丝的电阻值(Ω)；

L——电阻丝的长度(m)；

ρ——电阻率($\Omega\cdot mm^2/m$)；

A——电阻丝的截面积$(mm)^2$。

当电阻丝受机械变形而伸长或缩短时，相应的电阻变化为

$$\begin{aligned} dR &= \frac{\partial R}{\partial \rho}d\rho + \frac{\partial R}{\partial L}dL + \frac{\partial R}{\partial A}dA \\ &= \frac{L}{A}d\rho + \frac{\rho}{A}dL - \frac{\rho L}{A^2}dA \end{aligned} \tag{3-4}$$

$$\frac{dR}{R} = \frac{d\rho}{\rho} + \frac{dL}{L} - \frac{dA}{A} \tag{3-5}$$

电阻丝的截面积 $A=\frac{\pi D^2}{4}$(D 为电阻丝的直径)。因电阻丝纵向伸长时横向缩短，故有

$$\frac{dD}{D} = -\nu\frac{dL}{L} = -\nu\varepsilon \tag{3-6a}$$

式中：ν——电阻丝材料的泊松比。

$$\frac{dA}{A} = \frac{\frac{2\pi D dD}{4}}{\frac{\pi D^2}{4}} = 2\frac{dD}{D} \tag{3-6b}$$

式(3-6)代入式(3-5)，得

$$\frac{dR}{R} = \frac{d\rho}{\rho} + \varepsilon + 2\nu\varepsilon$$

即

$$\frac{\frac{dR}{R}}{\varepsilon} = \frac{\frac{d\rho}{\rho}}{\varepsilon} + (1 + 2\nu) \tag{3-7}$$

令 $K_0=\frac{\frac{d\rho}{\rho}}{\varepsilon}+(1+2\nu)$，则有

$$\frac{dR}{R} = K_0\varepsilon \quad 或 \quad \frac{dR}{R} = K\varepsilon \tag{3-8}$$

式中：K_0——单丝灵敏系数。

K_0 受两个因素的影响：第一项为$(1+2\nu)$，它是由电阻丝几何尺寸的改变所引起，选定金属丝材料后，泊松比 ν 为常数；第二项是$\frac{\frac{d\rho}{\rho}}{\varepsilon}$，它是由电阻丝发生单位应变引起的电阻率的改变，是应变的函数，但对大多数电阻丝而言，也是一个常量，故认为 K_0 是常数。因此式(3-8)所表达的电阻丝的电阻变化率与应变呈线性关系。对丝栅状应变片或箔式应变片，考虑到已不是单根丝，故改用片的灵敏系数 K 代替 K_0。

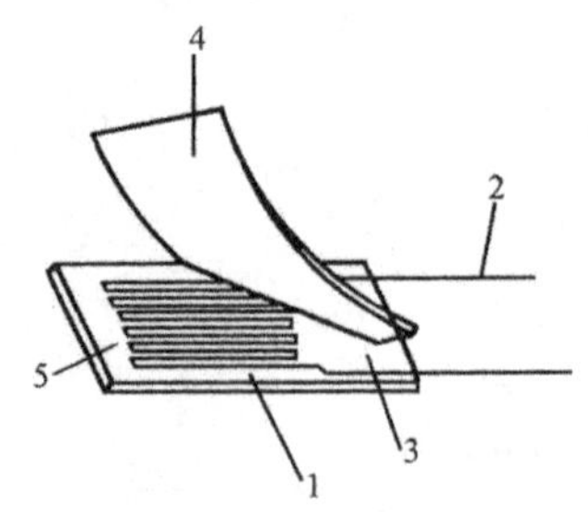

图 3-7　应变片的构造

1——敏感栅；2——引线；3——粘合剂；
4——盖层；5——基底

(2) 电阻应变片的构造

不同用途的电阻应变片，其构造虽不完全相同，但都有敏感栅、基底、覆盖层和引出线。其结构如图3-7 所示。

1) 敏感栅：是应变片将应变变换成电阻变化量的敏感部分，称敏感栅。它是用金属或半导体材料制成的单丝或栅状体。

敏感栅的形状与尺寸直接影响到应变片的性能。对图 3-8 所示的敏感栅，其纵向中心线称为纵向轴线。敏感栅的尺寸用栅长 L 和栅宽 B 来表示。对带有圆弧端的敏感栅，该长度为两端圆弧内侧之间的距离；对带直线形横栅的敏感栅，则为两端横栅内侧之间的距离。与纵轴垂直方向上的敏感栅外侧之间的距离称栅宽 B。栅长和栅宽代表应变片的标称尺寸，即规格。

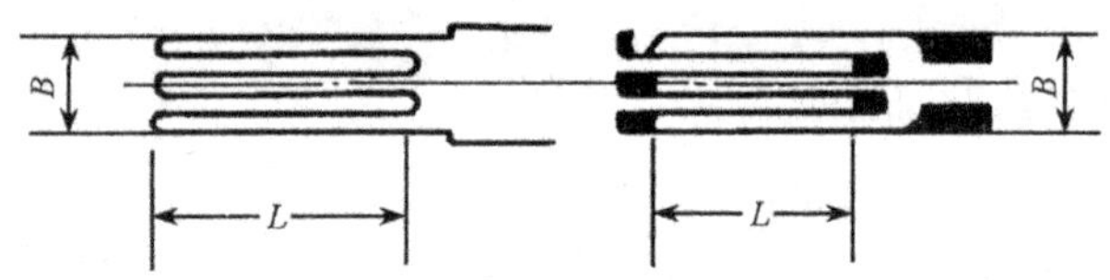

图 3-8　敏感栅的尺寸

2) 基底和盖层：它起定位和保护电阻丝的作用，并使电阻丝和被测试件之间绝缘。基底的尺寸通常代表应变片的外形尺寸。

3) 粘结剂：粘结剂是一种具有一定电绝缘性能的粘结材料。用它将敏感栅固定在基底上，或将应变片的基底粘贴在试件的表面上。

4) 引出线：引出线通过测量导线接入应变测量桥。引出线一般都采用镀银、镀锡或镀合金的软铜线制成，在制造应变片时与电阻丝焊接在一起。

(3) 电阻应变片的分类

电阻应变片经常是按所用材料、适用的工作温度以及不同的用途进行分类。

1) 按敏感栅所用材料分类：按敏感栅材料的不同，把应变片分为金属电阻应变片和半导体应变片两类。前者根据生产工艺不同又分为金属丝式应变片、箔式应变片和薄膜应变片。

金属丝式应变片，它是用直径为 0.015～0.05mm 的金属丝作敏感栅的应变片，常称丝式应变片。目前用得最多的有丝绕式(U 型)和短接式(H 型)两种，如图 3-9(a)、(b)所示。

金属箔式应变片，它的敏感栅是用 0.002～0.005mm 的金属箔制成(见图 3-10)，制作工艺不同于丝式应变片，它是通过光刻技术和腐蚀等工艺技术制成。由于箔式应变片敏感栅的横向部分可以做成比较宽的栅条，因而它的横向效应比丝式的小。箔栅的厚度很薄，能较好地反映构件表面的变形，也易于在弯曲表面上粘贴。

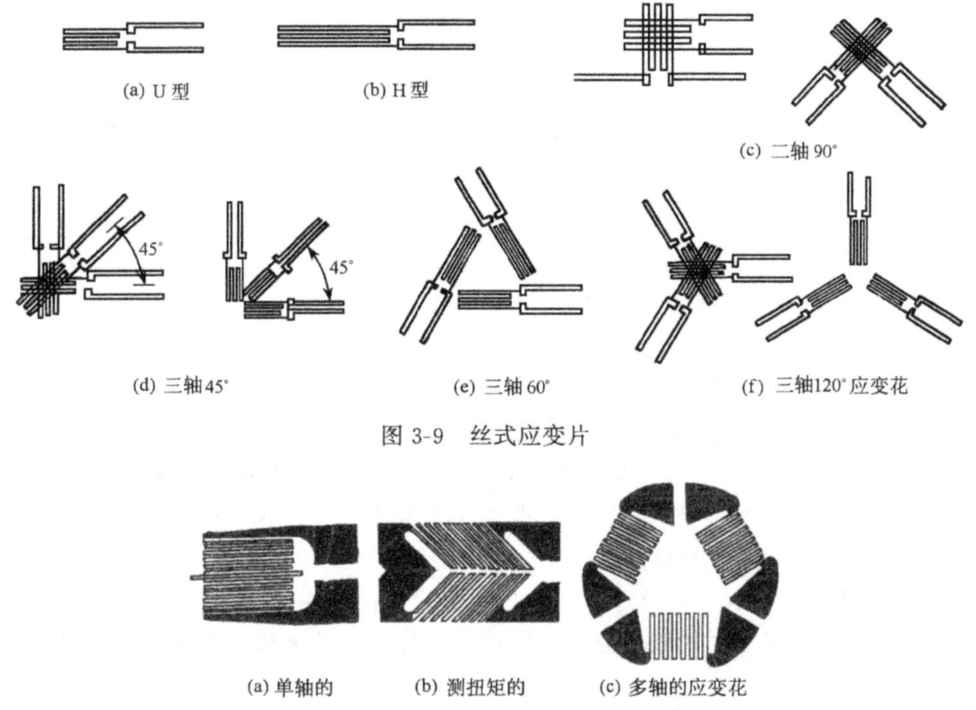

(a) U型　(b) H型　(c) 二轴 90°

(d) 三轴45°　(e) 三轴 60°　(f) 三轴120°应变花

图 3-9　丝式应变片

(a) 单轴的　(b) 测扭矩的　(c) 多轴的应变花

图 3-10　箔式应变片

箔式应变片的蠕变小，疲劳寿命长，在相同截面下其栅条和栅丝的散热性能好，允许通过的工作电流大，测量灵敏度也较高。

金属薄膜应变片。这种应变片是用真空蒸镀及沉积等工艺，将金属材料在绝缘基底上制成一定形状的薄膜而形成敏感栅。这种片耐高温性能好，工作温度可达800～1000℃。

半导体应变片(见图 3-11)的敏感元件都是由半导体材料制成。敏感元件硅件是从硅锭上沿所需的晶轴方向切割出来的，经过腐蚀减小其截面尺寸后，在硅条的两端用真空镀膜设备再蒸发上一层黄金，然后再将丝栅内引线焊在黄金膜上，经二次腐蚀达到规定截面尺寸后将其粘贴在酚醛树脂基底上。该片的优点是灵敏度高，

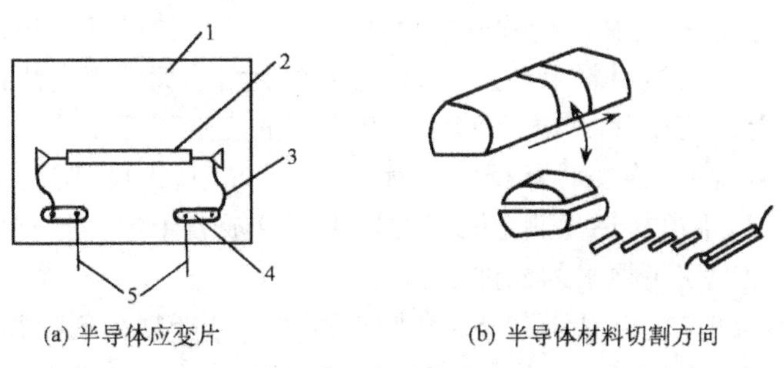

(a) 半导体应变片　(b) 半导体材料切割方向

图 3-11　半导体应变片

1——基底；2——硅条；3——内引线；4——焊接电极；5——引出线

频率响应好，可以做成小型和超小型应变片。其缺点是温度系数大，稳定性不如金属丝式应变片。

2）按敏感栅结构的形状分类：敏感栅的结构形状有单轴和多轴之分。单轴应变片一般是指一片只有一个敏感栅，多用于测量单轴应变；多轴应变片是指一片有几个敏感栅组成，因而也称应变花。如图 3-9(c～f)图所示。

当按应变片的工作温度分类时，常温片的工作温度从－30～＋60℃，中温应变片从＋60～＋350℃，高温片为＋350℃以上，低于－30℃的应变片称低温应变片。

(4) 电阻应变片的技术性能

应变片的主要技术性能由下列指标给出。

1）标距：指敏感栅在纵轴方向的有效长度 L。

2）规格：以使用面积 $L\times B$ 表示。

3）电阻值：与电阻应变片配套使用的电阻应变仪中的测量线路，其电阻均按 120Ω 作为标准进行设计，因而应变测量片的阻值大部分为 120Ω 左右，否则应加以调整或对测量结果予以修正。

4）灵敏系数：电阻应变片的灵敏系数，在产品出厂前经过抽样试验确定。使用时，必须把应变仪上的灵敏系数调节器调整至应变片的灵敏系数值，否则应对其结果作修正。

5）温度适用范围：主要取决于胶合剂的性质，可溶性胶合剂的工作温度约为－20～＋60℃；经化学作用而固化的胶合剂，其工作温度约为－60～＋200℃。

由于应变片的应变代表的是标距范围内的平均应变，故当匀质材料或应变场的应变变化较大时，应采用小标距应变片。对非均匀性材料（如混凝土、铸铁等）应选用大标距应变片。在混凝土上使用应变片时，标距应大于混凝土粗骨料最大粒径的 3 倍。

(5) 应变片的粘贴技术

试件的应变是通过粘结剂将应变传递给电阻应变片的丝栅，因而粘贴质量将直接影响应变的测量结果。

应变片的粘贴技术包括选片、选粘结剂、粘贴和防水防潮处理等，其具体要求如下：

1）选、分应变片：选择应变片的规格和型式时，应注意到试件的材料性质和试件的应力状态。在匀质材料上贴片，一般选用普通型小标距应变片；在非匀质材料上贴片选用大标距应变片；处于平面应变状态下的应选用应变花。分选应变片时，应逐片进行外观检查，应变片丝栅应平直，片内无气泡、霉斑、锈点等缺陷，不合格的片应剔除；然后用电桥逐片测定阻值并以阻值分成若干组。同一组应变片的阻值偏差不得超过应变仪可调平的允许范围。

2）选择粘合剂：粘合剂分为水剂和胶剂两类。选择粘合剂的类型应视应变片基底材料和试件材料的不同而异。一般要求粘合剂具有足够的抗拉强度和抗剪强度，蠕变小和电气绝缘性能好。目前在匀质材料上粘贴应变片均采用氰基丙烯酸类水剂粘合剂，如 KH501、KH502 快速胶；在混凝土等非匀质材料上贴片常用环氧树脂胶。

3）测点表面清理：为使应变片能牢固地贴在试件表面，应对测点表面进行加工。方法是：先用工具或化学试剂清除贴片处的漆层、油污、锈层等污垢，然后用锉刀锉平，再用 0# 砂布在试件表面打成 45°的斜纹，吹去浮尘并用丙酮、四氯化碳等溶剂擦洗。

4）应变片的粘贴与干燥：选择胶剂，在试件上画出测点的定向标记。用水剂贴片时，先在试件表面的定向标记处和应变片基底上，分别涂一层均匀胶层，待胶层发粘时迅速将应变片按正确位置就位，并取一块聚乙烯薄膜盖在应变片上，用手指稍加压力后即可等待其干燥。在混凝土或砌体等表面贴片时，一般应先用环氧树脂胶作找平层，待胶层完全固化后再用砂纸打磨、擦洗后方可贴片。

当室温高于 15℃和相对湿度低于 60%时可采用自然干燥，干燥时间一般为 24～48h。室温低于 15℃和相对湿度高于 60%时应采用人工干燥，但人工干燥前必须先经过 8h 自然干燥，人工干燥的温度不得高于 60℃。

5）焊接导线：先在离应变片 3～5mm 处粘贴接线架，然后将引出线焊于接线架上，最后把测量导线的一端与接线架焊接，另端与应变仪测量桥联接。

6）应变片的粘贴质量检查：用兆欧表量测应变片的绝缘电阻；观察应变片的零点漂移，漂移值小于 5με（3min 之内）认为合格；将应变片接入应变仪，检查其工作的稳定性。若漂移值过大，工作的稳定性差，则应铲除重贴。

7）防潮和防水处理：防潮措施必须在检查应变片贴片质量合格后立即进行。防潮的简便方法是用松香石蜡或凡士林涂于应变片表面，使应变片与空气隔离达到防潮目的。防水处理一般都采用环氧树脂胶。

常用有机粘结剂参见表 3-1。

表 3-1　常用有机粘结剂

粘结剂类型	主要成分	牌　号	适合粘结的应变片基底	最低限度的固化条件	固化压力 /(N/mm²)	工作温度范围 /℃
硝化纤维素粘结剂	硝化纤维素（或乙基纤维素），溶液	—	纸	室温、10h；或 60℃、2h	0.05～0.1	－50～＋80
氰基丙烯酸脂粘结剂	氰基丙烯酸脂	KH501 KH502	纸、胶膜、玻璃纤维布	室温 1h	粘贴时指压 0.05～0.1	－50～＋80
聚酯粘结剂	不饱和聚酯树脂、过氧化环己酮等	—	胶酚、玻璃、纤维布	室温 24h	0.03～0.05	－50～＋150
聚酰亚胺粘结剂	聚酰亚胺	30-14	胶膜、玻璃纤维布	280℃、2h	0.1～0.3	－150～＋250

续表

粘结剂类型	主要成分	牌 号	适合粘结的应变片基底	最低限度的固化条件	固化压力 /(N/mm²)	工作温度范围 /℃
酚醛类粘结剂	酚醛-聚乙烯醇缩丁醛	JSF-2	酚醛胶膜、玻璃纤维布	150℃、1h	0.1～0.2	−60～+150
	酚醛-聚乙烯醇甲乙醛	1720	酚醛胶膜、玻璃纤维布	190℃、3h	—	−60～+100
	酚醛-有机硅	J-12	胶膜、玻璃纤维布	200℃、3h	—	−60～+350
	酚醛-环氧	J06-2	胶膜、玻璃纤维布	150℃、3h	0.2	−60～+250
环氧类粘结剂	环氧树脂、聚硫、醛酮胺	914	胶膜、玻璃纤维布	室温、2.5h	粘贴时指压	−60～+80
	环氧树脂、固化剂等	509	胶膜、玻璃纤维布	200℃、2h	粘贴时指压	
有机硅粘结剂	有机硅树脂、云母粉、溶剂	4107	玻璃纤维布、金属薄片	300℃、3h	0.1～0.2	+400
	有机硅树脂、无机填料、溶剂	B19	玻璃纤维布、金属薄片	300℃、2h	0.1～0.2	+450

2. 电阻应变仪的测量电路

由电阻应变片的工作原理可知，当电阻应变片的灵敏系数 $K=2.0$，被测量的机械应变为 10^{-3}～10^{-6}时，电阻变化率为$\dfrac{\Delta R}{R}=K\varepsilon=2\times10^{-3}\sim2\times10^{-6}$。这是个非常微弱的电信号，用量电器检测是很困难的，所以必须借助放大器将该微弱信号进行放大，才能推动量电器工作。而电阻应变仪就是电阻应变片的专用放大器及量电器。

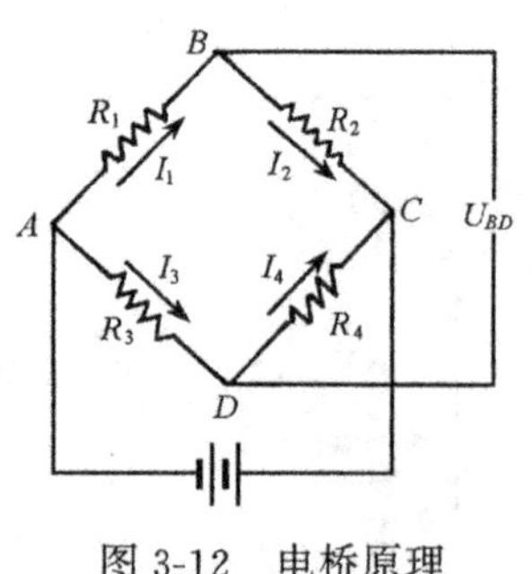

图 3-12 电桥原理

(1) 电桥基本原理

电阻应变仪采用的测量电路是惠斯登桥路，如图 3-12 所示。在四个臂上分别接入电阻 R_1、R_2、R_3 和 R_4，在 A、C 端接入电源，B、C 端为输出端。

电路处于平衡状态时，对角线 B 点的电压等于 D 点的电压，即对角线的输出等于零。因此 A 点到 D 点的电压降必等于 A 点到 B 点的电压降；同理另半个桥上两支路电压降也必然相等，故有

$$I_3R_3 = I_1R_1; \quad I_4R_4 = I_2R_2 \tag{3-9}$$

因为桥路达到平衡时，对角线输出为零，即 $U_{BD}=0$，因此必然有

$$I_1 = I_2; \quad I_3 = I_4 \tag{3-10}$$

将公式(3-10)代入公式(3-9)，消去电流 I 项得电桥平衡时的条件为

$$R_2R_3 = R_1R_4 \tag{3-11}$$

当电阻 R_1 变化 ΔR_1，其他电阻均保持不变时，对角线的输出电压为：

$$U_{BD} = U_{AB} - U_{AD} = I_1(R_1 + \Delta R_1) - I_3R_3 \tag{3-12}$$

将公式(3-10)代入(3-12)，并略去分母中的 ΔR 项得

$$\begin{aligned} U_{BD} &= \left(\frac{R_1 + \Delta R_1}{R_1 + \Delta R_1 + R_2} + \frac{R_3}{R_3 + R_4}\right)U \\ &= \frac{R_1R_4 - R_2R_3 + \Delta R_1R_4}{(R_1 + R_2)(R_3 + R_4)}U \end{aligned} \tag{3-13}$$

当取 $R_1=R_2=R_3=R_4=R$(称等臂电桥)时，并将$\frac{\Delta R}{R}=K\varepsilon$ 代入公式(3-13)，得

$$U_{BD} = \frac{\Delta R_1R}{(2R)(2R)}U = \frac{U}{4}\cdot\frac{\Delta R_1}{R} = \frac{U}{4}K\varepsilon_1 \tag{3-14}$$

当电阻 R_1 和 R_2 分别改变 ΔR_1 和 ΔR_2，并取 $R_1=R_2=R_3=R_4$，其对角线输出为

$$\begin{aligned} U_{BD} &= \left(\frac{R_1 + \Delta R_1}{R_1 + \Delta R_1 + R_2 + \Delta R_2} + \frac{R_3}{R_3 + R_4}\right)U \\ &= \frac{U}{4}\,\frac{\Delta R_1 - \Delta R_2}{R} = \frac{U}{4}(\varepsilon_1 - \varepsilon_2) \end{aligned} \tag{3-15}$$

同理，改变任一臂上的电阻值均可得到类似的公式。若四个臂上的电阻同时都改变一个微量，则对角线的输出电压为

$$\begin{aligned} U_{BD} &= \frac{U}{4}\left(\frac{\Delta R_1 - \Delta R_2 - \Delta R_3 + \Delta R_4}{R}\right) \\ &= \frac{U}{4}K(\varepsilon_1 - \varepsilon_2 - \varepsilon_3 + \varepsilon_4) \end{aligned} \tag{3-16}$$

可见，桥路的不平衡输出，与两相对臂上的应变之和呈线性，且与两相邻臂上应变之差呈线性。这种利用桥路的不平衡输出进行测量的电桥称为不平衡电桥。这种测量方法称偏位测定法。偏位测定法适用于动态应变测量。

(2) 平衡电桥原理

由公式(3-16)看出，不平衡电桥的输出中含有电源电压 U 项。当采用城市电网供应的电压，而测试工作又需要延续较长时间时，电源电压的波动将不可避免，其后果必将影响到量测结果的准确性。另外不平衡电桥采用的是偏位法测量，它要求输出对角线上的检测计既要有很高的灵敏度又要有很大的测量范围。为满足这些测试要求，现代的电阻应变仪都改用平衡电桥，即采用零位法进行测量。平衡电桥如图 3-13 所

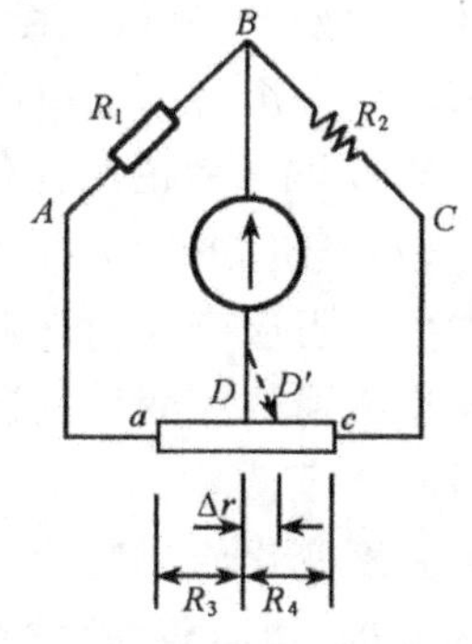

图 3-13　平衡电桥

示。R_1 为贴在受力构件上的工作应变片，R_2 贴在非受力构件上作温度补偿片，R_3 和 R_4 由滑线电阻 ac 代替，触点 D 平分电阻 ac，且使 $R_3=R_4=R''$，$R_1=R_2=R'$。构件受力前，工作电阻没有增量，桥路处于平衡状态，检流计指零，则有 $R_1R_4=R_2R_3$；构件受力变形后，应变片的电阻由 R_1 变为 $R_1+\Delta R_1$，这时桥路失去平衡，检流计指针偏转至某一新的位置，这时如果将触点 D 向右滑动一个距离，可以发现指针有回零的趋势，继续向右移动至 D' 点，这时指针回到零位，也就是桥路又重新恢复了平衡。桥路重新恢复平衡时的条件为

$$(R_1+\Delta R_1)(R_4-\Delta r)=R_2(R_3+\Delta r) \tag{3-17}$$

$$R_1R''+\Delta R_1R''-R_1\Delta r-\Delta R_1\Delta r=R_1R''+R_1\Delta r$$

$$\frac{\Delta R_1}{R}=\frac{2\cdot\Delta r}{R''}$$

所以

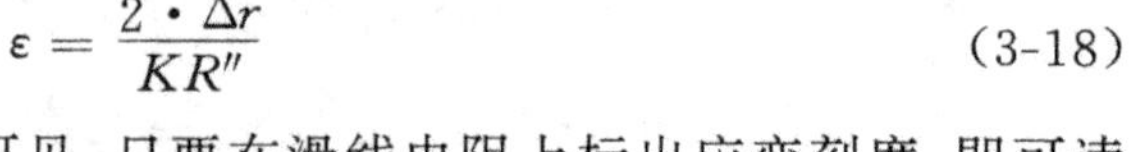

$$\varepsilon=\frac{2\cdot\Delta r}{KR''} \tag{3-18}$$

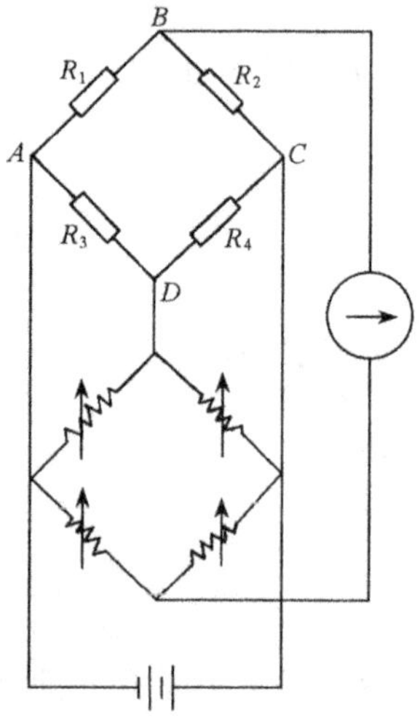

可见，只要在滑线电阻上标出应变刻度，即可读取 Δr 的调节幅度。用这种方法进行测量时，检流计仅用来判别电桥平衡与否，故可避免偏位法测定的缺点。由于检流计始终把指针调整至指零位置才开始读数，所以称为零位测定法。零位测定法用于静态电阻应变测量。

上述图 3-13 的电桥，只有半个桥臂参与测量工作，另一半是供读数用的。为了使四个臂都能参与测量工作，同时也为了进一步提高电桥的输出灵敏度，现代的应变仪把平衡电桥改变成了两个桥路，即所谓双桥路，如图 3-14 所示。

图 3-14　双桥路原理

双电桥桥路，除有一个连接电阻应变片的测量电桥外，还有一个能输出与测量电桥变化相反的读数电桥，读数电桥的桥臂由可以调节的精密电阻组成。当试件发生变形，测量电桥失去平衡，检流计指针发生偏转时，调节读数电桥的电阻，使其产生一个与测量电桥大小相等、方向相反的量，使指针重新指向零。由于测量电桥的 U 与 ε 成正比，因此读数电桥的电阻调整值也必定与 ε 成正比。

(3) 温度补偿技术

用电阻应变片测量应变时，除能感受试件应变外，由于环境温度变化的影响，同样也能通过应变片的感受而引起电阻应变仪指示部分的示值变动，这种变动称为温度效应。

温度变化使应变片的电阻值发生变化的原因有两个：一是由于电阻丝温度改变 Δt℃时，电阻将随之改变；二是试件材料与应变片电阻丝的线膨胀系数不相等，

但两者又粘合在一起，这样温度改变 Δt℃时，应变片中产生了温度应变，引起一个附加电阻变化。因此总的应变效应为两者之和，可用电阻增量 ΔR_t 表示。根据桥路输出公式得

$$U_{BD}=\frac{U}{4}\cdot\frac{\Delta R_t}{R}=\frac{U}{4}K\varepsilon_t \tag{3-19}$$

式中：ε_t——称视应变。

当应变片的电阻丝为镍铬合金丝时，温度变动 1℃，将产生相当于钢材($E=2.1\times10^5$)应力为 14.7N/mm² 的示值变动，这个量不能忽视，必须设法加以消除。消除温度效应的方法称为温度补偿。

温度补偿的方法是在电桥的 BC 臂上接一个与测量片 R_1 同样阻值的应变片 R_2，R_2 为温度补偿应变片。测量片 R_1 贴在受力构件上，既受应变作用又受温度作用，故 ΔR_1 由两部分组成，即 $\Delta R_1=\Delta R_\varepsilon+\Delta R_t$；补偿片 R_2 贴在一个与试件材料相同并置于试件附近，具有同样温度变化，但不受外力的补偿试件上，它只有 ΔR_t 的变化。故由公式(3-14)得

$$\begin{aligned}U_{BD}&=\frac{U}{4}\cdot\frac{\Delta R_1+\Delta R_{1,t}-\Delta R_{2,t}}{R}\\&=\frac{U}{4}\cdot\frac{\Delta R_1}{R}=\frac{U}{4}K\varepsilon_1\end{aligned} \tag{3-20}$$

由此可见，测量结果仅为试件受力后产生的应变值，温度产生的电阻增量(或视应变)自动得到消除。

当找不到一个适当位置来安装温度补偿片，或者工作片与补偿片的温度变动不相等时，应采用温度自补偿片。温度自补偿片是一种单元片，它可由两个单元组成[图 3-15(a)]，两个单元的相应效应可以通过改变外电路来调整，如图 3-15(b)所示。其中 R_G 和 R_T 互为工作片和补偿片，R_{LG}和 R_{LT}为各自的导线电阻，R_B 为可变电阻，加以调节可给出预定的最小视应变。

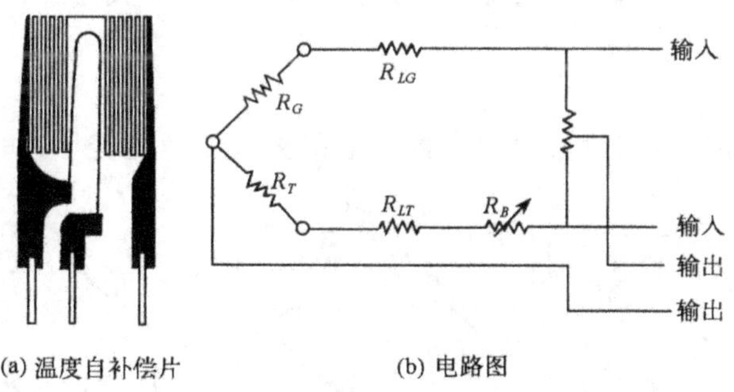

(a) 温度自补偿片　　(b) 电路图

图 3-15　温度自补偿电路

(4) 多点测量线路

进行实际测量时，一个测点显然是不可取的，因而要求应变仪具有多个测量桥，这样就可以进行多测点的测量工作。图 3-16 是实现多点测量的两种线路：工作肢转换法是每次只切换工作片，温度补偿片为公用片；中线转换法每次同时切换工

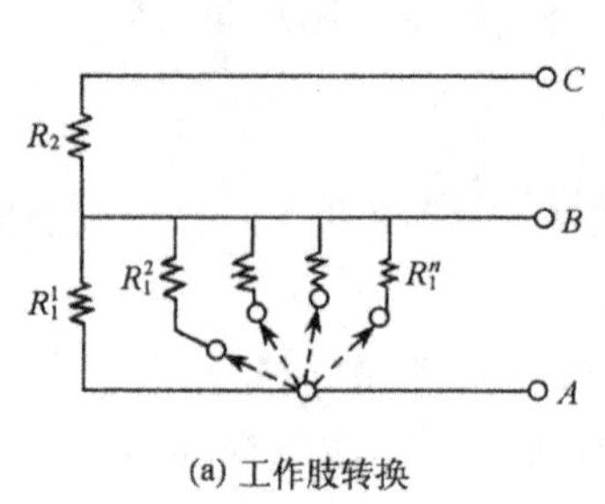

(a) 工作肢转换

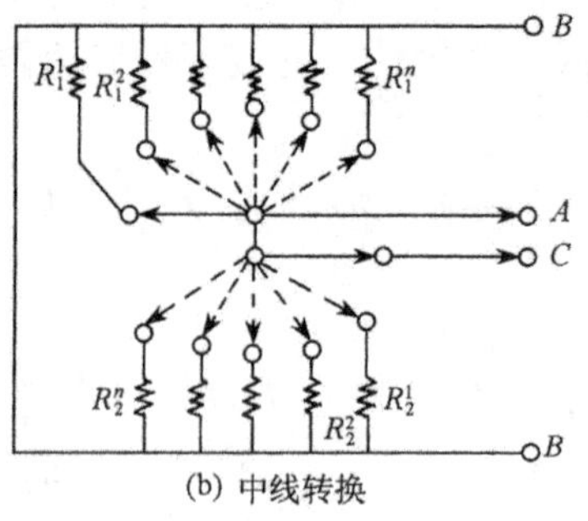

(b) 中线转换

图 3-16　多点测量线路

作片和补偿片，通过转换开关自动切换测点而形成测量桥。

当供桥电压改为交流电压时，变成了交流电桥。在交流电桥中，两邻近导体以及导体与机壳之间存在有分布电容，测量导线之间也会产生分布电容。分布电容的存在，严重影响电桥的平衡，致使电桥灵敏度大大降低，因此必须在测量前预先将电容调平，即使桥路对角线上的容抗乘积相等(如 $Z_1Z_4=Z_2Z_3$)，此时由分布电容引起的对角线输出为零。

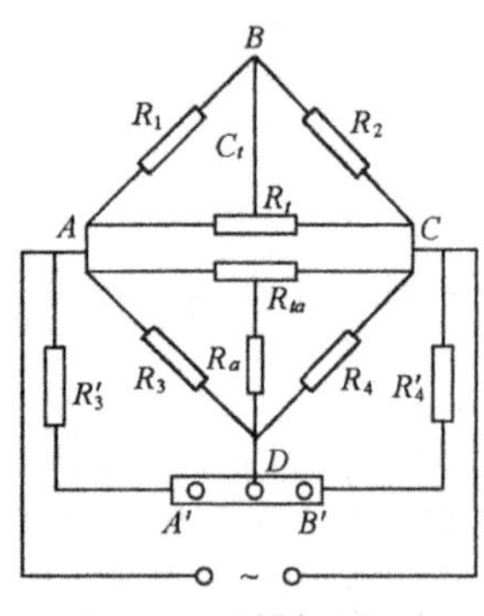

图 3-17　预调平衡原理

电阻应变仪预调平衡的原理如图 3-17 所示。$ABCD$ 组成测量桥路。R_1、R_2、R_3、R_4 均为工作片时，组成全桥测量。若用 R_3'、R_4'(仪器内部标准电阻)代替 R_3、R_4 时，组成半桥测量。其中 R_a 与 R_{ta} 组成电阻预调平衡线路；C_t 与 R_t 组成电容预调平衡线路。这样当 R_t 或 R_{ta} 的触点分别左右滑动时，就可以使电容或电阻达到平衡状态。

3. 实用电路及其应用

公式(3-16)建立的应变与输出电压之间的关系，为我们提供了下列三种标准实用电路。

(1) 全桥电路

全桥电路就是在测量桥的四个臂上全部接入工作应变片，如图 3-18(a)所示。

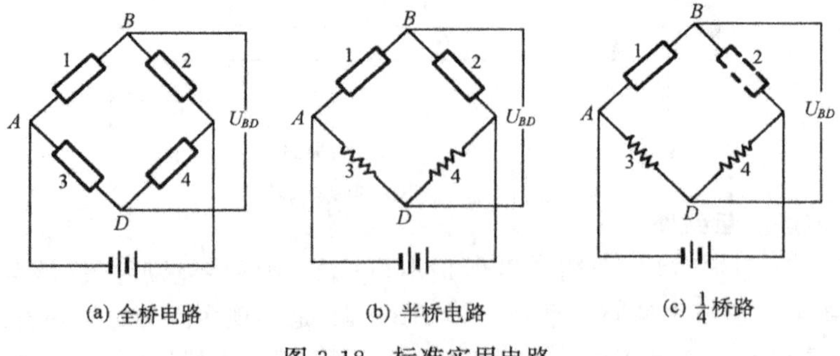

(a) 全桥电路　(b) 半桥电路　(c) $\frac{1}{4}$桥路

图 3-18　标准实用电路

其中相邻臂上的工作片兼作温度补偿用。桥路输出

$$U_{BD}=\frac{U}{4}K(\varepsilon_1-\varepsilon_2-\varepsilon_3+\varepsilon_4)$$

例如图 3-19 所示的圆柱体荷重传感器，在筒壁的纵向和横向分别贴有电阻应变片，根据横向应变片的泊桑效应和对角线输出的特性，经推导可知，图 3-19 所示两种贴片和联接方式的输出均为

$$U_{BD}=\frac{U}{4}K\cdot 2(1+\nu)\varepsilon$$

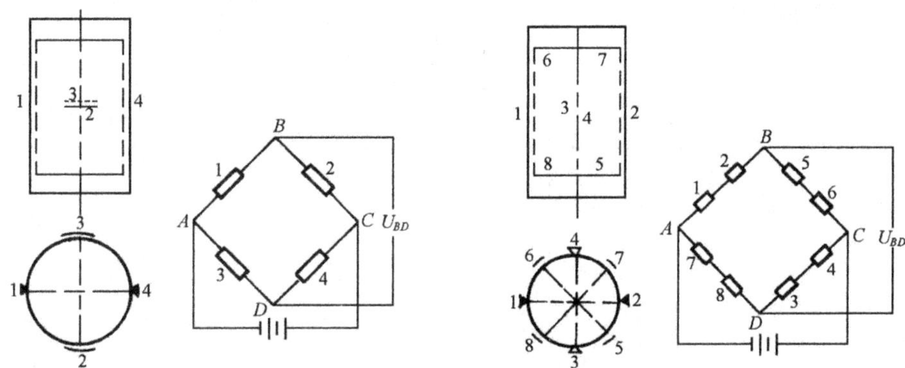

图 3-19　荷重传感器全桥接线

1～8——电阻应变片

由此可见，桥路输出公式中的符号变化将输出信号放大了 $2(1+\nu)$ 倍，提高了量测灵敏度，温度补偿自动完成，并消除了读数中因轴向力偏心引起的影响。

(2) 半桥电路

半桥电路由两个工作片和两个固定电阻组成，工作片接在 AB 和 BC 臂上，另半个桥上的固定电阻设在应变仪内部。例如悬臂梁固定端的弯曲应变[见图 3-20(a)]可以用 R_1 和 R_2 来测定，利用输出公式可得

$$U_{BD}=\frac{U}{4}\cdot K[\varepsilon_1-(-\varepsilon_1)]=\frac{U}{4}K\varepsilon\cdot 2$$

即电桥输出灵敏度提高了两倍，温度补偿也由这两个工作片自动完成。

(3) $\frac{1}{4}$桥电路

$\frac{1}{4}$桥电路常用于测量应力场里的单个应变，例如简支梁下边缘的最大拉应变[图 3-20(b)]，这时温度补偿必须用一个补偿应变片 R_2 来完成。这种接线方式对输出信号没有放大作用。

桥路输出灵敏度取决于应变片在受力构件上的贴片位置和方向，以及它在桥路中的接线方式。除图 3-19 和图 3-20 之外，还可根据各种具体情况进行桥路设计(如表 3-2 所示)，从而可得桥路输出的不同放大系数。放大系数以 A 表示，称之为桥臂系数。因此在外荷载作用下的实际应变，应该是实测应变 ε^0 与桥臂系数之比，即 $\varepsilon=\frac{\varepsilon^0}{A}$。

表 3-2　布片和接桥方法

序号	受力状态及其简图		工作片数	电桥型式	电桥线路	温度补偿	测量电桥输出	测量项目及应变值	特　点
1	轴向拉（压）	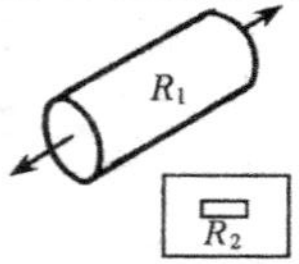	1	半桥	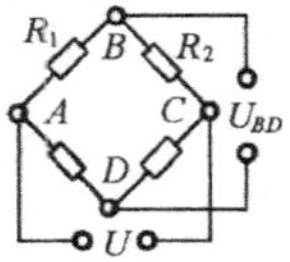	另设补偿片	$U_{BD}=\frac{1}{4}UK\varepsilon$	拉（压）应变 $\varepsilon_r=\varepsilon$	不易消除由于偏心作用而引起的弯曲影响
2	轴向拉（压）	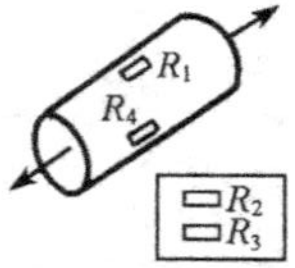	2	全桥	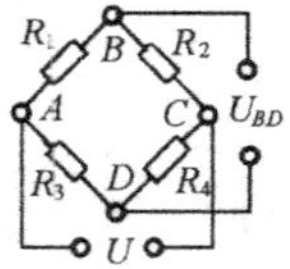	另设补偿片	$U_{BD}=\frac{1}{2}UK\varepsilon$	拉（压）应变 $\varepsilon_r=2\varepsilon$	输出电压提高 1 倍且可消除弯曲影响
3	轴向拉（压）	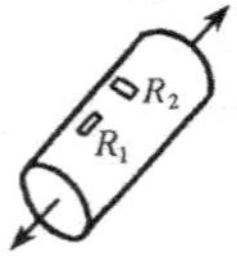	2	半桥	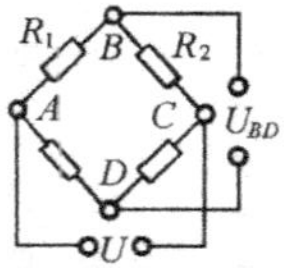	互为补偿	$U_{BD}=\frac{1}{4}UK\varepsilon(1+\nu)$	拉（压）应变 $\varepsilon_r=(1+\nu)\varepsilon$	输出电压提高到$(1+\nu)$倍，但不能消除弯曲影响
4	轴向拉（压）	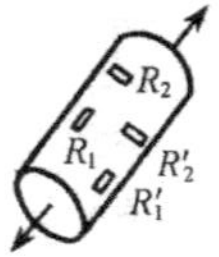	4	半桥	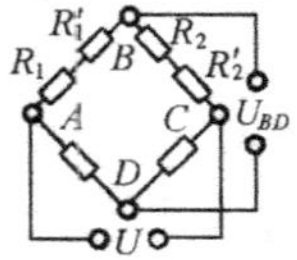	互为补偿	$U_{BD}=\frac{1}{4}UK\varepsilon(1+\mu)$	拉（压）应变 $\varepsilon_r=(1+\nu)\varepsilon$	输出电压提高到$(1+\nu)$倍，能消除弯曲影响且可提高供桥电压
5	轴向拉（压）	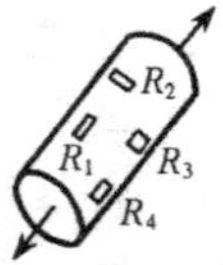	4	全桥	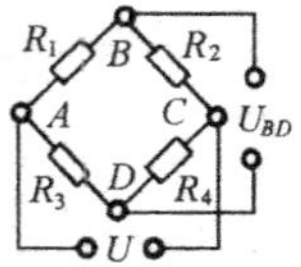	互为补偿	$U_{BD}=\frac{1}{2}UK\varepsilon(1+\mu)$	拉（压）应变 $\varepsilon_r=2(1+\nu)\varepsilon$	输出电压提高到$2(1+\nu)$倍且能消除弯曲影响
6	拉伸	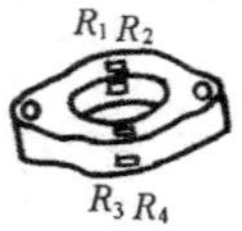	4	全桥	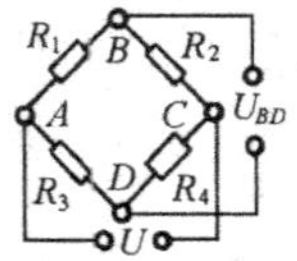	互为补偿	$U_{BD}=UK\varepsilon$	拉应变 $\varepsilon_r=4\varepsilon$	输出电压提高到 4 倍

续表

序号	受力状态及其简图		工作片数	电桥型式	电桥线路	温度补偿	测量电桥输出	测量项目及应变值	特　　点
7	弯曲	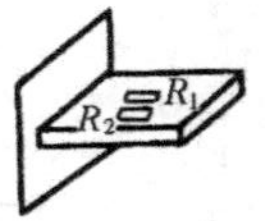	2	半桥	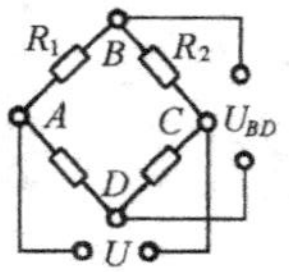	互为补偿	$U_{BD}=\frac{1}{2}UK\varepsilon$	弯曲应变 $\varepsilon_r=2\varepsilon$	输出电压提高1倍且能消除轴向拉(压)影响
8	弯曲	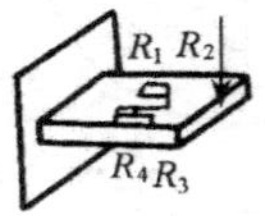	4	全桥	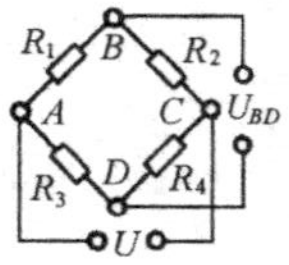	互为补偿	$U_{BD}=UK\varepsilon$	弯曲应变 $\varepsilon_r=4\varepsilon$	输出电压提高到4倍且能消除轴向拉(压)影响
9	弯曲	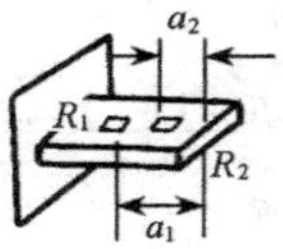	2	半桥	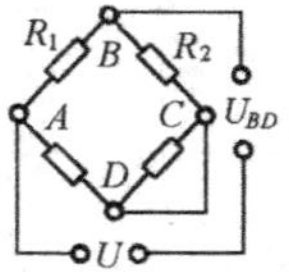	互为补偿	$U_{BD}=\frac{1}{4}UK(\varepsilon_1-\varepsilon_2)$	两处弯曲应变之差 $\varepsilon_r=\varepsilon_1-\varepsilon_2$	可测出横向剪力V值：$V=\frac{EW}{a_1-a_2}\varepsilon_r$
10	扭转	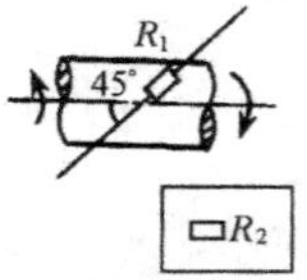	1	半桥	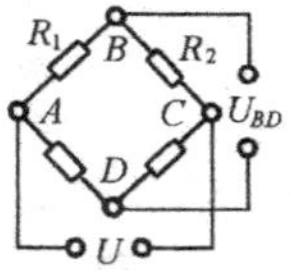	另设补偿片	$U_{BD}=\frac{1}{4}UK\varepsilon$	扭转应变 $\varepsilon_r=\varepsilon$	可测出扭矩M_t值：$M_t=W_t\frac{E}{1+\mu}\varepsilon_r$
11	扭转	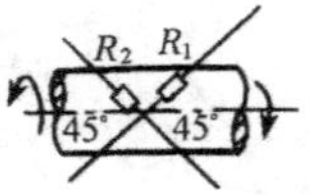	2	半桥	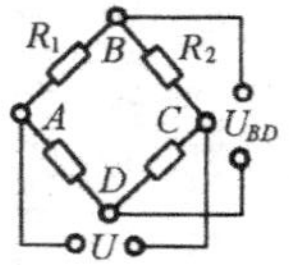	互为补偿	$U_{BD}=\frac{1}{2}UK\varepsilon$	扭转应变 $\varepsilon_r=2\varepsilon$	输出电压提高1倍，可测剪应变：$\gamma=\varepsilon_r$

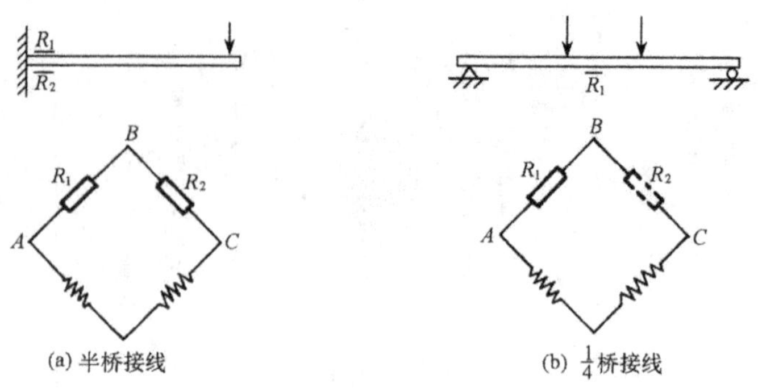

(a) 半桥接线　　(b) $\frac{1}{4}$桥接线

图 3-20　半桥和$\frac{1}{4}$桥的应用

§3-3　位移测量

3-3-1　线位移测量

线位移反映了结构的整体工作情况。结构在局部区域内的屈服变形、混凝土局部范围内的开裂以及钢筋与混凝土之间的局部粘结滑移等变形性能，都可以在荷载位移曲线上得到反映，因而位移测定对分析结构性能是至关重要的。总的来说，结构的位移主要是指挠度、侧移和支座位移或滑动等参数。量测位移的仪表有机械式、电子式及光电式等多种。在结构试验中，广泛采用的有接触式位移计和差动变压器式位移计等。

1．接触式位移计

接触式位移计为机械式仪表，其构造如图 3-21 所示。它主要由测杆、齿轮、指针和弹簧等机械零件组成。测杆的功能是感受试件变形；6、7、8 齿轮是将感受到的变形加以放大或变换方向；测杆弹簧是使测杆紧跟试件的变形，并使指针自动返回

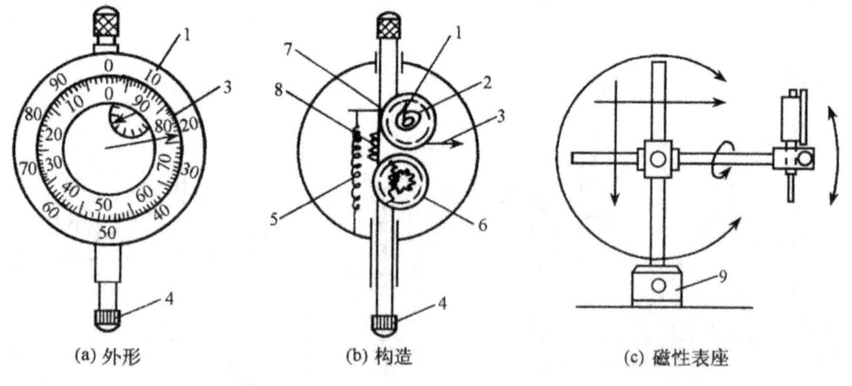

(a) 外形　　(b) 构造　　(c) 磁性表座

图 3-21　接触式位移计

1——短针；2——齿轮弹簧；3——长针；4——测杆；5——测杆弹簧；6、7、8——齿轮；9——表座

原位。扇形齿轮和螺旋弹簧的作用是，使齿轮6、7、8相互之间只有单面接触，以消除齿隙所造成的无效行程。

接触式位移计根据刻度盘上最小刻度值所代表的量，分为百分表(刻度值为0.01mm)、千分表(刻度值为0.001mm)和挠度计(刻度值为0.05或0.01mm)。

接触式位移计的度量性能指标有刻度值、量程和允许误差。一般百分表的量程为5、10、30mm，允许误差0.01mm。千分表的量程为1mm，允许误差0.001mm。挠度计量程为50、100mm，允许误差0.05mm。

使用时，将位移计安装在磁性表架上，用表架横杆上的颈箍夹住位移计的颈轴，并将测杆顶住测点，使测杆与测面保持垂直。表架的表座应放在一个不动点上，并打开表座上的磁性开关以固定表座。

机电复合式电子百分表，其构造原理和应变梁式位移传感器相同。

2. 应变梁式位移传感器

位移传感器的主要部件是一块弹性好、强度高的铍青铜制成的悬臂弹性簧片[图3-22(b)]，簧片固定在仪器外壳上。在簧片固定端粘贴四片应变片，组成全桥或半桥线路，簧片的另一端固定有拉簧，拉簧与指针固结。当测杆随位移而移动时，通过传力弹簧使簧片产生挠曲，即簧片固定端产生应变，通过电阻应变仪即可测得应变与试件位移间的关系。

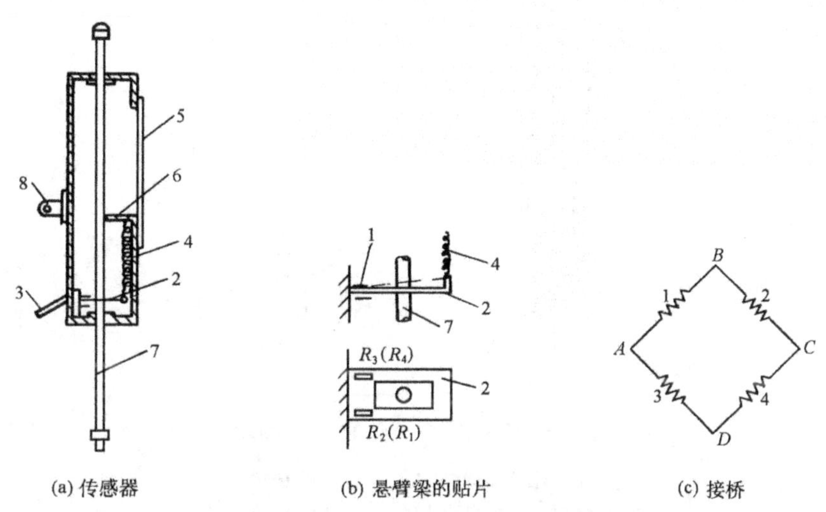

图3-22 应变梁式位移传感器

1——应变片；2——悬臂梁；3——引线；4——拉簧；5——标尺；6——标尺指针；7——测杆；8——固定环

这种位移传感器的量程可为30～150mm，读数分辨率达0.01mm。由材料力学得知，位移传感器的位移δ为：

$$\delta = \varepsilon C \tag{3-21}$$

式中：ε——铍青铜梁上的应变，由应变仪测定；

C——与拉簧材料性能有关的刚度系数。

梁上四片应变片，按图示贴片位置和接线方式，取 $\varepsilon_1=\varepsilon_4=\varepsilon$；$\varepsilon_2=\varepsilon_3=-\varepsilon$，则桥路对角线输出为

$$
\begin{aligned}
U_{BD} &= \frac{U}{4}K(\varepsilon_1-\varepsilon_2-\varepsilon_3+\varepsilon_4) \\
&= \frac{U}{4}K[\varepsilon_1-(-\varepsilon)-(-\varepsilon)+\varepsilon] \\
&= \frac{U}{4}K\varepsilon\cdot 4 \qquad (3\text{-}22)
\end{aligned}
$$

由此可见，采用全桥接线且贴片符合图中位置时，桥路输出灵敏度达到最高，把应变放大到了四倍。

3. *滑线电阻式位移传感器*

滑线电阻式位移传感器由测杆、滑线电阻和触头等组成，构造与测量原理如图 3-23 所示。滑线电阻固定在表盘内，触点将电阻分成 R_1 及 R_2。工作时将电阻 R_1 和 R_2 分别接入电桥桥臂，预调平衡后输出等于零。当测杆向下移动一个位移 δ 时，R_1 便增大 ΔR_1，R_2 将减小 ΔR_1。由相邻两臂电阻增量相减的输出特性得知：

$$U_{BD}=\frac{U}{4}\cdot\frac{\Delta R_1-(-\Delta R_1)}{R}=\frac{U}{4}\cdot\frac{\Delta R}{R}\cdot 2=\frac{U}{4}K\varepsilon\cdot 2 \qquad (3\text{-}23)$$

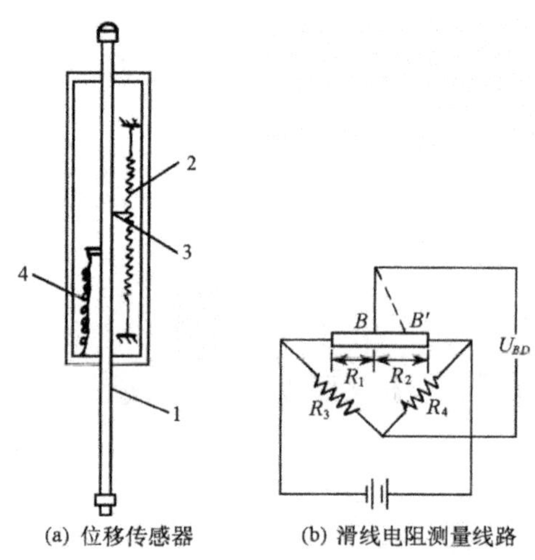

(a) 位移传感器　　(b) 滑线电阻测量线路

图 3-23　滑线电阻式位移传感器

1——测杆；2——滑线电阻；3——触头；4——弹簧

采用这样的半桥接线，其输出量与电阻增量（或与应变）成正比，亦即与位移成正比。其量程可达 10～1000mm 以上。

4. *差动变压器式位移传感器*

图 3-24 为差动变压器式位移传感器的构造原理。它由一个初级线圈和两个次级线圈分内外两层同绕在一个圆形筒上，圆筒内放一能自由地上下移动的铁芯。对初级线圈加入激磁电压时，通过互感作用使次级线圈感应而产生电势。当铁芯居中时，感应电势 $e_{S_1}-e_{S_2}=0$，无输出信号。铁芯向上移动一个位移 $+\delta$，这时 $e_{S_1}\neq e_{S_2}$，

输出为 $\Delta E=e_{S_1}-e_{S_2}$。铁芯向上移动的位移愈大，ΔE 也愈大。反之，当铁芯向下移动时，e_{S_1} 减小而 e_{S_2} 增大，所以 $e_{S_1}-e_{S_2}=-\Delta E$。因此其输出量与位移成正比。由于输出量为模拟量，当需要知道它与位移的关系时，应通过率定确定。图 3-24 中的 ΔE-δ 直线是率定得到的一组标定曲线。这种传感器的量程大，可达±500mm。适用于整体结构的位移测量。

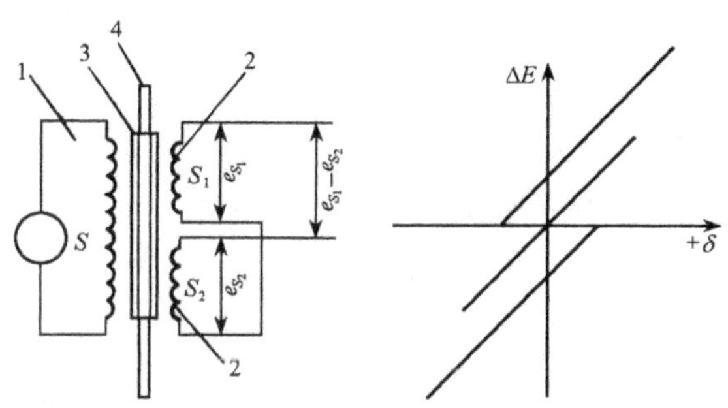

图 3-24　差动变压器式位移传感器

1——初级线圈；2——次级线圈；3——圆形筒；4——铁芯

以上所述的各种位移传感器，主要用于测量沿传感器测杆方向的位移。因而在安装位移传感器时，应使测杆的方向与测点位移的方向一致是非常关键的。图 3-25 所示的位移计测杆方向 AB 与测点位移方向 AO 不一致，这样就不能测得其真实位移。此外，测杆与测点接触面的凹凸不平也会引入测量误差。位移计应该固定在一个专用表架上，表架必须与试验用的载荷架及支撑架等受力系统分开设置。

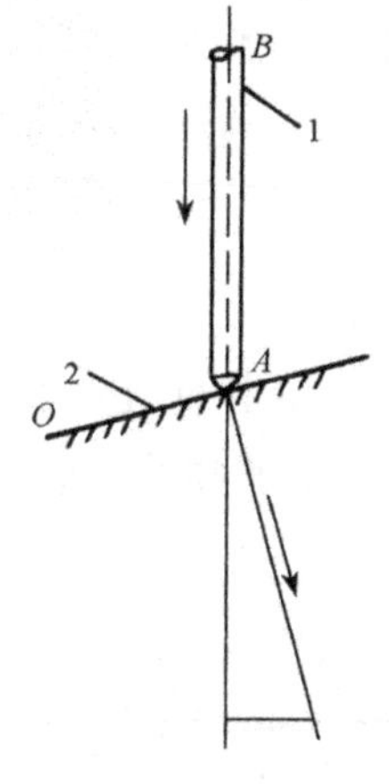

图 3-25　位移计测量位置

1——位移计测杆；2——试件表面

5. 线位移测定的其他方法

用水平仪进行位移测量，不仅可作多点测定，而且对大位移测定既方便又安全，特别是当结构进入破坏阶段时仍能继续进行测量。现代的水平仪附设有能作 0.1mm 精度测定的光学副尺，为精度要求不严格的工程测量提供了方便，见图 3-26(a)所示。

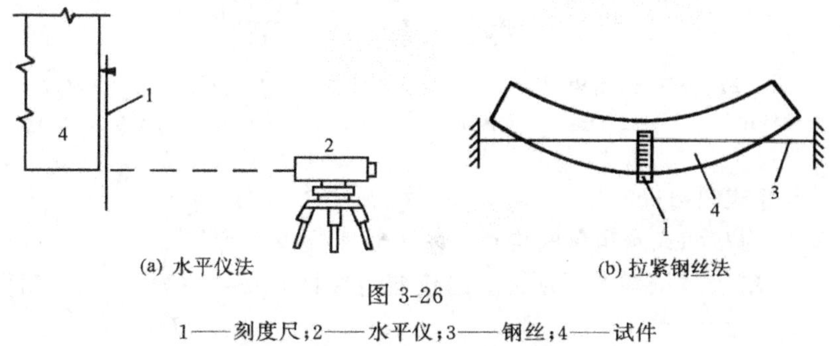

(a) 水平仪法　　(b) 拉紧钢丝法

图 3-26

1——刻度尺；2——水平仪；3——钢丝；4——试件

位移测量还可以采用精度为1mm的方格纸作标尺来测定[见图3-26(b)]。测量仪器的类型应根据试验目的和仪器的性能来选择，使其在短时间内能立即得到可靠的、高精度的测量值。位移测定中的仪器选择还应注意到使选用仪器的位移与被测位移的大小相适应。例如，某试件的最小变形为$\frac{1}{100}\sim\frac{3}{100}$mm，最大变形为1～3mm，这两种变形在选择量测仪器时应区别对待。即前者需要用$\frac{1}{1000}$mm的量具，而后者有$\frac{1}{10}$mm的精度就足够了。所以预先应比较准确地估算变形值，然后才能据此选择相匹配的仪器。有时为了满足后期大变形测量的需要，允许在弹性阶段和塑性阶段分区段采用不同精度的量测仪器来进行测量。

3-3-2 角位移测量

1. 转角测定

受力结构的节点、截面或支座截面都有可能发生转动。对转动角度进行测量的仪器很多，也可以根据量测原理自行设计。

(1) 杠杆式测角器(如图3-27所示)

利用一个刚性杆1和两个位移计就可以测出框架节点、结构截面或支座处的转角。将刚性杆固定在试件的欲测点上，结构变形带动刚性杆转动，用位移计测出1、2两点位移，即可算出转角α

$$\alpha = \mathrm{arctg}\,\frac{\delta_2 - \delta_1}{L} \tag{3-24}$$

当$L=1000$mm，位移计刻度值$A=0.01$mm时，则可测得转角值为1×10^{-5}弧度，具有足够高的精度。

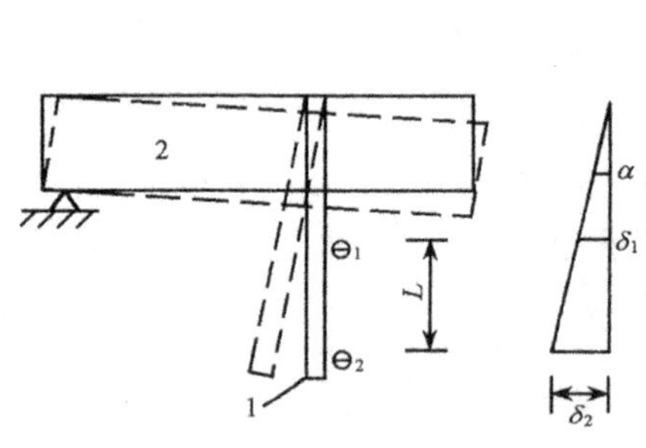

图3-27　杠杆式测角器

1——刚性杆；2——试件；⊖1、⊖2——位移计

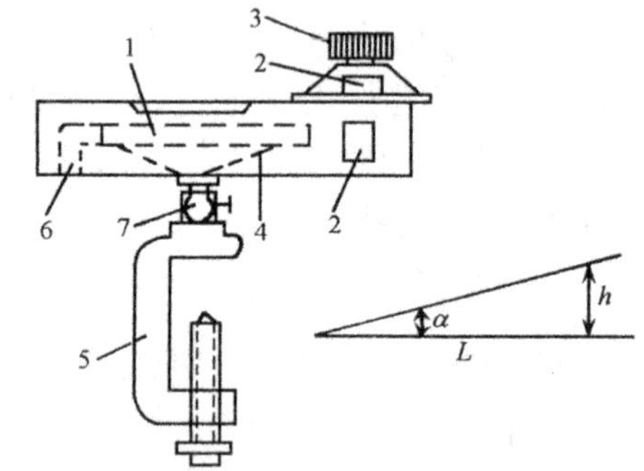

图3-28　水准式倾角仪

1——水准管；2——刻度盘；3——微调螺丝；4——弹簧片；5——夹具；6——基座；7——活动铰

(2) 水准式倾角仪

图3-28为水准式倾角仪的构造。水准管1安置在弹簧片4上，一端铰接于基座6上，另一端被微调螺丝3顶住。当仪器用夹具5安装在测点上后，用微调螺丝

使水准管的气泡居中，结构变形后气泡漂移，再扭动微调螺丝使气泡重新居中，度盘上前后两次的读数差即代表该测点的转角，即

$$\alpha = \operatorname{arctg}\frac{h}{L} \tag{3-25}$$

式中：L——铰基座与微调螺丝顶点之间的距离；

h——微调螺丝顶点前进或后退的位移。

仪器的最小读数有的可达 1″～2″，量程为 3°。其优点为尺寸小，精度高；缺点是受温度影响大，不宜在阳光下曝晒以防水准管爆裂。

(3) 电子倾角仪

电子倾角仪实际上是一种传感器。它是通过电阻变化来测定结构某部位的转动角度。仪器的构造原理如图 3-29 所示。它是一个盛有高稳定性的导电液体的玻璃器皿，在导电液体中插入三根电极 A、B、C 并加以固定，电极等距离设置且垂直于器皿底面。当传感器处于水平位置时，导电液体的液面保持水平，三根电极浸入液内的长度相等，故 A、B 极之间的电阻值等于 B、C 极之间的电阻值，即 $R_1 = R_2$。使用时将倾角仪固定在结构测点上，结构发生微小转动时倾角仪随之转动。但因导电液面将始终保持水平，因而插入导电液内的电极深度必然发生变化，使 R_1 减小 ΔR，R_2 增大 ΔR。若将 AB，BC 视作惠斯登电桥的两个臂，则建立电阻改变量 ΔR 与转动角度 α 间的关系，就可以用电桥原理测量和换算倾角 α，$\Delta R = K\alpha$。

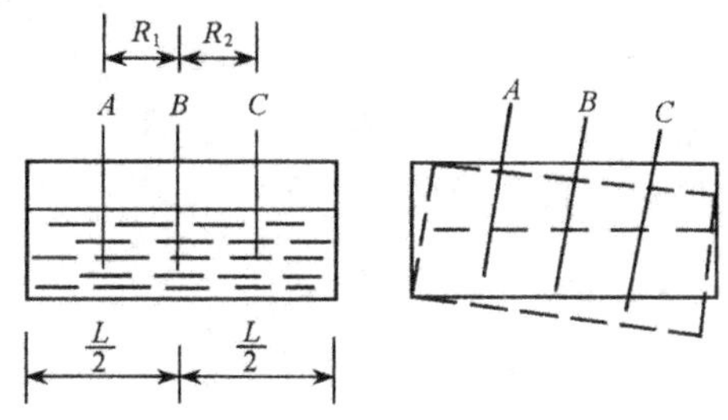

图 3-29　电子倾角仪构造原理

2. 曲率测定

曲率的测定方法，可以利用位移计先测出构件表面某一点及其与邻近两点之挠度差，然后根据变形曲线的形式，近似计算得到测区内构件的曲率。图 3-30 为测定曲率的装置。图 3-30(a)中，一根金属杆一端有固定刀口 A，B 为可移动刀口，当选定标距 AB 后，固定螺母使 B 刀口不因构件变形而改变 AB 间的距离。位移计安装在 D 点，取图示 x-y 坐标系，当构件表面变形符合二次抛物线时，则

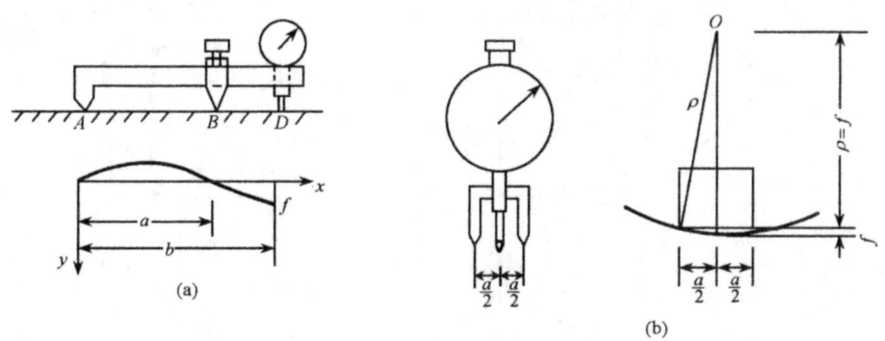

图 3-30　用位移计测曲率的装置

$$y = c_1x^2 + c_2x + c_3 \tag{3-26}$$

将 A、B、D 的边界条件代入式(3-26)，则有

$$c_3 = 0; \quad c_1a^2 + c_2a = 0; \quad c_1b^2 + c_2b = f \tag{3-27}$$

解方程组(3-27)，得 c_1、c_2；代入式(3-26)得：

$$c_1 = \frac{f}{b(b-a)}; \quad c_2 = \frac{af}{b(a-b)};$$

$$\frac{1}{\rho} = \frac{2f}{b(b-a)} \tag{3-28}$$

适用于测定薄板模型曲率的方法如图 3-30(b)所示。它是在一个位移计的轴颈上安装一个 Π 形零件，使其对称于位移计测杆，距离为 4～8mm。使用时将仪表先放在平板上读取位移计读数，然后放到薄板表面再次读取读数，前后两次之差为 f。假定薄板变形曲线近似球面，当 $f \ll a$ 时，则

$$\frac{1}{\rho} = \frac{8f}{a^2} \tag{3-29}$$

3. 扭角测定

图 3-31 是利用位移计测定扭角的装置。用它可近似测定空间壳体受到扭转后单位长度上的相对扭角。若位移计测得位移增量为 f，则 $\mathrm{tg}\Delta\varphi = \frac{f}{b} = \Delta\varphi$，单位长度上的单位扭角为

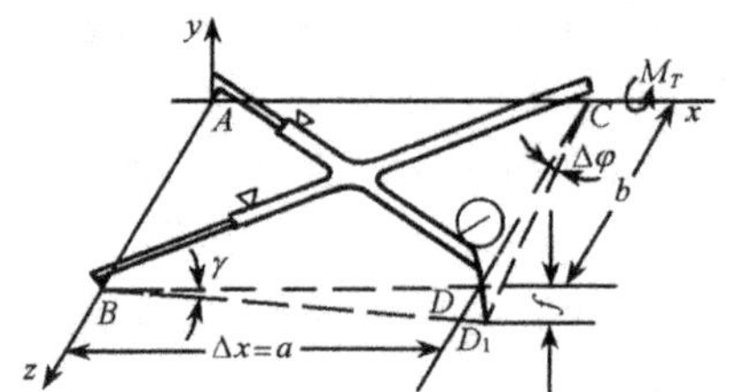

图 3-31 扭角测定装置

$$\theta = \frac{\mathrm{d}\varphi}{\mathrm{d}x} = \frac{f}{ba} \tag{3-30}$$

4. 剪切变形

梁柱节点或框架节点的剪切变形，可用百分表或手持应变仪测定其对角线上的伸长或缩短量，并按经验公式求得剪切变形 γ。当采用图 3-32(a)测量方法时，剪

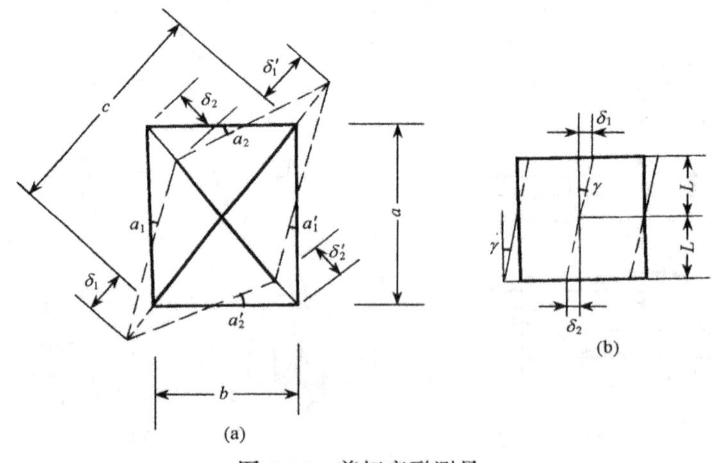

图 3-32 剪切变形测量

切变形按(3-31)式计算。

$$\gamma = \alpha_1 + \alpha_2 = \frac{\sqrt{a^2+b^2}}{ab} \cdot \frac{\delta_1 + \delta_1' + \delta_2 + \delta_2'}{2} \tag{3-31}$$

采用图 3-32(b)测量时,按(3-32)式计算:

$$\gamma = \frac{\delta_1 + \delta_2}{2L} \tag{3-32}$$

§3-4 应变场的应变及裂缝测定

电阻应变片的测量结果代表的是应变片栅长内的平均应变,绝不是栅长中点处的应变。此外在高应变梯度范围内,用不同栅长应变片量测的平均应变数值也绝不会相同。通常长栅长应变片的平均值较小,短栅长应变片的平均值比前者大,但仍小于栅长内某点处的最大应变。如若选用微型应变片则栅宽相对增大,从而横向效应增大也不能准确反映欲测点的应变值。目前在高应变梯度区内测量点应变的方法是遵循一定的贴片规律,借助牛顿插值公式来确定应变值。例如在高应变梯度区的 $x_0, x_1, \cdots, x_n$ 处贴应变片,测得平均应变值为 $f(x_1), f(x_2), \cdots, f(x_n)$,用牛顿插值公式近似地表示任意 x 处的应变值 $y(x)$ 的公式为:

$$\begin{aligned} y(x) = & f(x_0) + f(x_0,x_1)(x-x_0) + f(x_0,x_1,x_2)(x-x_0)(x-x_1) + \cdots \\ & + f(x_0,x_1,\cdots x_n)(x-x_0)(x-x_1)\cdots(x-x_{n-1}) \end{aligned} \tag{3-33}$$

式中:$f(x_0,x_1) = \dfrac{f(x_0)}{x_0-x_1} + \dfrac{f(x_1)}{x_1-x_0}$;

$$f(x_0,x_1,x_2) = \frac{f(x_0)}{(x_0-x_1)(x_0-x_2)} + \frac{f(x_1)}{(x_1-x_0)(x_1-x_2)} + \frac{f(x_2)}{(x_2-x_0)(x_2-x_1)};$$

……

$f(x_0), f(x_1), f(x_2), \cdots, f(x_n)$——分别为不同栅长应变片测出的应变值 ε_0, $\varepsilon_1, \varepsilon_2, \cdots, \varepsilon_n$。应用牛顿插值公式便可求得除 $x_0, x_1, x_2, \cdots, x_n$ 点外的任意 x 处的应变值 y。

1. 应变场内任意点的应变

图 3-33 为一个带圆孔的拉伸试件。要求测定其孔边附近 A 点处的切向应变。这时可采用以 A 点为中心,沿受力方向重叠贴三片不同栅长的应变片,栅最长的贴在试件上,然后在其上重叠贴中栅长片,最上面贴短栅长片。在荷载作用下依次测出三片应变片的应变 ε_0(短栅长)、ε_1(中栅长)、ε_2(长栅长),利用牛顿插值公式,取公式中的前三项(三片),当 $x=0$ 时,可求得 A 点的应变值为

$$\begin{aligned} \varepsilon_A = & \varepsilon_0 + \left(\frac{\varepsilon_1 - \varepsilon_0}{x_0 - x_1}\right)x_0 + \left[\frac{\varepsilon_0}{(x_0-x_1)(x_0-x_2)} \right. \\ & \left. + \frac{\varepsilon_1}{(x_1-x_0)(x_1-x_2)} + \frac{\varepsilon_2}{(x_2-x_0)(x_2-x_1)}\right]x_0x_1 \end{aligned} \tag{3-34}$$

式中：x_0，x_1，x_2——分别为短、中、长应变片的标距。

重叠贴片法实质上是应用了牛顿插值公式的外推原理，如图3-34所示。图中不同标距应变片的误差值参见表3-3。

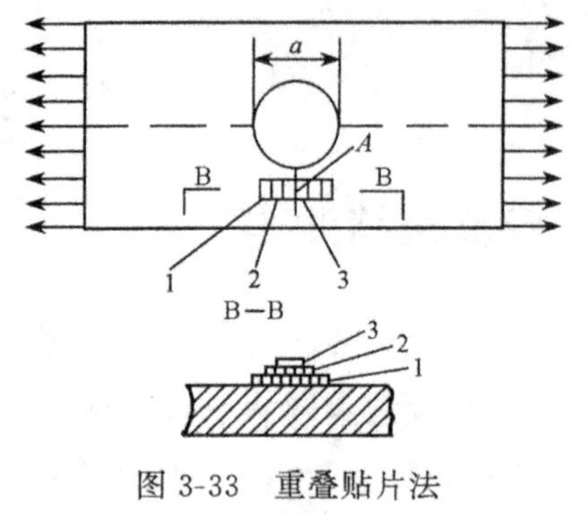

图3-33 重叠贴片法

1、2、3——不同标距应变片

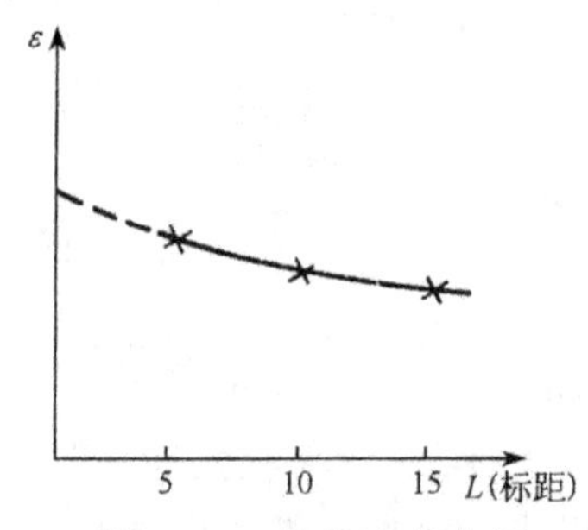

图3-34 外推法的曲线

表3-3 不同标距时的误差值

标距 L	长栅	中栅	短栅	重叠三件
误差/%	22.5	18.5	13	3

2. 应变场的应变分布

欲测量高应变梯度区域的应变分布规律，可以粘贴数组应变片，如图3-35中的A、B、C三组，每组重叠贴三个不同标距的应变片，可求得沿x轴y方向上的应变分布规律。

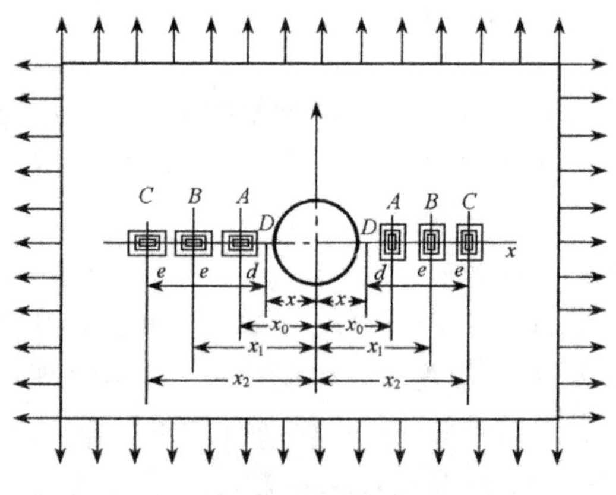

图3-35 测量应变分布规律

设A、B、C三点与坐标原点的距离分别为x_0、x_1、x_2，先根据前面重叠贴片牛顿插值公式计算A、B、C三点的应变，然后根据式(3-33)找出曲线方程，则任意点x的应变计算式为

$$\varepsilon_x = \varepsilon_A - \left(\frac{\varepsilon_B - \varepsilon_A}{x_0 - x_1}\right)(x - x_0) + \left[\frac{\varepsilon_A}{(x_0 - x_1)(x_0 - x_2)} + \frac{\varepsilon_B}{(x_1 - x_0)(x_1 - x_2)} + \frac{\varepsilon_C}{(x_2 - x_0)(x_2 - x_1)}\right](x - x_0)(x - x_1)$$

令 $x_2 - x_1 = x_1 - x_0 = e$，则上式简化为

$$\varepsilon_x = \varepsilon_A + \left(\frac{\varepsilon_B - \varepsilon_A}{e}\right)(x - x_0) + \left(\frac{\varepsilon_A - 2\varepsilon_B + \varepsilon_C}{2e^2}\right)(x - x_0)(x - x_1) \tag{3-35}$$

同理得 D 点应变为

$$\varepsilon_D = \varepsilon_A - \left(\frac{\varepsilon_B - \varepsilon_A}{e}\right)d + \left(\frac{\varepsilon_A - 2\varepsilon_B + \varepsilon_C}{2e^2}\right)d(d + e) \tag{3-36}$$

3. 裂缝检测

采用普通型应变片粘贴在构件（钢筋混凝土）受拉区，可以测定开裂时的荷载值。由于混凝土开裂后裂缝不断开展，应变急剧增长而使应变片因超过应变量程而失效；这时可用肉眼观察到裂缝的走向和宽度。但对某些材料（如钢材）和试件的裂纹扩展情况及扩展速率，可采用裂纹扩展片进行测量。

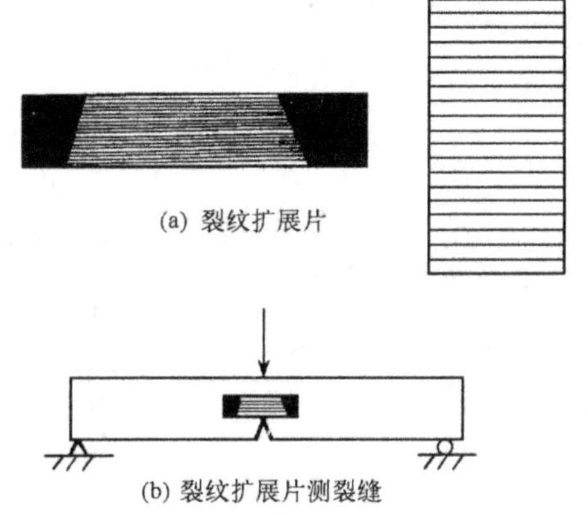

图 3-36 裂纹扩展片及应用

(1) 裂纹扩展片

裂纹扩展片的结构如图 3-36 所示。它由栅体和基底组成，栅体由平行的栅条组成，各栅条的一端互不相连，可用某一栅条的端部及公用端与仪器相连，以测定裂纹是否已达到该栅条处。

(2) 白色涂层

在试验前用纯石灰水溶液均匀地刷在结构表面并等待干燥。当试件受外载后，白色涂层将在高应变下开裂并剥落。这时，在钢结构表面可以看到屈服线条，在混凝土表面裂缝也会明显地显示出来。研究墙体结构表面开裂的最有效方法也是涂刷白灰层，并在白灰层干燥后画出 50mm 左右的方格网，以构成基本参考坐标系，便于分析和描绘墙体在高应变场中的裂缝发展和走向。用白灰涂层，具有效果好、价廉和使用技术要求不高等优点。

(3) 脆漆涂层

脆漆涂层是一种喷漆在一定拉应变下即开裂，涂层的开裂方向正交于主应变方向，从而可以确定试件的主应力方向。脆漆涂层具有很多优点，可用于任何类型结构的表面，而不受结构的材料、形状及加荷方法的限制。但脆漆层的开裂强度与拉应变密切相关，只有当试件开裂应变低于涂层最小自然开裂应变时脆漆层才能用来检测混凝土的裂缝。1975 年美国 BLH 公司研制了一种用导电漆膜来发现裂

缝的方法。它是将一种具有小阻值的弹性导电漆,涂在经过清洁处理过的混凝土表面,涂成长度约 100～200mm、宽 50～10mm 的条带,待干燥后接入电路。当混凝土裂缝宽度达到 0.001～0.005mm 时,由于混凝土受拉,因而拉长的导电漆膜就会出现火花直至烧断。导电漆膜电路被切断后还可以继续用肉眼进行观察。

(4) 声发射技术

这种方法是将声发射传感器埋入试件内部或放置于混凝土试件表面,利用试件材料开裂时发出的声音来检测裂缝的出现。这种方法在断裂力学试验和机械工程中得到广泛应用。在断裂力学试验中还经常采用裂纹扩展片来检测试件的裂纹开展状况。

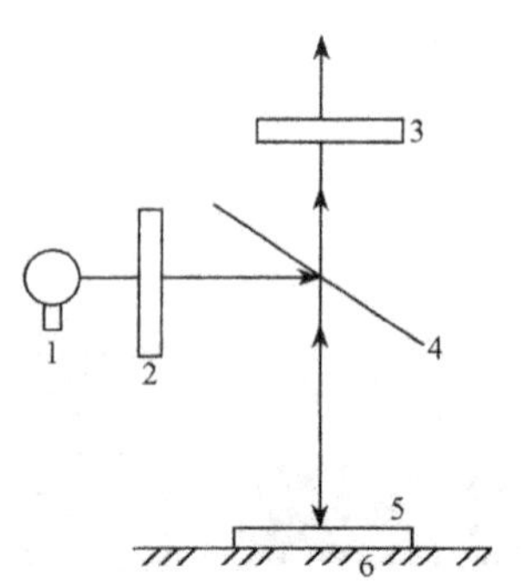

图 3-37 光弹贴片装置原理

1——光源;2——$\frac{\lambda}{4}$偏振片;3——$\frac{\lambda}{4}$分析片;4——分光镜;5——贴片;6——试件

(5) 光弹贴片

光弹贴片是在试件表面牢固地粘贴一层光弹薄片,当试件受力后,光弹片同试件共同变形,并在光弹片中产生相应的应力。若以偏振光照射,由于试件表面事先已经加工磨光,具有良好的反光性(加银粉增其反光能力),因而当光穿过透明的光弹薄片后,经过试件表面反射,又第二次通过薄片而射出,若将此射出的光经过分析镜,最后可在屏幕上得到应力条纹。其试验装置如图 3-37 所示。由广义虎克定律知,主应力与主应变的关系为

$$E\varepsilon_1 = \sigma_1 - \nu(\sigma_2 + \sigma_3)$$

$$E\varepsilon_2 = \sigma_2 - \nu(\sigma_1 + \sigma_3)$$

$$\sigma_1 - \sigma_2 = \frac{E}{1+\nu}(\varepsilon_1 - \varepsilon_2) \tag{3-37}$$

式中:E,ν——试件弹性模量和泊松比。

因试件表面有一主应力等于零(如设 $\sigma_3=0$),因此试件表面主应力差$(\sigma_1-\sigma_2)$与主应变差$(\varepsilon_1-\varepsilon_2)$成正比。

(6) 其他方法

检测混凝土裂缝的最简易方法是用肉眼或放大镜、刻度放大镜和读数显微镜等检测仪器。后两种还可以检测裂缝宽度。其构造如图 3-38(a)所示。它主要是由物镜、目镜、刻度分划板组成的光学系统和由读数鼓轮、微调螺丝组成的机械系统组成。试件表面的裂缝,经物镜在刻度分划板上成像,然后经过目镜进入肉眼。为了提高量测精度,可用增加微调读数鼓轮等机械系统的方法;还可在光学系统中相应地增加一个可动的下分划板,由微调螺丝和分划板弹簧共同来调整刻度长线的位置。由于微调螺丝的螺距和上分划板的分划值均为 1mm,所以读数鼓轮转动一圈,下分划板上的长线相对上分划板也移动一刻度值。读数鼓轮分成 100 刻度,每一刻度值等于 0.01mm,量程为 3～8mm 不等。

读数显微镜的优点是精度高；缺点是每读一次都要调整焦距，测读速度比较慢。较简便的方法是用印有不同裂缝宽度的裂缝宽度检验卡[如图 3-38(b)所示]，用检验卡上的线条与裂缝对比来估计裂缝的宽度。

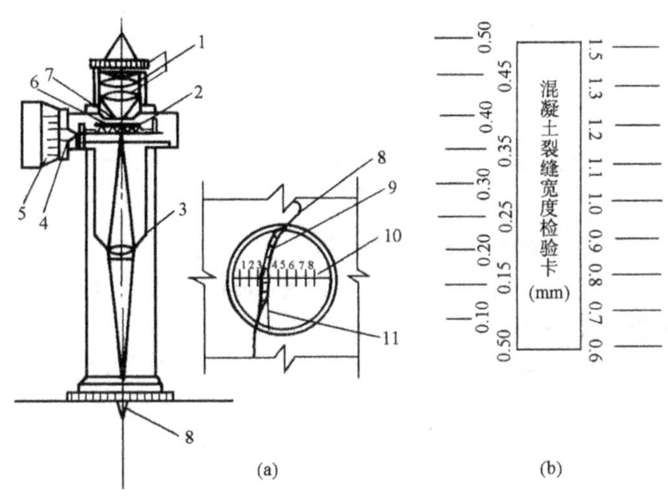

图 3-38　读数显微镜

1——目镜组；2——分划板弹簧；3——物镜；4——微调螺丝；5——微调鼓轮；6——可动下分划板；7——上分划板；8——裂缝；9——放大后的裂缝；10——上下分划板刻度线；11——下分划板刻度长线

§3-5　力与温度的测量

力分外力和内力。外力是指各种外加荷载和支承反力，一般用传感器直接测得。内力都是通过截面上的应力求得，如轴向力 $N=\sigma A$，弯矩 $M=\sigma W$ 等。构件截面上的拉、压应力、弯曲应力、剪应力以及扭转应力等，都是应变的导出量，因而测定内力实际上是对构件的应变进行测定。在此重点叙述外力和内部应变的测定方法。

1. *荷载和反力测定*

荷重传感器可以量测荷载、反力以及其他各种外力。根据荷载性质不同，荷重传感器的型式有三种，即拉伸型、压缩型和通用型荷重传感器。各种荷重传感器的外形相同，其构造如图 3-39 所示。它是一个厚壁筒，壁筒的横截面取决于材料允许的最高应力。在壁筒上贴有电阻应变片以便将机械变形转换为电量。为避免在储存、运输和试验期间损坏应变片，设有外罩加以保护。为便于设备或试件联接，使用时，可在筒壁两端加工有螺纹。荷重传感器的负荷能力最高可达 1000kN。

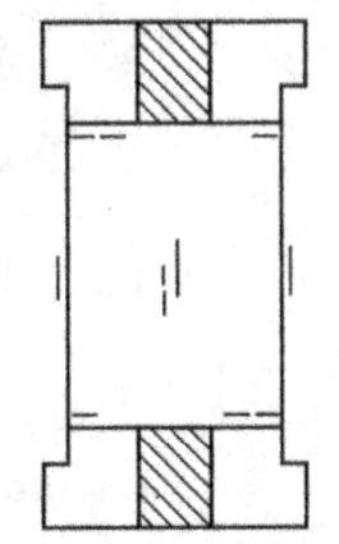

图 3-39　荷重传感器内壁筒

若按图 3-39，在筒壁的轴向和横向布片，并按全桥接入应变仪电桥，根据桥路输出特性可求得

$$U_{BD}=\frac{U}{4}K\varepsilon(1+\nu)2$$

式中：$2(1+\nu)=A$，A 为电桥桥臂输出放大系数，以提高其量测灵敏度。

荷重传感器的灵敏度可表达为每单位荷重下的应变，因此灵敏度与设计的最大应力成正比，而与荷重传感器的最大负荷能力成反比。即灵敏度 K° 为

$$K^{\circ}=\frac{\varepsilon}{P}=\frac{\sigma A}{PE} \tag{3-38}$$

式中：P，σ——荷重传感器的设计荷载和设计应力；

A——桥臂放大系数；

E——荷重传感器材料的弹性模量。

因而对于一个给定的设计荷载和设计应力，传感器的最佳灵敏度由桥臂系数 A 的最大值和 E 的最小值来确定。

荷重传感器的构造极为简单，用户可根据实际需要自行设计和制作。但应注意，必须选用力学性能稳定的材料作筒壁、选择稳定性好的应变片及粘合剂。传感器投入使用后，应当定期标定以检查其荷载-应变的线性性能和标定常数。

2. 拉力和压力测定

在结构试验中，测定拉力和压力的仪器有各种测力计。测力计的基本原理是利用钢制成的弹簧、环箍或簧片在受力后产生弹性变形，将其变形通过机械放大后，用指针度盘来表示或借助位移计来反映，通过位移计读数求出力的数值。最简单的拉力计就是弹簧式拉力计，它可以直接由螺旋形弹簧的变形求出拉力值。拉力与变形的关系预先经过标定，并在刻度尺上示出。

在结构试验中，用于测量张拉钢丝或钢丝绳拉力的环箍式拉力计如图 3-40 所示。它由两片弓形钢板组成一个环箍。在拉力作用下，环箍产生变形，通过一套机械传动放大系统后带动指针转动，指针在度盘上的示值即为外力值。

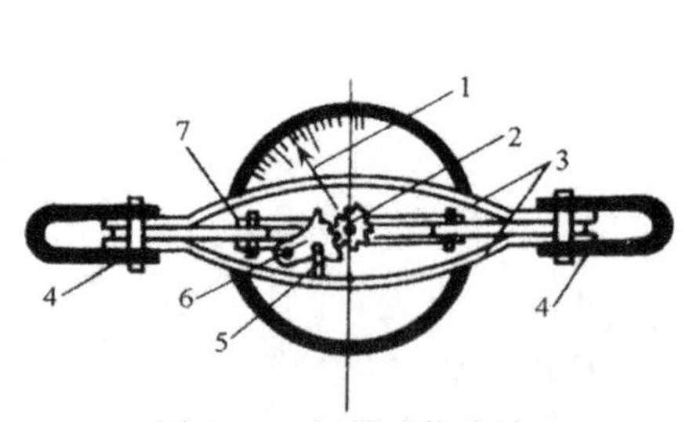

图 3-40 环箍式拉力计

1——指针；2——中央齿轮；3——弓形弹簧；4——耳环；5——连杆；6——扇形齿轮；7——可动接板

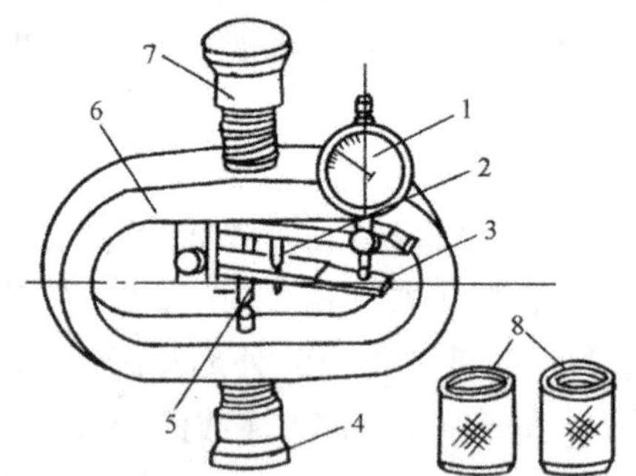

图 3-41 环箍式拉、压测力计

1——位移计；2——弹簧；3——杠杆；4、7——下、上压头；5——杠杆；6——钢环；8——拉力夹头

图 3-41 是另一种环箍式拉、压测力计。它用粗大的钢环作“弹簧”，钢环在拉、压力作用下的变形，经过杠杆放大后推动位移计工作。位移计示值与环箍变形关系

应预先标定，根据力-变形关系曲线求出力值。这种测力计大多只能用于测定压力。国产的环箍式测力计(称标准测力计)有 100N～1000kN 等多种。

3. 内部应变测定

图 3-42 为埋入式应力栓。它由混凝土或砂浆制成，埋入试件后便置换了一小块混凝土。在应力栓上贴有两片电阻应变片。应力栓和混凝土的应力-应变关系由虎克定律知

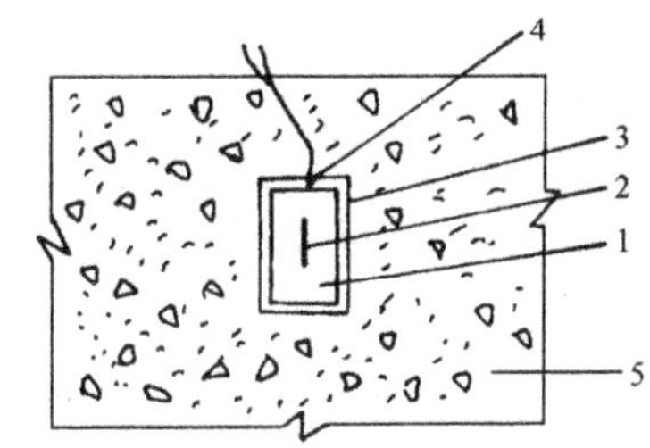

图 3-42 内埋式应力栓

1——与试件同材料的应力栓；2——应变片；3——防水层；4——引出线；5——试件

$$\left.\begin{aligned}\sigma_C &= E_C\varepsilon_C \\ \sigma_m &= E_m\varepsilon_m\end{aligned}\right\} \tag{3-39}$$

由此可得

$$\sigma_m = \sigma_C(1 + C_s); \quad \varepsilon_m = \varepsilon_C(1 + C_\varepsilon) \tag{3-40}$$

式中：C_s、C_ε——应力栓的应力集中系数和应变增大系数。

对于特定的应力栓，C_s、C_ε 为常数，但由于混凝土和应力栓的物理性能不完全匹配，因此，增大系数基本上属于在测量结果中所引入的误差。例如弹性模量、泊松比和热膨胀系数的差异所产生的误差。通过适当的标定方法和尽可能减小不匹配因素，可使误差降低至最小。试验证明，最小误差可控制在 0.5%以下，室温下，一年内的漂移量很小，可以忽略不计。

图 3-43 为内埋式差动电阻应变计。它主要用于测定各种大型混凝土结构的应变、裂缝或钢筋应力等。使用时直接将其埋入混凝土内，两端凸缘与混凝土或钢筋相联。试件受力后。两端的凸缘随之发生相对移动，使电阻 R_1 和 R_2 分别产生大小相等、方向相反的电阻增量，将其接入应变电桥便可测得应变值。国内的定型产品大多用于测量水工结构的应变。

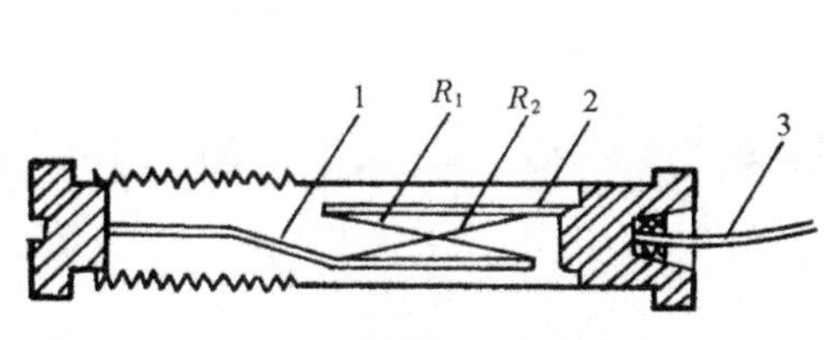

图 3-43 内埋式差动电阻应变计

1，2——刚性支架；3——引出线

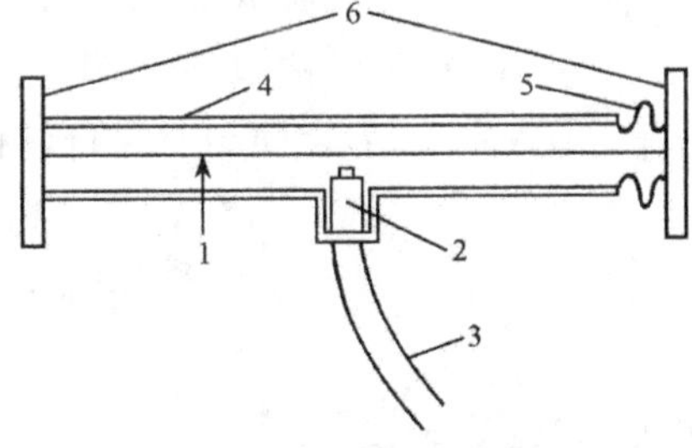

图 3-44 振动丝应变计

1——钢弦；2——激振丝圈；3——引出线；4——管体；5——波纹管；6——端板

振动丝应变计如图 3-44 所示。它依靠改变受拉钢弦的固有频率进行工作。钢

弦密封在金属管内，在钢弦中部用激励装置拨动钢弦，再用同样的装置接受钢弦产生的振动信号，并将其传送至记录仪。应变计上的圆形端板浇注在混凝土中，因而混凝土发生的任何应变都将引起端板的相对移动，从而导致钢弦的原始张力发生变化。这样，钢弦振动频率的变化就等效地变成了钢弦的长度变化，然后再换算为有效应变值。

这种振动丝应变计，可用于测量预应力混凝土原子反应堆容器的内部应力。它的工作稳定性好，分辨率高达 0.1$\mu\varepsilon$，室温下年漂移量为 1$\mu\varepsilon$。

4. 温度测量

大体积混凝土养护时的内部温度，各类构件表面温度等都是经常要求测试的物理量，测量构件内部或表面温度的方法，通常是使用热电偶或热敏电阻。热电偶的基本原理如图 3-45 所示。它由两种导体 A 和 B 组合成一个闭合回路，并使结点 1 和结点 2 处于不同的温度 T 及 T_0，例如测温时将结点 1 置于被测温度场中(结点 1 称工作端)，使结点 2 处于某一恒定温度状态(称参考端)。由于互相接触的两种金属导体内自由电子的密度不同，在 A、B 接触处将会发生电子扩散。电子扩散的速率和自由电子的密度及金属所处的温度成正比。假设金属 A 和 B 中的自由电子密度分别为 N_A 和 N_B，且 $N_A > N_B$，在单位时间内自由金属 A 扩散到金属 B 的电子数，比从金属 B 扩散到金属 A 的电子数要多。这样，金属 A 因失去电子而带正电，金属 B 因得到电子而带负电，于是在接触点处便形成了电位差，从而建立电势与温度的关系，即可测得温度。根据理论推导，回路的总电势与温度的关系为：

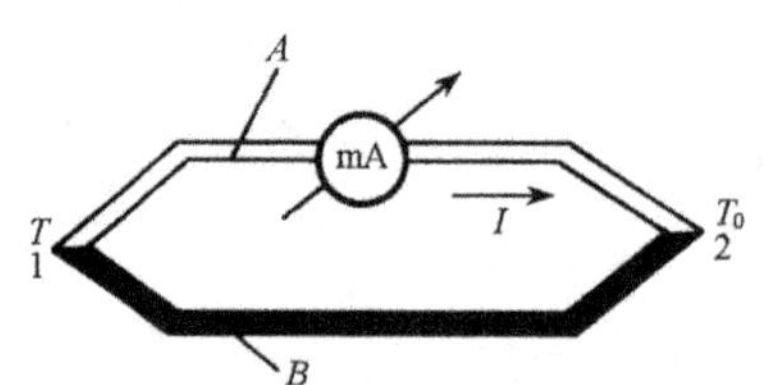

图 3-45 热电偶原理

$$E_{AB} = E_{AB}(T) - E_{AB}(T_0) = \frac{k}{e}(T - T_0)\ln\frac{N_A}{N_B} \tag{3-41}$$

式中：T、T_0——A、B 两种材料接触点处的绝对温度；

e——电子的电荷量，等于 4.802×10^{-10}；

k——波尔兹曼常数，等于 1.38×10^{-16}；

N_A，N_B——为金属 A、B 的自由电子密度。

§3-6 数据采集系统

3-6-1 自动记录仪

数据采集时，为了把数据(各种电信号)保存、记录下来、以备分析处理，必须使用自动记录仪。自动记录仪把这些数据按一定的方式记录在某种介质上，需要时可以把这些数据读出或输送给其他分析处理仪器。

数据的记录方式有两种：模拟式和数字式。从传感器(或通过放大器)传送到记录器的数据一般都是模拟量，模拟式记录就是把这个模拟量直接记录在介质上，数字式记录则是把这个模拟量转换成数字量后再记录在介质上。模拟式记录的数据一般都是连续的，数字式记录的数据一般都是间断的。记录介质有普通记录纸、光敏纸、磁带和磁盘等，采用何种记录介质与仪器的记录方法有关。

常用的自动记录仪有 x-y 记录仪、光线示波器、磁带记录仪和磁盘驱动器等。

1. *x-y 记录仪*

x-y 记录仪是一种常用的模拟式记录器，它用记录笔把试验数据以 x-y 平面坐标系中的曲线形式记录在纸上，得到的是两个试验变量的关系曲线，或某个试验变量与时间的关系曲线。

图 3-46 为 x-y 记录仪的工作原理，x、y 轴各由一套独立的，以伺服放大器、电位器和伺服马达组成的系统驱动滑轴和笔滑块；用多笔记录时，将 y 轴系统作相应增加，则可同时得到若干条试验曲线。试验时，将试验变量 1（如某一个位移传感器）接通到 x 轴方向，将试验变量 2（如荷载传感器）接通到 y 轴方向，试验变量 1 的信号使滑轴沿 x 轴方向移动、试验变量 2 的信号使笔滑块沿 y 轴方向移动，移动的大小和方向与信号一致，由此带动记录笔在坐标纸上画出试验变量 1 与试验变量 2 的关系曲线。如果在 x 轴方向输入时间信号，或使滑轴、或使坐标纸沿 x 轴按规律匀速运动，就可以得到某一试验变量与时间的关系曲线。

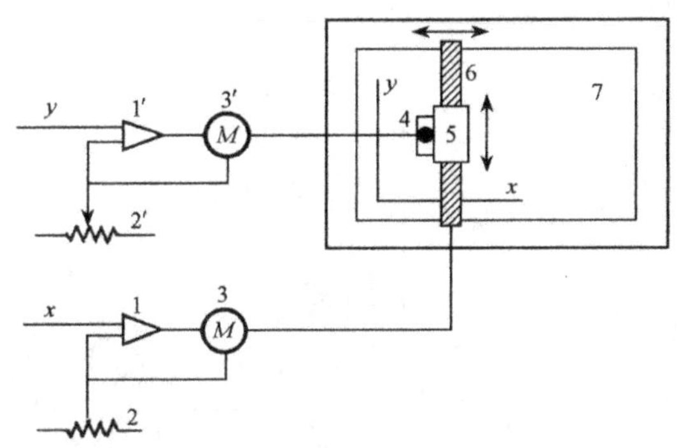

图 3-46　x-y 记录仪工作原理

1、1′——伺服放大器；2、2′——电位器；3、3′——伺服马达；4——笔；5——笔滑块；6——滑轴；7——坐标纸

对 x-y 记录仪记录的试验结果进行数据处理，通常需要先把模拟量的试验结果数字化，用尺直接在曲线上量取大小，根据标定值按比例换算得到代表试验结果的数值。

2. *光线示波器*

光线示波器也是一种常用的模拟式记录器，主要用于振动测量的数据记录，它将电信号转换为光信号并记录在感光纸或胶片上，得到的是试验变量与时间的关系曲线。光线示波器的工作原理将在第五章中介绍。

3. *磁带记录仪*

磁带记录仪是一种常用的较理想的记录器，可以用于振动测量和静力试验的数据记录，它将电信号转换成磁信号并记录在磁带上，得到的是试验变量与时间的变化关系。

磁带记录仪由磁带、磁头、磁带传动机构、放大器和调制器等组成，它的工作原理见第五章。记录时，从传感器来的信号输入到磁带记录仪，经过放大器和调制器的处理，通过记录磁头把电信号转换成磁信号，记录在以规定速度作匀速运动的磁带上。重放时，使记录有信号的磁带按原来记录时的速度（也可以改变速度）作匀速运动，通过重放磁头从磁带“读出”磁信号，并转换成电信号，经过放大器和调制器的处理，输出给其他仪器。

磁带记录仪的记录方式有模拟式和数字式两种，对记录数据进行处理应采用不同的方法。用模拟式记录的数据，可通过重放，把信号输送给 X-Y 记录仪、或光线示波器等，用前面所提到的方法，得到相应的数值；或者，把信号输送给其他分析仪器进行转换，得到相应的数值。用数字式记录的数据，可直接输送给计算机，或输送到打印机打印输出。

3-6-2 数据采集系统

1．数据采集系统的组成

通常，数据采集系统由三个部分组成：传感器部分、数据采集仪部分和计算机（控制与分析器）部分，见图 3-47。

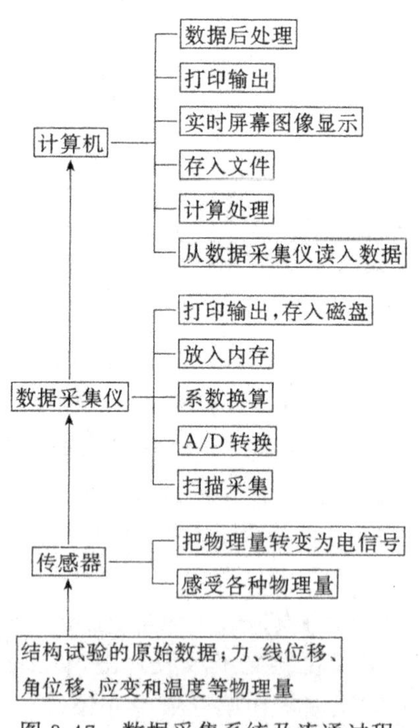

图 3-47　数据采集系统及流通过程

传感器部分包括前面所提到的各种电测传感器，它们的作用是感受各种物理变量，如力、线位移、角位移、应变和温度等，并把这些物理量转变为电信号。一般情况下，传感器输出的电信号可以直接输入数据采集仪；如果某些传感器的输出信号不能满足数据采集仪的输入要求，则还要加上放大器等。

数据采集仪部分包括：

1）与各种传感器相对应的接线模块和多路开关，其作用是与传感器连接，并对各个传感器进行扫描采集；数字转换器，对扫描得到的模拟量进行数字转换，转换成数字量。

2）主机，其作用是按照事先设置的指令或计算机发给的指令来控制整个数据采集仪，进行数据采集。

3）储存器，可以存放指令、数据等。

4）其他辅助部件。

数据采集仪的作用是对所有的传感器通道进行扫描，把扫描得到的电信号进行数字转换，转换成数字量，再根据传感器特性对数据进行传感器系数换算（如把电压数换算成应变或温度等），然后将这些数据传送给计算机，或者将这些数据打印输出、存入磁盘。

计算机部分包括：主机、显示器、存储器、打印机、绘图仪和键盘等。计算机的主要作用是作为整个数据采集系统的控制器，控制整个数据采集过程。在采集过程中，通过数据采集程序的运行，计算机对数据采集仪进行控制；计算机还可以对数据进行计算处理，实时打印输出和图像显示及存入磁盘。计算机的另一个作用是在试验结束后，对数据进行处理。

数据采集系统可以对大量数据进行快速采集、处理、分析、判断、报警、直读、绘图、储存、试验控制和人机对话等，还可以进行自动化数据采集和试验控制，它的采样速度可高达每秒几万个数据或更多。目前国内外数据采集系统的种类很多，按其系统组成的模式大致可分为以下几种：

1）大型专用系统将采集、分析和处理功能溶为一体，具有专门化、多功能和高档次的特点。

2）分散式系统由智能化前端机、主控计算机或微机系统、数据通信及接口等组成，其特点是前端可靠近测点，消除了长导线引起的误差，并且稳定性好、传输距离长、通道多。

3）小型专用系统以单片机为核心，小型、便携、用途单一、操作方便、价格低，适用于现场试验时的测量。

4）组合式系统这是一种以数据采集仪和微型计算机为中心，按试验要求进行配置组合成的系统，它适用性广、价格便宜，是一种比较容易普及的形式。

2. 数据采集的过程

采用上述数据采集系统进行数据采集，数据的流通过程见图 3-47。数据采集过程的原始数据是反映试验结构或试件状态的物理量，如力、应变、线位移、角位移和温度等。这些物理量通过传感器，被转换成为电信号；通过数据采集仪的扫描采集，进入数据采集仪；再通过数字转换，变成数值量；通过系数换算，变成代表原始物理量的数值；然后，把这些数据打印输出、存入磁盘，或暂时存在数据采集仪的内存；通过连接采集仪和计算机的接口，存在数据采集仪内存的数据进入计算机；计算机再对这些数据进行计算处理，如把位移换算成挠度、把力换算成应力等；计算机把这些数据存入文件、打印输出、并可以选择其中部分数据显示在屏幕上，如位移与荷载的关系曲线等。

数据采集过程是由数据采集程序控制的。数据采集程序主要由两部分组成，第一部分的作用是数据采集的准备，第二部分的作用是正式采集。程序的运行有六个步骤，第一步为启动数据采集程序，第二步为进行数据采集的准备工作，第三步为采集初读数，第四步为采集待命，第五步为执行采集（一次采集或连续采集），第六步为终止程序运行。数据采集过程结束后，所有采集到的数据都存在磁盘文件中，数据处理时可直接从这些文件中读取数据。

各种数据采集系统所用的数据采集程序有：

1）生产厂商为该采集系统编制的专用程序，常用于大型专用系统。

2）固化的采集程序，常用于小型专用系统。

3）利用生产厂商提供的软件工具，用户自行编制的采集程序，主要用于组合式系统。

第四章　结构静载试验

结构静载试验是测定研究结构在静荷载作用下的反应，是分析、判定结构的工作状态与受力情况的重要手段。拟定切实可行的加荷方案和准确量测反映结构工作状态与受力情况的各种参数是结构静载试验的关键。

结构静载试验涉及的问题是多方面的，本章着重讨论关于加载的各种方案及其理论依据、如何正确量测各种变形参数，并简要介绍数据处理中的一些常见问题及结构性能检验与质量评估原则等。

§4-1　试验准备

1．调查研究、收集资料

准备工作首先要把握信息，以便在规划试验时做到心中有数。这就要进行调查研究，收集资料，充分了解本项试验的任务和要求，明确试验目的。从而确定试验的性质和规模，试验的形式、数量和种类，正确地进行试验设计。

检验性试验，调查研究主要是向有关设计、施工和使用单位或人员来进行。收集资料：设计方面包括设计图纸、计算书和设计所依据的原始资料（如地基土壤资料、气象资料和生产工艺资料等）；施工方面包括施工日志、材料性能试验报告、施工记录和隐蔽工程验收记录等；使用方面主要是使用过程、环境、超载情况或事故经过等。

科学研究性试验，调查研究主要是向有关科研单位和情报部门以及必要的设计和施工单位来进行。收集与本试验有关的历史（如前人有无做过类似的试验，采用的方法及其结果等）、现状（如已有哪些理论、假设和设计、施工技术水平及材料、技术状况等）和将来发展的要求（如生产、生活和科学技术发展的趋势与要求等）。

2．编写试验大纲

试验大纲是在取得了调查研究成果的基础上，为使试验有条不紊地进行并取得预期效果而制订的纲领性文件，内容一般包括：

1）概述。简要介绍调查研究的情况，提出试验的依据及试验的目的、意义与要求等。必要时，还应有理论分析和计算。

2）试件的设计及制作要求。包括设计依据及理论分析和计算，试件的规格和数量，制作施工图及对原材料、施工工艺的要求等。对检验性试验，也应阐明原设计要求、施工或使用情况等。试验数量按结构或材质的变异性与研究项目间的相关条件，按正交试验设计和数理统计规律求得，宜少不宜多。一般鉴定性试验，为了避免尺寸效应，根据加载设备能力和试验经费情况，尽量接近实体。

3）试件安装与就位。包括就位的形式（正位、卧位或反位）、支承装置、边界条件模拟、保证侧向稳定的措施和安装就位的方法及机具等。

4）加载方法与设备。包括荷载种类及数量，加载设备装置，荷载图式及加载制度等。

5）量测方法和内容。本项也称为观测设计，主要说明观测项目、测点布置和量测仪表的选择、标定、安装方法及编号图、量测顺序规定和补偿仪表的设置等。

6）辅助试验。结构试验往往要做一些辅助试验，如材料性质试验和某些探索性小试件或小模型、节点试验等。本项应列出试验内容，阐明试验目的、要求、试验种类、试验个数、试件尺寸、制作要求和试验方法等。

7）安全措施。包括人身和设备、仪表等方面的安全防护措施。

8）试验进度计划。

9）试验组织管理。一个试验，特别是大型试验，参加试验人数多，牵涉面广，必须严密组织，加强管理。包括技术档案资料、原始记录管理、人员组织和分工、任务落实、工作检查、指挥调度以及必要的交底和培训工作。

10）附录。包括所需器材、仪表、设备及经费清单，观测记录表格，加载设备、量测仪表的率定结果报告和其他必要文件、规定等。记录表格设计应使记录内容全面，方便使用，其内容除了记录观测数据外，还应有测点编号、仪表编号、试验时间、记录人签名等栏目。

总之，整个试验的准备必须充分，规划必须细致、全面。每项工作及每个步骤必须十分明确。防止盲目追求试验次数多、仪表数量多、观测内容多和不切实际的提高量测精度等，而给试验带来不利影响和造成浪费，甚至使试验失败或发生安全事故。

3. 试件准备

试验的对象并不一定就是研究任务中的具体化结构或构件。根据试验的目的要求，它可能经过这样或那样的简化，可能是模型，也可能是某局部（例如节点或杆件），但无论如何均应根据试验目的与有关理论，按大纲规定进行设计与制作。

在设计制作时应考虑到试件安装和加载量测的需要，在试件上作必要的构造处理，如钢筋混凝土试件支承点预埋钢垫板，局部截面加强加设分布筋等；平面结构侧向稳定支撑点的配件安装，倾斜面加载处增设凸肩以及吊环等，都不要疏漏。

试件制作工艺，必须严格按照相应的施工规范进行，并做详细记录。按要求留足材料力学性能试验试件，并及时编号。

试件在试验之前，应按设计图纸仔细检查、测量各部分实际尺寸、构造情况、施工质量、存在缺陷（如混凝土的蜂窝麻面、裂缝、钢结构的焊缝缺陷、锈蚀等）、结构变形和安装质量，钢筋混凝土试件还应检查钢筋位置、保护层的厚度和钢筋的锈蚀情况等。这些情况都将对试验结果有重要影响，应做详细记录。

检查试件之后，进行表面处理，例如去除或修补一些有碍试验观测的缺陷，钢筋混凝土表面的刷白，分区划格。刷白的目的是为了便于观测裂缝；分区划格是为了荷载与测点准确定位，记录裂缝的发生和发展过程以及描述试件的破坏形态。观测裂缝的区格尺寸一般取 5～20cm，必要时可缩小或局部缩小。

4. 材料物理力学性能测定

材料的物理力学性能指标，对结构性能有直接的影响，是结构计算的重要依据。试验中的荷载分级，试验结构的承载能力和工作状况的判断与估计，试验后数据处理与分析等都需要在正式试验之前，对结构材料的实际物理力学性能进行测定。

测定项目，通常有强度、变形性能、弹性模量、泊松比、应力-应变关系等。

测定的方法有直接测定法和间接测定法两种。直接测定法就是将制作试件时留下的小试件，按有关标准方法在材料试验机上测定。这里仅就混凝土的应力-应变全曲线的测定方法做简单介绍。

混凝土是一种弹塑性材料，应力-应变关系比较复杂，标准棱柱抗压的应力-应变全过程曲线(如图 4-1 所示)对混凝土结构的某些方面研究，如长期强度、延性和疲劳强度试验等都具有十分重要的意义。

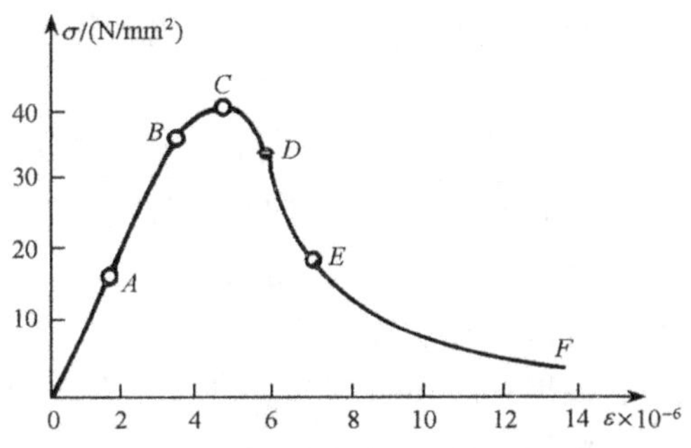

图 4-1　普通混凝土轴压 σ-ε 曲线

测定全曲线的必要条件是：试验机具有足够的刚度，使试验机加载时所释放的弹性应变与试件的峰点 C 的应变之和不大于试件破坏时的总应变值。否则，试验机释放的弹性应变能产生的动力效应，会把试件击碎，曲线只能测至 C 点，在普通试验机上测定就是这样。目前，最有效的方法是采用电液伺服试验机，以等应变控制方法加载。

间接测定法，通常采用非破损试验法，即用专门仪器对结构或构件进行试验，测定与材性有关的物理量推算出材料性质参数，而不破坏结构、构件。

5. 试验设备与试验场地的准备

试验所用的加载设备和量测仪表，试验之前应进行检查、修整和必要的率定，以保证达到试验的精度要求。率定必须有报告，以供资料整理或使用过程中修正。

试验场地，在试件进场之前也应加以清理和安排，包括水、电、交通和清除不必要的杂物，集中安排好试验使用的物品。必要时，应做场地平面设计，架设或准备好试验中的防风、防雨和防晒设施，避免对荷载和量测造成影响。现场试验的支承点下的地耐力应经局部验算和处理，下沉量不宜太大，保证结构作用力的正确传递和试验工作顺利进行。

6. 试件安装就位

按照试验大纲的规定和试件设计要求，在各项准备工作就绪后即可将试件安装就位。保证试件在试验全过程都能按规定模拟条件工作，避免因安装错误而产生附加应力或出现安全事故，是安装就位的中心问题。

简支结构的两支点应在同一水平面上，高差不宜超过试验跨度的$\frac{1}{50}$。试件、支座、支墩和台座之间应密合稳固，为此常采用砂浆坐缝处理。

超静定结构，包括四边支承和四角支承板的各支座应保持均匀接触，最好采用可调支座。若带支座反力测力计，应调节至该支座所承受的试件重为止。也可采用砂浆坐浆或湿砂调节。

扭转试件安装应注意扭转中心与支座转动中心的一致，可用钢垫板等加垫调节。

嵌固支承，应上紧夹具，不得有任何松动或滑移可能。

卧位试验，试件应平放在水平滚轴或平车上，以减轻试验时试件水平位移的摩擦阻力，同时也防止试件侧向下挠。

试件吊装时，平面结构应防止平面外弯曲、扭曲等变形发生，细长杆件的吊点应适当加密，避免弯曲过大；钢筋混凝土结构在吊装就位过程中，应保证不出裂缝，尤其是抗裂试验结构，必要时应附加夹具，提高试件刚度。

7. 加载设备和量测仪表安装

加载设备的安装，应根据加载设备的特点按照大纲设计的要求进行。有的与试件就位同时进行，如支承机构；有的则在加载阶段加上施工加载设备。大多数是在试件就位后安装。要求安装固定牢靠，保证荷载模拟正确和试验安全。

仪表安装位置按观测设计确定。安装后应及时把仪表号、测点号、位置和连接仪器上的通道号一并记入记录表中。调试过程中如有变更，记录亦应及时做相应的改动，以防混淆。接触式仪表还应有保护措施，例如加带悬挂，以防振动掉落损坏。

8. 试验控制特征值的计算

根据材性试验数据和设计计算图式，计算出各个荷载阶段的荷载值和各特征部位的内力、变形值等，做为试验时控制与比较。这是避免试验盲目性的一项重要工作，对试验与分析都具有重要意义。

§4-2 加荷方案设计

确定一项加荷方案，涉及的技术因素很多，是个比较复杂的问题。因而一般要求在满足试验目的前提下做到试验技术合理、经济和安全。试验加荷方案的确定除与研究的目的要求直接相关外，还与试验对象的结构形式、构件在试验时的空间位置、加荷图式以及加荷程序等有关。

4-2-1 结构类型与搁置位置

1．结构类型

框架结构的大梁是一个横向承重构件，承受由次梁和板传来的荷载，次梁荷载一般是以集中力的形式作用于大梁，因而框架大梁的试验荷载可以采用液压加荷系统施加集中力来实现。

板和壳体结构是建筑物中常见的承重结构。其特点是平面尺寸大，高度相对较小，都以承受均布荷载为主，板试验时可以采用重力加载方案。但应注意严禁重物集中堆放，以免引起拱作用而减小荷载效应（见图 4-2）。

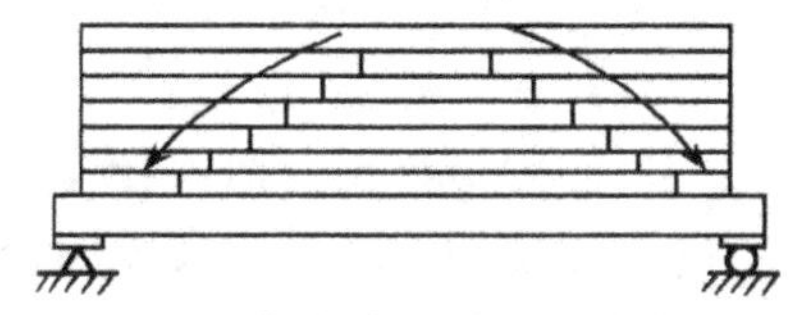

图 4-2　集中堆放引起的拱作用

壳体结构试验则不便于采用重物加载，这时若能用若干组不连续的集中力等效代替均布荷载（如图 4-3 所示），则既省力又安全。

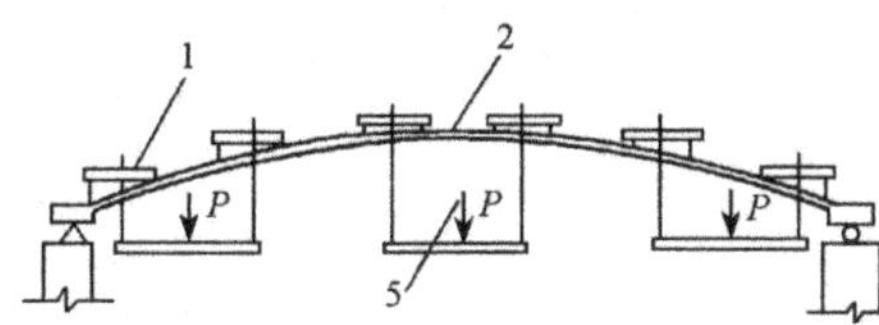

图 4-3　壳体结构用集中力加载

1——分配梁；2——试验结构；3——预留孔；4——荷载作用点；5——加载点

墙（包括剪力样）和柱是结构的竖向承重构件，除了承受竖向荷载外，还承受风荷载及水平地震荷载等。由于这类构件较高，平面尺寸又较小，试验时在竖向施加集中荷载，在侧向施加水平均布荷载有一定困难，所以，墙和柱的试验荷载主要采用竖向和水平向的集中荷载。为保证墙体试验时的侧向稳定，应设置侧向支撑系统，如图 4-4 所示。侧向支撑不能参与受力系统的工作或阻碍构件的自由变形。此外，柱子试验

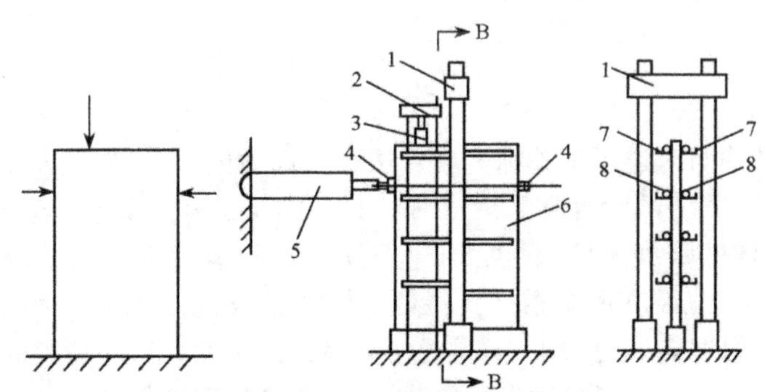

图 4-4　剪力墙结构试验装置

1——载荷架；2——圆拉杆加载架；3——千斤顶；4——荷重传感器；5——拉压千斤顶；6——剪力墙体；7——支撑槽钢；8——钢球

时如何形成铰支座也是一个重要的技术问题。

由上述分析可知，构件的类型基本上确定了荷载的性质和形式。

2. 构件在试验时的空间位置

构件在试验时搁置的空间位置，原则上应符合实际使用时的工作状态。但有时因设备等试验条件限制，按实际使用工作状态搁置有困难时，也允许在不影响试验目的和要求的前提下，采用不同于实际工作状态的搁置方式。试验时构件的空间位置方案有两种，即正位试验方案和异位试验方案。

(1) 正位试验

正位试验是指试验时构件搁置位置与实际工作时的位置一致。比如梁、板的正位试验是指跨中的受压区在上，受拉区在下，自重和外荷载作用在同一平面内。检验性试验，应优先采用正位试验，即与实际工作状态完全一致的方案。

(2) 异位试验

异位试验是指试验时构件搁置位置与实际工作时的位置不一致。例如梁可平卧，也可以倒过来使跨中的受拉区在上，受压区在下。前者叫卧位试验，后者称反位试验。采用反位试验时，由于受拉区朝上，便于观察裂缝，故适合于进行构件抗裂和裂缝宽度试验。应当注意的是，反位试验的外荷载，只有在抵消构件自重后才能起到外加荷载的作用。对于自重较大的梁、柱，跨度大而矢高高的屋架、桁架等重型构件，当不便于吊装运输和进行量测时，可在现场就地采用卧位试验，这样能大幅度降低试验装置的高度，便于布置量测仪表和读数测量，既安全又经济。在采用卧位试验时，为减少构件变形及支承面间的摩擦阻力和自重弯矩，应将试件平卧在滚轴上或平台车上，且使其保持水平状态(如图 4-5 所示)。

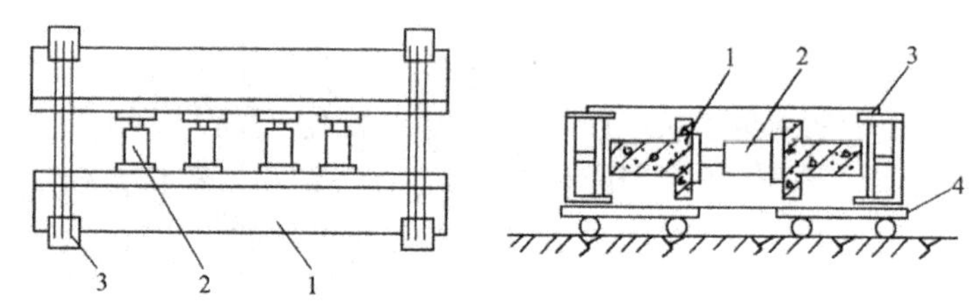

图 4-5　吊车梁成对、卧位试验

1——试件；2——千斤顶；3——箍架；4——滚动平车

用两个试件同时进行试验称为成对试验。例如屋架、桁架及大型梁等，仅作刚度、抗裂和裂缝宽度试验时常采用成对试验。图 4-5 为重型吊车梁的卧位成对试验，因为这种构件跨度大，荷载也大，一般反力架的承载力难以满足要求，采用图 4-5 所示加载时，只要在两个构件支座处以拉杆联结，互为依托，对顶加载，可较容易地完成构件的性能试验。图 4-6 是对两榀屋架采用的并列正位试验方法，在安放屋面板(或檩条)和水平支撑后进行加载。图 4-7 是轻型桁架的成对试验，它采用导链和分配梁施加外力。

成对试验的优点是：可同时进行两个结构的试验，简化了平面外支撑系统，可

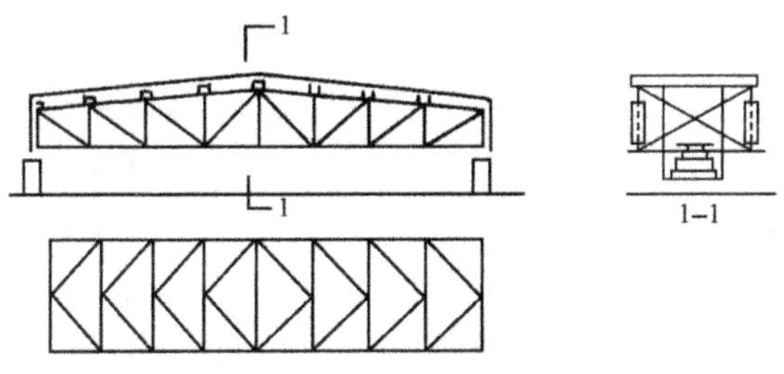

图 4-6　屋架正位并列试验

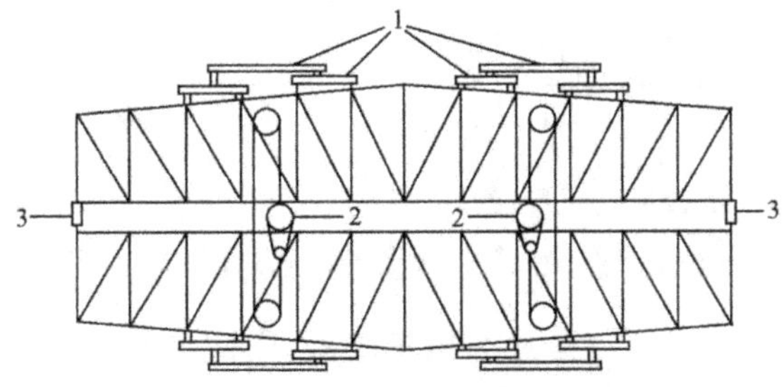

图 4-7　轻型桁架卧位、导链加载

1——荷载分配梁；2——导链；3——支座

以采用比较简单的试验装置完成加载任务，适于现场试验。

4-2-2　试验加荷图式

试验荷载在试件上的布置形式称为加荷图式。一般要求加荷图式与理论计算简图相一致，即均布荷载的加荷图式为均布荷载，集中荷载的加荷图式为集中荷载。如因条件限制无法实现时，应根据试验的目的和要求，采用与计算简图等效的加荷图式。等效加荷图式应满足下列条件：

1）等效荷载产生的控制截面上的主要内力应与计算内力值相等。

2）等效荷载产生的主要内力图形与计算内力图形相似。

3）由于等效荷载引起的变形差别，应给于适当修正。

4）控制截面上的内力等效时，其次要截面上的内力（如受弯构件的剪力）应与设计值接近。

例如图 4-8(a)为某受弯构件的设计内力图，当采用等效荷载图(b)代替时，除跨中截面弯矩等效外，其余截面的弯矩偏小，而跨中的剪力又偏大，所以一般不允许采用图(b)的加荷方案。图(c)的等效荷载加荷图式，跨中截面的弯矩值与实际相同且偏于保守（弯距图面积比实际大），但剪力值有较大差别，某些截面的剪力值与计算值相差一倍，这对于抗剪能力较差的薄肋构件，可能会导致抗剪破坏先于抗弯破坏，从而导致对构件抗弯性能作出错误判断。图(d)的等效荷载加荷图式，效果更接近计算要求。所以荷载点越多结果越接近计算简图，一般至少要用四分点两个以上集中荷载（偶数集中荷载）加荷图式等效本例所示的均布荷载。

对于具有特殊荷载作用的受弯构件，应采用设计图纸上规定的加荷图式。如吊

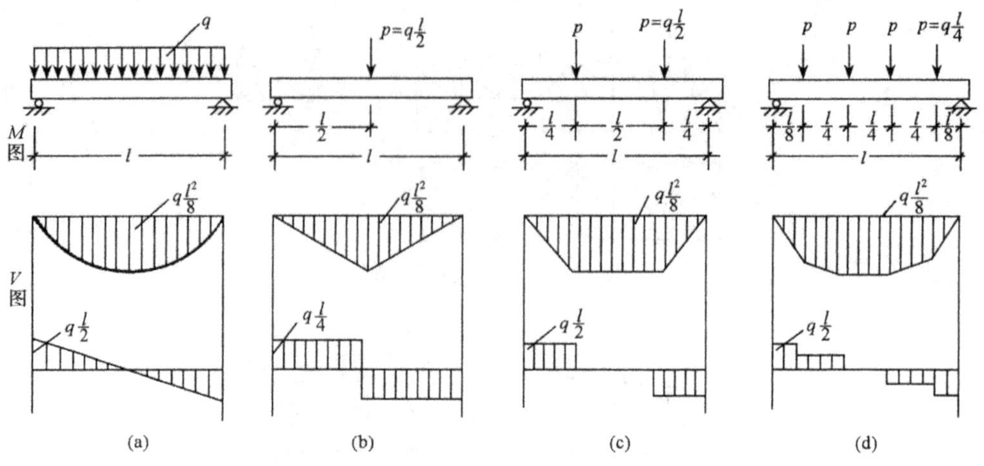

图 4-8　等效荷载示意图

车梁，承受的主要荷载是往复运动的吊车轮压，则试验的加载点应根据最大弯距或最大剪力的最不利位置布置来确定。

当采用一种加荷图式不能反映试验所要求的几种极限状态时，应采用几种不同的加荷图式分别在几个截面上进行试验。例如，梁的试验不仅要作正截面抗弯承载力极限状态试验，还要求进行斜截面抗剪承载力极限状态试验。若只采用一种加荷图式，往往因这种极限状态首先破坏，而另一种极限状态不能得到反映。又如拱的某些截面，承受半跨荷载作用比全跨荷载更不利，因而对拱做半跨荷载试验是必需的。壳体结构试验时，必须根据壳体形状和计算方法等因素选择加荷图式。在多数情况下，除半跨、全跨荷载试验外，还需要进行局部均布荷载试验，如图 4-9 所示的薄壁筒拱，为了测得顶部的最大挠度，要考虑中间$\frac{1}{3}$跨的均布荷载试验。

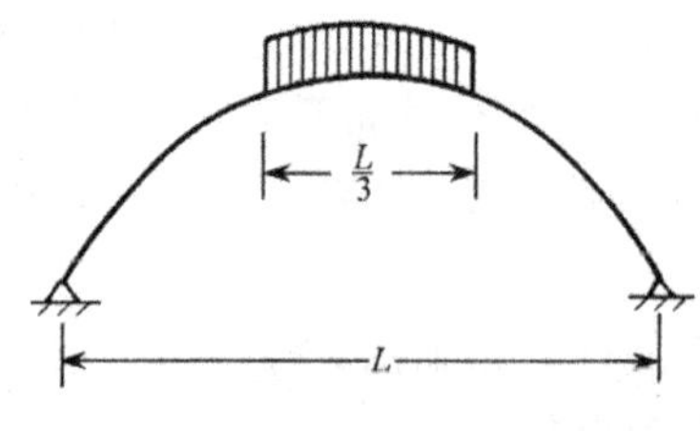

图 4-9　薄壁筒拱$\frac{1}{3}$加荷图式

一般情况，一个试件上只允许用一种加荷图式。只有对第一种加荷图式试验后的构件采取补强措施，并确保对第二种加荷图式的试验结果不会带来任何影响时，才可在同一个试件上先后进行两种不同加载图式的试验。

有人曾专题研究了不同集中力数目对跨中弯矩的影响。如图 4-10 所示，从图中可以看出，任意偶数个集中力都可以使简支梁的跨中产生$q\frac{l^2}{8}$的弯矩。若采用奇数个集中力（比如 3 个集中力）则将引起较大的弯矩误差（+11%）。对矢高 $0.1L$ 的固定支座抛物线平拱，集中荷载个数愈少，承载力降低愈多。比如采用 10 个荷载时，压屈强度为实际强度的 90%；采用 20 个荷载时，压屈强度预计最高只为实际强度的 95%左右（见图 4-11）。

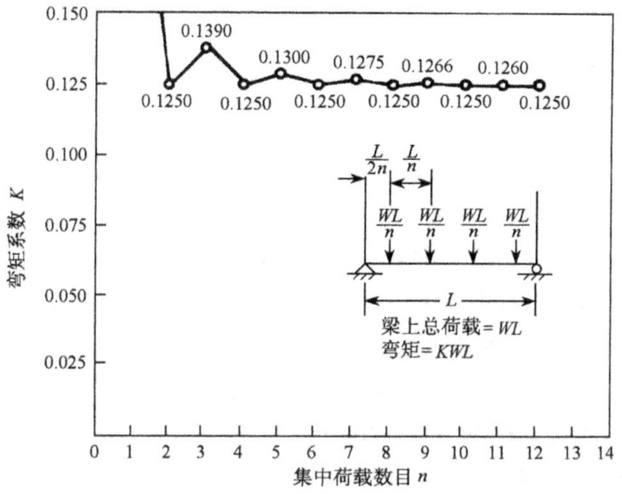

图 4-10 集中力数目对强度的影响

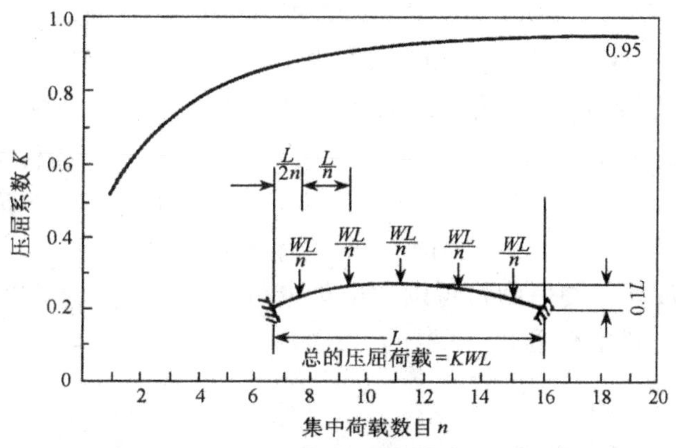

图 4-11 集中力数目对抛物线平拱的影响

4-2-3 试验荷载计算

《建筑结构设计统一标准》(GBJ68)和各种结构设计规范,均将结构功能的极限状态分为两大类,即承载能力极限状态和正常使用极限状态。同时还规定结构构件应按不同的荷载效应组合设计值进行承载力计算及稳定、变形、抗裂和裂缝宽度验算。因此在进行结构试验前,首先应确定相应于各种受力状态的试验荷载。当进行承载力极限状态试验时,应确定承载力的试验荷载值。对构件的刚度、裂缝宽度进行试验时,应确定正常使用极限状态的试验荷载值。当试验混凝土构件的抗裂性时,应确定构件的开裂试验荷载值。

正常使用极限状态的荷载又可分为短期荷载和长期荷载。当进行短期荷载试验时,在长期荷载下的允许变形值应换算为短期荷载下的变形值。

由于试验构件的来源和试验目的不同，试验荷载可按检验性试验和研究性试验分别计算其试验荷载值。

1. 检验性试验的试验荷载

根据结构功能的两种极限状态，试验荷载计算的基准有两个，即

1）对于承载力极限状态，承载力检验荷载设计值 Q_d 为

$$Q_d = \gamma_G G_K + \gamma_Q Q_K \tag{4-1}$$

式中：γ_G——永久荷载分项系数，一般取 $\gamma_G=1.2$；

γ_Q——可变荷载分项系数，一般取 $\gamma_G=1.4$。

2）对于正常使用极限状态，正常使用短期荷载检验值 Q_S 为

$$Q_S = G_K + Q_K \tag{4-2}$$

式中：G_K——永久荷载标准值(kN/m^2)；

Q_K——可变荷载标准值(kN/m^2)。

当采用均布荷载加荷图式时，承载力检验荷载可由式(4-1)计算荷载设计值，再乘以检验指标(γ_u)而得到与不同检验标志相应的检验荷载值。检验构件的挠度和裂缝宽度时，直接用式(4-2)计算短期荷载检验值 Q_S。进行抗裂检验时，应将式(4-2)乘以检验指标[γ_{cr}]得抗裂检验荷载值。

采用集中力加载时，荷载是以两个或多个集中力形式出现，其值无法直接用 G_K、Q_K、γ_G 和 γ_Q 来计算，而应根据弯矩等效原则反算集中力加载值。通常集中力加载形式有三种，即三分点加载、四分点加载和剪力跨度为 a 的对称集中力加载，如图 4-12 所示。根据图中集中力作用位置产生的效应(即集中力产生的效应与均布荷载产生的效应相等的原则)，可以求出集中荷载的承载力检验荷载设计值 F_d，和正常使用短期荷载检验值 F_S。例如：

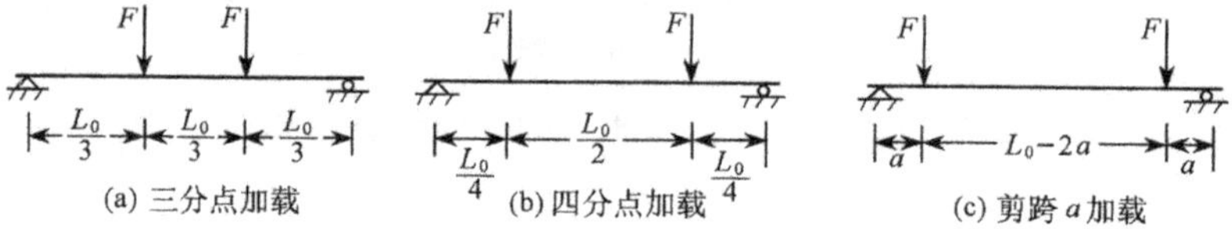

图 4-12　标准加荷图式

三分点加载时的检验荷载为

$$F_S = \frac{3}{8}(G_K + Q_K)bL_0 \tag{4-3a}$$

$$F_d = \frac{3}{8}(\gamma_G G_K + \gamma_Q Q_K)bL_0 \tag{4-3b}$$

四分点加载时的检验荷载为

$$F_S = \frac{b}{2}(G_K + Q_K)L_0 \tag{4-4a}$$

$$F_d = \frac{b}{2}(\gamma_G G_K + \gamma_Q Q_K)L_0 \tag{4-4b}$$

剪跨 a 对称加载时的检验荷载为

$$F_S = \frac{b}{8a}(G_K + Q_K)L_0^2 \tag{4-5a}$$

$$F_d = \frac{b}{8a}(\gamma_G G_K + \gamma_Q Q_K)L_0^2 \tag{4-5b}$$

式中：b、L_0——试验构件的受荷宽度和计算跨度；

a——剪力跨度。

2. 研究性试验的试验荷载

由于研究性试验并不一定是针对某一具体工程的实际荷载来进行试验，因此没有给定的荷载值。这时应根据构件实际的承载力计算值来反求短期效应计算值和使用状态的试验荷载值。

根据材料的实测强度和构件的实际几何参数，计算构件达到承载力极限状态的内力计算值为

$$S_u^C = R(f_C^0, f_S^0, a^0, \cdots) \tag{4-6}$$

式中：f_C^0、f_S^0、a^0——分别为混凝土抗压强度、钢材抗拉强度和截面几何尺寸的实测值。

控制截面上的正常使用极限状态短期效应计算值 S_S^C 按下式计算：

$$S_S^C = M_S^C = \frac{R(f_C^0, f_S^0, a^0, \cdots)}{\gamma_0 \gamma_\mu [\gamma_u]} \tag{4-7}$$

式中：γ_μ——荷载分项系数平均值，采用以下简化公式计算：

$$\gamma_\mu = 1.4 - \frac{0.186}{\rho + 0.93}$$

当 $\rho = \frac{Q}{G} = 0$ 时，$\gamma_\mu = 1.20$；

当 $\rho = \frac{Q}{G} = 0.5$ 时，$\gamma_\mu = 1.27$；

当 $\rho = \frac{Q}{G} = \infty$ 时，$\gamma_\mu = 1.40$。

γ_0——结构构件重要性系数，按表 4-5 取用；

$[\gamma_u]$——构件承载力检验系数允许值，按表 4-6 取用。

最后根据控制截面上的效应计算值和加荷图式，经等效换算求出正常使用极限状态下的试验荷载值。

开裂试验荷载计算值可根据开裂内力计算值和试验加荷图式换算得出。正截面抗裂试验的开裂内力计算值按下列公式计算：

1）轴心受拉构件：

$$N_{cr}^C = (f_t^0 + \sigma_{PC})A_0^0 \tag{4-8}$$

2）受弯构件：

$$M_{cr}^C = (\gamma f_t^0 + \sigma_{PC})W_0^0 \tag{4-9}$$

3）偏心受拉和偏心受压构件：

$$N_{cr}^{C}=\frac{\gamma f_{t}^{0}+\sigma_{PC}}{\frac{e_{0}}{W_{0}^{0}}\pm\frac{1}{A_{0}^{0}}} \tag{4-10}$$

式中：σ_{PC}——结构构件试验时，在抗裂验算边缘的混凝土预压应力设计值；

γ——受拉区混凝土塑性影响系数；

N_{cr}^{C}——轴心受拉、偏心受拉和偏心受压构件正截面开裂轴向力计算值；

M_{cr}^{C}——受弯构件正截面开裂弯矩计算值；

A_{0}^{0}——由实际几何尺寸计算的构件换算截面面积；

W_{0}^{0}——由实际几何尺寸计算的换算截面受拉边缘的弹性抵抗矩；

e_{0}、f_{t}^{0}——分别为轴心力对截面的偏心矩和混凝土抗拉强度实测值。

【例题 4-1】 某研究性钢筋混凝土梁，计算跨度 $L_{0}=5600\text{mm}$；截面尺寸实测值 $b^{0}\times h^{0}=200\text{mm}\times 350\text{mm}$；I 级钢筋强度实测值 $f_{S}^{0}=245\text{N/mm}^{2}$；钢筋面积实测值 $A_{S}^{0}=563\text{mm}^{2}$；受拉主筋保护层厚度为 30mm；混凝土弯曲抗压强度实测值 $f_{cm}^{0}=11.5\text{N/mm}^{2}$；结构安全等级 II 级；可变荷载比值 $\rho=0.5$；试验时用两个集中力四分点加载，试确定使用状态短期荷试验值 F_{S}。

【解】 1）求截面受压区高度 x 和承载力计算值：

$$x=\frac{A_{S}^{0}f_{S}^{0}}{b^{0}f_{cm}^{0}}=\frac{563\times 245}{200\times 11.5}=59.97\ \text{mm}$$

$$R(f_{C}^{0},f_{S}^{0},a^{0}\cdots)=b^{0}f_{cm}^{0}x\left(h_{0}^{0}-\frac{x}{2}\right)=39.31\ \text{kN}\cdot\text{m}$$

2）计算正常使用极限状态短期内力计算值（假设$[\gamma_{u}]=1.2$）：

$$S_{S}^{C}=M_{S}^{C}=\frac{R(f_{C}^{0},f_{S}^{0},a^{0}\cdots)}{\gamma_{o}\gamma_{\mu}[\gamma_{u}]}=25.79\text{kN}\cdot\text{m}$$

3）正常使用极限状态短期试验荷载值为：

$$F_{S}=\frac{4M_{S}^{C}}{L_{0}}=\frac{4\times 25.79}{5.6}=18.42\text{kN}$$

扣除大梁自重后的短期试验荷载加载值为 13.52kN。

4-2-4 加载程序设计

结构的承载力及其变形性能，均与结构的受荷量值、受荷速度及荷载在构件上的持续时间等因素有关。进行结构试验时必须给予足够时间，使结构变形得到充分发展。确定加荷时间与加荷量的过程称加荷程度设计。图 4-13 为钢筋混凝土结构静载试验的加荷程序。

1. 预加载

在正式试验前对结构预加试验荷载，其目的是：

1）使试验结构的各支点进入正常工作状态。在试件制造、安装等过程中节点

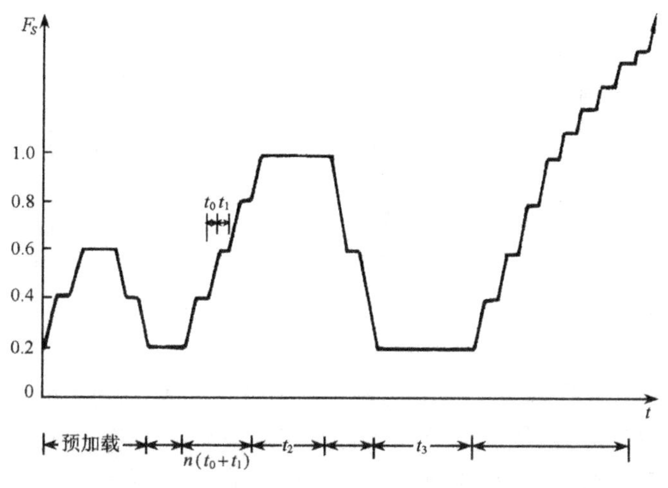

图 4-13 静态加荷程序

和结合部位难免有缝隙，预加载可使其密合。对装配式钢筋混凝土结构需经过若干次预加载，才能使荷载-变形关系趋于稳定。

2）检查加荷设备工作是否正常，加荷装置是否安全可靠。

3）检查测试仪表是否都已进入正常工作状态。应严格检查仪表的安装质量、读数和量程是否满足试验要求；自动记录系统运转是否正常等。

4）使试验工作人员熟悉自己担任的任务，掌握调表、读数等操作技术，保证采集的数据正确无误。

对于开裂较早的普通钢筋混凝土结构，预加载的荷载量，不宜超过开裂荷载值的 70%（含自重），以保证在正式试验时能得到首次开裂的开裂荷载值。预加载一般分三级加载，2～3 级卸完 。

2. *荷载分级*

荷载分级的目的，一方面是为控制加荷速度，另一方面是为便于观察结构变形情况，为读取各种试验数据提供所必需的时间。

分级方法应考虑到能得到比较准确的承载力试验荷载值、开裂荷载值和正常使用状态的试验荷载值及其相应的变形。因此荷载分级时应分别在这些荷载值的上、下，将原荷载等级减小$\frac{1}{2}$或更小些。例如在达到正常使用极限状态以前，以正常使用短期试验荷载值为准，每级加载量一般不宜超过 20%（含自重）；接近正常使用极限状态时，每级加载量减小至 10%；对于钢筋混凝土或预应力混凝土构件，达到 90%开裂试验荷载以后，每级加载量不宜大于 5%的使用状态短期试验荷载值；开裂后可以恢复正常加载程序。对于检验性试验，加载接近承载力检验荷载时，每级荷载不宜大于 5%的承载力检验荷载值。对于研究性试验，加载到 90%的承载力试验荷载计算值以后，每级加载量不宜大于 5%。

试验荷载一般按 20%左右为一级，即按五级左右进行加载。

3．级间间歇时间

级间间歇时间包括：开始加载至加载完毕的时间 t_0 和荷载停留时间 t_1，总时间 t_0+t_1 即为级间间歇时间。

级间停留时间 t_1，主要取决于结构变形是否已得到充分发展，尤其是混凝土结构，由于材料的塑性性能和裂缝开展，需要一定时间才能完成内力重分布，否则将得到偏小的变形值，并导致偏高的极限荷载值，影响试验的准确性。根据以往经验和有关规定，混凝土结构的级间停留时间不得少于 10～15min，钢结构取 10min，砌体和木结构也可参照执行。

4．满载时间 t_2

结构的变形和裂缝是结构刚度的重要指标。在进行钢筋混凝土结构的变形和裂缝宽度试验时，在正常使用极限状态短期试验荷载作用下的持续时间不应少于 30min，钢结构也不宜少于 30min，拱或砌体为 30min 的 6 倍；对于预应力混凝土构件，满载 30min 后加至开裂，然后在开裂荷载下再持续 30min（检验性构件不受此限制）。

对于采用新材料、新工艺、新结构形式的结构构件，或跨度较大（大于 12m）的屋架、桁架等结构构件，为了确保使用期间的安全，要求在正常使用极限状态短期试验荷载作用下的持续时间不宜少于 12h，在这段时间内变形继续增长而无稳定趋势时，还应延长持续时间直至变形发展稳定为止。如果试验荷载达到开裂荷载计算值时，试验结构已经出现裂缝，则开裂试验荷载不必持续作用。

5．空载时间 t_3

受载结构卸载后到下一次重新开始受载之间的间歇时间称空载时间。空载对于研究性试验是完全必要的。因为观测结构经受荷载作用后的残余变形和变形的恢复情况均可说明结构的工作性能。要使残余变形得到充分发展需要有足够的空载时间，有关的试验标准规定：对于一般的钢筋混凝土结构空载时间取 45min；对于重要的结构构件和跨度大于 12m 的结构取 18h（即为满载时间的 1.5 倍）；对于钢结构不应少于 30min。空载时间也必须定时观察和记录变形值。

应该注意，当试验结构同时施加竖向和水平荷载时，为保证每级荷载下竖向荷载和水平荷载的比例不变和保持同步，试验开始时首先应施加与试件自重成比例的水平荷载，然后再按规定的比例同步施加竖向和水平向荷载。

低周反复加载试验的加载程度一般都是先用荷载控制加载，加至屈服点后改用位移控制加载。为了获得较为准确的荷载-位移（F-Δ 曲线）曲线，整个加载过程的加荷速度应该一致，且在 F-Δ 滞回曲线中每一循环到达的峰值点处不宜停留。

以静态形式施加水平低周反复荷载的加载程序，根据不同试验目的和要求，可分为 x 方向（或 y 方向）的单向反复加载（见图 4-14）和 x、y 方向的双向反复加载（见图 4-15）两种情况。双向加载可按双向同步和非同步（交叉）形式进行加载。

由于这种试验方法是以静态向动态过渡的一种方法，最终目的是研究动态性能，故详细的内容将在动力试验的有关章节介绍。

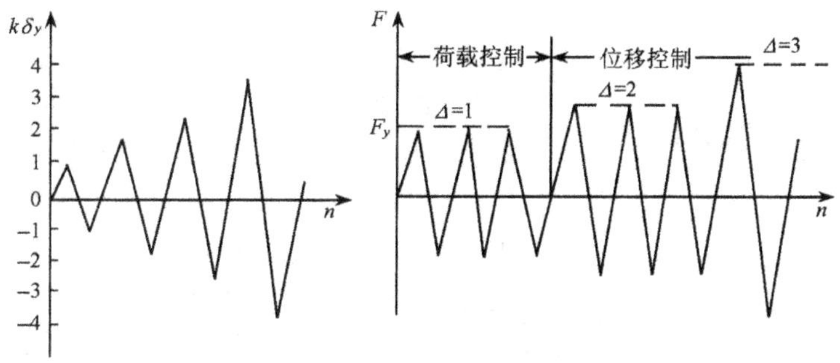

图 4-14　单向反复加载程序

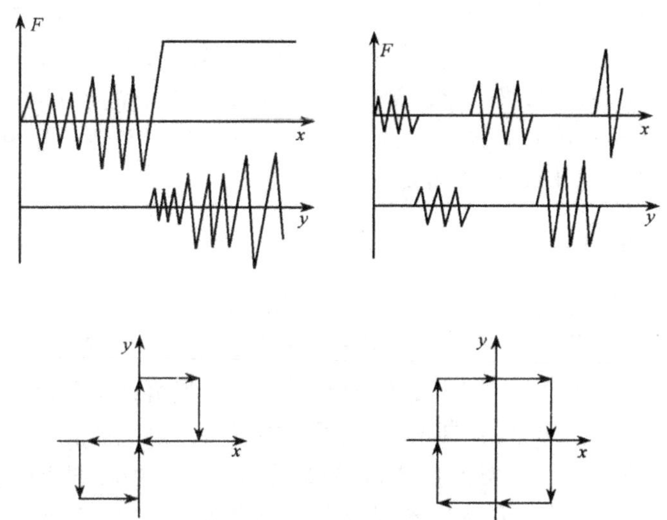

图 4-15　双向反复加载程序

§4-3　观测方案设计

观测方案是根据受力结构的变形特征和控制截面上的变形参数来制定的。因此要预先估算出结构在试验荷载作用下的受力性能和可能发生的破坏形状。观测方案的内容主要包括：确定观察和测量的项目、选定观测区域、布置测点及按照量测精度要求选择仪表和设备等。

4-3-1　观测项目

结构在外荷载作用下的变形可分为两类：一类反映的是结构整体工作状况，如梁的最大挠度及其整体变形；拱式结构和框架结构的最大水平位移、竖向位移；杆、塔结构的整体水平位移及基础转动等。另一类反映的是结构局部工作状况，如局部的纤维应变、裂缝以及局部挤压变形等。

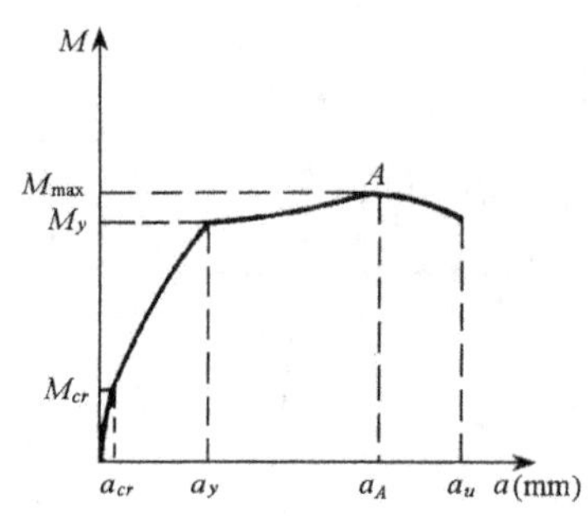

图 4-16 钢筋混凝土梁的弯矩-挠度曲线

结构任何部位的异常变形或局部破坏都会在整体变形中得到反映，不仅可以反映结构的刚度变化，而且还可以反映结构弹性和非弹性性质，如图 4-16 所示的内力和挠度曲线，曲线有明显的开裂点、屈服点、极限点和破坏点，把整个受力过程分为弹性、弹塑性和塑性三个阶段。可见结构整体变形是观察的重要项目之一。

钢筋混凝土结构何时出现裂缝，可直接说明其抗裂性能；控制截面上的应变大小和方向反映了结构的应力状态，是结构极限承载力计算的主要依据。当结构处于弹塑性阶段时，其应变、曲率、转角或位移的量测结果，都是判定结构延性的主要依据。特别是在反复荷载作用下，这些变形参数是重要的量测项目。另外，观测项目和测点数量也必须满足结构分析和推断结构工作状态的需要。

4-3-2 测点布置

1. 整体变形测量的测点布置

结构的整体变形，主要有平面内的挠度和侧向的位移转角等。结构整体变形的量测，要视试验的目的和要求而定。例如有时只需要量测结构控制截面上的最大挠度，有时则要求量测挠度变形曲线，对应于两种情况的测点布置原则如下：

1）任何构件的挠度或侧向位移，指的都是构件截面中轴线上的变形。因而，试验时挠度测点的位置必须对准中轴线或在中轴线两侧对称位置上布置测点。

2）构件的跨中最大挠度，指的是扣除试验时产生的支座沉降后的跨中挠度，因而梁式构件的挠度测点不得少于 3 个点，布置位置如图 4-17 所示。

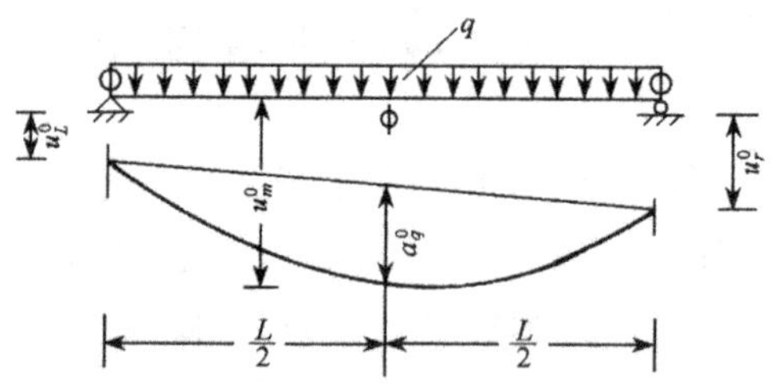

图 4-17 梁式构件最大挠度测点数

实测跨中最大挠度 a_q^0 为

$$a_q^0 = u_m^0 - \frac{u_L^0 + u_r^0}{2} \tag{4-11}$$

式中：u_L^0 、u_r^0——两端支座的沉降位移实测值；

u_m^0——包括支座沉降在内的跨中挠度实测值。

3）量测梁式构件挠度曲线时，测点数目不得少于 5 个点，即在图 4-17 基础上，在左右各$\frac{L}{4}$跨处再增设一个测点。对跨度较大或高度较高的竖向构件其测点数目也应适当增加。当用有限差分法求解弹性挠度曲线时，要求布置的测点数目，以能求得三阶导数为原则，即至少需 5 个测点，这时可取 Δx 为各挠度测点间的距离，挠度曲线对应的位移如图 4-18 所示。在 n，$n-1$，…处的一阶导数、二阶导数和三阶导数分别为：

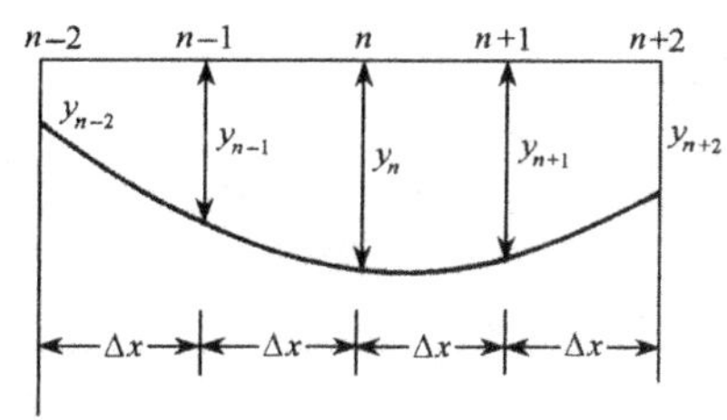

图 4-18　弹性曲线测点数

$$\frac{\Delta y}{\Delta x}=\frac{y_{n+1}-y_{n-1}}{2\cdot\Delta x} \tag{4-12a}$$

$$\frac{\Delta^2 y}{\Delta x^2}=\frac{y_{n+1}-2y_n+y_{n-1}}{\Delta x^2} \tag{4-12b}$$

$$\frac{\Delta^3 y}{\Delta x^3}=\frac{y_{n+2}-2y_{n+1}+2y_{n-1}-y_{n-2}}{2\cdot\Delta x^3} \tag{4-12c}$$

根据以上基本原则，对受弯或偏心受压构件，最大挠度的测点应布置在跨中截面的中轴线上，如图 4-19(a)所示。截面宽度大于 600mm 的受弯或受压构件，应在

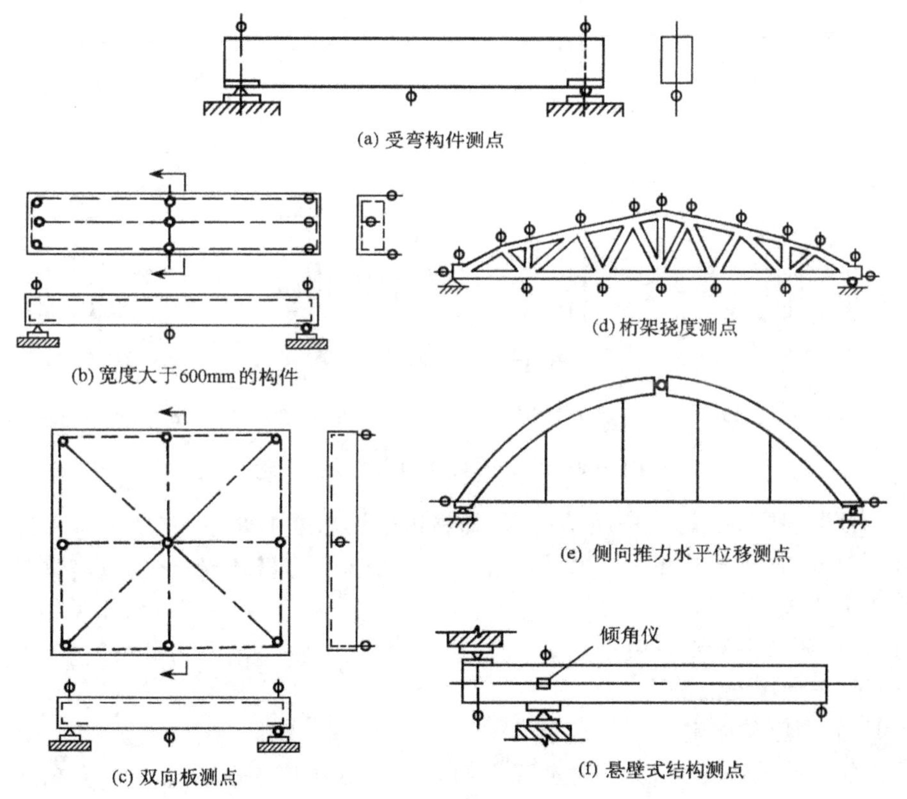

图 4-19　挠度测点布置

结构跨中的对称边缘处量测挠度，并取其平均值作为构件的挠度。对于肋形板，应量测每个纵肋的挠度，并取其平均值作为构件的挠度，如图 4-19(b)所示。双向板及空间薄壳等双向受力结构，其挠度应沿两个跨度方向或主曲率方向的跨中，或挠度最大的部位布置测点，如图 4-19(c)所示。屋架和桁架的挠度测点应布置在下弦杆的跨中或最大挠度节点的位置上，当屋架、桁架有侧向推力作用时，还应在跨度方向的支座两端沿水平方向布置测点，以测量结构的水平位移，如图 4-19(d、e)所示。对于悬壁结构构件，应在自由端和支座处布置测点，以量测自由端的位移、支座沉降及支座截面转动产生的角位移，如图 4-20(f)所示。

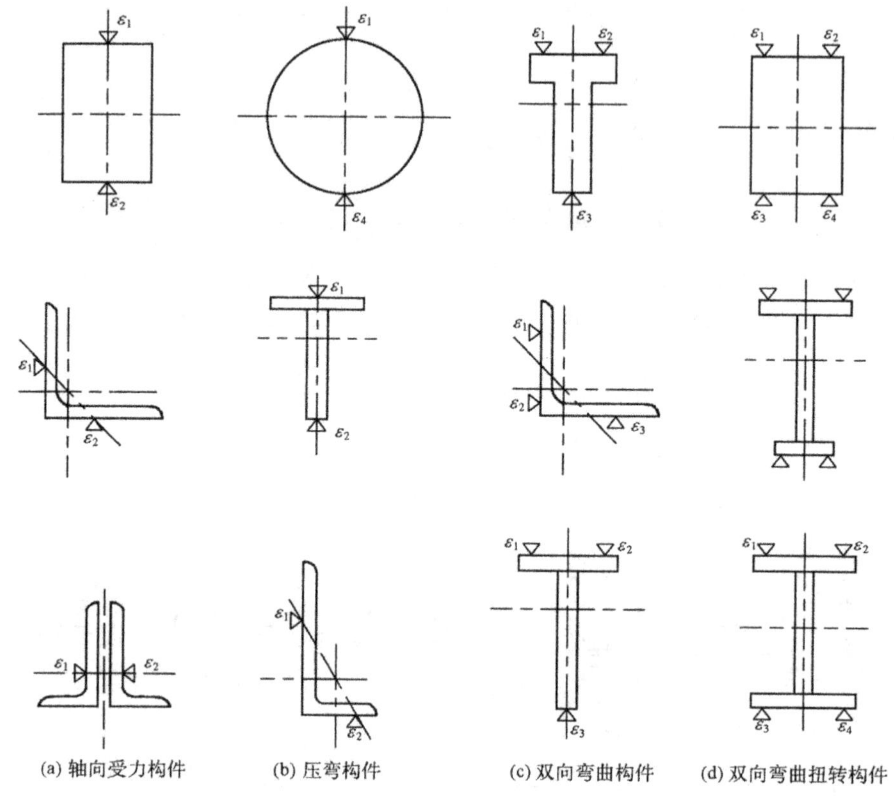

图 4-20　各种受力截面上的测点布置

对于柱、框架及足尺房屋结构等，其整体位移和变形曲线，基础转角或杆件间的相对转角等，一般应沿与主轴力成正交的两个方向布置测量仪表，以便测量截面两个方向的变形。

2. *局部应变测量的测点布置*

(1) 单向应变的测定

1) 截面应力测定。

对于一个桁架结构，其杆件截面上的内力一般只有三种，即轴向应力和两个方向(x、y)的弯曲应力。各种力的大小待测量结果分解后才能知晓。

应变测点的数量随杆件截面的形状和量测要求而定。同一截面上的应变测点数目一般不得少于2个点，也不得少于欲测应力的种类数目。应变计的标距方向应与构件法向应力方向一致。对于轴向受力构件、拉弯构件、压弯构件、双向弯曲构件和双向弯曲扭转构件，截面应变测点的位置和数量列于图4-20，供测量时选用。

2）截面受压区高度测定。

由于某些材料的非弹性性质，截面上的应力分布状况往往是不清楚的。因而要求在试验过程中能找出截面的受压区高度。为此必须在截面高度范围内布置一定数量的应变测点。沿截面高度上布置的应变测点愈多，中和轴位置可能定得愈准确。测点数随梁高而异，较高的梁应适当增多，一般可取6个点。应变计可以采用等距离布置或外密里疏的布置方式，如图4-21所示。

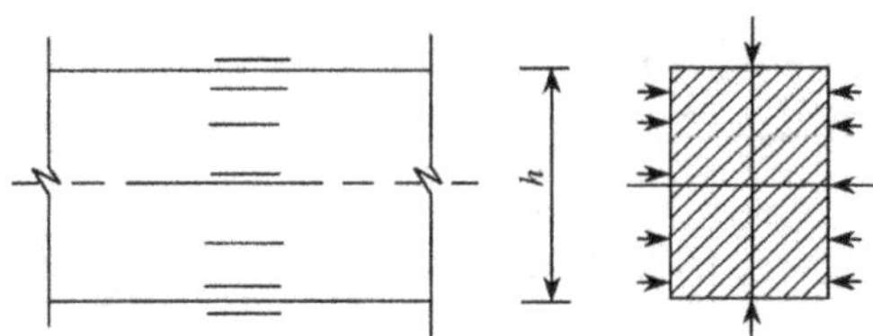

图4-21　截面受压区高度测点布置

3）框架固端弯矩的测定。

确定超静定梁或框架的内力图形，可采用测定反弯点位置的方法来进行。具体作法是：预先估计被测结构的反弯点位置，在其两侧各布置一个或两个测点，测定其应变值，然后按比例即可求得应变为零的位置。例如图4-22所示的框架，利用梁上四对应变测点，测定梁上两个反弯点附近的应变，在已知荷载q作用下，就可以求出两端固端弯矩值。同理，也可以用同样办法求得柱的反弯点和固端弯矩值。

这种方法的局限性在于：仅适于结构处在弹性阶段的情况，一旦构件开裂（混凝土结构）或出现裂缝后，因发生内力重分布现象而使测量结果有一定出入。

（2）平面应变的测定

处于平面应力状态的结构，不仅需要知道应力的大小，还要知道应力的方向，需采用平面应变的测定方法。

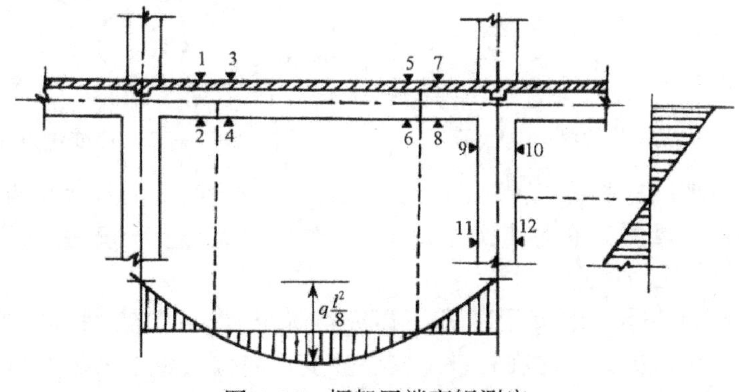

图4-22　框架固端弯矩测定

平面应变的测点布置，根据构件受力的具体情况而定。对于受弯构件中正应力和剪应力共同作用的区域，截面形状不规则或有突变的部位，杆系结构中汇交力系的节点以及板壳结构等(如图 4-23 所示)，这些部位的正应力和剪应力的大小和方向均为未知，测定其平面应变时，可按一定的 x-y 坐标系均匀布置测点，每个测点按三个方向的应变进行测量。

进行平面应变测量，应充分利用结构的对称性来布点，不仅可以节省应变片，还减少了大量测试工作和分析工作。对于开孔的薄腹梁或薄壁容器等，其孔边上的边界主应力方向为已知，故测定时可沿孔边切线方向布点。若荷载和结构均为对称，则在对称轴上的应力方向为已知，且其剪应力为零，则其中一个主应力沿对称轴作用，另一主应力与对称轴垂直。

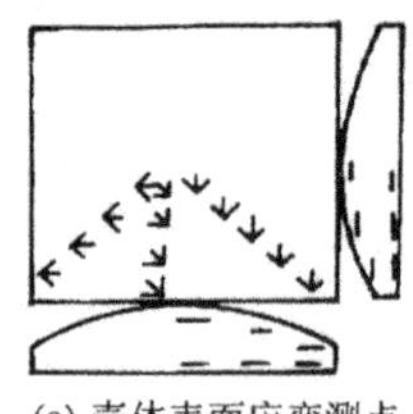

(a) 壳体表面应变测点

(b) 节点应变测点

图 4-23　平面应变测点布置

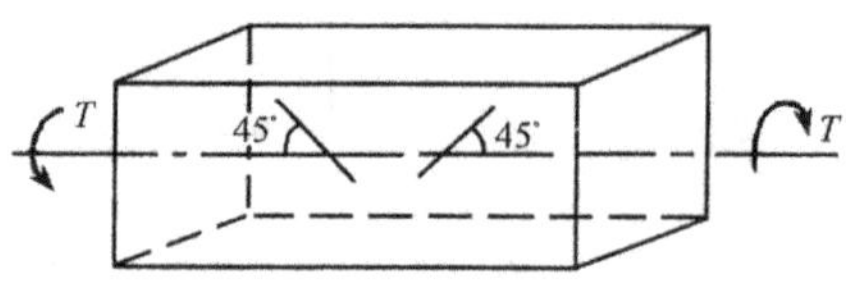

图 4-24　纯扭构件应变测点布置

纯扭构件应变的测定，是根据受扭构件的开裂和破坏特征(裂缝沿 45°角方向出现和发展)来确定。测点应布置在测定截面的两长边方向侧面的对应部位上，且与扭转轴成 45°夹角，测点数量根据研究分析的需要而定，如图 4-24 所示。

(3) 混凝土开裂应变的测定

用应变计量测开裂应变时，应在结构内力最大的受拉区域沿受力主筋方向连续布置电阻应变片(如图 4-25 所示)。连续布置的长度不小于 2～3 个计算裂缝间距，或不小于 30 倍主筋直径。未出现裂缝前，仪表的读数是有规律的。一旦在某级荷载下开裂，则跨越裂缝的测点，仪表的读数会出现骤增，而相邻的仪表读数则可能增加得很小，有时还可能出现负值，使原来的应力应变光滑曲线突然发生转折。

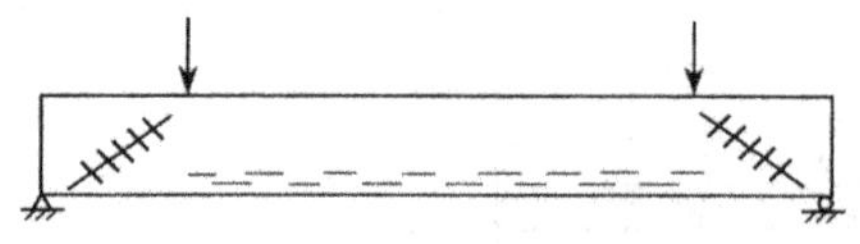

图 4-25　应变片检测裂缝

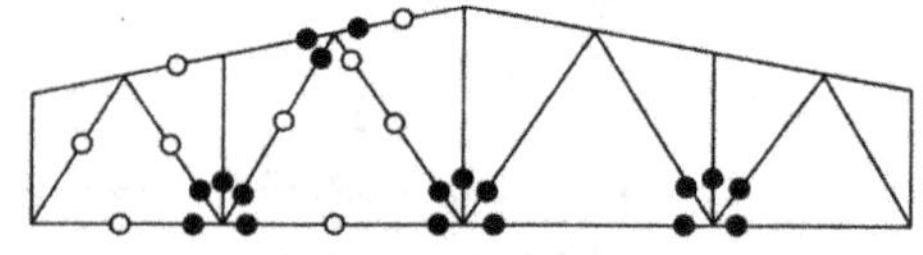

图 4-26　钢桁架应变测点布置

为避免出现漏检裂缝，应变片可以分两排交叉布置。量测斜裂缝的应变片与斜裂缝正交布置。量测裂缝的其他方法有各种刻度放大镜及涂层法等。

(4) 结构的应力测定

研究结构的实际工作状况时，除了研究整体变形(如节点的挠度)外，还需了解杆件的内力变化情况。这时在杆件上安装应变计的位置将根据研究目的而定。以图 4-26 所示的钢桁架为例，若只需要测定杆件的轴向力，则应变测点应设在杆件的中部(图中以“○”表示),以避免受到节点处固结作用所产生的局部弯矩的影响。又如为了了解由于节点固结而产生的次应力,则应该将应变测点布置在节点附近,并与节点中心保持一定距离(图中以“●”表示)。比较杆件的中点和节点附近的应变读数,就可以获得次应力的数据。由于桁架结构对称,利用对称性即可在半跨范围内布置测点,另半跨内只设少量校核性测点。

4-3-3 量测仪表的选择

量测仪表的选择,应根据被测参数的属性、量值和结构试验的精确度要求进行。比如对位移和应变两个不同的被测参数,应分别选择两种不同类型的仪表。量值是指被测参数的最大估算值,即仪表的量程应大于最大估算值,且宜将最大估算值落在仪表满量程的80%附近,仪表的最小刻度值应满足精度要求。此外,尚应考虑被测参数的表达方式,比如是用模拟量表达还是用数字量表达,是否打印或显示等。当仪表需参加测量系统工作时,应注意到仪表间的相互匹配。仪表附着在结构上进行测量工作时,为了避免影响结构正常变形,宜选择体积小、重量轻的仪表。在室外试验时,因工作条件差、环境干扰因素多,这时可选用适应性强、工作稳定性好的使用灵活的仪表。市场上出售的仪表一般都有足够的灵敏度、精度和工作稳定性。由于仪表在开发研制阶段的费用将随仪表可靠性的提高而增加,生产成本也随之提高,不过可靠性高的仪表在使用阶段的维修费用可以降低,其三者的关系有一个最佳值,即图4-27中所示的最小值,这个最小值可供我们选择仪表时参考,因为我们既关心合适的价格,又要求仪表的技术性能能符合测试精度的要求。

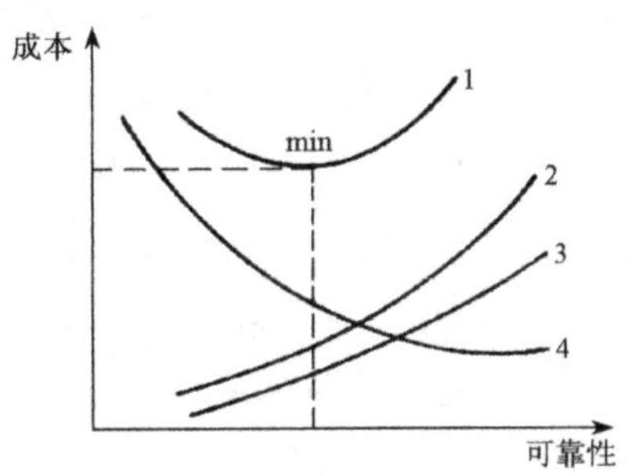

图4-27 仪表可靠性选择

1——总成本;2——制造成本;3——设计开发成本;4——维修成本

为了估计和控制测量误差,必须进行多次重复测量。但在结构试验中,多数情况都不具备进行多次重复测量的条件,例如混凝土的开裂过程便无法重现。又如现场的检验性试验,多次重复试验显然是不可能的,这时只能通过单次测量来分析判断其准确度。在进行单次直接测量或间接测量过程中,仪表的精度对测量结果有直接影响。

例如,单次直接测量结果的误差,可取用仪器的精度作为基本的试验误差。例如用千分表量测位移,得1.325mm,因为末位数字的计量单位为0.001mm,与千分表的最小分度值一致,故这时的试验误差即为0.001mm。仪表读数时一般只读到分度盘的最小格数,当指针在两分度线之间时,可作四舍五入处理。

【例题4-2】 一个修正后的百分表的允许误差为0.03mm,用它量测简支构件的挠度,试计算跨中短期挠度实测值的绝对误差。

【解】 跨中短期挠度实测值的计算式为

$$a_q^0 = u_m^0 - \frac{1}{2}(u_L^0 + u_r^0)$$

跨中短期挠度实测值的绝对误差为

$$\begin{aligned}\Delta a_q^0 &= \pm\left(\Delta u_m^0 + \frac{1}{2}\Delta u_L^0 + \frac{1}{2}\Delta u_r^0\right)\\ &= \pm\left(0.03 + \frac{1}{2}\times 0.03 + \frac{1}{2}\times 0.03\right)\\ &= \pm\ 0.06\text{mm}\end{aligned}$$

即为百分表允许误差的 2 倍。还应该注意，有些仪表量测结果的误差应考虑量测时的环境条件和操作人员技术熟练程度的影响，例如用电阻应变仪量测应变时就可能存在此类问题。

在混凝土结构试验中，有许多物理量不能直接测量，只能通过直接测量结果经换算得到，这些物理量称为间接测量值。

由于间接测量结果是由直接测量结果换算得到，直接测量结果的误差不可避免地会影响到与其相关的间接测量结果。因此在间接测量中，间接测量结果是直接测量结果的函数。在单项量测情况下，间接测量结果的误差，应根据误差传递法则进行间接测量的误差分析。一般有两种分析方法：

1）当间接量测结果 y 与各直接量测结果 $x_1, x_2, \cdots, x_n$ 的函数关系已知时，即

$$y = f(x_1, x_2, \cdots, x_n) \tag{4-13}$$

这时可用下式计算 y 值的绝对误差 Δy：

$$\Delta y = \left|\frac{\partial f}{\partial x_1}\right|\Delta x_1 + \left|\frac{\partial f}{\partial x_2}\right|\Delta x_2 + \cdots + \left|\frac{\partial f}{\partial x_n}\right|\Delta x_n \tag{4-14}$$

式中：Δy——间接测定值 y 的绝对误差；

$\Delta x_1, \Delta x_2, \Delta x_n$——分别为各项直接测定值的绝对误差；

$\frac{\partial f}{\partial x_n}$——函数 f 对直接测定值的偏微分。

应用此误差传递公式时，注意各自变量应该是互相独立的。

【例题 4-3】 测定钢筋弹性模量 E，用绝对误差为 ±0.1mm 的游标卡尺测量钢筋的平均直径 $d = 12.0$mm；所用的加载试验机在 5kN 范围内的误差为 ±1%；电阻应变片和电阻应变仪的总误差为 2.27%；当荷载为 5kN 时，应变值为 220×10^{-6}。求弹性模量 E，并分析测量误差。

【解】 E 为间接测定值。它与荷载和钢筋直径等直接测定值之间的函数关系式为：

$$E=\frac{4F}{\pi d^2\varepsilon}=\frac{4\times 5\times 10^3}{3.14\times 12.0^2\times 220\times 10^{-6}}=2.02\times 10^5\text{N/mm}^2$$

根据误差传递法则，E 的绝对误差为：

$$\begin{aligned}\Delta E&=\sum\left|\frac{\partial E}{\partial x_i}\right|\delta_{xi}\\&=\left|\frac{\partial E}{\partial F}\right|\delta F+\left|\frac{\partial E}{\partial \pi}\right|\delta\pi+\left|\frac{\partial E}{\partial d}\right|\delta d+\left|\frac{\partial E}{\partial \varepsilon}\right|\delta\varepsilon\\&=\left|\frac{4}{\pi d^2\varepsilon}\right|\delta F+\left|\frac{4F}{d^2\varepsilon}\cdot\frac{-1}{\pi^2}\right|\delta\pi+\left|\frac{4F}{\pi\varepsilon}\cdot\frac{-2}{d^3}\right|\delta d+\left|\frac{4F}{\pi d^2}\cdot\frac{-1}{\varepsilon^2}\right|\delta\varepsilon\end{aligned}$$

将量测值代入上式，得

$$\begin{aligned}\Delta E=&\frac{4}{3.14\times 12.0^2\times 220\times 10^{-6}}\times 50\\&+\frac{4\times 5\times 10^3}{12.0^2\times 220\times 3.14^2\times 10^{-6}}\times 0.002\\&+\frac{8\times 5\times 10^3}{3.14\times 220\times 12.0^3\times 10^{-6}}\times 0.1\\&+\frac{4\times 5\times 10^3}{3.14\times 12.0^2\times 220^2\times 10^{-12}}\times 4.994\times 10^{-6}\\=&(0.0201+0.00128+0.0335+0.0456)\times 10^5\\=&0.1005\times 10^5\text{N/mm}^2\end{aligned}$$

弹性模量应是：

$$E=(2.02\pm 0.10)\times 10^5\text{N/mm}^2$$

相对误差为：

$$\delta_E=\frac{\Delta E}{E}=\pm\frac{0.1005}{2.02}\times 100\%=\pm 5\%$$

2）当间接测量结果 y 与各直接测量结果的函数关系不明确时，可用下列公式计算间接测量值的相对误差：

$$\delta_y=\sqrt{\delta_{x_1}^2+\delta_{x_2}^2+\cdots\cdots+\delta_{x_n}^2}\tag{4-15}$$

式中：δ_y——间接测量结果 y 的相对误差；

δ_{x_1}、δ_{x_2}、δ_{x_n}——分别为各项直接测量结果 $x_1,x_2,\cdots\cdots,x_n$ 的相对误差。

例如在结构动态测试中，应变片灵敏系数的误差为±1%；贴片误差为±1%；应变仪误差为±1%，振动子的误差为±1%；示波图测量误差为±2%，其他误差为±3%，则其间接测量结果的相对误差为：

$$\begin{aligned}\delta_y&=\sqrt{(0.01)^2+(0.01)^2+(0.01)^2+(0.01)^2+(0.02)^2+(0.03)^2}\\&=\pm 4.12\%\end{aligned}$$

由此可见，选择仪表时，单个仪表的精度是重要指标之一。

§4-4 量测数据整理

量测数据包括在准备阶段和正式试验阶段采集到的全部数据。其中一部分是对试验起控制作用的数据，如最大挠度控制点、最大侧向位移控制点、控制截面上的钢筋应变屈服点及混凝土极限拉、压应变等。这类起控制作用的参数应在试验过程中随时整理，以便指导整个试验过程的进行。其他大量测试数据的整理分析工作，将在试验后进行。

对实测数据进行整理，一般均应算出各级荷载作用下仪表读数的递增值和累计值，必要时还应进行换算和修正，然后用曲线或图表表达。用方程式表达的方法将在第八章中介绍。

在原始记录数据整理过程中，应特别注意读数及读数差值的反常情况，如仪表指示值与理论计算值相差很大，甚至有正负号颠倒的情况，这时应对出现这些现象的规律性进行分析，并判断其原因所在。一般可能的原因有两方面：一方面由于试验结构本身发生裂缝、节点松动、支座沉降或局部应力达到屈服而引起数据突变；另一方面也可能是由于测试仪表工作不正常所造成。凡不属于差错或主观造成的仪表读数突变都不能轻易舍弃，待以后分析时再作判断处理。下面对实测的常见数据分析如下：

4-4-1 挠度

1. 简支结构构件的挠度

构件的挠度是指构件本身的绝对挠度。由于试验时受到支座沉降、构件自重和加荷设备、加荷图式及预应力反拱的影响，欲得到构件受荷后的真实实测挠度，应对所测挠度值进行修正。修正后的挠度计算公式为

$$a_s^0 = (a_q^0 + a_g^c)\psi \tag{4-16}$$

式中：a_q^0——消除支座沉降后的跨中挠度实测值；

a_g^c——构件自重和加载设备重产生的跨中挠度值；

$$a_g^c = \frac{M_g}{M_b}a_b^0 \quad 或 \quad a_g^c = \frac{F_G}{F_b}a_b^0 \tag{4-17}$$

M_g——构件自重和加载设备自重产生的跨中弯矩值；

M_b、a_b^0——从外加试验荷载开始至构件出现裂缝前一级荷载的加载值产生的跨中弯矩值和跨中挠度实测值；

ψ——用等效集中荷载代替均布荷载时的加荷图式修正系数，按表 4-1 采用。

表 4-1　加载图式修正系数

名　　称	加　载　图　式	修正系数 ψ
均布荷载	L	1.0
二集中力,四分点,等效荷载	$\frac{L}{4}$　$\frac{L}{2}$　$\frac{L}{4}$	0.91
二集中力,三分点,等效荷载	$\frac{L}{3}$　$\frac{L}{3}$　$\frac{L}{3}$	0.98
四集中力,八分点,等效荷载	$\frac{L}{8}$　$\frac{L}{4}$　$\frac{L}{4}$　$\frac{L}{4}$　$\frac{L}{8}$	0.99
八集中力,十六分点,等效荷载	$\frac{L}{16}$　$\frac{L}{8}$　$\frac{L}{8}$　$\frac{L}{16}$	1.0

由于仪表初读数是在试件和试验装置安装后读取,加载后量测的挠度值中未包括自重引起的挠度,因此在构件挠度值中应加上构件自重和设备自重产生的挠度 a_g^c,a_g^c 的值可近似认为构件在开裂前是处在弹性工作阶段,弯矩-挠度为线性关系,如图 4-28 所示。

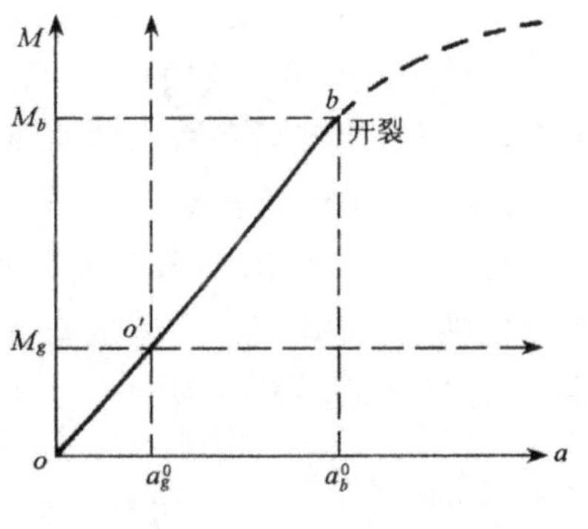

图 4-28　自重挠度计算

若等效集中荷载的加荷图式不符合表 4-1 所列图式时,则应根据内力图形用图乘法或积分法求出挠度,并与均布荷载下的挠度比较,从而求出加荷图式修正系数 ψ。

当支座处因遇障碍,在支座反力作用线上不能安装位移计时,可将仪表安装在离支座反力作用线内侧 d 距离处,在 d 处所测挠度比支座沉降处大,由此算出的跨中实测挠度将偏小,应对(4-16)式中的 a_q^0 乘以系数 ψ_a。ψ_a 称支座测点偏移修正系数,列于表 4-2。

表 4-2　支座测点偏移修正系数 ψ_a

荷 载 图 示	$\frac{d}{l}$									
	0.01	0.02	0.03	0.04	0.05	0.06	0.07	0.08	0.09	0.10
$\frac{l}{2}$ P; d d	1.031	1.064	1.099	1.136	1.176	1.218	1.264	1.312	1.364	1.420
$\frac{l}{3}$ P $\frac{l}{3}$ P $\frac{l}{3}$; d d	1.032	1.067	1.103	1.143	1.185	1.230	1.278	1.329	1.386	1.446
$\frac{l}{4}$ P $\frac{l}{4}$ $\frac{l}{4}$ P $\frac{l}{4}$; d d	1.033	1.067	1.104	1.144	1.189	1.232	1.281	1.333	1.390	1.451
q; d d	1.033	1.068	1.106	1.146	1.189	1.236	1.285	1.338	1.396	1.457

预应力钢筋混凝土结构，由于对混凝土产生了预压作用使结构产生反拱，构件越长反拱值越大。因此实测挠度中应扣除预应力反拱值 a_p，即公式(4-16)可写作

$$a_{s,p}^0 = (a_q^0 + a_g^c - a_p)\psi \tag{4-18}$$

式中：a_p——预应力反拱值，对研究性试验取实测值 a_p^0，对检验性试验取计算值 a_p^c，不考虑超张拉对反拱的加大作用。

上述这些修正方法的基本假设是认为构件的刚度 EI 为常量。对于钢筋混凝土构件，裂缝出现后各截面的刚度为变量，仍按上述图式修正将有一定误差。

2. 悬臂构件的挠度

如图 4-29 所示，计算悬臂构件自由端在荷载作用下的短期挠度实测值，应考虑固定端的支座转角、支座沉降、构件自重和加载设备重量的影响。在试验荷载作用下，经修正后的悬臂构件自由端短期挠度实测值可表达为：

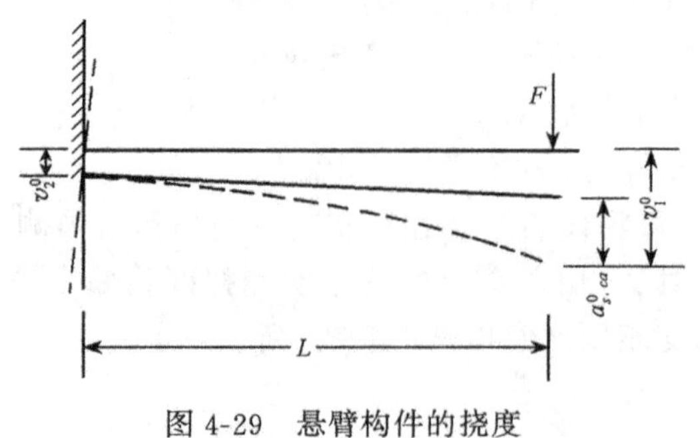

图 4-29　悬臂构件的挠度

$$a_{s,ca}^0 = (a_{q,ca}^0 + a_{g,ca}^c)\psi_{ca} \tag{4-19a}$$

$$a_{q,ca}^0 = v_1^0 - v_2^0 - L \cdot \mathrm{tg}\alpha \tag{4-19b}$$

$$a_{g,ca}^c = \frac{M_{g,ca}}{M_{b,ca}} a_{b,ca}^0 \tag{4-19c}$$

式中：$a_{q,ca}^0$——消除支座沉降后，悬臂构件自由端短期挠度实测值；

v_1^0、v_2^0——悬臂端和固定端在 y 方向(竖向)位移；

$a_{g,ca}^c$、$M_{g,ca}$——悬臂构件自重和设备重量产生的挠度值和固端弯矩；

$a_{b,ca}^0$、$M_{b,ca}$——从外加试验荷载开始至悬臂构件出现裂缝前一级荷载为止的自由端挠度实测值和固端弯矩；

α——悬臂构件固定端的截面转角；

L——悬臂构件的外伸长度；

ψ_{ca}——加荷图式修正系数，当在自由端用一个集中力作等效荷载时 $\psi_{ca}=0.75$，否则应按图乘法找出修正系数。

4-4-2　截面内力

通过试验，得到了各种不同截面上的应变，根据这些实测应变值如何分析构件所受内力的种类和大小，将在下面介绍。

1. 轴向受力构件

$$N = \sigma \cdot A = \bar{\varepsilon} E \cdot A \tag{4-20}$$

式中：N——轴向力；

E、A——受力构件材料的弹性模量和截面面积；

$\bar{\varepsilon}$——截面上的实测应变平均值，$\bar{\varepsilon}=\frac{1}{n}\sum \varepsilon_i$。

由上式可知，受轴向拉伸或压缩的构件内力，不论截面形状如何，只要将所测得的轴向应变的平均值代入上式即可求得。由于绝对的轴向力几乎不存在，因而常用两个以上应变计安装在轴向的对称位置上，取其平均值作为轴向应变。

2. 压弯或拉弯构件

压弯或拉弯构件的内力有轴向力 N 和平面内的弯矩 M_x(假如只有平面内的弯曲)。应变计数量不得少于欲求内力的种类数，因而必须安装两个以上应变计。当截面为矩形时应变测点如图 4-30 所示。压弯或拉弯构件的内力计算公式为

$$\sigma_1 = \frac{N}{A} - \frac{M_x y_1}{I_x} \tag{4-21}$$

$$\sigma_2 = \frac{N}{A} + \frac{M_x y_2}{I_x} \tag{4-22}$$

当 $y_1+y_2=h$，$\sigma_1=\varepsilon_1 E$，$\sigma_2=\varepsilon_2 E$ 时，代入式(4-21)和式(4-22)得：

$$M_x = \frac{1}{h} E I_x (\varepsilon_2 - \varepsilon_1) \tag{4-23}$$

$$N = \frac{1}{h} E A (\varepsilon_1 y_2 + \varepsilon_2 y_1) \tag{4-24}$$

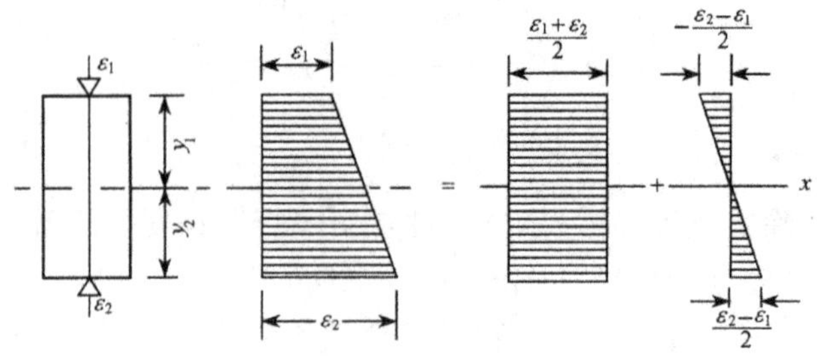

图 4-30　压弯构件测点、内力

式中：A、I_x——构件的截面面积和惯性矩；

ε_1、ε_2——截面上、下边缘的实测应变(此处压应变为正、拉应变为负)；

y_1、y_2——截面上、下边缘测点至截面中和轴的距离。

3. 双向弯曲构件

构件受轴向力 N、双向弯矩 M_x 和 M_y 作用时，在双槽钢组成的工字形截面上的测点布置如图 4-31 所示。同时测得四个应变值 ε_1、ε_2、ε_3、ε_4。再用外插法可求出截面四个角的外边缘处的纤维应变 ε_a、ε_b、ε_c、ε_d，利用下列方程组中的三个方程，即可求解 N、M_x 和 M_y 的内力值。

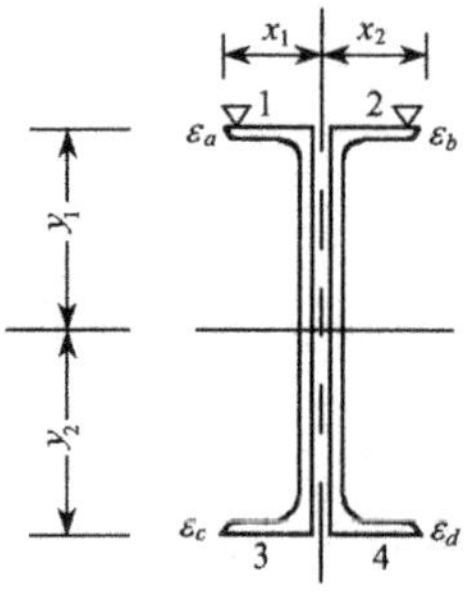

$$
\left.\begin{aligned}
\varepsilon_a E &= \frac{N}{A} + \frac{M_x}{I_x}y_1 + \frac{M_y}{I_y}x_1 \\
\varepsilon_b E &= \frac{N}{A} + \frac{M_x}{I_x}y_1 + \frac{M_y}{I_y}x_2 \\
\varepsilon_c E &= \frac{N}{A} + \frac{M_x}{I_x}y_2 + \frac{M_y}{I_y}x_1 \\
\varepsilon_d E &= \frac{N}{A} + \frac{M_x}{I_x}y_2 + \frac{M_y}{I_y}x_2
\end{aligned}\right\} \tag{4-25}
$$

图 4-31　双向弯曲构件测点、内力
1～4——电阻应变片测点编号

若构件除受轴向力和弯矩 M_x 及 M_y 作用外，还有扭转力矩 B 时，则上列各项中再加一项 $\sigma_\omega = B \cdot \frac{\omega}{I_\omega}$。关于型钢的各边缘点的扇性惯性矩 I_ω 和主扇性面积 ω 可查阅有关型钢表。

解(4-25)式方程组，即可求出 N、M_x、M_y 和扭转力矩 B。由此可以发现，利用数解法求内力，当内力多于 2 个时就比较麻烦，手工计算工作量较大。因而在结构试验中，当中和轴位置不在截面高度$\frac{1}{2}$处的各种非对称截面，或应变测点多于 3 个以上时，常采用图解法来分析内力，图解法的方法见下列例题。

例如，已知 T 形截面形心 $y_1=200\text{mm}$，高度 $h=700\text{mm}$，实测上、下边缘的应变分别为 $\varepsilon_1=100\mu\varepsilon$，$\varepsilon_2=360\mu\varepsilon$，试用图解法分析截面上存在的内力，及其在各测点产生的应变值。

解题时先按一定比例画出截面几何形状，如图 4-32 所示，并画出实测应变图。

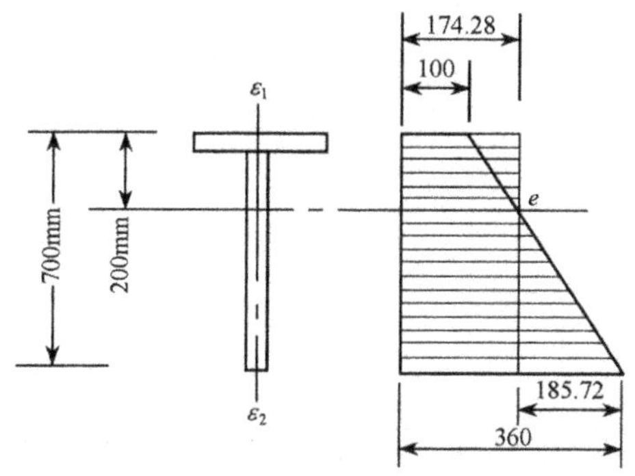

图 4-32　*T* 截面应变分析

通过水平中和轴与应变图的交点 e 作一条垂直线，得到轴向应变 ε_N 和弯曲应变 ε_{M_x}，其值计算如下：

$$\varepsilon_0 = \left(\frac{\varepsilon_2 - \varepsilon_1}{h} y_1\right) = \left(\frac{360 - 100}{700}\right) 200 = 74.28\mu\varepsilon$$

$$\varepsilon_N = \varepsilon_1 + \varepsilon_0 = 100 + 74.28 = 174.28\mu\varepsilon$$

$$\varepsilon_{M_{x_1}} = \varepsilon_1 - \varepsilon_N = 100 - 174.28 = -74.28\mu\varepsilon$$

$$\varepsilon_{M_{x_2}} = \varepsilon_2 - \varepsilon_N = 360 - 174.28 = 185.72\mu\varepsilon$$

又如图 4-33 所示的等肢角钢，已知其形心轴位置如图所示。通过实测得 ε_1、ε_2 和 ε_3，用图解法分析截面所受内力种类，及其在 1、2、3 测点上产生的应变值。具体作图方法是：由 ε_1、ε_2 在截面左侧画出应变图并延长至边缘，得边缘应变 ε_1'、ε_2'；通过 ε_1、ε_2 的连线与 x 轴的交点作 x 轴的垂线得 ε_{M_x} 图；再由 ε_3 和 ε_6 作另一角钢肢的应变图，并通过 ε_3、ε_6 的连线与 y 轴的交点作垂直于 y 轴的线，从而得 ε_{M_y} 和 ε_{M_y}'，最后分别从两个应变图中找到对应于 $I_{\min}$ 轴与角钢肢交点处的应变，即 ε_4 和 ε_5，并用 ε_4 和 ε_5 画出应力轴得 ε_N。

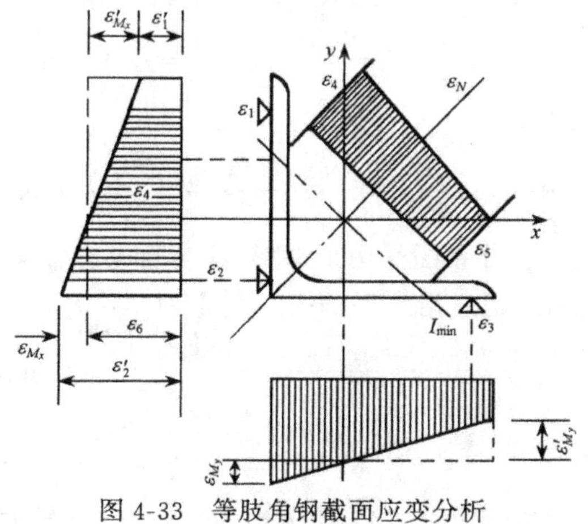

图 4-33　等肢角钢截面应变分析

【例题 4-4】 一对称的箱形截面，截面上布置 4 个测点，测得应变后换算成应力，画出应力图并延长至边缘，得边缘应力为：$\sigma_a=-44\text{N/mm}^2$，$\sigma_b=-22\text{N/mm}^2$，$\sigma_c=+24\text{N/mm}^2$，$\sigma_d=54\text{N/mm}^2$，如图 4-34 所示。试用图解法分析截面上的应力及其在各测点上的应力大小。

【解】 求出上、下盖板中点处的应力，即

$$\sigma_e=\frac{\sigma_a+\sigma_b}{2}=\frac{-44+(-22)}{2}=-33\text{N/mm}^2$$

$$\sigma_f=\frac{\sigma_c+\sigma_d}{2}=\frac{+24+54}{2}=+39\text{N/mm}^2$$

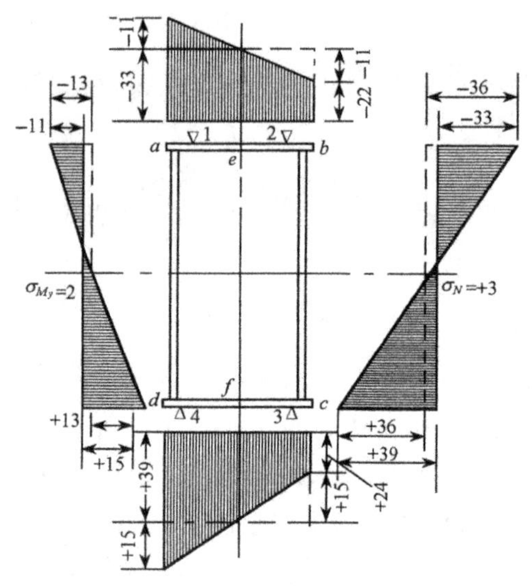

图 4-34 对称截面应变分析

由于 σ_e、σ_f 的符号不同，可知有轴向力和弯矩 M_x 的共同作用。根据 σ_e、σ_f 进一步绘制应力图(右侧)进行分解，可知其轴向力为拉力，其值为

$$\sigma_N=\frac{\sigma_e+\sigma_f}{2}=\frac{-33+39}{2}=+3\text{N/mm}^2$$

由 M_x 产生的应力等于：

$$\sigma_{M_x}=\pm\frac{\sigma_f-\sigma_e}{2}=\pm\frac{39-(-33)}{2}=\pm 36\text{N/mm}^2$$

因为上、下盖板应力分布图呈两个梯形，说明除了有轴向力 N 和 M_x 以外，还有其他内力作用，这时可通过沿水平盖板的应力图得左侧应力图。其值为

$$\frac{\sigma_a-\sigma_b}{2}=\pm\frac{-44-(-22)}{2}=\mp 11\text{N/mm}^2$$

$$\frac{\sigma_d-\sigma_c}{2}=\pm\frac{54-24}{2}=\pm 15\text{N/mm}^2$$

由于截面上、下相应测点余下的应力绝对值及其符号均不同，说明它们是由弯

矩 M_y 和扭矩 M_T 所联合作用，其值为

$$\sigma_{M_y}=\pm\frac{-15+11}{2}=\mp 2\text{N/mm}^2$$

$$\sigma_{M_T}=\mp\left(\frac{-15-11}{2}\right)=\pm 13\text{N/mm}^2$$

求得四种应力后，根据截面几何性质，按材料力学公式，即可求得各项内力值。实测应力分析结果列于表 4-3。

表 4-3 应力分析结果

应力组成	符 号	各点应力/(N/mm²)			
		σ_a	σ_b	σ_c	σ_d
轴向力产生的应力	σ_N	+3	+3	+3	+3
垂直弯矩产生的应力	σ_{M_x}	−36	−36	+36	+36
水平弯矩产生的应力	σ_{M_y}	+2	−2	−2	+2
扭矩产生的应力	σ_{M_T}	−13	+13	−13	+13
各点实测应力	Σ	−44	−22	+24	+54

4-4-3 平面应力状态下的主应力计算

测试平面应力状态时，应在布置应变测点时予以考虑。比如当主应力方向已知时，只需量测两个方向的应变；当主应力方向未知时，一般都需要量测三个方向的应变，以确定主应变和主应力及其方向。根据弹性理论得知其计算公式为

$$\left.\begin{aligned}\sigma_x &= \frac{E}{1-\nu^2}(\varepsilon_x+\nu\varepsilon_y)\\ \tau_{xy} &= \gamma_{xy}G\end{aligned}\right\}\tag{4-26}$$

式中：E、ν——材料弹性模量和泊松比；

ε_x、ε_y——为 x 方向和 y 方向上的单位应变；

G——剪切模量，$G=\frac{E}{2(1+\nu)}$。

因而已知主应力方向（假定为 x、y 方向）时，可以测得 ε_1（x 方向）和 ε_2（y 方向），利用上述公式就可以确定主应力 σ_1、σ_2 和剪应力 τ 值：

$$\left.\begin{aligned}\sigma_1 &= \frac{E}{1-\nu^2}(\varepsilon_1+\nu\varepsilon_2)\\ \sigma_2 &= \frac{E}{1-\nu^2}(\varepsilon_2+\nu\varepsilon_1)\\ \tau_{\max} &= \frac{E}{2(1+\nu)}(\varepsilon_1-\varepsilon_2)=\frac{\sigma_1-\sigma_2}{2}\end{aligned}\right\}\tag{4-27}$$

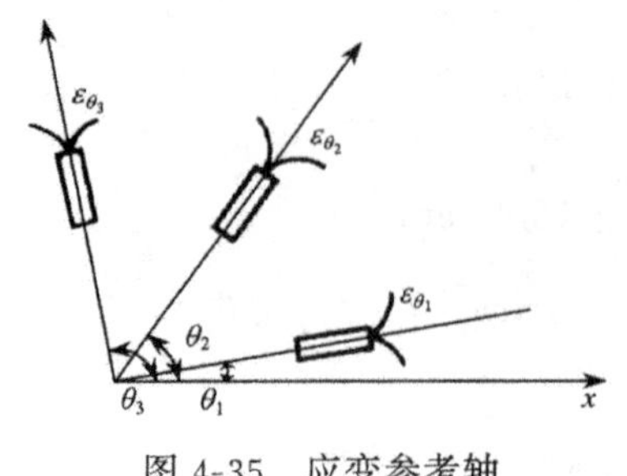

图 4-35　应变参考轴

反之，若主应力方向未知，则必须量测三个任意方向的应变。假定第一应变片与 x 轴的夹角为 θ_1，第二片应变片与 x 轴的夹角为 θ_2，第三应变片与 x 轴的夹角为 θ_3（如图 4-35 所示），则在各 θ 方向上量测的应变值分别为 ε_{θ_1}、ε_{θ_2} 和 ε_{θ_3}，这些应变与法向应变 ε_x、ε_y 和剪应变 γ_{xy} 之间的关系为：

$$\varepsilon_{\theta_i} = \varepsilon_x \cos^2\theta_i + \varepsilon_y \sin^2\theta_i + \gamma_{xy} \sin\theta_i \cdot \cos\theta_i \tag{4-28}$$

或

$$\varepsilon_{\theta_i} = \frac{\varepsilon_x + \varepsilon_y}{2} + \frac{\varepsilon_x - \varepsilon_y}{2}\cos 2\theta_i + \frac{\gamma_{xy}}{2}\sin 2\theta_i$$

式中：θ_i——应变片与 x 轴的夹角，$i=1,2,3$。

因而(4-28)式是由 θ_1、θ_2、θ_3 组成的联立方程组。解方程组即可求得 ε_x、ε_y 和 γ_{xy} 值。再将其代入下列公式，即可求得主应变及其方向为：

$$\left.\begin{aligned}
\begin{matrix}\varepsilon_1\\ \varepsilon_2\end{matrix} &= \frac{\varepsilon_x + \varepsilon_y}{2} \pm \sqrt{\left(\frac{\varepsilon_x - \varepsilon_y}{2}\right)^2 + \left(\frac{\gamma_{xy}}{2}\right)^2} \\
\mathrm{tg}2\theta_p &= \frac{\gamma_{xy}}{\varepsilon_x - \varepsilon_y} \\
\gamma_{\max} &= 2\sqrt{\left(\frac{\varepsilon_x - \varepsilon_y}{2}\right)^2 + \left(\frac{\gamma_{xy}}{2}\right)^2}
\end{aligned}\right\} \tag{4-29}$$

在结构试验中，对具有特殊角度的应变花作如下简化：

令

$$\frac{\varepsilon_x + \varepsilon_y}{2} = A;\quad \frac{\varepsilon_x - \varepsilon_y}{2} = B;\quad \frac{\gamma_{xy}}{2} = C$$

则代入式(4-27)、式(4-29)后，得主应力的计算式为：

$$\left.\begin{aligned}
\begin{matrix}\sigma_1\\ \sigma_2\end{matrix} &= \left(\frac{E}{1-\nu}\right)A \pm \left(\frac{E}{1+\nu}\right)\sqrt{B^2 + C^2} \\
\mathrm{tg}2\theta_p &= \frac{C}{B} \\
\tau_{\max} &= \left(\frac{E}{1+\nu}\right)\sqrt{B^2 + C^2}
\end{aligned}\right\} \tag{4-30}$$

式中 A、B 和 C 诸参数随应变花的型式不同而异，列于表 4-4 中。为便于计算，实际使用时常将应变花中的一片，使其方向与选定的参考轴重合，且将其余两片与此片成特殊夹角。当应变花的夹角为非特殊角时，必须将实际角度一一代入式(4-28)后，求解 ε_x、ε_y 和 γ_{xy}。应变花数量较多时可编制程序借助计算机来完成，也可以用图解法进行分析。

表 4-4 应变花参数

测量平面上一点主应变时应变计的布置		A	B	C
应变花名称	应变花型式			
45°直角应变花	3, 2, 1, 45°, x	$\frac{\varepsilon_0+\varepsilon_{90}}{2}$	$\frac{\varepsilon_0-\varepsilon_{90}}{2}$	$\frac{2\varepsilon_{45}-\varepsilon_0-\varepsilon_{90}}{2}$
60°等边三角形应变花	3, 2, 1, 60°, 120°, x	$\frac{\varepsilon_0+\varepsilon_{60}+\varepsilon_{120}}{3}$	$\varepsilon_0-\frac{\varepsilon_0+\varepsilon_{60}+\varepsilon_{120}}{3}$	$\frac{\varepsilon_{60}-\varepsilon_{120}}{\sqrt{3}}$
伞型应变花	3, 2, 4, 1, 60°, 120°, x	$\frac{\varepsilon_0+\varepsilon_{90}}{2}$	$\frac{\varepsilon_0-\varepsilon_{90}}{2}$	$\frac{\varepsilon_{60}-\varepsilon_{120}}{\sqrt{3}}$
扇形应变花	4, 3, 2, 1, 45°, 45°, x	$\frac{\varepsilon_0+\varepsilon_{45}+\varepsilon_{90}+\varepsilon_{135}}{4}$	$\frac{1}{2}(\varepsilon_0-\varepsilon_{90})$	$\frac{1}{2}(\varepsilon_{135}-\varepsilon_{45})$

4-4-4 试验曲线与图表绘制

图表绘制的方法是，将在各级荷载作用下取得的读数，按一定坐标系绘制成曲线。这样，看起来一目了然，既能充分表达其内在规律，也有助于进一步用统计方法找出数学表达式。

适当选择坐标系将有助于确切地表达试验结果。直角坐标系只能表示两个变量间的关系。有时会遇到因变量不止两个的情况，这时可采用“无量纲变量”作为坐标来表达。例如为了验证钢筋混凝土矩形单筋受弯构件正截面的极限弯矩：

$$M_u = A_S\sigma_S\left(h_0 - \frac{A_S\sigma_S}{2bf_{cm}}\right)$$

需要进行大量的试验研究，而每一个试件的含钢率 $\rho=\frac{A_S}{bh_0}$、混凝土标号 f_{cu}、截面形状和尺寸 bh_0 都有差别，若以每一试件的实测极限弯矩 M_u^0 和计算极限弯矩 M_u^c 逐个比较，就无法用曲线来表示。但若将纵坐标改为无量纲变量，以$\frac{M_u^0}{M_u^c}$来表示，横坐标分别以 ρ 和 f_{cu}表示（如图 4-36 所示），则即使截面相差较大的梁（其弯矩绝对值相差很多），也能反映其共同的变化规律。图 4-36 说明，当含钢量超过某一临界值 ρ_{cri}或混凝土强度等级低于某一临界强度 $f_{cu,cri}$时，则按上述公式计算极限弯矩 M_u

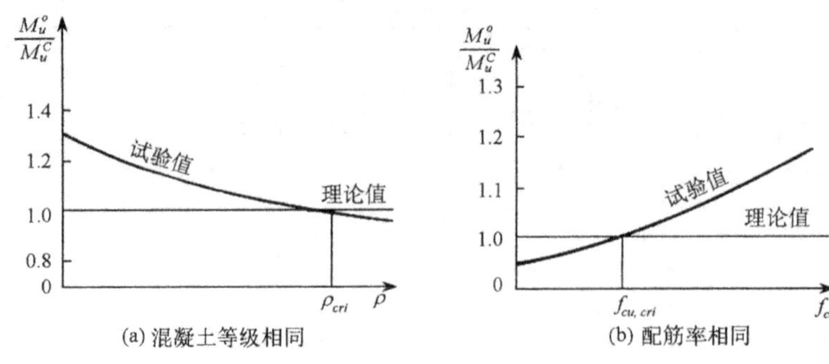

图 4-36　混凝土强度试验曲线

将偏于不安全。

选择试验曲线时，尽可能用比较简单的曲线形式，并应使曲线通过较多的试验点，或使曲线两边的点数相差不多。一般靠近坐标系中间的数据点可靠性更好些，两端的数据可靠性稍差些。具体的方法将在第八章中作进一步讨论。下面对常用试验曲线的特征作简要说明。

1. 荷载-变形曲线

荷载变形曲线有结构构件的整体变形曲线，控制节点或截面上的荷载转角曲线，铰支座和滑动支座的荷载侧移曲线，以及荷载时间曲线、荷载挠度曲线、反复荷载作用下的荷载位移滞回曲线等。这些曲线的共同特征可归纳为图 4-37 所示的特征：曲线“1”及曲线“2”的 OA 段说明结构处于弹性工作阶段；曲线“2”则表现出结构的弹性和弹塑性工作性质，这是钢筋混凝土结构试验的常见现象，即在加载过程中结构出现裂缝或局部破坏，将在变形曲线上形成转折点（A、B）；曲线“3”为非弹性变形曲线，是卸载后非弹性变形恢复过程中出现的现象，该变形不能回到坐标原点，而留有一定的残余变形。荷载变形曲线能够充分反映出结构实际工作的全过程及基本性质，在整体结构的挠度曲线以及支座侧移图中都会有相应显示。

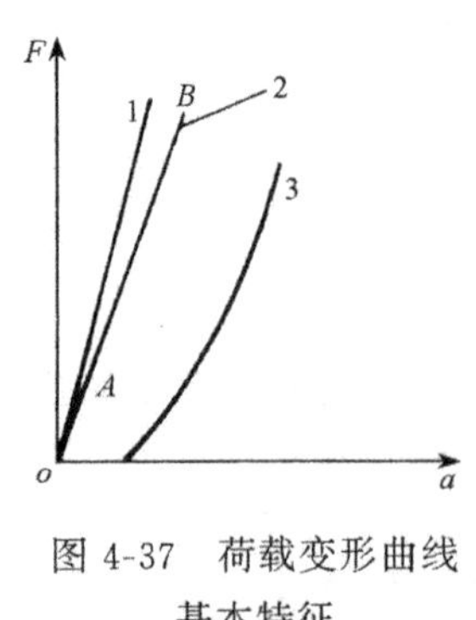

图 4-37　荷载变形曲线基本特征

变形时间曲线，则表明结构在某一恒定荷载作用下变形随时间增长的规律。变形稳定的快慢程度与结构材料及结构形式等有关，如果变形不能稳定，说明结构有问题。它可能是钢结构的局部构件达到流限，也可能是钢筋混凝土结构的钢筋发生滑动等，具体情况应作进一步分析。

2. 荷载-应变曲线

图 4-38 为钢筋混凝土受弯构件试验，要求测定控制截面上的内力变化及其与荷载的关系、主筋的荷载应变及箍筋应力（应变）和剪力的关系等。

在绘制截面应变图时，选取控制截面，沿其高度布置测点，用一定的比例尺将

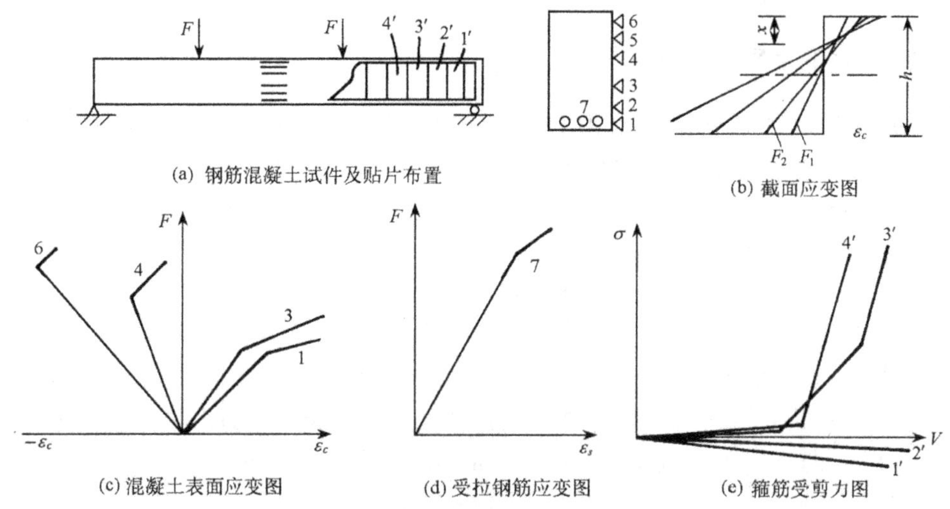

图 4-38　荷载应变曲线

1～6——混凝土应变测点号；1′～4′——箍筋测点号

某一级荷载下的各测点的应变值连接起来，即为截面应变图。对于非弹性材料，则应按材料的 σ-ε 曲线相应查取应力值。这样通过应力关系可分别计算压区和拉区的合力值及其作用位置。

若对某一测点描绘各级荷载下的应变图，则可以看出该点应变变化的全过程。

图 4-38 中的(b)可以确定其中和轴位置即受压区的高度 x，图(c)是跨中截面上混凝土应变与荷载关系曲线，图(d)为荷载钢筋应变曲线；图(e)是箍筋应力与剪力的关系曲线。

3. 构件裂缝及破坏特征图

试验过程中，应在构件上按裂缝开展面画出裂缝开展过程，并标注出现裂缝时的荷载等级及裂缝的走向和宽度。待试验结束后，用方格纸按比例描绘裂缝和破坏特征，必要时应照相记录。

根据试验研究的结构类型、荷载性质及变形特点等，还可绘出一些其他的特征曲线，如超静定结构的荷载反力曲线、某些特定结点上的局部挤压和滑移曲线等。

§4-5　结构性能的评定

根据试验研究的任务和目的的不同，试验结果的分析和评定方式也有所不同。为了探索结构内在的某种规律，或者检验某一计算理论的准确性或适用性，则需对试验结果进行综合分析，找出诸变量之间的相互关系，并与理论计算对比，总结出数据、图形或数学表达式做为试验研究结论。为了检验某种结构构件的某项性能，则应根据对其进行的试验结果，依照国家现行标准规范的要求对所进行的某项结构性能做出评定。

下面以钢筋混凝土构件为例，讨论结构构件性能的评定问题。

4-5-1 构件的承载力检验

为了检验结构构件是否满足承载力极限状态，对做承载力检验的构件应进行破坏性试验，以判定达到极限状态标志时的承载力试验荷载值。

1）当按混凝土结构设计规范的允许值进行检验时，应满足下式要求：

$$\gamma_u^0 \geqslant \gamma_0[\gamma_u]$$

或

$$S_u^0 \geqslant \gamma_0[\gamma_u]S \tag{4-31}$$

式中：γ_u^0——构件的承载力检验系数实测值，即承载力检验荷载实测值与承载力检验荷载设计值（均含自重）的比值，或表示为承载力荷载效应实测值 S_u^0 与承载力检验荷载效应设计值 S（均含自重）之比值；

γ_0——结构构件的重要性系数，按表 4-5 采用；

$[\gamma_u]$——构件的承载力检验系数允许值，与构件受力状态有关，按表 4-6 采用。

表 4-5 结构重要性系数

结构安全等级	γ_0
一级	1.1
二级	1.0
三级	0.9

表 4-6 承载力检验指标$[\gamma_u]$值

<table>
<tr><td>受力情况</td><td colspan="7">轴心受拉、偏心受拉、受弯、大偏心受压</td><td>轴心受压、小偏心受压</td><td colspan="2">受弯构件的受剪</td></tr>
<tr><td>标志编号</td><td colspan="3">①</td><td colspan="3">②</td><td>③</td><td>④</td><td>⑤</td><td>⑥</td></tr>
<tr><td rowspan="2">承载力检验标志</td><td colspan="3">主筋处裂缝宽度达到1.5mm或挠度达到跨度的$\frac{1}{50}$</td><td colspan="3">受压区混凝土破坏</td><td rowspan="2">受力主筋拉断</td><td rowspan="2">混凝土受压破坏</td><td rowspan="2">腹部斜裂缝宽度达到1.5mm或斜裂缝末端混凝土剪压破坏</td><td rowspan="2">斜截面混凝土斜压破坏或受拉主筋端部滑脱，其他锚固破坏</td></tr>
<tr><td>I～III级钢筋、冷拉I II级钢筋</td><td>冷拉III～IV级钢筋</td><td>热处理钢筋、钢丝、钢绞线</td><td>I～III级钢筋、冷拉I II级钢筋</td><td>冷拉III～IV级钢筋</td><td>热处理钢筋、钢丝、钢绞线</td></tr>
<tr><td>$[\gamma_u]$</td><td>1.20</td><td>1.25</td><td>1.45</td><td>1.25</td><td>1.30</td><td>1.40</td><td>1.50</td><td>1.45</td><td>1.35</td><td>1.50</td></tr>
</table>

2）当按构件实配钢筋的承载力进行检验时，应满足下式要求：

$$\gamma_u^0 \geqslant \gamma_0\eta[\gamma_u]$$

或

$$S_u^0 \geqslant \gamma_0 \eta [\gamma_u] S \tag{4-32}$$

式中：η——构件承载力检验修正系数，

$$\eta = \frac{R(f_c, f_s, A_s^0 \cdots\cdots)}{\gamma_0 S};$$

S——结构构件的作用效应；

$R(\cdot)$——根据实配钢筋面积 A_s^0 确定的构件承载力计算值，即抗力。

3）承载力极限标志。结构承载力的检验荷载实测值是根据各类结构达到各自承载力检验标志时求出的。结构构件达到承载力极限状态的标志，主要取决于结构受力状况和结构构件本身的特性。

（1）轴心受拉、偏心受拉、受弯、大偏心受压构件

当采用有明显屈服台阶的热轧钢筋时，处于正常配筋的上列构件，其极限标志通常是受拉主筋首先达到屈服，进而受拉主筋处的裂缝宽度达到 1.5mm，或挠度达到$\frac{1}{50}$的跨度。对超筋受弯构件，受压区混凝土破坏早于受拉钢筋屈服，此时最大裂缝宽度小于 1.5mm，挠度也小于$\frac{1}{50}$跨度，因此受压区混凝土压坏便是构件破坏的标志。在少筋的受弯构件中，则可能出现混凝土一开裂，钢筋即被拉断的情况，此时受拉主筋被拉断是构件破坏的标志。

当采用无屈服台阶的钢筋、钢丝及钢铰线配筋的构件，受拉主筋拉断或构件挠度达到跨度的$\frac{1}{50}$是主要的极限标志。

（2）轴心受压或小偏心受压构件

这类构件，主要是指柱类构件，当外加荷载达到最大值时，混凝土将被压坏或被劈裂，因此混凝土受压破坏是承载能力的极限标志。

（3）受弯构件的剪切破坏

受弯构件的受剪和偏心受压及偏心受拉构件的受剪，其极限标志是腹筋达到屈服，或斜向裂缝宽度达到 1.5mm 或 1.5mm 以上，沿斜截面混凝土斜压或斜拉破坏。

（4）粘结锚固破坏

对于采用热处理钢筋、直径为 5mm 及 5mm 以上没有附加锚固措施的碳素钢丝、钢铰线及冷拔低碳钢丝配筋的先张法预应力混凝土结构，在构件的端部钢筋与混凝土可能产生滑移，当滑移量超过 0.2mm 时，即认为已超过了承载力极限状态，亦即钢筋和混凝土的粘结发生了破坏。

4-5-2 构件的挠度检验

1）当按混凝土结构设计规范规定的挠度允许值进行检验时，应满足下式要求：

$$a_s^0 \leqslant [a_s] \tag{4-33}$$

$$[a_s] = \frac{M_s}{M_f(\theta - 1) + M_s}[a_f]$$

或

$$[a_s] = \frac{Q_s}{Q(\theta - 1) + Q_s}[a_f]$$

式中：a_s^0、$[a_s]$——在正常使用短期检验荷载作用下，构件的短期挠度实测值和短期挠度允许值；

M_s、M_f——分别为按荷载效应短期组合和长期组合计算的弯矩值；

Q_s、Q——荷载短期效应组合值和长期效应组合值；

θ——考虑荷载长期效应组合对挠度增大的影响系数，按现行国家规范有关条文取用；

$[a_f]$——构件的挠度允许值，按现行国家规范有关规定采用。

2）当按实配钢筋确定的构件挠度值进行检验，或仅作刚度、抗裂或裂缝宽度检验的构件，应满足下式要求：

$$a_s^0 \leqslant 1.2a_s^c; \quad 且\ a_s^0 \leqslant [a_s] \tag{4-34}$$

式中：a_s^c——在正常使用的短期检验荷载作用下，按实配钢筋确定的构件短期挠度计算值。

4-5-3 构件的抗裂检验

在正常使用阶段不允许出现裂缝的构件，应对其进行抗裂性检验。构件的抗裂性检验应符合下式要求：

$$\gamma_{cr}^0 \geqslant [\gamma_{cr}] \tag{4-35}$$

$$[\gamma_{cr}] = 0.95\frac{\gamma f_{tk} + \sigma_{pc}}{f_{tk}\sigma_{sc}}$$

式中：γ_{cr}^0——构件抗裂检验系数实测值，即构件的开裂荷载实测值与正常使用短期检验荷载值之比；

$[\gamma_{cr}]$——构件的抗裂检验系数允许值；

γ——受压区混凝土塑性影响系数；

σ_{sc}——荷载短期效应组合下，抗裂验算截面边缘的混凝土法向应力；

σ_{pc}——检验时在抗裂验算边缘的混凝土预压应力计算值，应考虑混凝土收缩徐变造成预应力损失 σ_{15} 随时间变化的影响系数 β，$\beta = \frac{4j}{120+3j}$，$j$ 为施加预应力后的时间，以天计；

f_{tk}——检验时混凝土抗拉强度标准值。

4-5-4 构件裂缝宽度检验

对正常使用阶段允许出现裂缝的构件，应限制其裂缝宽度。构件的裂缝宽度应满足下列要求：

$$W^0_{s,\max} \leqslant [W_{\max}] \tag{4-36}$$

式中：$W^0_{s,\max}$——在正常使用短期检验荷载作用下，受拉主筋处最大裂缝宽度的实测值；

$[W_{\max}]$——构件检验的最大裂缝宽度允许值，按表 4-7 采用。

表 4-7 裂缝宽度允许值

裂缝控制等级	设计 $W_{\max}$	检 验 $[W_{\max}]$
三级	0.2	0.15
	0.3	0.20
	0.4	0.25

【例题 4-5】 预应力圆孔板，板长 3510mm，跨度 3400mm；板宽 1180mm；灌缝宽 20mm。板自重 7.8kN，抹面 0.4kN/m²，灌缝 0.1kN/m²，活荷载 4.0kN/m²。实配钢筋为低碳冷拔丝 $16\phi^b5$。裂缝控制等级二级。混凝土强度等级 C30。在荷载短期效应组合下，按实际配筋计算的板底混凝土拉应力 $\sigma_{sc}=2.5$MPa，预压应力计算值 $\sigma_{pc}=3.0$MPa，计算挠度值 $a_s^c=5.3$mm。试按均布加载和三分点加载计算正常使用短期荷载检验值 Q_S、F_S 以及相应于承载力检验指标时的检验荷载值和抗裂检验荷载值。

【解】 由题知：$L_0=3.4$m，$b=1.2$m，$Q_K=4.0$kN/m²，$\gamma_Q=1.4$，恒载 G_K 包括构件自重 G_{K_1}和装修重量 G_{K_2}，$\gamma_G=1.2$。

1）结构自重。

$$G_K=G_{K_1}+G_{K_2}=\frac{7.8}{3.51\times1.2}+(0.4+0.1)$$
$$=1.85+0.5=2.35\text{kN/m}^2$$

构件自重折算成三分点荷载：

$$F_{G_{K_1}}=\frac{3}{8}G_{K_1}bL_0$$
$$=\frac{3}{8}\times1.85\times1.2\times3.4=2.83\text{kN}$$

2）正常使用短期荷载检验值。

均布加载： $Q_S=G_K+Q_K=2.35+4.0=6.35\text{kN/m}^2$

三分点加载：$F_S=\frac{3}{8}(G_K+Q_K)bL_0$

$$=\frac{3}{8}\times6.35\times1.2\times3.4=9.72\text{kN}$$

3）承载力检验荷载值。

均布加载： $Q=\gamma_0[\gamma_u]Q_d-G_{K_1}$

三分点加载： $F=\gamma_0[\gamma_u]F_d-F_{G_{K_1}}$

式中：γ_0——结构重要性系数，一般预制构件按二级考虑 $\gamma_0=1.0$；

Q_d、F_d——承载力检验系数设计值，按下列计算：

对均布加载：$Q_d=\gamma_G G_K+\gamma_Q Q_K=1.2\times 2.35+1.4\times 4.0=8.42\text{kN/m}^2$

三分点加载：$F_d=\frac{3}{8}Q_d bL_0=\frac{3}{8}\times 8.42\times 1.2\times 3.4=12.88\text{kN}$

具体计算结果列于表 4-8。

表 4-8　承载力检验荷载计算

检　验　标　志		⑤	②	①	③	⑥
$\gamma_0[\gamma_u]$		1.35	1.40	1.45	1.50	1.50
均布加载 (kPa)	荷载值 加载值	11.37 9.52	11.79 9.94	12.23 10.36	12.65 10.78	12.65 10.78
三分点加载 (kN)	荷载值 加载值	17.39 14.56	18.03 15.20	18.68 15.85	19.33 16.49	19.33 16.49

注：检验指标详见表 4-6。

4）抗列检验荷载值：

$$[\gamma_{cr}]=0.95\frac{\gamma f_{tk}+\sigma_{pc}}{f_{tk}\sigma_{sc}}$$

$$=0.95\times\frac{1.75\times 2+3.0}{2\times 2.5}=1.24$$

均布加载：$[\gamma_{cr}]Q_S-G_{K_1}=1.24\times 6.35-1.85=6.02\text{kN/m}^2$

三分点加载：$[\gamma_{cr}]F_S-F_{S_{K_1}}=1.24\times 9.72-2.83=9.22\text{kN}$

在上述抗裂检验荷载作用下，持续 10min 未观察到裂缝，则抗裂检验合格。

第五章　结构动力试验

§5-1　概　　述

振动是一种自然现象。例如，汽车、火车驶过桥梁引起桥的振动，在飞行中的飞机因风力和气流影响而引起机身的振动，地震引起建（构）筑物的振动等。尤其地震，全世界每年大约发生 500 万次地震，其中人们可以感觉到的约 5 万次，能造成严重破坏的大地震约 18 次。强烈振动将使结构的内力和变形均很大，从而使其发生严重的破坏。如桥梁的剧烈振动可以造成桥的断裂，强烈地震会使建（构）筑物倒塌。因此人们为了防止或减少振动造成的危害，在进行结构设计时，要按照建（构）筑物所在地区的地震烈度，进行相应的结构抗震设计。在工业建（构）筑物中，还应考虑生产过程引起的振动对结构造成的不利影响，对生产工艺有特殊要求的车间要消除或减少振动以及因振动引起的噪音。对于高层建筑或高耸结构要考虑因不规则风荷载引起的振动。对国防结构设施应考虑核爆炸产生的冲击振动等。在结构动力试验中将这些引起结构振动的动力源称振源。振源可归纳为固定振源、移动振源和特殊振源三种。

固定振源包括各种固定的动力设备，如金属切削机床（车床、钻床、铣床及刨床等），各种带有旋转部件的机器设备（电动机、通风机、空气压缩机等），以及压力加工设备（锻锤、汽锤）等。移动振源包括各种运输设备（汽车、机车等），起重运输机械（吊车、传送带）等。属于特殊振源的有风力、地震力和爆炸力等。

上述各种振源产生的动力荷载是复杂和多样的，概括起来有三种荷载：

1）撞击荷载。撞击荷载的作用时间极为短暂，一般在$\frac{1}{1000}\sim\frac{1}{10000}$s，作用力的大小及其出现的时间间隔往往没有规律性。

2）振动荷载。振动荷载的作用是经常的，具有周期性，作用力的大小和频率按照某一固定规律变化。

3）复杂荷载。复杂荷载有可能是撞击荷载和振动荷载的组合，也可能是地震、风、爆炸等特殊荷载或其组合，是实际生活中最常见的动力荷载。

研究结构的动态变形和内力是个十分复杂的问题，它不仅与动力荷载的性质、数量、大小、作用方式、变化规律以及结构本身的动力特性有关，还与结构的组成形式、材料性质以及细部构造等密切相关。在实际结构工程中遇到的问题就更复杂。结构动力问题的精确计算是相当麻烦的，且有较大出入，因而借助试验实测来确定结构动力特性及动力反应是不可缺少的手段。

结构动力试验可分为结构动力特性基本参数（自振频率、阻尼系数、振型等）和结构动力反应的测定，结构抗震试验，结构疲劳性能试验等。

为了模拟实际的动力荷载，试验时，首先应设计一个符合试验目的要求的振动系统。振动系统由激励和记录两部分组成，如图 5-1 所示。激励装置是使结构产生振动的振源，振源的振动规律可根据试验需要设计为简谐振动或随机振动。模拟这些振动状态的激励设备详见第二章有关内容。

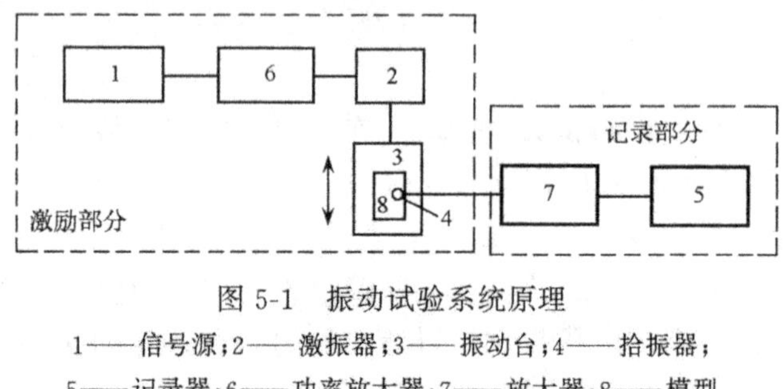

图 5-1　振动试验系统原理

1——信号源；2——激振器；3——振动台；4——拾振器；5——记录器；6——功率放大器；7——放大器；8——模型

本章将首先对动力试验的测试系统作简要介绍，然后讨论动力试验的各种试验方法和量测技术。

§5-2　振动测量系统

振动测量系统的测量仪表，包括拾振器，测振放大器和记录仪。在此对拾振器的原理作重点说明。拾振器是将机械振动信号变换成电参量的一种敏感元件。其种类繁多，按测量参数可分为位移式、速度式和加速度式，按构造原理可分为磁电式、压电式、电感式和应变式，从使用角度出发又可分为绝对式（或称惯性式）和相对式、接触式和非接触式等。

5-2-1　惯性式拾振器原理

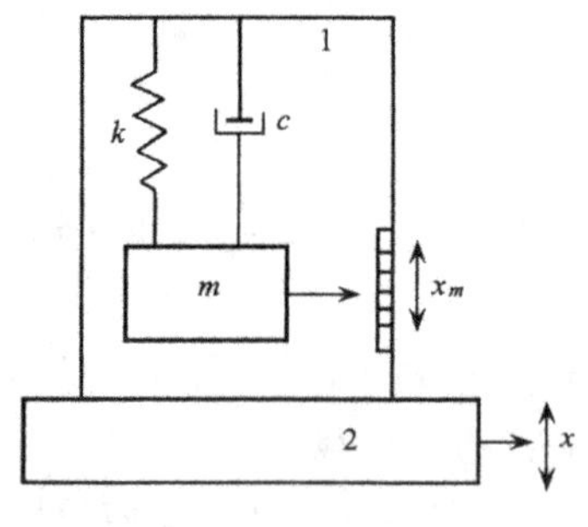

图 5-2　惯性式拾振器的原理

1——拾振器；2——振动体

振动具有传递作用，测振时很难在振动体附近找到一个静止的基准点作为固定的参考系来安装仪器，为此，往往需要在仪器内部设法构成一个基准点，其构成方法是在仪器内部设置“弹簧质量体系”。这样的拾振器叫惯性拾振器，其工作原理如图 5-2 所示。主要由质量块 m、弹簧、阻尼器和外壳等组成。使用时将仪器外壳紧固在振动体上，当振动体发生振动时，拾振器随之一起振动。质量块 m 的运动微分方程为

$$
\begin{aligned}
m(\ddot{x}+\ddot{x}_m)+c\dot{x}_m+kx_m &= 0 \\
x &= x_0\sin\omega t
\end{aligned}
\tag{5-1}
$$

式中：x——振动体相对于固定参考坐标的位移；

x_0——振动体的振幅；

ω——振动体的振动频率；

x_m——质量块相对于仪器外壳的位移；

c、k——为弹簧质量系统的阻尼系数和弹簧系数，$c=2\eta m\left[\zeta\right.$ 为阻尼比，$\zeta=\dfrac{c}{c_c}$

(c_c 为临界阻尼系数，$c_c=2m\omega_n$)，η 为衰减系数$\left.\right]$；

ω_n——拾振器的固有频率，$\omega_n=\sqrt{\dfrac{k}{m}}$。

将式 $x=x_0\sin\omega t$ 和 $k=m\omega_n^2$、c 代入式(5-1)得

$$\ddot{x}_m+2\eta\dot{x}_m+\omega_n^2x_m=x_0\omega^2\sin\omega t \tag{5-2}$$

解式(5-2)，得

$$x_m=Ae^{-\eta t}\sin(\omega t-\varphi)+\frac{\left(\dfrac{\omega}{\omega_n}\right)^2x_0}{\sqrt{\left[1-\left(\dfrac{\omega}{\omega_n}\right)^2\right]^2+\left[2\zeta\dfrac{\omega}{\omega_n}\right]^2}}\sin(\omega t-\varphi) \tag{5-3a}$$

公式(5-3a)描述的是振动体作简谐振动 $x=x_0\sin\omega t$ 时，质量块 m 相对于外壳的运动规律，其中第一项称通解，代表的是随着时间的增长而衰减的有阻尼自由振动。振动系统的阻尼力愈大，振动幅值衰减得愈快，因此这部分振动分量实际存在的时间十分短促，只要振动系统存在阻尼，这部分振动分量很快就会消失。式中第二项称特解，特解是由外界干扰力迫使振动体产生的强迫振动分量，因而当振动系统中自由振动分量消失后就进入稳定状态的振动，其稳态解即为式(5-3a)中的第二项。可简写作

$$x_m=x_{0m}\sin(\omega t-\varphi) \tag{5-3b}$$

可见，质量块相对于仪器外壳的振动规律 x_m 与振动体的振动规律 x 是一致的，只是前者滞后一个相位角 φ。在式(5-3b)中

$$x_{0m}=\frac{\left(\dfrac{\omega}{\omega_n}\right)^2}{\sqrt{\left[1-\left(\dfrac{\omega}{\omega_n}\right)^2\right]^2+\left[2\zeta\dfrac{\omega}{\omega_n}\right]^2}}x_0 \tag{5-4}$$

所以

$$\frac{x_{0m}}{x_0}=\frac{\left(\dfrac{\omega}{\omega_n}\right)^2}{\sqrt{\left[1-\left(\dfrac{\omega}{\omega_n}\right)^2\right]^2+\left[2\zeta\dfrac{\omega}{\omega_n}\right]^2}} \tag{5-5}$$

$$\varphi=\operatorname{arctg}\frac{2\zeta\dfrac{\omega}{\omega_n}}{1-\left(\dfrac{\omega}{\omega_n}\right)^2} \tag{5-6}$$

显然，拾振器质量块相对于振动体的位移幅值 x_{0m} 与振动体的位移幅值 x_0 成正比，亦即拾振器所测振幅与实际振幅成正比。在试验实测工作中，要求$\frac{x_{0m}}{x_0}$和相位角 φ 保持常数。但从拾振器的幅频特性曲线(图 5-3)和相频特性曲线(图 5-4)可以看出，$\frac{x_{0m}}{x_0}$和 φ 均随阻尼比 ζ 的不同而变化，仪器的阻尼取决于构造、连接、摩擦等不稳定因素，在试验过程中会发生变化。为使$\frac{x_{0m}}{x_0}$和 φ 角在试验期间保持常数，必须限制$\frac{\omega}{\omega_n}$值。当取不同频率比$\frac{\omega}{\omega_n}$和阻尼比 ζ 时，拾振器将输出不同的振动参数。

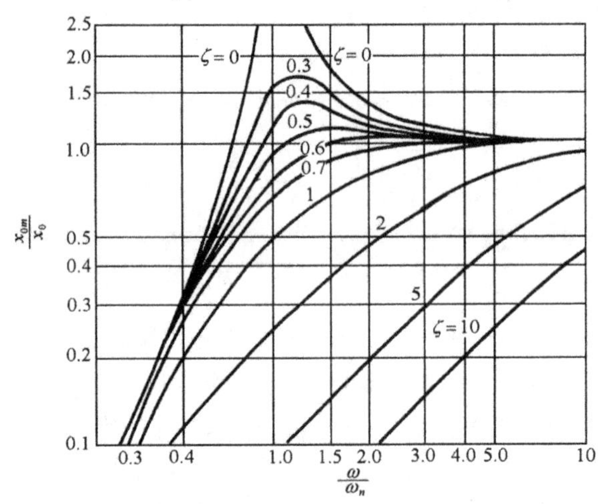

图 5-3 幅频特性曲线(测位移)

1) 当$\frac{\omega}{\omega_n} \gg 1$，$\zeta < 1$ 时，由式(5-4)得

$$\frac{\left(\frac{\omega}{\omega_n}\right)^2}{\sqrt{\left[1-\left(\frac{\omega}{\omega_n}\right)^2\right]^2+\left(2\zeta\frac{\omega}{\omega_n}\right)^2}} \rightarrow 1$$

所以

$$x_{0m} \approx x_0 \qquad (5\text{-}7)$$

表明，质量 m 相对于仪器外壳的最大振幅近似等于被测物体相对于固定参考坐标的最大振幅，亦即仪器示值近似等于振动体的振幅，满足此条件的测振仪称位移计。这时幅频特性曲线趋于平直，而$\frac{x_{0m}}{x_0}$与相位角 φ 基本无关。实际使用中，当测定位移的精度要求较高时，频率比可取其上限，即$\frac{\omega}{\omega_n} > 10$；对于精度为一般要求的振幅测定，可取用$\frac{\omega}{\omega_n} = 5 \sim 10$，此时仍可近似地认为$\frac{x_{0m}}{x_0} \rightarrow 1$，但具有一定误差；幅频特性曲线平直部分的频率下限与阻尼比有关，对无阻尼或小阻尼的频率下限可取$\frac{\omega}{\omega_n}$

$=4\sim5$，当 $\zeta=0.6\sim0.7$ 时，频率比下限可放宽到 2.5 左右，此时幅频特性曲线有最宽的平直段，也就是有较宽的频率使用范围。但当被测振动体有阻尼情况下，仪器对不同振动频率呈现出不同的相位差，如图 5-4 所示。如果振动体的运动不是简单的正弦波，而是两个频率 ω_1 和 ω_2 的叠加，则由于仪器对相位差的反应不同，测出的叠加波形将发生失真。所以应该注意关于波形畸变的限制。

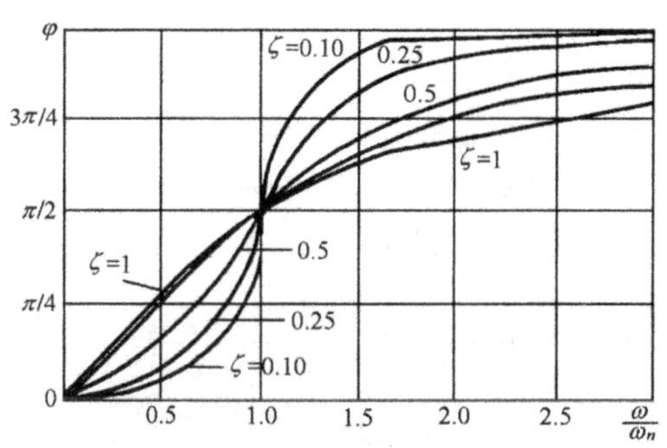

图 5-4　相频特性曲线

应该注意，一般工业与民用建筑的第一自振频率为 2～3Hz，高层建筑为 1～2Hz，高耸结构（如塔架、电视塔、烟囱等柔性结构）的第一自振频率就更低。这就要求拾振器具有很低的自振频率。为降低 ω_n 必须加大惯性质量，因此一般位移拾振器的体积较大和较重，使用时对被测系统有一定影响，特别对于一些质量较小的振动体就不太适用，必须寻求另外的解决办法。

2）当 $\frac{\omega}{\omega_n}\approx1$，$\zeta\gg1$ 时，由式(5-4)得

$$\frac{\left(\frac{\omega}{\omega_n}\right)^2}{\sqrt{\left[1-\left(\frac{\omega}{\omega_n}\right)^2\right]^2+\left[2\zeta\frac{\omega}{\omega_n}\right]^2}}\rightarrow\frac{\omega}{2\zeta\omega_n}$$

所以

$$x_{0m}\approx\frac{\omega}{2\zeta\omega_n}x_0=\frac{1}{2\zeta\omega_n}\dot{x}_0 \tag{5-8}$$

这时拾振器反应的示值与振动体的速度成正比，故称为速度计。$\frac{1}{2\zeta\omega_n}$ 为比例系数，阻尼比 ζ 愈大，拾振器输出灵敏度愈低。设计速度计时，由于要求的阻尼比 ζ 很大，相频特性曲线的线性度就很差，因而对含有多频率成分波形的测试失真也较大。同时速度拾振器的有用频率范围非常狭窄，因而工程中很少使用。

3）当 $\frac{\omega}{\omega_n}\ll1$，$\zeta<1$ 时，由式(5-4)得

$$\frac{1}{\sqrt{\left[1-\left(\frac{\omega}{\omega_n}\right)^2\right]^2+\left(2\zeta\frac{\omega}{\omega_n}\right)^2}}\rightarrow1$$

所以

$$x_{0m} \approx \frac{\omega^2}{\omega_n^2} x_0 = \frac{1}{\omega_n^2} \ddot{x}_0 \tag{5-9}$$

拾振器反应的位移与振动体的加速度成正比，比例系数为$\frac{1}{\omega_n^2}$。这种拾振器用来测量加速度，称加速度计。加速度幅频特性曲线如图 5-5 所示。由于加速度计用于频率比$\frac{\omega}{\omega_n} \ll 1$的范围内，故相频特性曲线仍可用图 5-4。从图 5-4 看出，其相位超前于被测频率 0～90°。这种拾振器当阻尼比 ζ 在 0 时，没有相位差，因此测量复合振动不会发生波形失真。但拾振器总是设有阻尼器的，当加速度计的阻尼比 ζ 在 0.6～0.7之间时，由于相频曲线接近于直线，所以相频与频率比成正比，波形不会出现畸变。若阻尼比不符合要求，将出现与频率比成非线性的相位差。

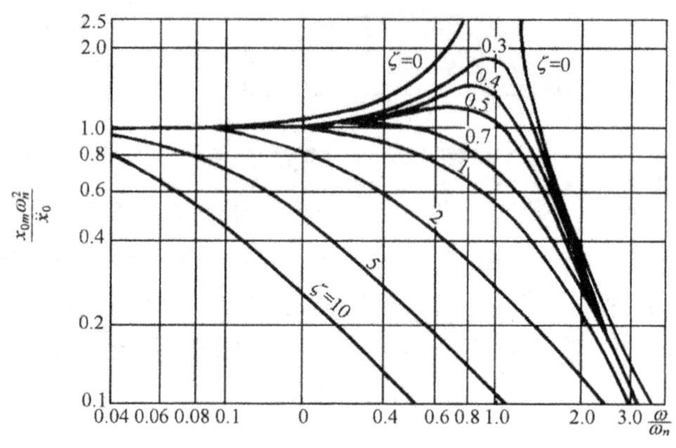

图 5-5　幅频特性曲线(测加速度)

综上所述，位移计适用于频率比$\frac{\omega}{\omega_n} \gg 1$的情况，这时相位滞后一个角度，而加速度计适用于频率比$\frac{\omega}{\omega_n} \ll 1$的情况，其相位超前丁被测频率。应当注意：拾振器的理论分析是根据单自由度体系受迫振动理论得出，而在分析过程中又将系统的自由振动分量加以忽略，只考了强迫振动部分，因此，这种分析只适用于稳态的周期性振动测量。对于受冲击和暂态运动测量系统，自由振动部分不应该予以忽略。

5-2-2　拾振器的换能原理

在惯性式拾振器中，质量弹簧系统将振动参数转换成了质量块相对于仪器外壳的位移，使拾振器可以正确反映振动体的位移、速度和加速度。但由于测试工作的需要，拾振器除应正确反映振动体的振动外，尚应不失真地将位移、速度及加速度等振动参量转换为电量，以便用量电器进行量测。转换的方法有多种形式，如利用磁电感应原理、压电晶体材料的压电效应原理、机电耦合伺服原理以及电容、电阻应变、光电原理等，将振动参量变换为电参量。其中磁电式拾振器能线性地感应振动速度，所以通常又称感应式速度传感器。它适用于实际结构的振动量测。压电晶体式拾振器，因为体积较小，重量轻，自振频率高，故适用于模型结构试验。以下介绍两种常用的拾振器换能原理。

1. *磁电式拾振器及其换能原理*

磁电式拾振器的换能原理，是以导线在磁场中运动切割磁力线产生电动势为基础的，如图5-6所示。由永久磁铁和导磁体组成磁路系统，在磁钢间隙中放一工作线圈，当线圈在磁场中运动时，由于线圈切割磁力线，根据电磁感应定律在线圈中就有感应电动势产生，其大小正比于切割磁力线的线圈匝数和通过此线圈中的磁通量的变化率。如果以振动的速度表示感应电动势的大小，则可表达为

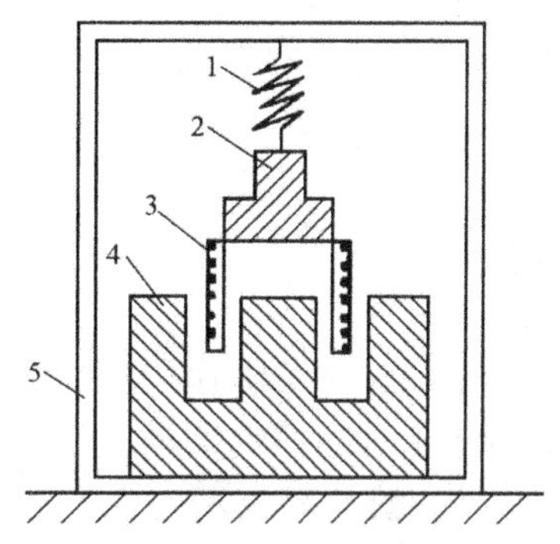

图 5-6 磁电拾振器换能原理
1——弹簧；2——质量块；3——线圈；4——磁钢；5——仪器外壳

$$e = BL_{\phi}n\frac{\mathrm{d}x}{\mathrm{d}t} \times 10^{-8} \quad (5\text{-}10)$$

式中：B——磁钢和线圈间的磁感应强度；

L_{ϕ}——每匝线圈的平均长度；

n——线圈的匝数；

$\frac{\mathrm{d}x}{\mathrm{d}t}$——线圈相对于磁钢(或外壳)的线速度。

当仪器结构定型后，磁感应强度 B、线圈匝数 n、每匝线圈的平均长度 L_{ϕ} 均为常数。因此，感应电动势 e 和线圈对磁钢相对运动的线速度成正比。若把磁钢和线圈分别固定在仪器外壳和惯性质量上，这个速度就反映了仪器外壳的线速度。可见，测量感应电动势就可以得到振动速度的大小。如果用来测量位移，只要对输出信号进行积分，或在仪器输出端加一个积分线路就可以达到目的。

根据可用频率的范围和振幅大小，磁电式拾振器有不同的型号，其中 65 型和 701 型拾振器是广泛用于振动测量的仪器。

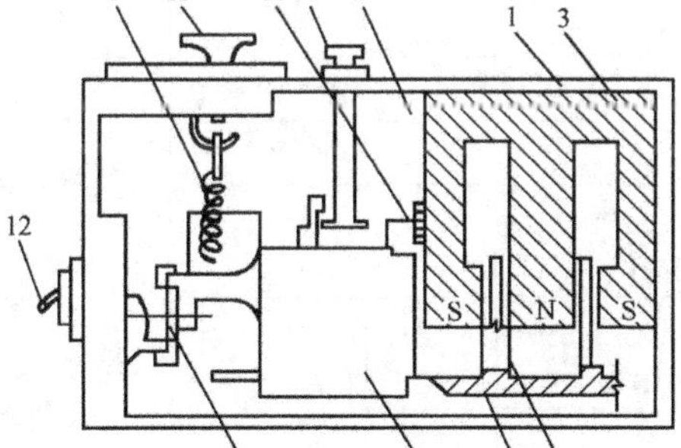

65 型拾振器主要用于测量微弱振动。由于适用于低频振动，且灵敏度高，所以在建筑结构振动测量中应用较多。其构造和工作原理如图 5-7 所示。它主要由摆系统和换能器两部分组成。重锤 4 和线圈架 5 等部件组成的摆通过十字弹簧片 7 与机壳悬挂连接，以形成振动系统。线圈 6 与磁钢 3 组成换能机构。当底座与振动体一起振动(当 $\omega \gg \omega_n$ 时，摆系统趋于静止状态)时，线圈与磁钢之间产生相对运动并切割磁力线，使线圈输出一

图 5-7 65 型拾振器的构造原理(测垂直位移)
1——外壳；2——有机玻璃盖；3——磁钢；4——重锤；5——线圈架；6——线圈；7——十字簧片；8——弹簧；9——锁紧螺丝；10——握手；11——指针；12——输出线

个与振动速度成正比的感应电势。

65型拾振器可 测水平振动和垂直振动，区别在于仪器放置的位置，应使摆的方向与被测振动方向一致。测垂直振动时，注意放平仪器并利用弹簧8来支持摆的重量。改变弹簧8的悬挂点位置，可以调节测垂直振动时仪器的固有频率。测水平振动时，先将弹簧8落入弹簧支架中，并使弹簧挂钩处于圆环中（不相碰），再将仪器转过90°，使有底脚螺丝的一面放置调平。改变底脚螺丝的高低可调节摆的平衡位置和自振周期。

65型拾振器的固有频率为1Hz，使用频率范围为1～80Hz，最大可测单振幅值为0.5mm，速度的灵敏度3.7V/cm/s，自重为50N。

701型拾振器既可以测量微小振动，也可测量振幅达数毫米的大位移振动。测量大位移时应在线圈两端并联一个电容器，以延长摆系统的自振周期，使被测的频率下限展宽，并缩小放大倍数以增大低频的被测幅度。此外，拾振器内部已加上积分电路，可直接输出与位移成正比的电压信号。701型拾振器配合放大器和光线示波器可用于建筑结构以及桥梁、水坝等低频振动测量。

701型拾振器有测水平振动和竖向振动的两种仪器。拾振器的自振频率为1.5～100Hz（小位移挡）和0.5～10Hz（大位移挡），灵敏度为200mV/mm（小位移挡）和12mV/mm（大位移挡），最大位移±0.6mm（小位移挡）和±6（大位移挡）。

磁电式拾振器还有很多型号，如CZ-SⅠ和CZ-SⅡ型、CD-2和CD-4型、BYD-11型、SZQ-4型等位移和速度拾振器，还有各种型号工程强振仪等。每种拾振器都有各自的可用频率范围和振幅值，选用时，应查阅有关生产厂家产品目录。另外应该注意到拾振器必须与放大器、记录仪匹配使用，不同的拾振器有不同的放大器，因此选购时必须注意配套。表5-1为一些速度传感器的性能指标，供选用时参考。

表5-1 速度传感器

型号	名称	频率响应/Hz	速度灵敏度/mV/cm/s	最大可测		特点	厂家
				位移/mm	加速度/g		
CD-2型	磁电式拾振器	2～500	302	±1.5	10	测相对振动	北京测振仪器厂
CD-4型	速度传感器	2～300	600	±15	5	测大位移	
701型	脉动仪	0.5～100	1650	大挡：±6 小挡：±0.9		低频，大位移	
701型	拾振器	0.5～100	1650	大挡：±6 小挡：±0.6		低频，大位移	哈尔滨工程力学研究所
702型	拾振器	2～3		±50			
65型	拾振器	2～50	3700	±0.5		低频，小位移	北京地球物理研究所
BVD-11型	磁电式速度传感器	≥350	780	±15		大位移	上海华东电子仪器厂
SZQ-4型	速度式振动传感器	45～1500	6	2.5	50	小位移	

2. 压电式加速度计及其换能原理

压电式加速度计具有较大的动态范围(约 10^5g),频率范围也较宽(可达到36kHz),而且体积小重量轻(约只有数十毫克)。因此被广泛用于测量结构振动加速度,尤其对于宽带随机振动和瞬态冲击振动是一种比较理想的测振仪器。

压电式拾振器是利用压电晶体材料具有的压电效应制成。压电晶体在三轴方向上的性能不同,x 轴为电轴线,y 轴为机械轴线,z 轴为光轴线。若垂直于 x 轴切取晶片且在电轴线方向施加外力 F,当晶片受到外力而产生压缩或拉伸变形时,内部会出现极化现象,同时在其相应的两个表面上出现异号电荷,形成电场。当外力去掉后,又重新回到不带电的状态。这种将机械能转变为电能的现象,称为"正压电效应"。若晶体不是在外力而是在电场作用下产生变形,则称"逆压电效应"。

图 5-8 为压电晶体加速度计的构造原理图。将质量块 3 放在两块圆形压电晶片 4 上,质量块由一硬弹簧 2 预先压紧,整个组件装在具有厚基座的金属壳体内,压电晶体片和惯性质量块一起构成振动系统。当被测振动体的频率远低于振动系统的固有频率时,惯性质量块相对于基座的振幅近似与被测振动体的加速度峰值成正比。若晶片受到的力 F 为交变压力,则产生的电荷 q 也为交变的电荷,这时电荷与被测振动体的加速度成正比,即

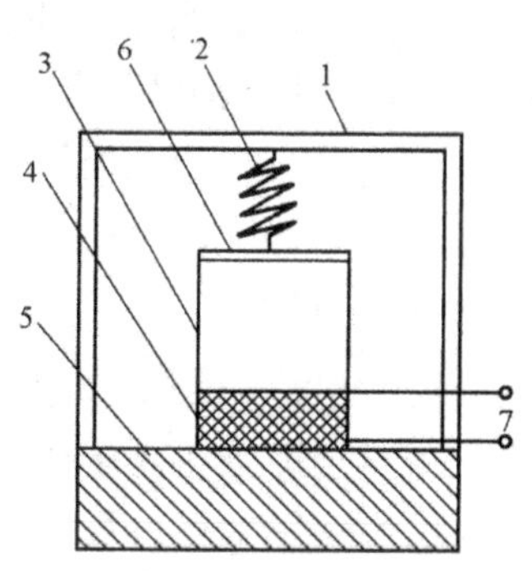

图 5-8 压电加速度计原理

1——外壳;2——弹簧;
3——质量块;4——压电晶体片;
5——基座;6——绝缘垫;
7——输出端

$$q = C_x F = C_x m a = S_q a \tag{5-11}$$

$$e = \frac{q}{C} = \frac{S_q a}{C} = S_u a \tag{5-12}$$

式中:C_x——压电晶片的压电系数;

S_q——加速度计的电荷灵敏系数;

C——电容量;

e——加速度计的开路电压;

S_u——加速度计的电压灵敏系数;

a——物体振动加速度。

由于压电加速度计既可被认为是一个电压源,又可被认为是电荷源,因此它具有两种灵敏度,即电荷灵敏度和电压灵敏度。电荷灵敏度 $S_q=\frac{q}{a}$,是单位加速度的电荷量;电压灵敏度 $S_u=\frac{e}{a}$,是单位加速度的电压量。电压灵敏度是同电压放大器相匹配使用,而电荷灵敏度是同电荷放大器相匹配使用。

压电式加速度计的电压输出 e 与电容量 C 的关系为 $e=\frac{q}{C}$,其中 C 包括加速度计的内部电容 C_a,电缆电容 C_c 和阻抗变换器的输入电容 C_i,即 $C=C_a+C_c+C_i$,所以加速度计的电压灵敏度总是带配套电缆和配套的阻抗变换器一起进行标定。

如果因某种原因使用了不同的电缆时,加速度计的电压灵敏系数必须进行换算或重新标定。而电荷输出与电容量无关。

5-2-3 拾振器的性能与标定

代表拾振器性能的主要参数有灵敏度、频率特性、线性范围等,在仪器出厂前都要按技术要求进行检验。但使用一段时间后,必须对主要技术指标进行校准试验。用试验方法确定传感器性能的过程称为标定。由于各种传感器的原理和结构构造都不同,所以标定方法也不一样,下面以压电晶体加速度计和磁电式拾振器为例加以说明。

1. 拾振器的灵敏度标定

压电晶体加速度计的灵敏度,是指在压电晶片片轴方向承受单位加速度振动时输出的电压或电荷值,即

$$\text{电荷灵敏系数:}\quad S_q = \frac{q}{a} \tag{5-13}$$

$$\text{电压灵敏系数:}\quad S_u = \frac{e}{a} \tag{5-14}$$

以下根据此定义说明对压电晶体加速度计的灵敏度的标定。灵敏度的标定方法有绝对法标定和比较法标定。

比较法标定是以标准加速度计作为参考,图 5-9 为比较法标定的原理。图中标准加速度计和被测加速度计背靠背地固定在振动台台面上,以感受同样的振动加速度值,放大器Ⅰ和Ⅱ预先校准,使其具有相同的特性。当振动台接受标定振级时,被测加速度计和标准加速度计分别与 4(Ⅰ)、4(Ⅱ)相接,调节放大器Ⅰ和Ⅱ的增益使电压表的指示都为 10mV/g 或 100mV/g。标定时,将振动台调到所要标定的频率和振级,选择开关接通放大器Ⅰ,记下数字电压表的读数 e_1,选择开关再接到放大器Ⅱ,同样记下数字电压表读数 e_2,此时被测加速度计的灵敏度 S_u' 为

$$S_u' = \frac{e_2}{e_1} S_u \tag{5-15}$$

式中:S_u——标准加速度计的电压灵敏度。

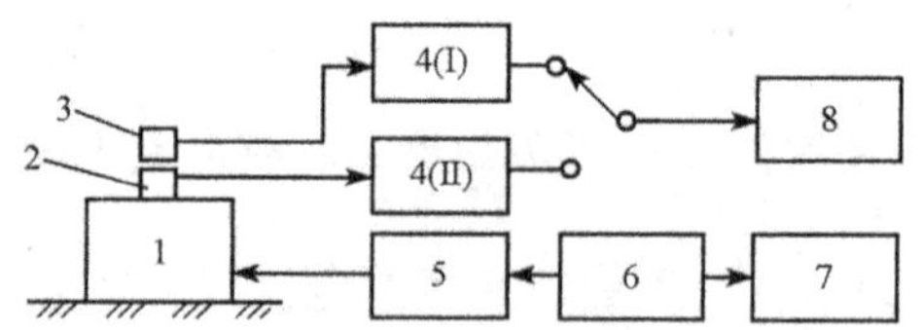

图 5-9 比较法标定的原理

1——振动台;2——标准加速度计;3——被测加速度计;4——放大器;
5——功率放大器;6——信号源;7——频率计;8——数字电压表

电标定法是一种简便并有一定精度的标定方法。用一台标准信号发生器和毫

伏表即可进行。例如65型拾振器的灵敏度为3.7V/(cm/s),这个灵敏度出厂前已经过标定,它主要取决于线圈匝数和磁场强度,只要妥善保管,正确使用,灵敏度在短期内一般不会发生变化,但也应每隔一、二个月标定一次。因此,标定被测拾振器时可直接由标准信号发生器输出一个3.7V简谐振动信号给放大器后继部分,这就相当于65型拾振器从振动台上感受了一个1cm/s简谐运动速度,则其位移值可由下式求得:

$$A = \frac{V}{2\pi f} \tag{5-16}$$

绝对法标定是用激光干涉法来进行的。请参阅有关书籍的介绍。

2. 拾振器频率特性标定

加速度拾振器频率特性标定原理如图5-10所示。将频率自动控制仪发生的扫频信号,经过功率放大器放大后推动振动台作扫频振动,其输出信号的幅值需受标准加速度计控制(标准加速度计是用以监视振动台使之保持按恒定加速度振动)。被测加速度计的输出电压经放大后送入电平记录仪,频率自控仪的频率扫描也受电平记录仪控制,使频率扫描与记录仪同步,当频率自控仪的输出频率在需要标定的频率范围内从低到高扫描一次时,电平记录仪即画出被测加速度计的频率响应曲线。

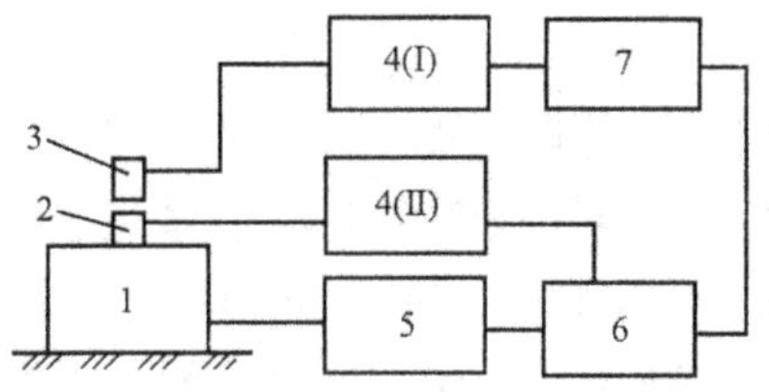

图5-10 加速度计频率特性标定
1——振动台;2——标准加速度计;3——被测加速度计;4——放大器;5——功率放大器;6——频率自控仪;7——电平记录仪

加速度计的频率特性与安装技术有很大关系,如安装表面不光滑,或使用的绝缘垫圈刚度不够,使用软胶固定等都将使加速度计的频率特性变坏。

5-2-4 放大器和记录仪

测振放大器是振动测试系统中的中间环节,它的输入特性须与拾振器的输出特性相匹配,而它的输出特性又必须满足记录及显示设备的要求。选用时还应注意其频率范围。常用的测振放大器有电压放大器和电荷放大器两种。前者结构简单、可靠性好,但当它与压电式拾振器联用时,对导线的电容变化极敏感。后者的输出电压与导线电容的变化无关,这对远距离测试带来很大的方便。在实际测试中,压电式加速度计常与电荷放大器配合使用。

测量动态信号的仪器,一般都要具备记录时间与频率(或速度、加速度、振幅)关系的功能。例如,在脉动情况下测定建筑物的微小振动,人们关心的不是建筑物可能产生的最大振幅值,而是要记录振动随时间而变化的全过程。由于记录的目的是对振动曲线进行分析,因此振动消失后记录的曲线不能消失,并应具有再现的可能。现代的模拟磁带记录仪都具有良好的这种功能。

记录仪按记录参数的表达形式不同,可分为模拟量记录和数字量记录两类。模拟量记录因工作原理不同,又有磁电式记录仪、自动平衡式函数记录仪、模拟磁带记录仪和电子示波照相记录仪等。数字打印机和数字磁记录器等都属于数字记录仪。

就记录振动信号的表达方式而言,有可见型和非可见型之分。一般笔录信号都属可见型,不需要任何显影和定影处理,记录清晰,可长期保存,其缺点是笔录系统的惯性较大,记录笔与纸之间存在有摩擦力,因而不能适应高频信号记录的需要。采用磁电式光线示波器记录,其优点在于同时可以记录多个振动测点,频带较宽,操作简便,采用紫外线记录纸带进行记录,在自然光照下经二次爆光即变为可见型记录。模拟磁带记录仪进行的是模拟量记录,为非可见型。其优点是可以直接与频谱分析仪配合进行数据分析处理。

1. *磁电式光线示波记录器*

光线示波器由振动子系统、光学系统、记录传动系统和时标指示系统等组成。它是将电信号转换为光信号,将光点信号记录在感光纸或胶片上的一种记录仪器。仪器利用了具有很小惯性的振子作为量测参数的转换元件,这种振子元件有较好的频率响应特性,可记录 0～5000Hz 频率的动态变化。

图 5-11 为光线示波器的构造原理。光线示波器的振子系统实质是一个磁电式电流计[见图 5-11(a)],其核心部分是一个"弹簧质量体系"。质量元件为线圈和镜片,弹簧为张线,其运动为扭摆运动。当信号(电流)通过线圈时,通电线圈在磁场作用下将使整个活动部分绕张线轴转动,直到被活动部分的弹性反力矩平衡为止。这时反射镜片也转动一定角度,变化过程经过光学系统反射和放大后,将镜片的角度变化转换为光点在记录纸上移动的距离,从而反映出振动波形。

光学系统的作用,是将光源发出的光聚焦成为极小的小光点,经振子上的反射镜反射至记录纸上,同时进行光杠杆放大;传动系统是使记录纸带按不同的速度匀

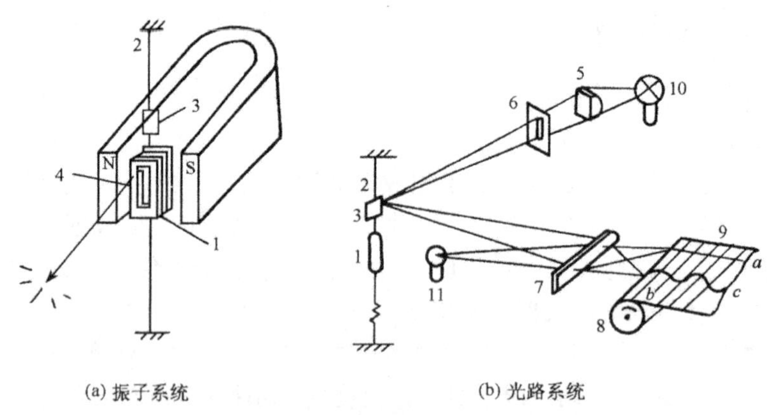

图 5-11 光线示波器构造原理

1——线圈;2——张线;3——反光镜;4——软铁柱;

5、7——棱镜;6——光栅;8——传动装置;9——线带;10、11——光源

速运行的机构；时标系统给出不同频率的时间信号以作为时间基准。

为了分辨记录信号的量值，光线示波器的光学系统有三条独立的光路，即振动子光路、时间指标光路和分格栅光路。有了这三条光路，才能记录成图 5-11(b)所示的波形、时间和振幅值。

磁电式笔录仪的构造原理与光线示波器相同，只是没有光路系统，它只需要在振子线圈的张线上端固定一个记录笔，当电信号通过线圈时，因磁电作用使线圈绕垂直张线而转动，固定在张线上的笔就开始记录出振动波形。

在实际使用中，应注意这两种仪器的振子特性和选用问题。因为它们都用于记录动态过程，其特性主要由振子系统决定。所以振子的动态特性和阻抗匹配关系是实际操作应用中的一个关键问题。

振子在动态记录过程中的特点在于，输入给线圈的信号是随时间而变化的量，而振子的活动部分又是一个具有一定质量的扭摆振动系统，所以由于惯性作用而不能完全真实反映快速变化过程。例如振子对正弦信号的响应可表示为

$$y = U \cdot y_m \cdot \sin(\omega t - \varphi) \tag{5-17}$$

式中：U——振幅畸变因素，$U=-\dfrac{1}{\sqrt{\left[1-\left(\dfrac{\omega}{\omega_0}\right)^2\right]^2+\left(2\zeta\dfrac{\omega}{\omega_0}\right)^2}}$；

φ——滞后的相位角，$\varphi=\mathrm{arctg}\left[\dfrac{2\zeta\dfrac{\omega}{\omega_0}}{1-\left(\dfrac{\omega}{\omega_0}\right)^2}\right]$（$\omega$、$\omega_0$ 分别为电信号频率和振子固有频率）；

y、y_m——光点偏移的距离和振子的振幅。

可见，振子在正弦信号作用下，振幅和相位均产生了畸变。振幅相差一个畸变因素 U，相位滞后 φ。U 是频率比和阻尼比的函数，由于电信号的频率往往是变化的，所以振幅的误差总会产生。从振子振幅随频率变化的特性(幅频特性)曲线图 5-12 可看出，阻尼比对振幅畸变有很大影响，且所取$\dfrac{\omega}{\omega_0}$的比值越大，振幅误差也越大。若欲减小振幅误差，就要求振子在合适的频率范围内工作，即$\dfrac{\omega}{\omega_0}\to 1$。由图可知，阻尼比 $\zeta=0.6\sim0.7$ 时，工作频带最宽，所以振子的阻尼比总是要设法调整在 0.6～0.7 之间。如果实测位移允许误差为 5%，则振子的工作频率一般为固有频率的 60%(对电磁阻尼型振子)或 40%～45%(对油阻尼型振子)，超过此界限必然产生很大误差。因而，必须根据实际情况合理选用振子。

2. 自动平衡式记录器

图 5-13 为自动平衡式记录器的结构原理。它是利用零位法进行记录的仪器，图中 E_x 为输入电压，E_s 为基准电压，E_s' 是经过滑线变阻器 R_s 后分压出来的比较电压，将 E_x 和 E_s' 之差值 e 输入到放大器 A 进行放大后驱动伺服电机 SM，电机带动滑线变阻器 R_s 上的滑动触点 c 移动，使 E_s' 增大，当 $E_x-E_s'=0$ 时电机停止工作。

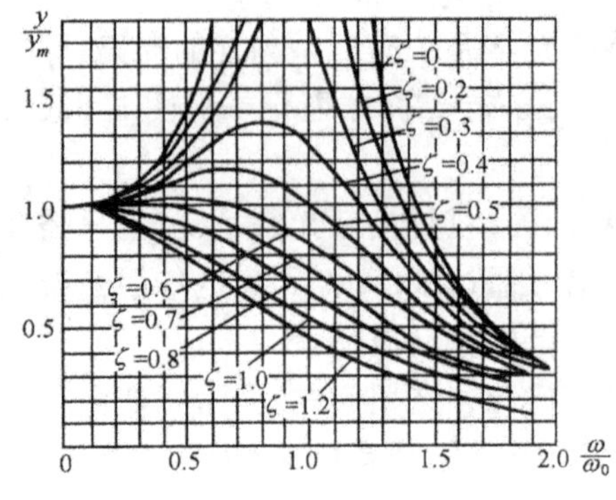

图 5-12 振子幅频特性曲线

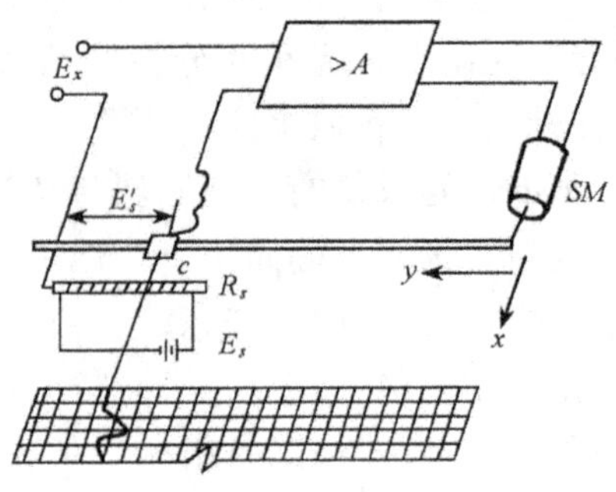

图 5-13 平衡式记录器结构原理

若将记录笔固定在滑块 c 上，则可在记录纸带上绘出曲线，其记录的参量与 E_s' 成正比。使用时，将 x 和 y 方向的输入信号分别输入给两个独立的自动平衡器，使它们分别沿 x 和 y 方向驱动运动原件（滑块）移动，以在直角坐标上绘出 x-y 关系曲线。故该仪器又称 x-y 函数记录仪。

记录器的输入部分由分压器和低通滤波器组成，平衡电路的变阻器由铂铱合金线绕制而成，基准电压由高精度的稳压电源或水银电池提供，放大器一般采用调制型直流放大。

由于 x-y 函数记录仪采用了零位法测量，准确性（误差为 0.2%～0.5%）和灵敏度高，记录笔振幅大（可达 200～300mm）。线数为 1～3 线，响应时间长（0.25～1s），故只适用于低频参量的记录。

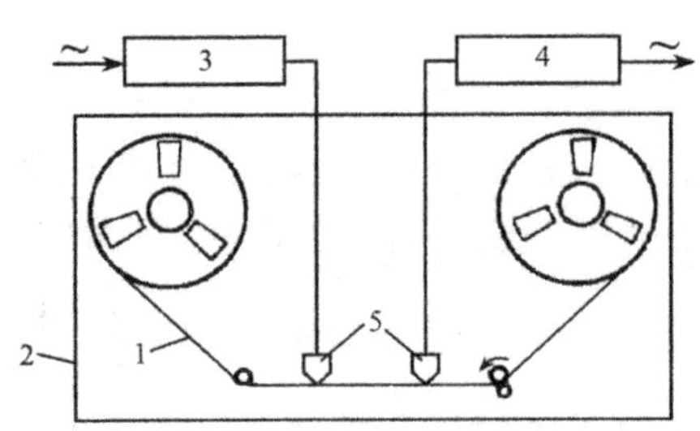

图 5-14 磁带记录仪构造原理

1——磁带；2——磁带传动机构；3——记录放大器；4——重放放大器；5——磁头

3. *磁带记录仪*

磁带记录仪是将电信号转换为磁性信号的记录装置，同时又可将磁信号转换成电信号。磁带记录仪的主要构造示意如图 5-14 所示。它由放大器、磁头和磁带传动机构三部分组成。

放大器包括记录放大器（调制器）和重放放大器（反调制器），前者将输入信号放大并变换成最适于记录的形式供给记录磁头；重放放大器将重放磁头送来的信号进行放大和变换为电信号后输出。

磁头在记录过程中，将电信号转化为磁带的磁化状态，在重放过程中重放磁头把磁带的磁化状态还原成电信号。

选择记录仪应该注意可用频率范围（见图 5-15）和可记录信号的大小。由于数据处理的方法不同，对记录仪提出了不同的要求。当数据处理分析量大时，往往需要采用专用电子计算机或频谱分析仪等设备，此时，要求记录方式和分析手段相匹配，比如采用频谱分析仪或计算机处理数据信息时，都应该采用磁带记录系统储存数据信息。

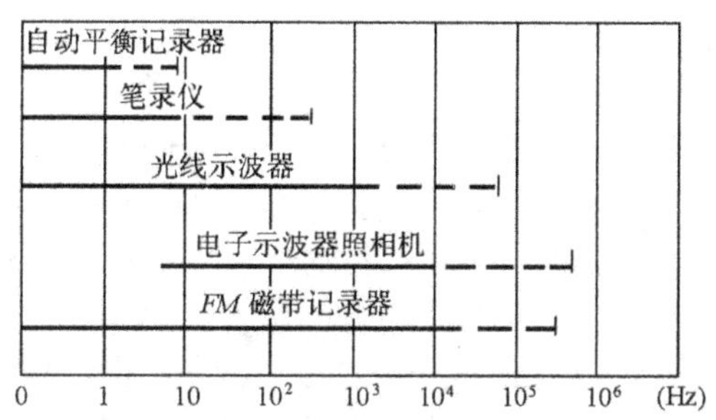

图 5-15 记录器的可用频率范围

§5-3 结构动力特性的试验测定

结构的动力特性，如自振频率、振型和阻尼系数（或阻尼比）等，是结构本身的固有参数，它们决定于结构的组成形式、刚度、质量分布、材料性质、构造连接等。自振频率及相应的振型虽然可由结构动力学原理计算得到，但由于实际结构的组成、连接和材料性质等因素，经过简化计算得出的理论数值往往会有一定误差。至于阻尼则一般只能通过试验来测定。因此，采用试验手段研究结构的动力特性具有重要的实际意义。

用试验法测定结构动力特性，首先应设法使结构起振，然后，记录和分析结构受振后的振动形态，以获得结构动力特性的基本参数。早期的迫振方法主要有振动荷载法和撞击荷载法两种。地脉动对建（构）筑物引起振动的过程或地震引起建（构）筑物随机振动的过程，是近年来发展起来的一种新技术。通过频谱分析即可得到所需要的动力参数。

5-3-1 振动荷载法

振动荷载法是借助按一定规律振动的荷载，迫使结构产生一个恒定的强迫简谐运动，通过对结构受迫振动的测定，求得结构动力特性的基本参数。

用单质点激振法测量结构自振频率及阻尼比的原理如图 5-16 所示。为安置激振器，应在结构上选择一个激振点。激振器的频率信号由信号发生器产生，经过功率放大器放大后推动激振器激励结构振动。当激励信号的频率与结构自振频率相等时，结构发生共振，这时信号发生器的频率就是试验结构的自振频率，信号发生器的频率由频率计来监测。只要激振器的位置不落在各阶振型的节点位置上，随着频率的增高即可测得一阶、二阶、三阶及更高阶的自振频率。在理论上，结构有无限阶自振频率，但频率越高输出越小，由于受检测仪表灵敏度的限制，一般仅能测到

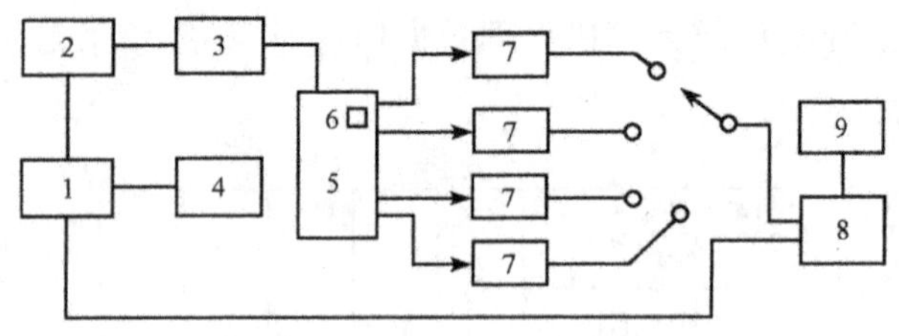

图 5-16　振动荷载法测量原理

1——信号发生器；2——功率放大器；3——激振器；4——频率仪；
5——试件；6——拾振器；7——放大器；8——相位计；9——记录仪

有限阶的自振频率。另外，对结构影响较大的是前几阶，而高阶的影响较小。

拾振器的布置数目及其位置由研究的目的和要求而定。测量前，对各通道进行相对校准，使其对试件的振动检测具有相同的灵敏度。当结构发生共振时，用拾振器同时测量结构各部位的振动图，通过比较各测点的振幅和相位，即可绘出对应于该频率的振型图。若测量参数为速度、加速度或位移，则所得振型图相应地为速度振型、加速度振型和位移振型。但单点激振方法仅能用在多个模态的自振频率相距很远的结构。

当采用偏心式激振器时，改变其频率则激振力也将随之改变，但要做到出力恒定不变比较困难。因此一般在分析数据时，首先将激振力换算成恒定的力然后再绘制曲线。换算方法为：由于激振力与激振器频率 ω 的平方成正比，因而可将振幅换算为在相同激振力作用下的振幅，即$\dfrac{A}{\omega^2}$，用$\dfrac{A}{\omega^2}$作纵坐标和 ω 作横坐标绘制$\dfrac{A}{\omega^2\text{-}\omega}$的共振曲线如图 5-17 所示，图中 $y_{\max}=\dfrac{A}{\omega^2}$。

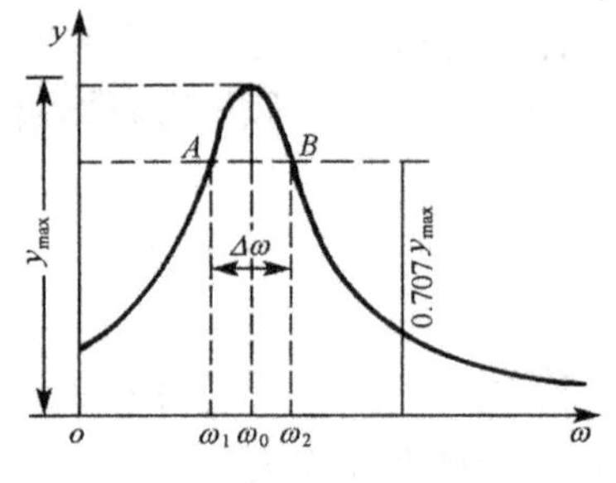

图 5-17　共振曲线

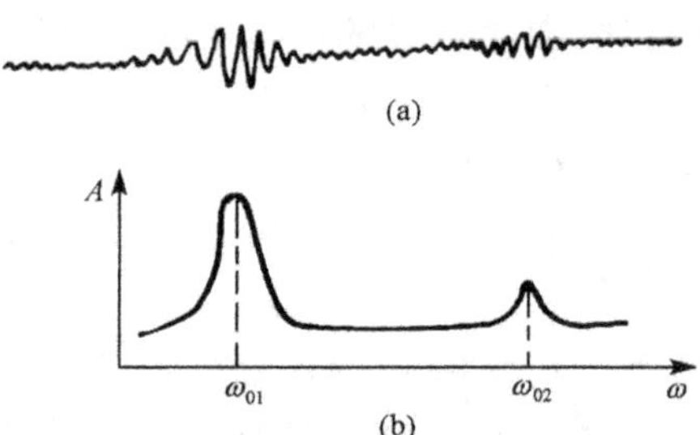

图 5-18　建(构)筑物频率扫描时间历程曲线

图 5-18 是对建(构)筑物进行频率扫描试验时所得时间历程曲线。试验时，首先逐渐改变频率从低到高，同时记录曲线，如图 5-18(a)所示；然后在记录图上找到建(构)筑物共振峰值频率 ω_{01}、ω_{02}，再在共振频率附近逐渐调节激振器的频率，记录这些点的频率和相应的振幅值，绘制振幅-频率曲线，如图 5-18(b)所示。由此得到建(构)筑物的第一频率(基频)ω_{01}和第二频率 ω_{02}。

由于作简谐振动结构的整个频率反应曲线受到阻尼值的控制，因而可以从振幅-频率曲线的特性求阻尼系数。这时即可利用基本频率和振幅(若用偏心式激振器则应用$\frac{A}{\omega^2}$)关系曲线(见图 5-17)在图上求阻尼。求阻尼的最简便方法是带宽法或称半功率点法。具体作法是:在纵坐标最大值 y_{max}的 0.707 处作一条平行于 x 轴的水平线与共振曲线相交于 A、B 两点,其对应的横坐标即为 ω_1 和 ω_2,则衰减系数 η 和阻尼比 ζ 分别为

$$\eta = \frac{\omega_1 - \omega_2}{2} \tag{5-18}$$

$$\zeta = \frac{\eta}{\omega_0} \tag{5-19}$$

应该注意到激振器的激振方向和安装位置要根据试验结构的具体情况和不同目的来确定。一般说来,整体结构的动荷载试验都在水平方向激振,楼板和梁等的动力试验荷载均为垂直激振荷载。激振器沿结构高度方向的安装位置应选在所要测量的各个振型曲线的非零节点位置上,因而试验前最好先对结构进行初步动力分析,做到对所测量的振型曲线形式有所估计。

随着现代电子控制技术的发展,激振器控制系统不断得到改进,稳速和同步性能不断得到提高,这不仅可以比较准确地测得多阶平稳振型参数,而且可以进行扭转和空间振型的测定。近年来我国一些研究单位用这种方法曾对一系列的高层建筑、水工结构、桥梁、海港、码头、海洋平台、大型储油罐等多项工程进行过动力试验,取得了理想效果。

5-3-2 撞击荷载法

用试验手段施加撞击荷载,常用的方法是对结构突加荷载或突卸荷载,在加载或卸载的瞬间结构就产生自由振动。对体积过大的结构采用突加或突卸荷载不足以使结构起振时,可以改用初位移法,即对结构预加初位移。试验时,突然释放预加的初位移,结构即产生自由振动。也可用反冲激振器对结构施加冲击荷载。具有吊车的工业厂房,可以利用小车突然刹车制动,使厂房产生横向自由振动。在桥梁上则可借用载重汽车突然制动或越障碍物产生冲击荷载。在模型试验时可以采用锤击法激励模型产生自由振动。量测有阻尼自由振动时间历程曲线的量测系统如图 5-19 所示。记录曲线见图 5-20。对记录曲线进行分析可求得基本频率和阻尼比。其中基本频率可根据时间信号标志,从自由振动曲线上直接量出。

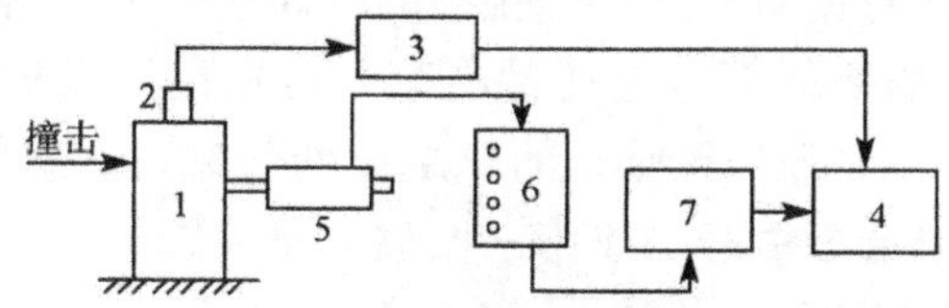

图 5-19 自由振动衰减系数量测系统

1——结构物;2——拾振器;3——放大器;4——光线示波记录仪;
5——应变式位移传感器;6——应变仪桥盒;7——动态电阻应变仪

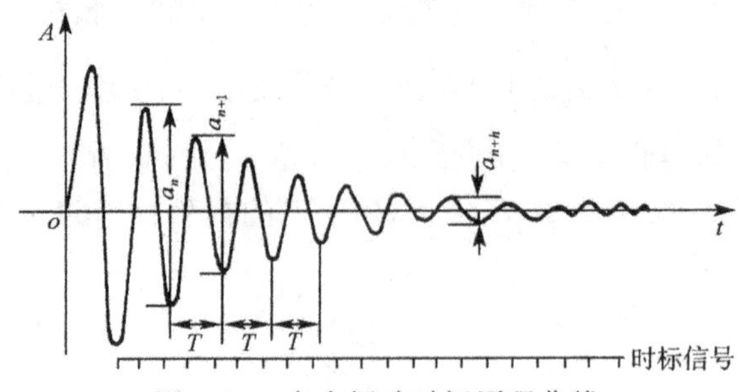

图 5-20　自由振动时间历程曲线

由结构动力学知，有阻尼自由振动的运动方程为

$$x(t) = x_m e^{-\eta t}(\sin\omega t + \varphi) \tag{5-20}$$

图 5-20 中振幅值 α_n 对应的时间为 t_n；α_{n+1}对应 t_{n+1}，$t_{n+1}=t_n+T$，$T=2\pi/\omega$；分别代入式(5-20)，并取对数得

$$\ln\frac{\alpha_n}{\alpha_{n+1}} = \eta T \tag{5-21}$$

$$\eta = \frac{\ln\dfrac{\alpha_n}{\alpha_{n+1}}}{T} \tag{5-22}$$

式中：η——衰减系数。

为了消除撞击荷载冲击的影响，最初的一、二个波可不作为依据。同时为了提高测量精确度，可以取若干周期之和除以周期数得出的均值作为基本周期，振幅取$\dfrac{\alpha_n}{\alpha_{n+k}}$，这时公式(5-21)应写作$\dfrac{1}{k}\ln\dfrac{\alpha_n}{\alpha_{n+k}}=\eta T$。

5-3-3　脉动法

在日常生活中，由于地面不规则运动的干扰，建(构)筑物的微弱振动是经常存在的，这种微小振动称脉动。一般房屋的脉动振幅在 10μm 以下，但烟囱可以大到 10mm。建(构)筑物的脉动有一个重要性质，就是明显地反映出建(构)筑物的固有频率和自振特性。若将建(构)筑物的脉动过程记录下来，经过一定的分析便可确定结构的动力特性。

由随机振动理论可知，只要外界脉动的卓越周期接近建(构)筑物的第一自振周期时，在建(构)筑物的脉动图里第一振型的分量必然起主导作用，因而可以从记录图中找出比较光滑的曲线部分直接量出第一自振周期及振型，再经过进一步分析便可求得阻尼特性。如果外界脉动的卓越周期与建(构)筑物的第二周期或第三周期接近时，在脉动记录图中第二或第三振型分量将起突出作用，从中可直接量得第二或第三自振周期和振型。

此外，根据脉动分析原理，脉动记录中不应存在有规则的干扰信号，或仪器本身带来的杂音，因此进行测量时，仪器应避开机器或其他有规则的振动影响，以保持脉动记录信号的“纯洁”性。

脉动测量的测点布置，应将建(构)筑物视作空间体系，沿高度和水平方向同时布置仪器。如仪器数量不足可作多次测量，但应留一台仪器保持位置不变，以便作为各次测量的比较标准。

为获得能全面反映地面不规则运动的脉动记录，要求记录仪具有足够宽的频带。因为每一次记录的脉动信号不一定能全面反映建(构)筑物的自振特性，因此脉动记录应持续足够长的时间和反复记录若干次。

分析建(构)筑物脉动信号的具体方法有：主谐量法、统计法、频谱分析法和功率谱分析法。

1. 主谐量法

建(构)筑物固有频率的谐量是脉动里的主要成分，在脉动记录图上可以直接量出来。凡是振幅大、波形光滑(即有酷似“拍”现象)处的频率总是多次重复出现。如果建(构)筑物各部位在同一频率处的相位和振幅符合振型规律，那么就可以确定此频率就是建(构)筑物的固有频率。通常基频出现的机会最多，比较容易确定。对一些较高的建(构)筑物，有时第二、第三频率也可能出现。若记录时间能放长些，分析结果的可靠性就会大一些。若欲画出振型图，应将某一瞬时各测点实测的振幅变换为实际振幅绝对值(或相对值)，然后画出振型曲线。

例如，有一空心砖砌体模型$\left(比例\frac{1}{2}\right)$，其平面、立面及测点布置如图 5-21(a)所示。模型各层横向水平振动的脉动记录见图 5-21(b)。由图可看出，第一频率比较明显，而第二频率未出现。第一振型在脉动图中起突出作用，若取图示两个游标记号▽处的时间差为 0.535s，则其周期为 $T=\frac{0.535}{5}=0.107\mathrm{s}$，频率为 $f=\frac{1}{T}=9.35\mathrm{Hz}$。画出振型曲线如图 5-21(c)所示。

2. 统计法

由于弹性体受随机因素影响而产生的振动必定是自由振动和强迫振动的叠加，具有随机性的强迫振动在任意选择的多数时刻的平均值为零，因而利用统计法即可得到建(构)筑物自由振动的衰减曲线。具体作法是：在脉动记录曲线上任意取 $y_1, y_2, \cdots, y_n$，当 y_i 为正值时记为正，且 y_i 以后的曲线不变号；当 y_i 为负值时变为正，且 y_i 以后的曲线全部变号。在 y 轴上排齐起点，绘出 y_i 曲线后，用这些曲线的平均值画出另一条曲线[见图 5-22(b)]，这条曲线便是建(构)筑物自由振动时的衰减曲线。利用它便可求得基本频率和阻尼。图 5-22(a)是钢筋混凝土大板结构宿舍楼的一条脉动记录曲线，经过统计法统计得到一条自由振动曲线。用统计法求阻尼时，必须有足够多的曲线取其平均值，一般不得少于 40 条。

3. 频谱分析法

将建(构)筑物脉动记录图看成是各种频率的谐量合成。由于建(构)筑物固有频率的谐量和脉动源卓越频率处的谐量为其主要成分，因此用富里哀级数将脉动图分解并作出其频谱图，则在频谱图上建(构)筑物固有频率处和脉动源卓越频率

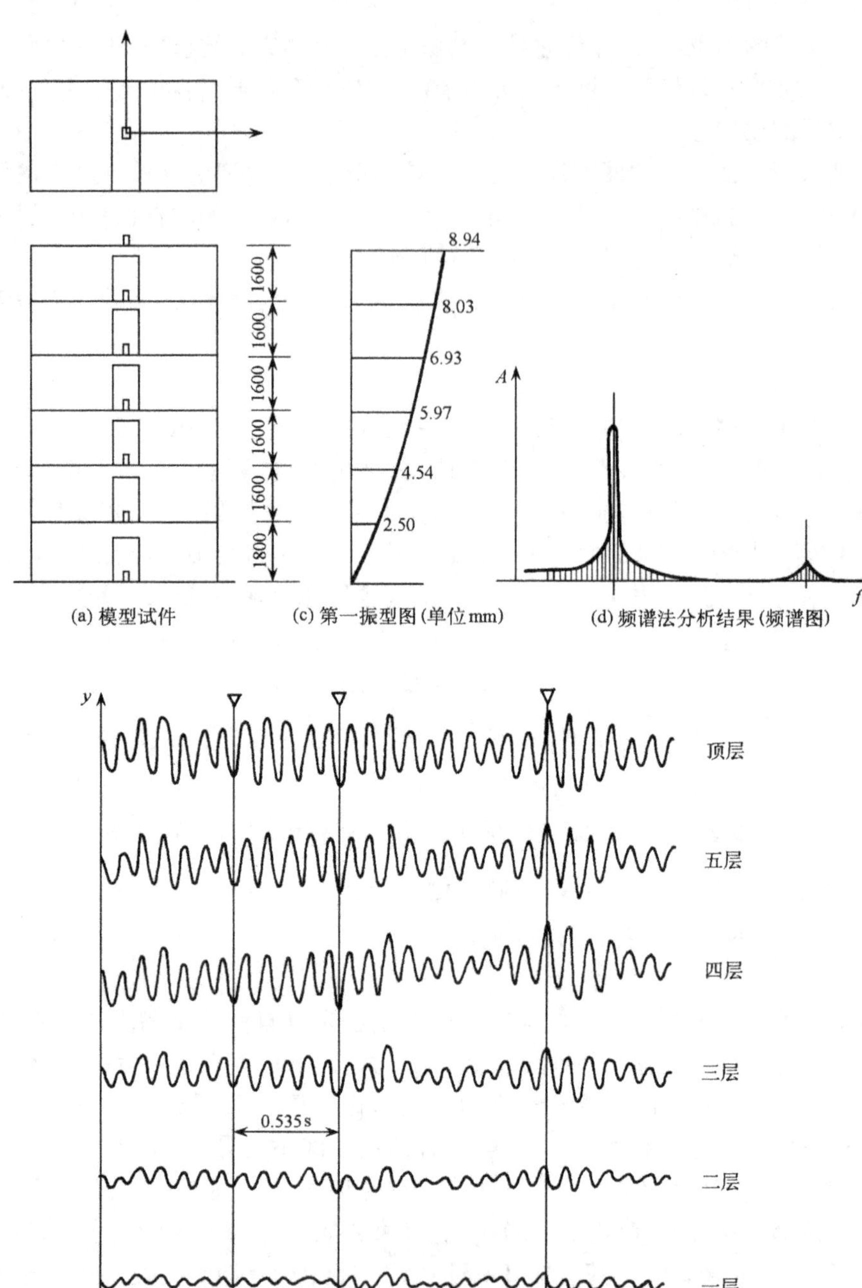

图 5-21 主谐量和频谱分析法分析脉动记录曲线

处必然出现突出的峰点。一般在基频处是非常突出的,而二频、三频有时也很明显。如将前面空心砖模型的脉动记录曲线输入频谱分析仪进行频谱分析,所得频谱图如图 5-21(d)所示。可以看出,基频是主要的,第二频率极微弱。频谱分析具体方法

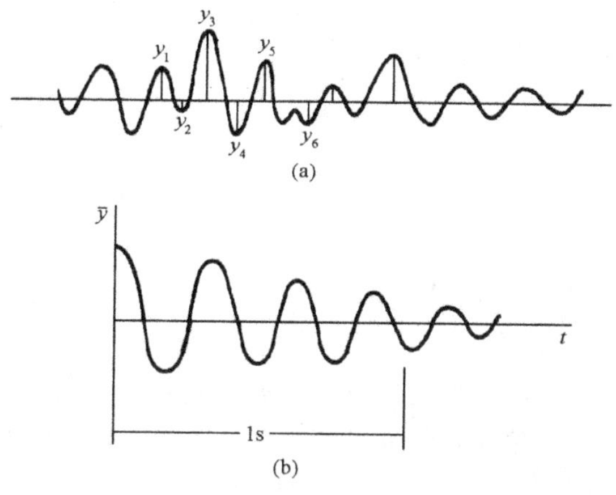

图 5-22 统计法分析脉动曲线

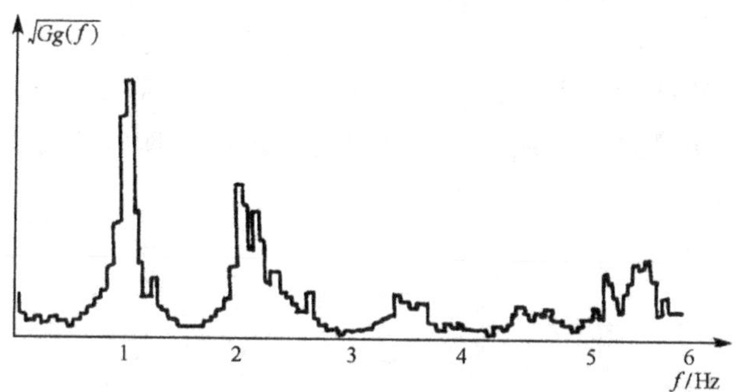

图 5-23 功率谱法分析结果(振幅谱图)

参见第八章有关内容。

4. 功率谱分析法

假设建(构)筑物的脉动是一种平稳的各态历经的随机过程,且结构各阶阻尼比很小,各阶固有频率相隔较远。则可以利用脉动振幅谱(均方根谱)的峰值确定建(构)筑物的固有频率和振型,并用各峰值处的半功率带宽确定阻尼比。具体作法是:将建(构)筑物各个测点处实测所得到的脉动信号输入到信号分析仪进行功率谱分析,以得到各个测点的脉动振幅谱(均方根谱)$\sqrt{Gg(f)}$曲线(如图 5-23 所示)。然后即可通过对振幅谱曲线图的峰值点对应的频率进行综合分析,以确定各阶固有频率 f_i,并根据振幅谱图上各峰值处的半功率带宽 Δf_i 确定系统的阻尼比 ζ_i

$$\zeta_i = \frac{\Delta f_i}{2f_i} \qquad (i = 1,2,3) \tag{5-23}$$

由振幅谱曲线图的峰值可以确定固有振型幅值的相对大小,但还不能确定振型幅值的正负号。为此可以将某一测点,如建(构)筑物顶层的信号作为标准,将各测点信号分别与标准信号作互谱分析,求出各个互谱密度函数的相频特性 $\theta_{kg}(f)$。

若 $\theta_{kg}(f)=0$,则二点同相;若 $\theta_{kg}(f)=\pm\pi$,则两点反相。这样便可根据各测点振幅的相对大小和正负号绘出结构的各阶振型图。功率谱分析的具体方法可参考专门文献。

§5-4　结构动力反应测定

在日常生产和生活中,有很多动荷载:如工业建(构)筑物中的各种动力设备,吊车在吊车梁上运行,汽车、火车驶过桥梁,高耸建(构)筑物受风荷载作用等均将引起振动。研究结构在这类荷载作用下的动力反应,不需要专门的起振设备,只要选择测定位置并布置量测仪表即可记录下振动图形。例如结构在荷载作用下的动应变、动挠度和动力系数等均属动力反应测定。

1. 动应变测定

由于动应变是一个随时间而变化的函数,对其进行测量时,也要把各 种仪器组成测量系统,如图 5-24 所示。应变传感器感应的应变通过测量桥路和动态应变仪的转换、放大、滤波后送入各种记录仪进行记录。最后将记录得到的应变随时间的变化过程送入频谱分析仪或数据处理机进行数据处理和分析。

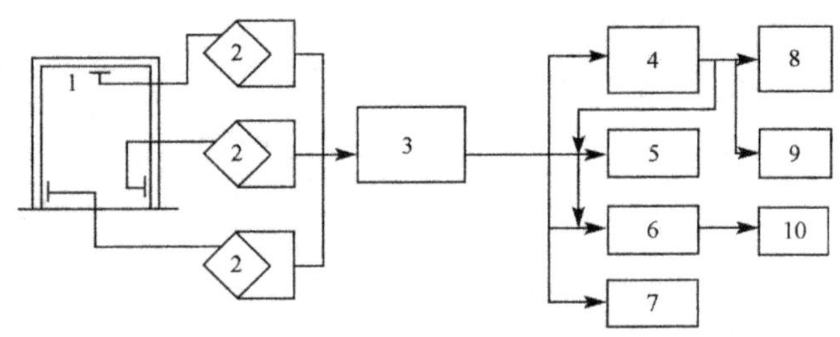

图 5-24　动应变测量系统

1——应变传感器;2——测量桥;3——动态应变仪;4——磁带记录仪;
5——光线示波器;6——电子示波器;7——笔录仪;
8——频谱分析仪;9——数据处理计算机;10——照相机

图 5-25 为结构动应变随时间而变化的时程曲线。H_1、H_2、H_3 和 H_4 是利用动态应变仪内标定装置标定的应变标准值,或称标准应变 ε_0。其值取测量前、后两次标定值的平均值,即取

$$\varepsilon_{01}=\frac{H_1+H_3}{2};\qquad 或\ \varepsilon_{02}=\frac{H_2+H_4}{2} \tag{5-24}$$

则曲线上任一时刻的实际应变 ε_i 可近似按线性关系推出

$$\left.\begin{aligned}\varepsilon_{1i}&=c_1h_1=\frac{2\varepsilon_{01}}{H_1+H_3}h_{1i}\\ \varepsilon_{2i}&=c_1h_2=\frac{2\varepsilon_{02}}{H_2+H_4}h_{2i}\end{aligned}\right\} \tag{5-25}$$

式中:ε_{01}、ε_{02}——正应变和负应变标准值;

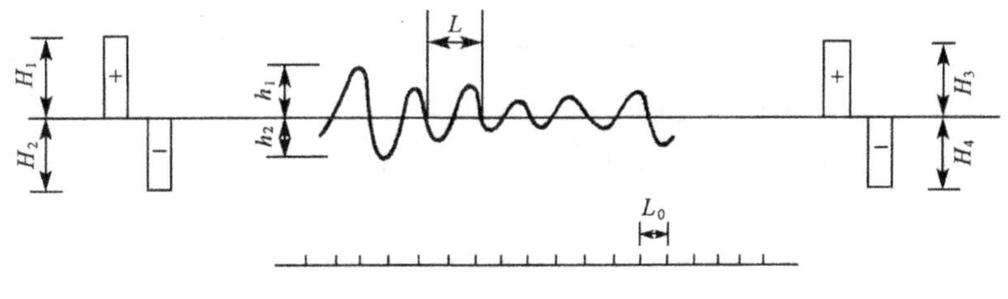

图 5-25 动应变时程曲线

c_1、c_2——正应变和负应变的标定常数。

动应变测定后，即可根据结构力学知识求得结构的动应力和动内力。

动应变的频率可直接在图上确定，或利用时间标志和应变频率的波长来确定，即：

$$f = \frac{L_0}{L} f_0 \tag{5-26}$$

式中：L_0、f_0——时间标志的波长和频率；

L、f——应变的波长和频率。

2．动位移测定

若需要全面了解结构在动荷载作用下的振动状态，可以设置多个测点进行动态变位测量，以作出振动变位图。图 5-26 给出了一根双外伸梁动态变位的测量示意。具体方法是：沿梁跨度选定测点 1～5，在选定的测点上固定拾振器，并与测量系统连接，用记录仪同时记录下五个测点的振动位移时程曲线[见图 5-26(a)]，根据同一时刻的相位关系确定变位的正负号，如图中 2，3，4 点的振动位移的峰值在基线的左侧，而 1，5 点的峰值在基线的右侧。若定在基线左侧为正，右侧为负，并根据记录位移的大小按一定比例画在图上，连接各点位移值即得到在动荷载作用下的变位图[见图 5-26(b)]。

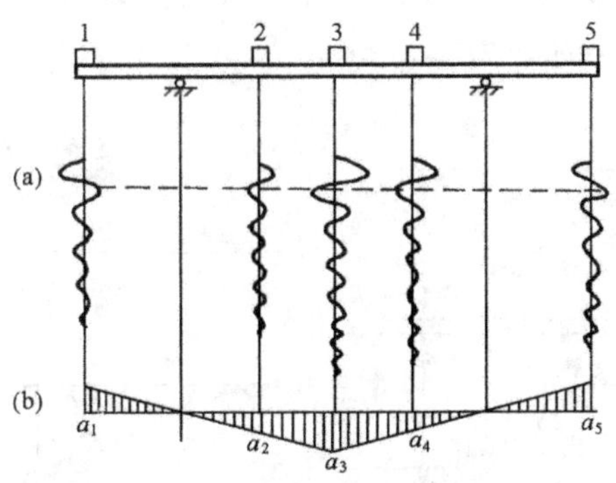

图 5-26 双外伸梁的振动变位图

应该指出，这种测量与分析方法虽与前面所述的确定振型的方法类似，但结构的振动变位与振型有原则区别。振型是按结构的固有频率振动，此时，由惯性力引起的弹性变形曲线，与外荷载无关，属于结构本身的动力特性。而结构的振动变位却是结构在特定荷载下的变形曲线。一般说来，并不与结构的某一振型相一致。

构件的动应力和动内力也可以通过位移测定来间接推算。如在本例中，测得了振动变位图即可按结构力学理论近似地确定结构由于动荷载所产生的内力。设振动弹性变形曲线方程为：

$$y = f(x) \tag{5-27}$$

则有

$$M = EIy'' \tag{5-28}$$

$$V = EIy''' \tag{5-29}$$

3．动力系数测定

实践证明，桥或吊车梁在移动荷载作用下产生的动挠度比在静荷载作用下的挠度大，亦即在相同的荷载下动荷载效应大于静荷载效应。因此，在设计这类结构时应加大抗力。其简便的办法是乘以一个大于 1 的系数，该系数称结构动力系数。

结构动力系数定义为：在移动荷载作用下，结构的动挠度和静挠度的比值 μ，即

$$\mu = \frac{y_d}{y_s} \tag{5-30}$$

式中：y_d、y_s——结构的动挠度和静挠度。

结构动力系数一般用试验方法实测确定。试验时，先用移动荷载以最慢的速度驶过结构，测定其挠度认为是静挠度，再使移动荷载以某种速度驶过，这时结构产生的最大挠度(实际测试时要采用各种不同速度驶过，找出产生的最大挠度)即认为是动挠度。实测吊车梁的静挠度和动挠度如图 5-27(c)所示。吊车一般都是在有轨的吊车梁上移动，而汽车就不可能使两次行驶的路线完全相同，有时因生产工艺要求也不可能用慢速行驶测取最大静挠度，这时可采用一次以高速通过的办法来测定，其所得曲线如图 5-27(b)所示。取曲线最大值为 y_d，同时在曲线上画出中线，相应于 y_d 处中线的纵坐标即为 y_s。

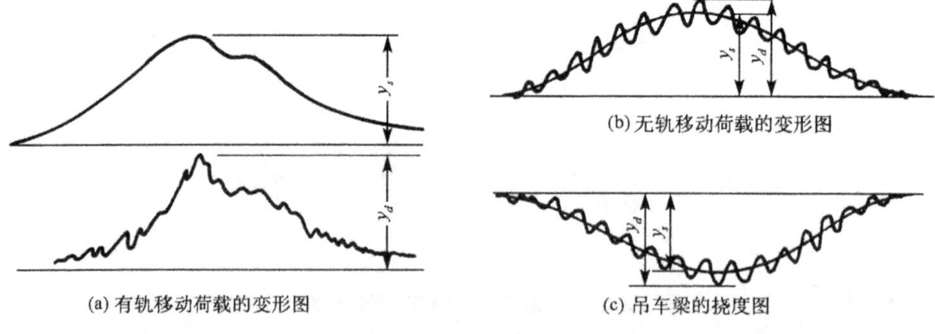

(a) 有轨移动荷载的变形图

(b) 无轨移动荷载的变形图

(c) 吊车梁的挠度图

图 5-27　动力系数测定

§5-5 结构抗震试验

结构抗震的试验方法较多，下面主要介绍三种常用于试验室内的结构模型抗震试验方法-拟静力试验、拟动力试验和模拟地震振动台试验。

5-5-1 拟静力试验

1. 试验方法

拟静力试验是目前在结构(或构件)抗震性能研究中应用最广泛的试验方法。它是以一定的荷载或位移作为控制值对试件进行低周反复加载，以获得结构非线性的荷载—变形特性，故又称为低周反复加载试验或恢复力特性试验。这种试验方法是在20世纪60～70年代基于结构非线性地震反应分析的要求提出的，应用该试验方法可以最大限度地利用试件提供的各种信息，例如承载力、刚度、变形能力、耗能能力和损伤特征等。拟静力试验的根本目的是对结构在荷载作用下的基本性能进行深入的研究，进而建立恢复力模型和承载力计算公式，探讨结构的破坏机制，并改进结构的抗震构造措施。

2. 试验设备与加载装置

进行拟静力试验常用的设备有：加载设备、反力墙、试验台座、荷载架等(见第二章叙述)，其中加载设备种类较多，过去主要采用双向机械式千斤顶或液压千斤顶进行试验加载。由于这类加载设备主要是手动加载，自动化程度不高，加载过程不易控制，往往造成数据测量不稳定、不准确，试验结果分析困难。近年来随着经济的发展和科学技术水平的不断提高，结构加载设备有了质的改变，目前许多结构试验室主要采用电液伺服加载系统(见第二章叙述)进行结构的拟静力试验加载，并采用计算机进行试验控制和数据采集。图5-28为《建筑抗震试验方法规程》(JGJ101-96)中建议的几种试验加载装置，图5-29为典型的电液伺服拟静力试验加载系统。

3. 单向反复加载制度

目前国内外较为普遍采用的单向(一维)反复加载制度主要有三种：力控制加载，位移控制加载，力-位移混合控制加载

(1) 位移控制加载

位移控制加载是在加载过程中以位移(包括线位移、角位移、曲率或应变等)作为控制值或以屈服位移的倍数作为控制值，按一定的位移增幅进行循环加载。当试件具有明确屈服点时，一般都以屈服位移的倍数为控制值。当试件不具有明确的屈服点时(如轴压比较大的柱)或干脆无屈服点时(如无筋砌体)，则由研究者根据已有专业知识主观规定一个认为合适的位移标准值来控制试验加载。在位移控制加载中，根据位移控制的幅值不同，又可分为变幅加载、等幅加载和变幅等幅混合加载，如图5-30所示。

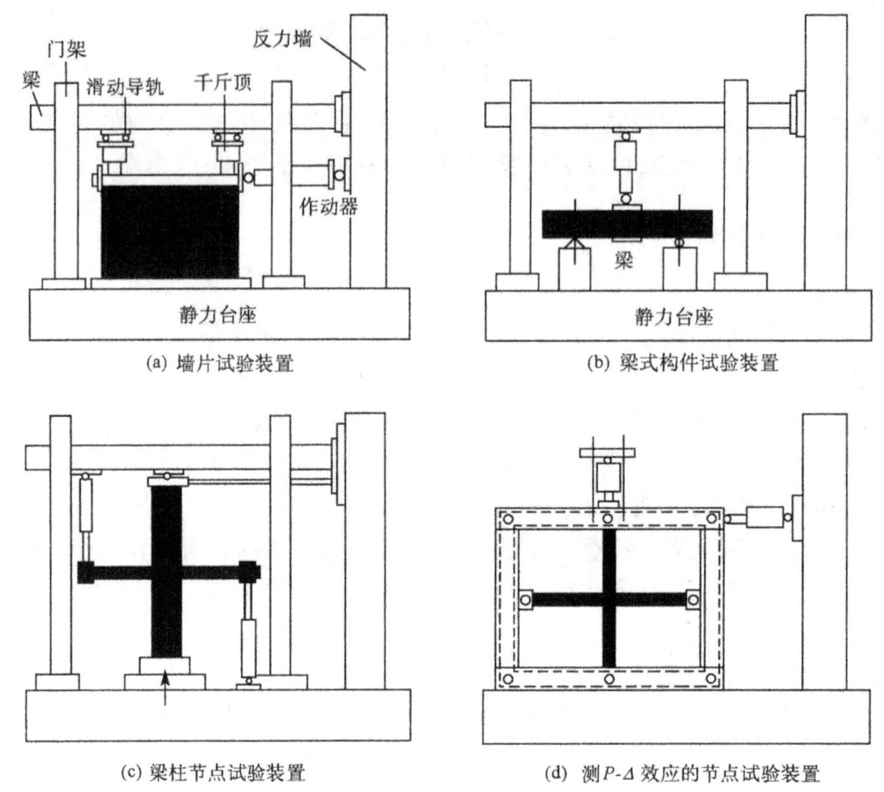

图 5-28 几种典型的试验加载装置

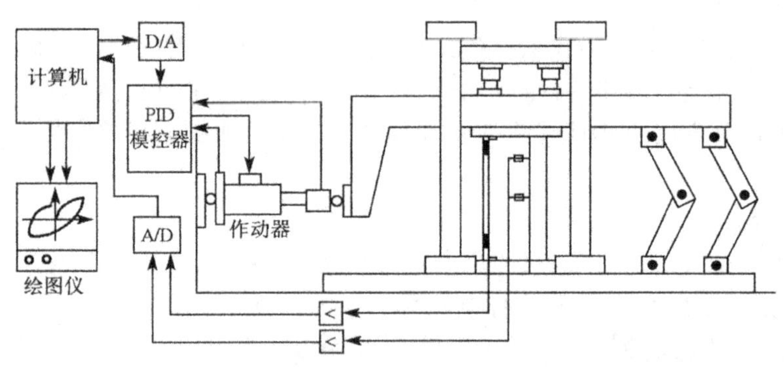

图 5-29 典型的拟静力试验加载系统

变幅位移控制加载多用于研究构件的恢复力特性,并建立其恢复力模型。一般,每一级位移幅值下循环二～三次,则由试验测得的滞回曲线可以建立构件的恢复力模型。等幅位移控制加载主要用于确定构件在特定位移幅值下的特定性能,例如极限滞回耗能、强度降低率和刚度退化规律等。混合位移控制加载可以综合地研究构件的性能,其中包括等幅部分的强度和刚度变化,以及在变幅部分、特别是大

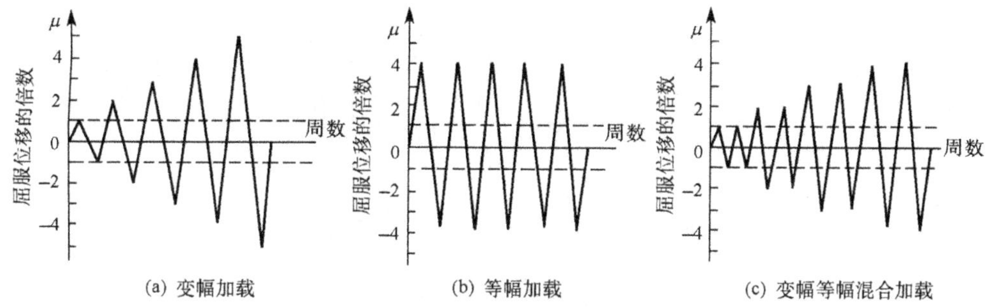

图 5-30　位移控制加载制度

变形增长情况下强度和耗能能力的变化。

在上述三种位移控制加载制度中，以变幅等幅混合加载方案使用得最多。图 5-31 所示的也是一种混合加载制度，在两次大幅值之间有几次小幅值的循环，以模拟构件承受二次地震冲击的影响，其中用小循环来模拟余震的影响。

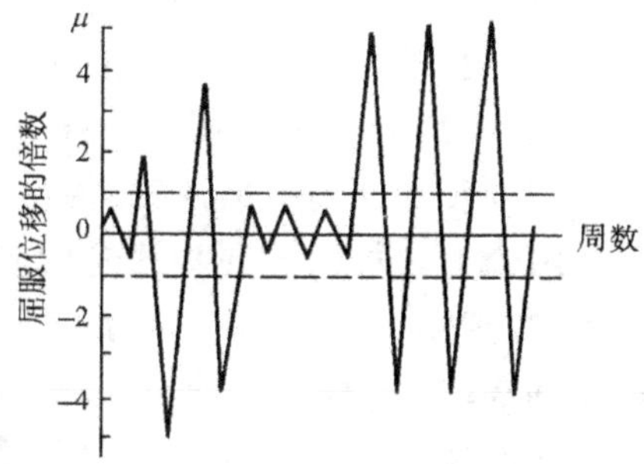

图 5-31　考虑二次地震影响的混合位移加载制度

(2) 力控制加载

力控制加载是在加载过程中，以力作为控制值，按一定的力幅值进行循环加载。因为试件屈服后难以控制加载的力，所以这种加载制度较少单独使用。

(3) 力-位移混合控制加载

这种加载制度是先以力控制进行加载，当试件达到屈服状态时改用位移控制，一直至试件破坏。《建筑抗震试验方法规程》(JGJ101-96)规定：试件屈服前，应采用载荷控制并分级加载，接近开裂和屈服荷载前宜减少级差加载；试件屈服后应采用变形控制，变形值应取屈服时试件的最大位移值，并以该位移的倍数为级差进行控制加载；施加反复荷载的次数应根据试验目的确定，屈服前每级荷载可反复一次，屈服以后宜反复三次。图 5-32 为在梁-柱节点拟静力试验中被普遍采用的一种力-位移混合加载制度。

4. 双向反复加载制度

为了研究地震对结构构件的空间组合效应，克服采用在结构构件单方向(平面内)加载时不考虑另一方向(平面外)地震力同时作用对结构影响的局限性，可在 x、y 两个主轴方向(二维)同时施加低周反复荷载。例如对框架柱或压杆的空间受力和框架梁柱节点在两个主轴方向所在平面内采用梁端加载方案施加反复荷载试验时，可采用双向同步或非同步的加载制度。

(1) x、y 轴双向同步加载

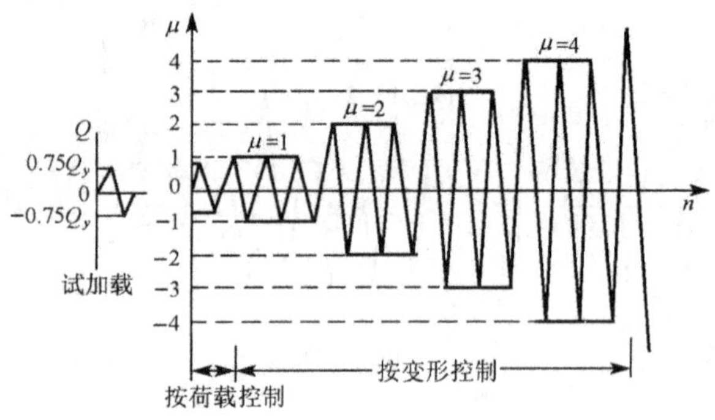

图 5-32　力-位移加载制度示意

与单向反复加载相同，低周反复荷载作用在与构件截面主轴成 α 角的方向作斜向加载，使 x、y 两个主轴的方向的分量同步作用。

反复加载同样可以采用位移控制、力控制和两者混合控制的加载制度。

(2) x、y 轴双向非同步加载

非同步加载是在构件截面的 x、y 两个主轴方向分别施加低周反复荷载。由于 x、y 两个方向可以不同步的先后或交替加载，因此，它可以有如图 5-33 所示的各种变化方案。图 5-33 中(a)为在 x 轴不加载、y 轴反复加载，或情况相反，即是前述的单向加载；(b)为 x 轴加载后保持恒载，而 y 轴反复加载；(c)为 x、y 轴先后反复加载；(d)为 x、y 两轴交替反复加载；此外还有(e)的 8 字形加载或(f)的方形加载等。

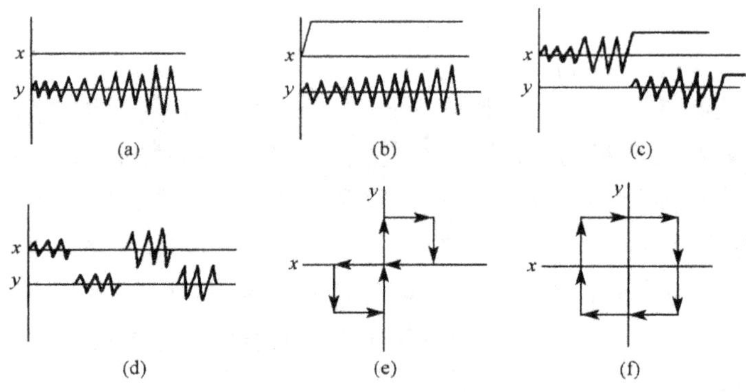

图 5-33　双向低周反复加载制度

当采用由计算机控制的电液伺服加载器进行双向加载试验时，可以对一结构构件在 x、y 两个方向成 90°作用。实现双向协调稳定的同步反复加载。

5. 滞回曲线和骨架曲线的主要特征

(1) 曲线图形

根据各种构件恢复力特性研究结果，构件的滞回曲线可归纳为如图 5-34 所示的四种基本形态。其中，(a)为梭形，例如受弯、偏压以及不发生剪切破坏的弯剪构

件等;(b)为弓形,它反映了一定的滑移影响,有明显的“捏缩”效应,例如剪跨比较大,剪力较小并配有一定箍筋的弯剪构件和偏压剪构件等;(c)为反S形,它反映了更多的滑移影响,例如一般框架和有剪刀撑的框架、梁柱节点和剪力墙等;(d)为Z形,它反映了大量的滑移影响,例如小剪跨且斜裂缝又可以充分发展的构件以及锚固钢筋有较大滑移的构件等。

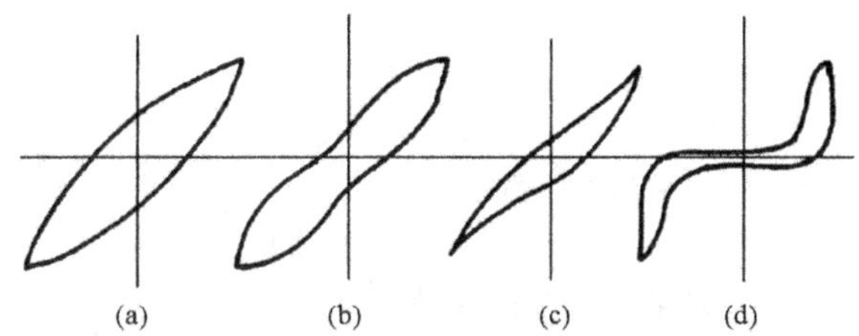

图 5-34　四种典型滞回环

在许多构件中,往往开始是梭形,然后发展到弓形、反S形或Z形。因此,有人把后三种都算作反S形。实际上,后三种形式主要取决于滑移量,滑移的量变将引起图形的质变。

以上分析表明,不同种类的构件具有不同的破坏机制:正截面破坏的曲线图形一般呈梭形;剪切破坏和主筋粘结破坏将引起弓形等的“捏缩效应”,并随着主筋在混凝土中滑移量的增大以及斜裂缝的张合向Z形曲线图形发展。

(2) 骨架曲线

加载一周得到的荷载-位移曲线称为滞回曲线(滞回环)。在变幅位移加载试验中,把每次滞回曲线的峰点都连接起来的包络线,叫做骨架曲线,图5-35为钢筋混凝土剪力墙滞回环的骨架曲线与单次加载的 Q-Δ 曲线对比图。从图可以看出,骨架曲线的形状基本与单次加载曲线相似、但极限荷载则略低一点。

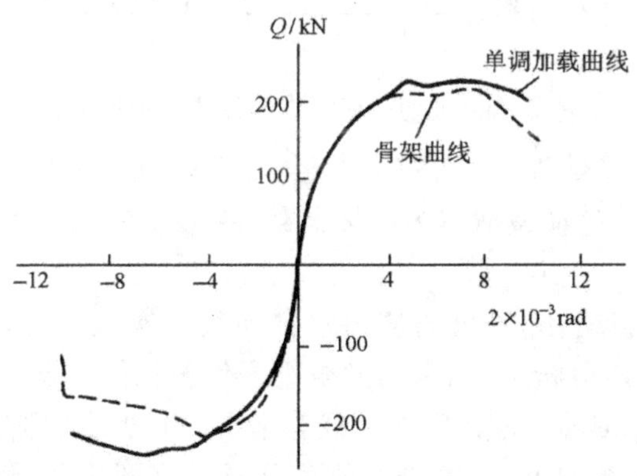

图 5-35　骨架曲线与单次加载曲线

在研究非线性地震反应时,骨架曲线是很重要的。它是每次循环加载达到的水平力最大峰值的轨迹,反映了构件受力与变形的各个不同阶段及特性(强度、刚度、延性、耗能及抗倒塌能力等),是确定恢复力模型中特征点的依据。

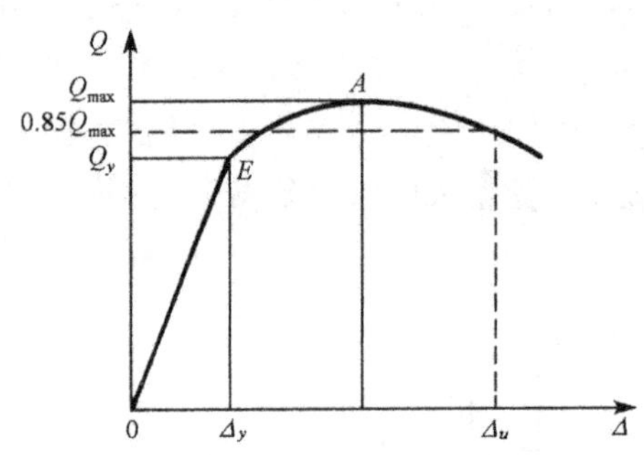

图 5-36　有明显屈服点构件的屈服荷载

(3) 强度

由骨架曲线可以看出，构件在开裂前，荷载与位移成线性，此时构件处于弹性阶段；构件开裂后，由于刚度降低，Q-Δ 曲线出现了第一个转折点，此时构件处于弹塑性阶段；构件屈服后，刚度进一步降低，Q-Δ 曲线出现第二个转折点，此时构件已处于塑性阶段。

对于有明显屈服点的构件，在试验过程中，当试验荷载达到屈服荷载后，构件的刚度将出现明显的变化，即构件的荷载-变形曲线上出现明显拐点。此时，相应于该点的试验荷载为屈服荷载，变形为屈服变形(见图 5-36)。

对无明显屈服点的构件，可采用荷载-变形曲线的能量等效面积法近似确定屈服荷载和屈服位移。具体方法是(见图 5-37)：由最大荷载点 A 作水平线 AB，由原点 O 作割线 OD 与 AB 线 交于 D 点，由 D 点引垂线与曲线 OA 交于 E 点，使面积 $ADCA$ 与面积 $CFOC$ 相等，则此时的 E 点即为构件的屈服点，E 点对应的荷载 Q_y 为屈服荷载，位移 Δ_y 为屈服位移。构件所能承受的最大荷载作用为极限荷载值。

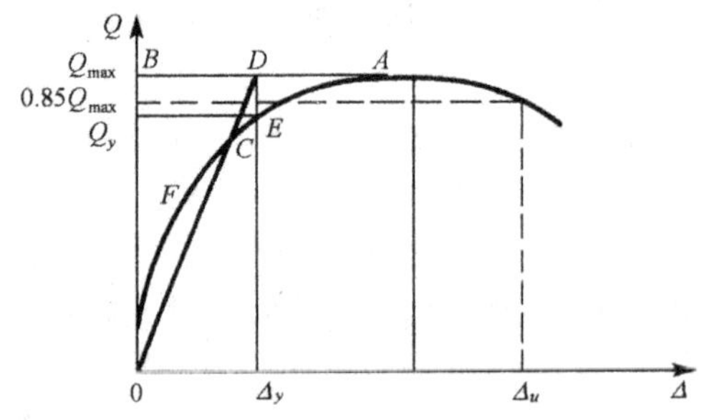

图 5-37　无明显屈服点构件的屈服荷载

构件加载至极限荷载后，出现较大变形，并开始进入下降段。通常取极限荷载下降至 85%时所对应的荷载值作为破坏荷载，变形作为极限变形。

(4) 刚度

从 Q-Δ 曲线可以看出，刚度与应力水平和反复次数有关，在加载过程中刚度为变值，为了地震反应分析需要，常用割线刚度代替切线刚度。在非线性恢复力特性试验中，由于有加、卸载和正、反向加载等情况，再加上有刚度蜕化现象，因此刚度问题要比一次加载复杂得多。在进行刚度分析时，可取每一循环峰点的荷载及相应的位移与屈服荷载及屈服位移之比，即将其无量纲化后再绘出骨架曲线，经统计可得弹性刚度、弹塑性刚度以及塑性刚度。关于卸载刚度及反向加载刚度均可由构件的恢复力模型直接确定。

(5) 延性

延性系数是表示结构构件塑性变形能力的指标，它反映了结构构件抗震性能的好坏。在结构塑性分析中经常采用延性系数来表示，即

$$\mu = \frac{\Delta_u}{\Delta_y} \tag{5-31}$$

式中：Δ_u——荷载下降至85%极限荷载时的构件挠度(或转角、曲率)；

Δ_y——相应于屈服荷载时的构件挠度(或转角、曲率)。

确定截面的塑性转动比较复杂，需要了解塑性区段长度、弯矩变化及弯矩-曲率关系。在实际工作中，采用挠度(或位移)和曲率延性系数表达结构构件的抗震性能比较方便。

(6) 耗能

目前对构件的耗能能力没有统一的评定标准，常用等效粘滞阻尼系数与功比指数来表示。

等效粘滞阻尼系数(如图5-38所示)：

$$h_e = \frac{1}{2\pi} \cdot \frac{ABC\text{图形面积}}{OBD\text{三角形面积}} \tag{5-32}$$

功比指数：

$$I_w^s = \frac{\sum Q_i \Delta_i}{Q_y \Delta_y} \tag{5-33}$$

式中：Q_i、Δ_i——第i次循环时卸载点的荷载和位移。

当构件没有达到要求的延性指标时，等位移多次加载可导致低周疲劳破坏。表明，即使一次地震引起的最大位移小于规范允许的最大位移值，但在多次地震后，由于能量不断耗散引起的积伤效应仍会导致构件破坏。

(7) 不同加载制度引起的耗能差异

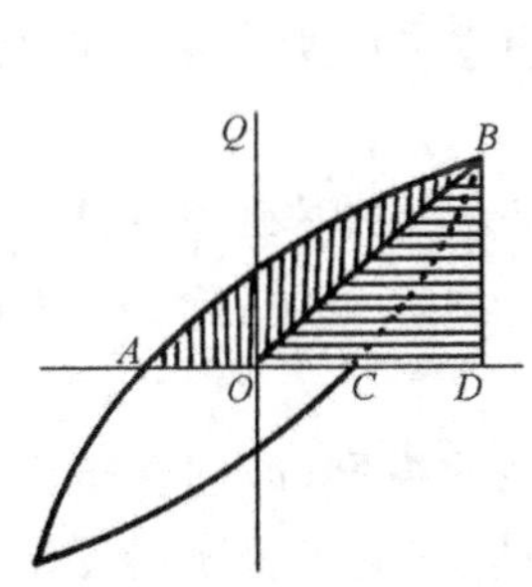

图5-38 等效粘滞阻尼系数计算

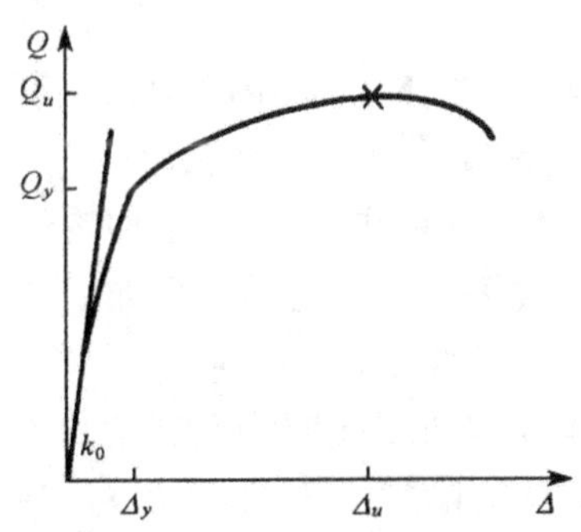

图5-39 单调加载曲线

对有明显屈服点的试件进行单调加载时(如图5-39所示)，可以得到初始刚度k_0、屈服力Q_y、极限力Q_u、屈服位移Δ_y及极限位移Δ_u。现假定骨架曲线不变，则不同加载方案的情况如图5-40所示。显然，如果把骨架曲线与滞回环之间包不住的

面积叫做损失面积(阴影部分),对比图 5-40 的(a)~(c)可知,损失面积随循环次数增加而加大;而滞回环的总面积也随周数增加而增大,并超出单调加载的面积。此外,循环开始时位移愈大,则损失面积愈小[对比图 5-40 的(a)、(d)],表明,不同的加载方案对耗能能力有影响。另一方面,如果在极限力到达之前就进行大量循环,则有可能找不到极限力[图 5-40(c)]。

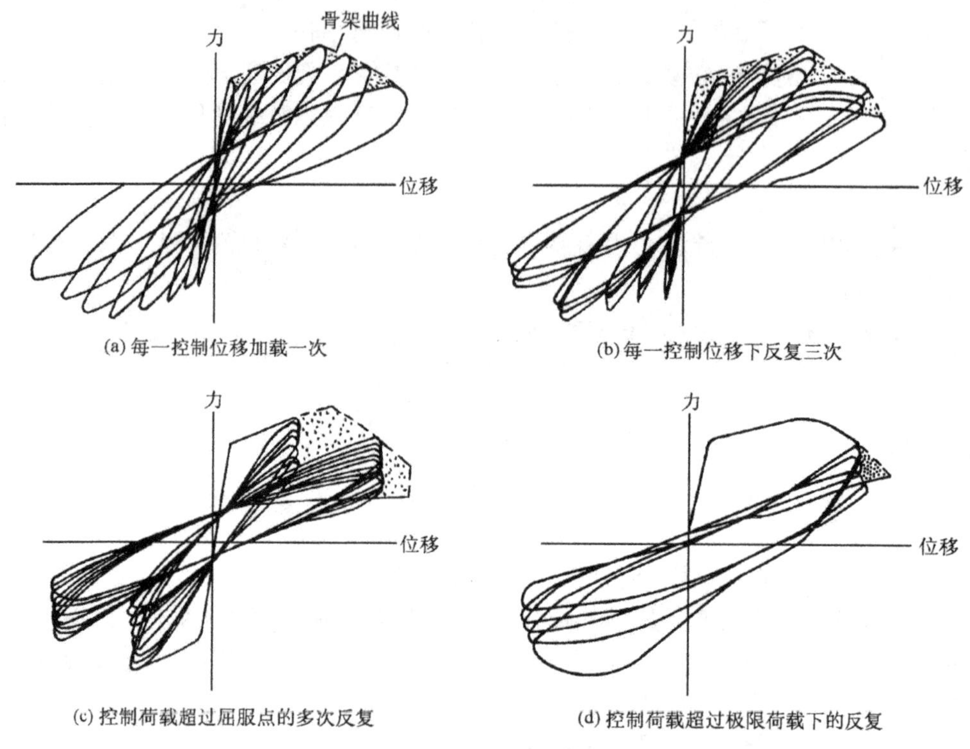

(a) 每一控制位移加载一次

(b) 每一控制位移下反复三次

(c) 控制荷载超过屈服点的多次反复

(d) 控制荷载超过极限荷载下的反复

图 5-40　不同加载方案对耗能的影响

从以上分析可知,因为地震波是随机波,因而采用周期性加载有一定的局限性。

6. 恢复力特性的模型比

恢复力模型的建立是结构构件非线性地震反应分析的基础。目前在地震反应分析中常用的恢复力模型有如图 5-41 所示的几种形式。其中,除(e)为光滑型外,其余均为折线型。

双线型和三线型均是表达稳态的梭形滞回曲线的模型,区别在于后者考虑了开裂对构件刚度的影响,从而与试验曲线更符合一些。但它们都不能反映钢筋混凝土(或砌体)构件的一个重要特点:刚度退化现象。退化现象是导致构件低周疲劳破坏的一个主要因素。

Clough 模型是表达刚度退化效应的一种双线型模型,而 D-TRI 模型则是考虑退化效应的一种三线型模型。因此,对于具有梭形刚度退化的滞回曲线,这两种模型都能较好地反应这一特点。

上述四种模型还不能反映钢筋混凝土构件的又一特点：滞回曲线的滑移性质。谷资信通过对有剪刀撑框架的恢复力特性试验，发现在极限荷载的60%～70%以内，同一位移幅值在2～3次循环加载下，出现的滞回曲线(环)比较稳定。若把这些滞回环用无量纲形式表示，即把力和位移坐标改成$\frac{Q}{Q_0}$及$\frac{\Delta}{\Delta_0}$加以标准化后，在上述荷载范围内滞回环将趋近于标准特征环(NCL)。

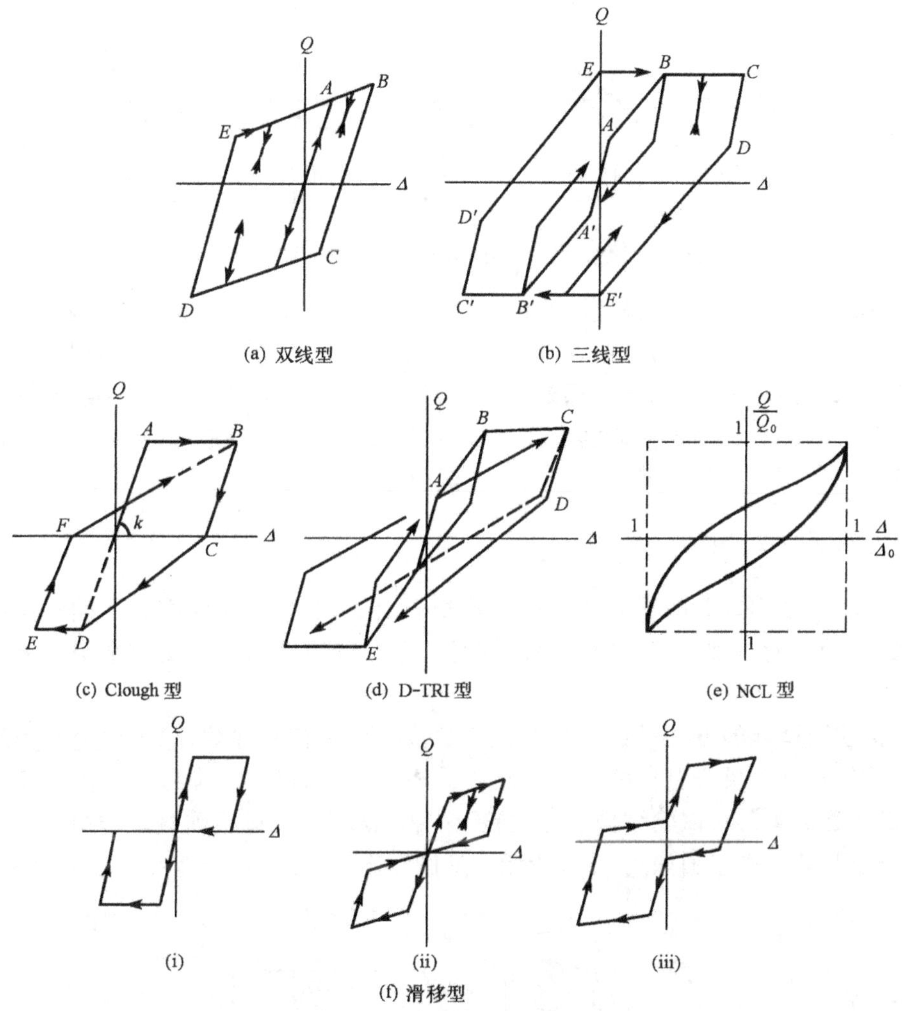

图 5-41　几种常用恢复力模型

NCL 模型的曲线方程为：

$$\frac{Q}{Q_0}=\mp A\cdot\left(\frac{\Delta}{\Delta_0}\right)^4+B\cdot\left(\frac{\Delta}{\Delta_0}\right)^3-(1-B)\left(\frac{\Delta}{\Delta_0}\right)\pm A \tag{5-34}$$

式中：A、B——系数。变化A、B可以得到一系列从梭形到反S形的滞回曲线(图5-42)。

另外,滑移型能程度不同地反映弓形、反 S 形和 Z 形滞回曲线图形的特点,但对退化效应则考虑得不够。

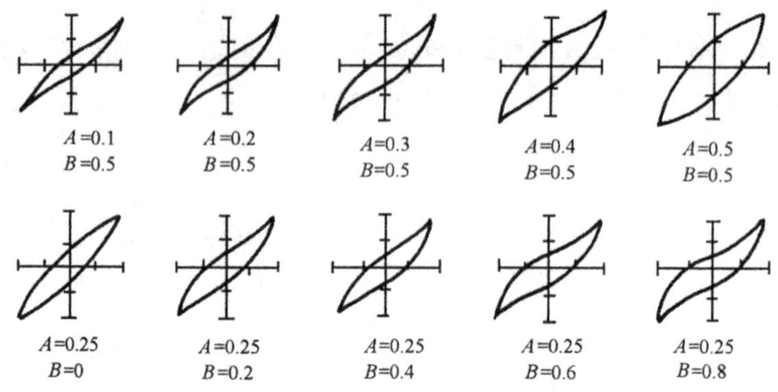

图 5-42　不同常数的 NCL 模型

综上所述,拟静力试验方法的优点是:设备简单,可做大比例模型试验,便于试验全过程观测,也可随时修正加载制度或检查仪器工作情况。它的缺点是,不能与地震记录发生联系,加载程序都是事先主观确定的,也不能反映出应变速率对结构材料强度的影响。因加荷速度愈慢,引起结构或构件材料的应变速率愈低,则试件强度和弹性模量亦相应降低。故拟静力试验结果偏于保守。

5-5-2　拟动力试验

由于拟静力试验的荷载与位移历程是假定的,它与实际地震非周期性反应有很大的差别,所以理想的试验加载制度是按某一确定性的地震反应来制订相应的加载制度。

拟动力试验的方法是由计算机进行数值分析并控制加载,即由给定地震加速度记录通过计算机进行非线性结构动力分析,将计算得到的位移反应作为输入数据,以控制加载器对试验结构进行试验。这种方法需要在试验前假定结构的恢复力特性模型,其工作框图如图 5-43 所示。从图看出,它除需进行地震反应计算外,完

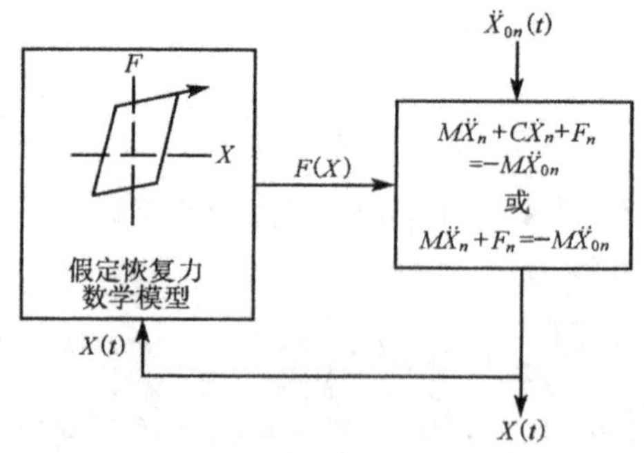

图 5-43　计算机数值分析控制试验加载

全可利用拟静力试验的设备。因此，在试验方法上除加载制度不同外，其他与拟静力试验相同。但假定的恢复力模型是否符合结构实际情况，有待于试验结果来证实。

为了弥补上述试验方法的不足，将计算机技术直接应用于控制试验加载，可将拟动力试验的计算机分析与恢复力特性实测结合起来，这样恢复力不再是假定的了，可以从结构模型中直接量测。人们通常将这种试验方法称之为计算机-加载器联机加载试验。

计算机-加载器联机加载试验的原理如图 5-44 所示。它的试验步骤可归纳为(以单自由度为例)：

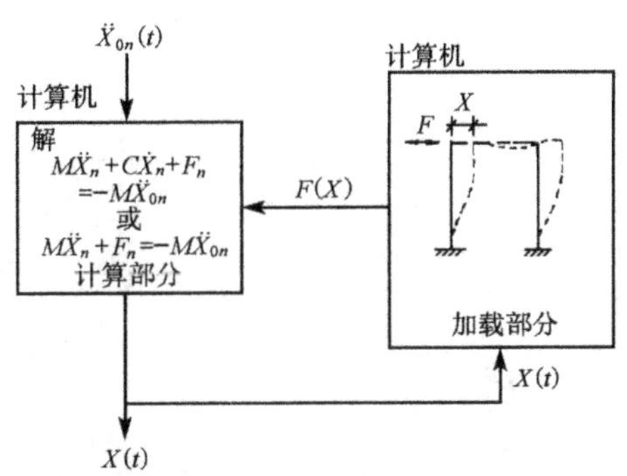

图 5-44　联机加载系统试验原理框图

1）给计算机输入某一确定性的地震地面运动加速度。

2）计算机按输入第 n 步的地面运动加速度 $\ddot{X}_{0n}$、恢复力 F_n、位移 X_n 及第 $n-1$ 步的位移 X_{n-1}，由运动微分方程 $M\ddot{X}_n+C\dot{X}+F_n=-M\ddot{X}_{0n}$ 或 $M\ddot{X}_n+F_n=-M\ddot{X}_{0n}$ 求得第 $n+1$ 步的指令位移 X_{n+1}。

3）加载器按指令位移 X_{n+1} 对结构施加荷载。

4）在施加荷载的同时，加载器上的荷载传感器和位移传感器分别量测结构的恢复力 F_{n+1} 和加载器活塞行程的位移反应值 X_{n+1}。

5）重复上述步骤，按输入第 $n+1$ 步的地面运动加速度 $\ddot{X}_{0n+1}$、恢复力 F_{n+1}、位移 X_{n+1} 及第 n 步的位移 X_n，求得第 $n+2$ 步的位移 X_{n+2} 和恢复力 F_{n+2}，并继续进行加载试验，直至输入地震加速度时程所指定的时刻。

图 5-45 为联机试验计算机加载流程框图。整个试验加载连续循环进行，全部由计算机程控操作进行。

拟动力试验的优点是：可以比较缓慢地再现地震时的反应，以便观察到结构破坏的全过程；可以获得比较详细的试验数据；可做大比例模型试验。其缺点是：

1）不能实时再现真实的地震反应，不能反映出应变速率对结构材料强度的影响。

2）实际反应所产生的惯性力是用加载器来代替。因此，只适用于离散质量分布的结构。

3）在联机试验中，除控制运动方程的数值积分外，还必须正确控制试验机，正确测定变位和力。即要求采用与计算机相同精度水准的加载系统。因此，有些试验是很困难的。为了使联机试验成功，必须将数值计算方法、试验机控制方法、变位和力的量测方法与试验模型的性状相协调，切实选定其组合关系。

传统的拟动力试验方法采用的是一种准静态的加载过程，无法考虑加载速率

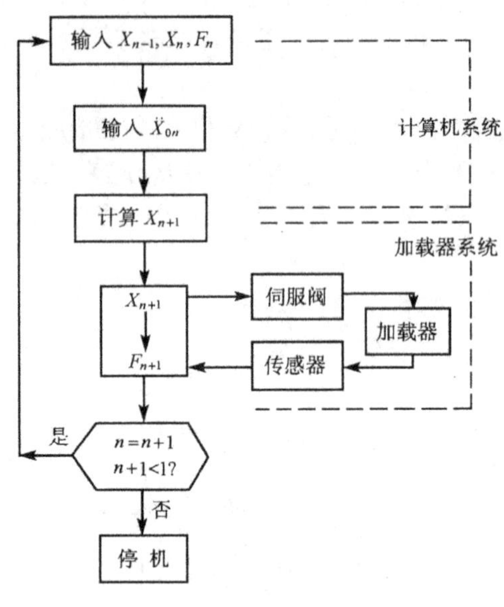

图 5-45 联机试验计算机加载流程框图

对结构反应的影响，而地震对结构的作用恰恰是动力的，加之近年来在一些结构中采用了橡胶隔震器、粘滞阻尼器、摩擦阻尼器等一些新的元件和设施，使结构具有明显的速度依赖特征。为了考虑加载速率对试验结果的影响，目前国外一些专家提出了采用快速拟动力试验方法及数值修正方法来消除加载速率的影响。

拟动力试验分析方法是一种综合性试验技术，虽然它的试验设备庞大，分析系统复杂。但它是一种很有前途的试验方法。

目前，我国已有许多单位开展了拟动力试验方法的研究与应用，主要有中国建筑科学研究院、清华大学、哈尔滨建筑大学、湖南大学、西安建筑科技大学和重庆建筑大学等单位。研究的对象从构件、子结构体系到整体结构都有；加载方式有单自由度、等效单自由度和多自由度；采用的数值方法有线性加速度法、中央差分法和隐式无条件稳定的 α-方法等；在加载控制软件的编制和试验误差抑制方面都达到了很高的水平。相信经过国内专家的不断努力，我国一定可以达到国际先进水平。

5-5-3 模拟地震振动台试验

模拟地震振动台可以适时地再现各种地震波作用过程，并进行人工地震波模拟试验，它是在试验室中研究结构地震反应和破坏机理的最直接方法。这种设备具有一套先进的数据采集与处理系统，从而使结构动力试验水平得到了很大的发展与提高，并大大促进了结构抗震研究工作的开展。它还可以用于研究结构动力特性、设备抗震性能以及检验结构抗震构造措施等方面。另外，它在原子能反应堆、海洋结构工程、水工结构、桥梁等研究中也发挥了重要的作用，而且其应用的领域仍在不断地扩展。

振动台的规格、性能、控制系统等见第二章叙述。

控制方式:分为模拟控制与数控两种方式。其中,前者又分为以位移控制为基础的PID控制方式和以位移、速度、加速度组成的三参量反馈控制方式。数控方式主要采用开环迭代进行台面的地震波再现。目前新的自适应控制方法已经在电液伺服控制中有所应用,对于模拟地震振动台主要有三种方式:一种是在PID控制基础上进行的连续校正PID;另两种是在三参量反馈控制基础上建立的自适应逆控制方法和联机迭代方法。

振动台可以模拟若干次地震现象的初震、主震以及余震的全过程,从而可以了解试验结构在相应各个阶段的力学性能及破坏特征,它可以按照人们的要求,借助于人工地震波的输入,模拟在任何场地上的地面运动特性,便于进行结构的随机振动分析。

地震时的地面运动是一个宽带的随机过程,一般持续时间在15～30s,强度可达0.1～0.6g,甚至更高,频率在1～25Hz范围内。为了真实模拟地震时的地面运动,对输给振动台的波形应根据试验目的选定。

进行抗震性能研究时,应选用强震记录波形,如爱尔-逊特罗(El-centro)波、塔飞特(Taft)波、海西纳斯(Hachinche)波,国内的有天津波、唐山波等。一般试验时都是选用与场地土卓越周期相近的波作为输入波,也可根据需要或参照相近的地震记录作出人工地震波输入。有时为了检验设计是否正确,也可按规范的谱值反造人工地震波。

加载程序有一次加载和多次加载,选择加载程序由试验目的来确定。

一次性加载过程:一般是先进行自由振动试验,测量结构的动力特性。然后输入一个适当的地震记录,连续地记录位移、速度、加速度、应变等动力反应,并观察裂缝的形成和发展过程,以研究结构在弹性、弹塑性和破坏阶段的各种性能,如强度、刚度变化、能量吸收能力等,这种加载过程的主要特点是可以连续模拟结构在一次强烈地震中的整个表现与反应,但是对试验过程中的量测和观察要求较高(要求高速摄影或电视摄像),破坏阶段的观测又比较危险,因此在没有足够经验的情况下很少采用这种加载方法。

多次加载:主要是将荷载按结构初裂、中等开裂和破坏分成等级,然后荷载由小到大逐级加载和观察。多级加载对结构将产生变形积累的影响。

由于地震模拟振动台可以适时地再现地震作用过程,因此可以很好地反映应变速率对结构材料强度的影响。它的缺点是:设备昂贵,不能做大比例模型试验,不便于试验全过程观测。

§5-6 结构疲劳试验

结构或材料受重复荷载作用后其物理力学性能将发生变化,其强度极限将低于相同静荷载作用下的极限值,这种现象称为结构或材料的疲劳。在建(构)筑结构构件中存在着许多疲劳现象，尤其在工业建(构)筑中大量应用的各种吊车梁，带有悬挂吊车的屋架和屋面梁等结构构件，设计这些结构时均应考虑重复荷载作用对其极限应力的降低。

对结构而言，它既有材料的疲劳问题又有结构本身的疲劳问题。例如在钢筋混凝土结构中有钢筋的疲劳、混凝土的疲劳以及这两种材料组成的构件的疲劳等。结构的疲劳试验按其受力状况不同，可分为压力疲劳、弯曲疲劳和扭转疲劳试验；按试验机产生的脉冲信号的大小，可分为等幅疲劳和变幅疲劳试验；此外，还有环境疲劳试验，如在腐蚀性环境下的疲劳试验、高温或低温下的疲劳试验、加压或真空等条件下的疲劳试验。不同条件下的疲劳试验有不同的疲劳响应，试验结果也各有特点。本节主要讨论结构构件的疲劳试验问题。

5-6-1 结构疲劳试验的目的

结构疲劳试验的直接目的是确定结构的疲劳极限，为了获得结构疲劳极限值，必须对结构施加重复荷载，并测定结构达到疲劳破坏时荷载的重复次数。

结构所能承受的荷载重复次数及应力达到的最大值均与应力的变化幅度有关。研究表明，在一定应力变化幅度下，应力与重复荷载作用次数的关系如图 5-46 所示。可以看出，当疲劳应力小于某一应力值以后，荷载重复次数的增加不再会引起结构的疲劳破坏。该疲劳应力值称疲劳极限应力，结构设计时必须严格按照疲劳极限应力进行设计。

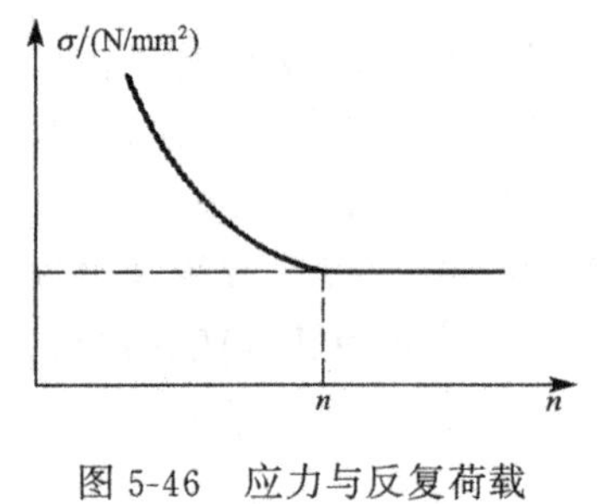

图 5-46　应力与反复荷载次数的关系

结构疲劳试验按试验目的不同也可分为研究性试验和检验性试验两类。研究性疲劳试验一般有以下内容：

1)钢筋及混凝土的应力随荷载重复次数的变化；

2)开裂荷载及开裂情况；

3)裂缝的宽度、长度、间距及其随荷载重复次数的变化；

4)疲劳破坏荷载及承受疲劳荷载的重复次数；

5)最大挠度及其变化规律；

6)疲劳破坏特征。

检验性疲劳试验，通常是在重复(如吊车)荷载标准值作用下，在规定的荷载重复次数内，对下列内容进行检验：

1) 抗裂性及其开裂荷载；

2) 裂缝宽度及其发展；

3) 最大挠度及其变化幅度；

4) 疲劳极限强度。

在检验性疲劳试验中，规定的荷载重复次数如下：中级工作制吊车梁为 2×

10^6 次；重级工作制吊车梁为 4×10^6 次。也可按有关规定确定荷载的重复次数。

5-6-2 结构疲劳试验的方法

结构疲劳试验一般均在专门的疲劳试验机上进行。大部分结构构件的疲劳试验，都采用脉冲千斤顶来施力，也可以用电液伺服试验机系统加载，亦可以模拟结构构件在使用阶段不断重复加载和卸载的受力状态。

1. *疲劳试验荷载*

(1) 试验荷载的取值

疲劳荷载主要是规定其荷载的上限值，最大荷载 Q_{max} 是根据构件在荷载标准值最不利组合下产生的弯矩计算求得；荷的下限值 Q_{min} 则根据疲劳试验机的设备性能而确定。考虑到大多数脉动千斤顶设备性能的限制，规定最小荷载值不应小于千斤顶最大动荷载的 3%。为了能同时满足最大荷载要求和对最小荷载值的限制，试验时必须正确选择适当的脉动千斤顶。

(2) 疲劳荷载的频率选择

疲劳试验荷载在单位时间内重复作用的次数即称荷载的频率。荷载的频率将影响材料的塑性变形和徐变。此外，疲劳荷载的频率过高对疲劳试验附属设施带来的问题也较多。目前对频率要求尚无统一规定，主要依据疲劳试验机的性能而定。但为了保证构件在疲劳试验荷载下不致发生共振，构件的稳定振动范围应远离共振区，即疲劳试验机的频率 θ 与构件固有频率 ω 之比应满足条件：$0.8>\frac{\theta}{\omega}>1.3$。

2. *疲劳试验加载程序*

疲劳试验的加载程序可归纳为两种。一种是对构件从头到尾施加重复荷载；另一种是静荷载和疲劳荷载交替施加，例如先使构件在静荷作用下产生裂缝，然后再施加重复荷载，或先施加重复荷载然后再用静载试验来检验结构在重复荷载作用后的承载能力，以及重复荷载对结构变形的发展和对强度、刚度的影响等。还可以采用变更疲劳荷载的上限值来进行疲劳试验，如图 5-47 所示。提高疲劳荷载的上限值，可以在达到要求的疲劳次数之前，也可以在达到要求的疲劳次数之后进行。

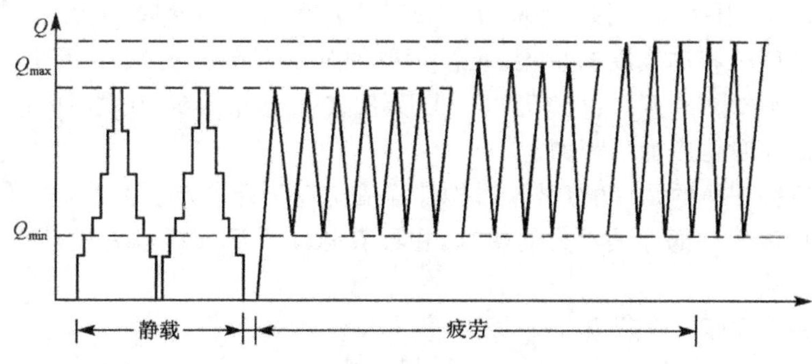

图 5-47 变更荷载上限的加载程序

对检验性疲劳试验,可根据“混凝土构件质量检验与评定标准”(GBJ321-90)推荐的等幅疲劳加载程序进行,如图 5-43 所示。

等幅疲劳试验加载程序包括静载试验、重复加载疲劳试验和静载破坏试验三个阶段。

(1) 静载试验阶段

在静载试验前先预加载,加载值为 $20\%Q_{max}$,以消除支座等联接件之间的不良接触,并检查测试仪表是否已进入正常工作状态以及其他准备工作是否就序等。

在疲劳试验前,有必要先作 2～3 次静载试验。因为在最大疲劳荷载作用下,试件可能已经开裂,而在开裂前、后的应力应变变化幅度较大,若能使这阶段构件的工作状态稳定,则其应力应变的变化幅度可以减小。这样便于研究或比较受静荷载与疲劳荷载作用的构件性能变化状况。

静载试验的加载程序与一般静力试验基本相同,荷载等级按 $20\%Q_{max}$分级,分五级加至 Q_{max},然后按同样等级卸回至零荷载。在加载或卸载过程中,经过荷载最小值 Q_{min}时均应增设一个级次,参见图 5-48。

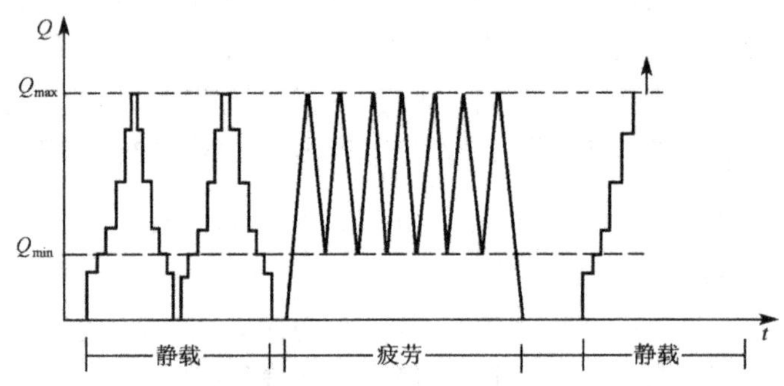

图 5-48 等幅疲劳加载程序

(2) 疲劳试验阶段

疲劳试验期间应保持荷载上、下限值的稳定,其误差不宜超过最大荷载的±3%。在试验过程中还应有计划地停机进行静态测点读数,停机宜在重复加载到 1 万次、10 万次、50 万次、100 万次、200 万次和 400 万次时进行。

动应变和动挠度的量测,应在荷载加至 1 万次、2 万次、5 万次、10 万次、20 万次、50 万次、100 万次、150 万次、200 万次、300 万次、400 万次时分别进行。此外,在临近破坏时也应加强观测。

值得注意的是,疲劳试验时构件除受脉动千斤顶液压荷载作用外,还受到构件和千斤顶运动部件惯性力的影响,在计算脉动千斤顶的最大和最小荷载时应考虑这种影响。

(3) 破坏试验阶段

在达到要求的疲劳次数后,有时需要进一步将试件加荷至破坏为止。这时的加载有两种情况,一是继续施加疲劳荷载直至破坏,得出承受疲劳荷载的极限次数。

二是继续作静载破坏试验，得出其极限承载力。静载试验的方法同前，但荷载级距可以适当加大。

3. 疲劳试验的观测

在疲劳试验过程中，主要是对应变和变形作阶段性测定，以便掌握构件的内力变化过程。测点布置在控制截面附近，具体方法参见第四章有关静载试验的内容。

受疲劳荷载作用的构件，其截面应变为动应变，用动态电阻应变仪和光线示波器组成的测量系统进行记录比较方便。但动态应变仪的测点数和记录仪的记录通道有一定数量的限制。

疲劳试验中的动挠度测量，可采用各种测振仪或差动变压器式位移传感器、电阻应变梁式位移传感器等电测仪表，与动态电阻应变仪、光线示波器等仪器组成测量系统进行动挠度测量（具体方法可参见第三章有关内容）。

当疲劳试验的试件为钢筋混凝土结构时，应对构件的裂缝宽度作检验，这时可采用专门的电阻应变片（裂纹扩展片）和记录仪组成测量系统。此外，也可采用光学仪器如刻度放大镜等观测。

5-6-3 疲劳试件的破坏标志

疲劳试件正截面破坏标志有两种情况：当受弯构件截面配筋率为正常或低配筋率时，构件截面中的纵向受力主筋可能发生疲劳断裂破坏；当受弯构件截面配筋率过高或为倒 T 截面时，在受压区可能发生受压区混凝土的疲劳破坏。

疲劳试件斜截面破坏的标志有三种情况：当构件配筋率正常或较低时，与临界斜裂缝相交的箍筋或弯起钢筋可能发生疲劳断裂破坏；当箍筋和纵向钢筋的配筋率都很高时，剪压区混凝土将发生剪压疲劳破坏；当纵向钢筋配筋率较低时，与临界斜裂缝相交的纵向钢筋可能发生疲劳断裂破坏。

钢筋与混凝土的粘结疲劳破坏，常发生在采用热处理钢筋、冷拔低碳钢丝、碳素钢丝、钢绞线配筋的预应力混凝土结构中。

5-6-4 疲劳试验的安全装置

承受疲劳荷载的试件，所受重复荷载的次数至少都在 200 万次以上，连续进行试验的时间很长，试验过程所受振动也很大，因此试件的安装就位以及试验装置和安全防护措施均须认真对待，以防发生安全事故。在具体工作中应做到：

1）严格要求对中。荷载架上的分配梁、脉冲千斤顶、试验构件、支座以及中间垫板都要对中，特别是千斤顶轴心一定要同构件截面纵轴在一条直线上。

2）保持平稳。疲劳试验的支座最好是可调的，即使构件不够平直也能调正安装位置，使之保持水平。千斤顶与试件之间，支座与支墩之间，构件与支座之间都要严格找平。用砂浆作找平层时不宜过厚，因为厚砂浆层易压酥。

3）安全防护措施。疲劳破坏通常是脆性断裂，事先没有明显预兆。为防止发生安全事故，必须设置安全支架、支墩等防护措施。

关于疲劳试验数据的处理。因为疲劳试验结果的离散性是众所周知的，即使在同一应力水平下的许多相同试件，它们的疲劳强度也可能有显著的变异。而材料的不均匀性（如混凝土）和材料静力强度的提高（如高强钢材）更加大了变异。因此，对此试验结果的处理，大多采用数理统计的方法来进行分析。

第六章　服役结构的可靠性鉴定

对服役结构进行可靠性鉴定，就是对结构作用、结构抗力及其相互关系进行检查测定、分析研究、判断并取得结论、以及研究加固处理的全过程。它的综合性很强，不仅涉及概率统计学、力学、工程地质学等基础理论，而且与结构设计、施工技术、检查测试技术以及生产工艺、管理模式等有密切关系。对不同类型结构进行鉴定方法各具特点，本章将分别给予简要介绍。

§6-1　结构可靠性的鉴定方法

6-1-1　可靠性鉴定的目的

结构的设计与施工，都是以其当时的社会环境、建筑标准和规程等法规为依据。在设计时尽管考虑了多种因素对结构的影响，但与实际使用情况总是有一定距离，在使用过程中会遇到各类难以预料的偶然事件，例如：地基的不均匀沉降；结构的温度变形；生产过程中释放的有害气体对材料的腐蚀；疲劳荷载作用、偶然超载、地震等等。这些都是随机因素，难以在设计时做到"料事如神"，使用中一旦出现这类情况，就可能会危及结构的安全，影响生活和生产，此时迫切要求对结构进行可靠性鉴定。对服役结构进行可靠性鉴定的目的就是要对结构作用及结构抗力进行符合实际的分析判断，以便于结构的合理使用与加固处理。结构在改扩建、受灾害后的事故处理、危房检查、施工质量等裁决中也经常需要进行可靠性鉴定，为正常使用与管理、制定修复或加固方案提供技术依据。

6-1-2　可靠性鉴定的特点

结构可靠性鉴定与结构设计的区别在于，结构设计是在结构可靠性与经济之间选择一种合理的平衡，使所建造的结构能满足各项预定功能的要求。结构鉴定则是对已建成或服役多年的结构进行结构上的作用、结构抗力及其相互关系的检查、测定、分析判断并取得结论的过程。

结构可靠性是指结构在规定的时间和规定的条件下，完成预定功能的能力。它包括安全性、适用性和耐久性。当用概率度量时，称为可靠度。这一概念对使用若干年后的服役结构，在许多方面已发生了变化，对一些基本问题的定义和依据也有所不同。结构可靠性鉴定与结构设计的不同点有如下：

1. 基准期和目标使用期

结构设计中的设计基准期为编制规范采用的基准期。《建筑结构设计统一标准》(GBJ68),规定为50年。结构可靠性鉴定的基准期应当是考虑的下一个目标使用期,目标使用期的确定,是根据国民经济和社会发展状况、工艺更新、服役结构的技术状况(包括已使用年限、破损状况、危险程度、维修状况)等综合确定。

2. 设计荷载和验算荷载

进行结构设计时采用的荷载值为设计荷载,它是根据《建筑结构荷载规范》及生产工艺要求而确定的。对使用若干年后的服役结构进行承载力验算时采用的荷载值称作验算荷载。验算荷载的取值是根据服役结构在使用期间的实际荷载,并考虑荷载规范规定的基本原则经过分析研究核准确定的。对一些无规范可遵循的荷载,如温度应力作用,超静定结构的地基不均匀下沉所造成的附加应力作用等,均应根据《结构设计统一标准》的基本原则和现场测试数据的分析结果来确定。

3. 抗力计算依据

结构设计的抗力是根据结构设计规范规定的材料强度和计算模式来进行计算的。而在鉴定工作中验算结构抗力时结构的材性和几何尺寸是查阅设计图纸,施工文件和现场检测结果等综合考虑确定。对结构抗力的验算模式可根据需要对规范提供的计算模式加以修正。对情况比较复杂的结构或难以计算的结构问题,还应采用结构试验的结果。总之,抗力验算的准则是要反映结构真实性。

4. 可靠性控制级别

在结构设计中可靠性控制是以满足现行设计规范为准绳,其设计结果只有两种结论,即满足或不满足。在鉴定工作中可靠性是以某个等级指标给出的。例如a、b、c、d级,这是因为在验算和评估工作中必须考虑结构设计规范的变迁史,服役结构的使用效果及对目标使用期的要求等问题,因而其鉴定结论不能按满足或不满足来评定,而应该更细一点,所以,目前颁布的工业建筑可靠性鉴定标准和民用建筑可靠性鉴定标准均按四个级别(如a、b、c、d;A、B、C、D;一、二、三、四)来反映服役结构的可靠度水平。

6-1-3 服役结构可靠性鉴定的方法

目前,服役结构可靠性鉴定的方法主要有:传统经验法、实用鉴定法和概率法。

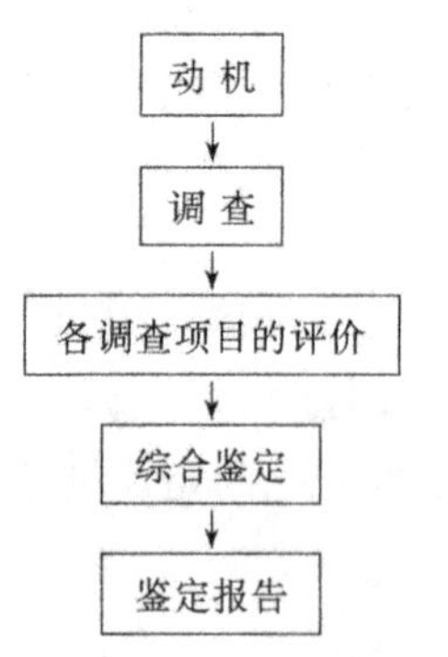

图 6-1 传统经验法工作程序

1. 传统经验法

这种方法主要是按原设计规范对需要鉴定的结构进行校核。其工作程序见图6-1。

鉴定原因,亦即动机,一般根据结构在使用期间发现的问题,委托有经验的技术人员来进行。被委托人在作简单的视察后,进行结构计算校核,并对调查结果作出评价。最后由调查人员编写综合鉴定报告。

传统经验法的鉴定程序主要以个人的作用为前提,调查工作简单,不必使用现代化测试技术,即使调查人水平较高，判断也未必准确无误。由于缺乏一整套科学的评价分析方法，在工程处理上多数会偏于保守。传统经验法尽管有很多不足之处，但由于鉴定程序简单，花费的财力不多，对易于鉴定的结构和加固修复投资不多的工程，仍可采用。

2. 实用鉴定法

实用鉴定法是在传统经验法的基础上发展起来的。它克服了传统经验法的缺点，利用现代检测手段和测试技术，运用数理统计理论，通过计算机进行分析。

(1) 实用鉴定法的工作程序

接受委托鉴定任务后，首先做一次预备调查，随即成立鉴定小组，应包括设计、施工单位的代表，鉴定人员，测试技术人员等。图6-2是实用鉴定法的工作程序。在实际工作中可根据具体时间和条件编制符合实际情况的工作程序。

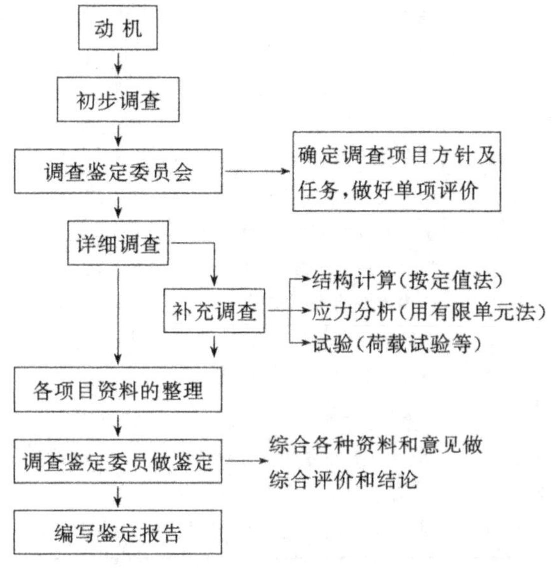

图 6-2 实用鉴定法工作程序

(2) 实用鉴定法的调查项目和内容(见表 6-1)

确定调查项目后，应选择最佳调查方法和测试手段，列出调查内容。调查内容一般分为四类：建筑物的使用状态；地基与基础；建筑材料；建筑结构。

对于调查测定的各种数据，调查人员应根据实用鉴定法第一、二次调查内容认真分析，以便提出综合评价意见。第三次调查主要是在室内和试验室进行的计算和解析试验，其内容分为三个部分：(a)结构计算，以一、二次调查的数据为依据，并按现行设计规范进行结构计算，判定结构的可靠程度(当然，有的结构由于建设时间过早，是按旧规范设计的，也应按新规范或标准校核)。(b)结构解析，按工程力学的方法对结构进行应力解析和振动解析。对重要结构及构部件必要时可用有限元法进行应力解析或用计算机对建筑物的全部地震反应谱进行解析。(c)结构试验，对现场调查测定和计算分析不能解决或说明问题的部分，应在试验室进行单项试验或进行模型式验。

表 6-1 调查项目和内容

调查次数	调查项目		调查内容
初步调查		概要	名称、地点、用途、竣工时间、设计单位及负责人、施工单位及负责人
		规模	层数、承重结构、檐高、基础深度及形式
		图纸资料	设计图及说明书、设计变更情况、土质资料、施工记录及图纸
		用途变化	用途更改、改建、扩建,有否修补、使用与原设计规定是否相同
		环境	气温、湿度、腐蚀情况、振动、地基、地形、排水、排液、热源
详细调查	使用状况	使用变化	设备的增添、改扩建、荷载变化
		荷载	静、动及疲劳荷载,冲击及热荷载
		环境	腐蚀性药剂、气体、大气污染、气象条件、冻融、放射线
	地基基础	基础或桩	地基不均匀沉降、桩的腐蚀、桩的变形及侧向位移
		地基	地质钻孔柱状图、地基变形、地基是否加固、土压、水压、振动特性
		地下水	地下水的变动和水质
	材料	混凝土	表面状态、强度,碳化深度、钢筋锈蚀
		钢材	材质、力学性能、钢结构的锈蚀、疲劳、耐火等
		外围结构	屋面防水、地下防水、外墙装修层
	结构	结构尺寸	结构尺寸、断面、配筋位置、保护层厚度、钢结构尺寸
		变形	板、梁、柱的变形、整体变形
		裂缝	板、梁、柱的裂缝、抗剪墙、承重墙的裂缝、产生裂缝的原因
		构件损伤	结构构件的表面状况
		接头	接头形式、铆钉、螺栓、高强螺栓、焊接
		抗力及刚度	板、梁、柱、承重构(部)件
		振动特性	固有周期、振型、衰减
补充调查		结构计算	构件应力计算,构件的整体计算
		结构解析	用有限元法及计算机进行应力解析及振动解析
		试验	进行构件加荷试验、振动试验

(3) 提出综合评价和鉴定报告书

调查鉴定组在审定各项调查资料(如一、二次调查说明书)的基础上,提出综合评价意见和编写鉴定报告。综合评价包括三个层次四个级别,第一层次为子项的评级,其级别用小写英文字母 a、b、c、d 表示;第二层次为项目的评级,其级别用大写英文字母 A、B、C、D 表示;第三层次为鉴定单元的评级,用一、二、三、四表示。

3. 概率法

实用鉴定法虽然较传统经验法有较大的突破,评价的结论比传统经验法更接近实际,但是,结构的作用效应 S,结构抗力 R 等影响结构可靠性的诸因素,实际上都是随机变量,按现行设计规范进行应力计算和结构解析均属于定值法的范筹,用定值法估计受不确定因素影响的随机变量,显然是不合理的。近年来,随着概率论和数理统计的应用,采用非定值理论对服役结构可靠性的评价与鉴定已形成一种新的方法,即概率法。

概率法是用概率的概念来分析服役结构的可靠度。若服役结构的结构抗力为

R,作用效应为 S,则它们之间的关系为:$R>S$ 表示结构可靠;$R=S$ 表示达到极限状态;$R<S$ 表示结构失效。当结构失效的可能性大小用概率表示时,称之为失效概率。失效概率用 P_f 表示。如果用可靠概率 P_S 表示,则可靠概率 P_S 与失效概率 P_f 可表示为

$$P_S + P_f = 1 \tag{6-1}$$

或

$$P_f = 1 - P_S$$

概率法在理论上是完善的,但要达到实用程度,目前还有很大困难,困难在于结构的不定性,即来自结构材料和计算公式的不定性,减少材料强度的离散性提高计算理论的精确性是控制结构可靠度的重要途径。目前,概率法的实际应用仅是近似概率法,从概率分布曲线和形态,用均方差度量并找出安全指标。图 6-3 为近似概率法示意图。图中,从 o 到 z 的距离称为平均值,z 可用均方差 σ_z 来度量,即

$$z = \beta\sigma_z \tag{6-2}$$

式中:β——安全指标。

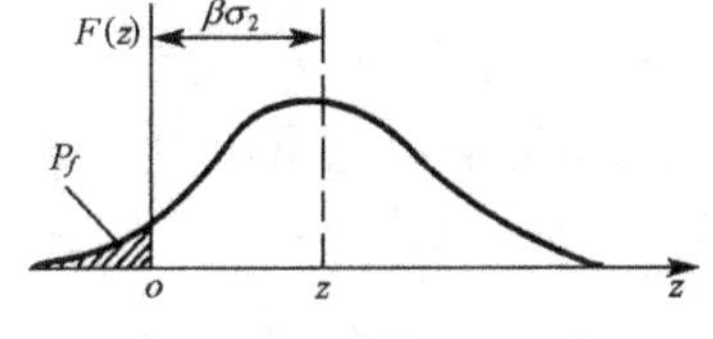

图 6-3 近似概率法示意图

从图 6-3 可以看出,β 小 P_f 就大。反之,β 大 P_f 就小。因此 β 也是度量服役结构可靠度的一个指标。当随机变量 R 和 S 为正态分布时,安全指标 β 为

$$\beta = \frac{R - S}{\sqrt{\sigma_R^2 + \sigma_S^2}} \tag{6-3}$$

则失效概率为

$$P_f = \Phi(\cdot)(1 - \beta) \tag{6-4}$$

式(6-3)、(6-4)中:R——结构构件抗力;

S——结构上的作用效应;

$\Phi(\cdot)$——标准正态分布函数。

为了提高服役结构可靠性鉴定的准确性和效率,今后应加速实用鉴定法、概率法和检查测试技术的研究。

6-1-4 鉴定程序

工业厂房可靠性鉴定标准与民用建筑可靠性鉴定标准根据其特点要求,鉴定程序有所不同,但基本内容与原则相同,归纳如下:

1) 根据鉴定目的和要求,确定测试内容和鉴定范围。一般由委托单位与鉴定单位共同确定。

2) 初步调查。根据已有资料与实物进行现场初查,对鉴定目的、范围、内容及要求进行确认;对该项工程的特点,存在的主要问题及其部位进行初步分析与判断,在此基础上制订详细调查大纲,即确定检查方案和检测方法,制定现场检查、测

试、试验和计算分析的工作计划及分工。

3）详细调查。通过一切可以采用的技术手段对所鉴定的对象，按鉴定目的和要求，依据国家现行鉴定标准对其进行合理的、有效的、科学检查与解剖，为进行结构可靠性鉴定获取数据和资料。

4）可靠性鉴定评级。可靠性鉴定评级应按照国家现行鉴定标准的要求进行。主要有以下内容：①确定结构或构件的验算荷载及计算模型；②按结构实际几何参数和材质参数，进行结构构件承载能力验算，并确定其承载能力等级；对结构构件的构造及连接，应按检查结果并与原设计比较（或验算）后进行评级；对结构构件的裂缝、破损及变形进行评级；③根据以上评级结果，评定构件或项目可靠性等级；④根据构件或项目的评定等级，对承重结构系统、结构布置和支撑系统以及围护结构系统进行评级；⑤综合鉴定评级。目前我国颁布的《工业厂房可靠性鉴定标准》（GBJ144）和《民用建筑可靠性鉴定标准》（GB 50292）（以下均简称鉴定标准）在构件评级、综合评级时有所区别。

5）补充调查。在进行结构计算和可靠性评级过程中，若个别构件或构件的某个方面证据不充分，或者评定结果介于某两个级别之间，此时就要进行补充调查（必要时进行专项试验等）以得到较正确的答案。如果详细调查计划周密，各种记录齐全，则补充调查可减少或避免。

6）鉴定报告。鉴定报告是一个具有法律性的技术文件，一般应包括：概况；鉴定的目的、范围及要求；调查、测试、计算分析及鉴定评级结果；结论与建议；附件等内容。

§6-2　结构可靠性的评级方法与标准

目前，我国已经颁布的《工业厂房可靠性鉴定标准》（GBJ144）和《民用建筑可靠性鉴定标准》（GB 50292）。在构件评级、综合评级时，根据工业厂房和民用建筑各自的特点一般都划分为三个层次，但二者考虑问题的出发点和内容是不一样的。

6-2-1　工业厂房可靠性评级方法与标准

工业厂房可靠性评级是按子项、项目或组合项目、评定单元三个层次进行。评级顺序见图 6-4。

子项：是可靠性评定的第一层次，它是最基层。子项的评级一般属于单因素评判。承重结构构件包括承载能力、连接构造、变形、裂缝破损；围护结构包括屋面系统、墙体及门窗、地下防水、防护设施等。又将子项分为主要子项和次要子项，主要子项指承载能力和连接构造等，次要子项指变形和裂缝等。

项目：是可靠性鉴定的第二层次，它是中间层次。在这个层次中有时又再分成一些小的中间层次。一个项目通常都包含几个子项，要考虑所有子项的等级才能进行项目评定。所以项目的评级是多因素综合评判。

单元：是可靠性评定的第三层次。单元的评级在项目评级的基础上进行，也属于多因素综合评判。

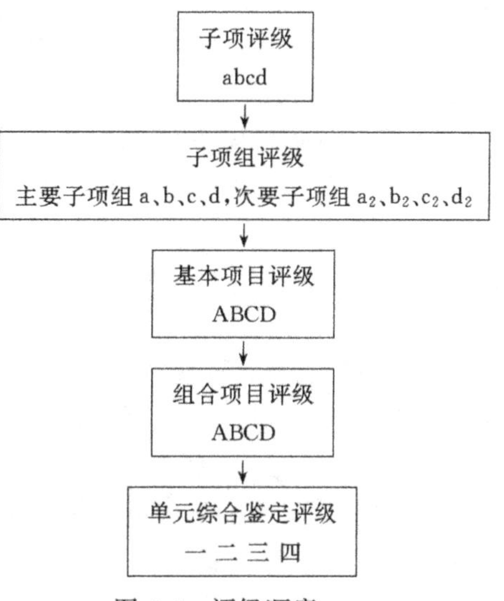

图 6-4 评级顺序

1. *子项的分级标准和评级方法*

子项的评级标准和分界线，是根据结构可靠度原理，结合我国目前结构的实际情况，在总结工程鉴定经验，征求专家意见和可靠性计算分析的基础上制定的，各种方案调查结果见表 6-2。

在《建筑结构设计统一标准》中给出了结构构件承载能力极限状态设计时采用的可靠度指标 β 值；同时又指出，当有充分根据时，可对各类结构在结构设计规范中采用的 β 值作不超过±0.25 幅度的调整。根据可靠指标 β 的计算分析结果可知，β 值的级差取 0.25 时，对应的$\frac{R}{\gamma_0 S}$值的级差为 0.05，所以 b 级与 c 级的分界线一般取 0.95 左右。c 级和 d 级间的分界线是区分危房的标准，是很关键的。以承载能力为例，根据结构可靠度原理，结构安全等级每降低一级，相应的 β 值降低 0.5，与此对应的$\frac{R}{\gamma_0 S}$值降低 10%。一般工业与民用建筑的安全等级为二级，如果降低一级即安全等级为三级，如果降低一级以上已属不允许，因此 c 级和 d 级间的分界线宜取$\frac{R}{\gamma_0 S}=0.90$ 以下，结合工程经验及专家意见，一般 c、d 级的分界线为 0.85～0.90。

表 6-2 构件承载能力评级标准调查结果

同意者（%）	方案	评级			
		a	b	c	d
34.8	方案一	符合现行规范可靠度要求	降低 10%以内	降低 20%以内	降低 20%以上
45.7	方案二	符合现行规范可靠度要求	降低 5%以内	降低 15%以内	降低 15%以上
15.2	方案三	符合现行规范可靠度要求	降低 5%以内	降低 10%以内	降低 10%以上
4.3	其他方案	符合现象规范可靠度要求	降低 10%～15%		降低 20%以上

子项评定分 a、b、c、d 四个级别，其评级标准为：

①a 级：符合国家现行标准规范要求，安全适用，不必采取措施；

②b 级：略低于国家现行标准规范要求，基本安全适用，可不必采取措施；

③c 级：不符合国家现行标准规范要求，影响安全或影响正常使用，应采取措施；

④d 级：严重不符合国家现行标准规范要求，危及安全或不能正常使用，必须

采取措施。

从子项评级标准可以看出，子项是根据结构构件某项功能的极限状态评定的，子项的评定等级是按照结构构件能否满足单项功能要求制定的。

2. 项目的分级标准和评级方法

按其项目构成情况又可分为基本项目和组合项目。如结构构件，地基基础均属于基本项目；承重结构体系，结构布置和支撑系统，围护结构系统均属组合项目，除结构布置和支撑系统无子项直接进入第二层次评定外，其他项目均根据各子项的评级结果进行评定。

基本项目的评级方法是：根据子项对项目可靠性影响的程度不同，将子项分为主要子项组（如承载能力、连接构造）和次要子项组（如构件破损裂缝、变形）两组。对子项组评定等级，是取诸子项中的最低等级作为该子项组的等级。对于项目的评定等级，一般是以主要子项组的等级为主确定该项目的等级。当次要子项组的等级比主要子项组的等级低二级时，则以主要子项组的等级降一级作为该项目的评定等级。设 a_1、b_1、c_1、d_1 表示主要子项组的四个等级；a_2、b_2、c_2、d_2 表示次要子项组的四个等级，根据上述原则和《规程》的评级标准，其主要子项和次要子项各有四个水平，组合成项目的水平共有十六种情况；它们分别属于项目的 A、B、C、D 四个等级：

①A 级包括有：(a_1a_2)，(a_1b_2)；

②B 级包括有：(b_1b_2)，(b_1c_2)，(b_1a_2)，(a_1c_2)，(a_1d_2)；

③C 级包括有：(c_1c_2)，(c_1d_2)，(c_1a_2)，(c_1b_2)，(b_1d_2)；

④D 级包括有：(d_1d_2)，(d_1c_2)，(d_1a_2)，(d_1b_2)。

组合项目的评级方法比较复杂。对承重结构体系来讲，要解决如何根据单个结构构件的评级结果来评定承重结构体系的等级。从结构可靠度理论看，它属于体系可靠度问题。而鉴定标准从目前的实际情况出发并考虑今后的发展，根据厂房的构成及受力和传力特点，参考《可靠性工程》和《故障树名词术语和符号》，引入了“传力树”的概念。传力树是由基本构件和非基本构件组成的传力系统，树表示构件与系统之间的逻辑关系，基本构件指当其本身失效时会导致传力树中其他构件也失效；非基本构件是指其本身的失效不会导致传力树中其他主要构件的失效。单层工业厂房中传力树一般是指一片或多片横向排架（排架分析单元）组成的系统。基本构件一般是指地基基础、柱、托架（梁）、屋架（屋面梁）等结构构件。非基本构件一般是指屋面板、吊车梁、墙板等构件。

基本构件和非基本构件的评定等级，是在各自单个构件评定等级的基础上按所含的各个等级的多少来确定。基本构件的评级标准为：含 B 级不大于 30%，不含 C 级、D 级时，可评为 A 级；含 C 级不大于 30%，不含 D 级时，评为 B 级；含 D 级小于 10%时，评为 C 级；含 D 级大于或等于 10%时，评为 D 级。非基本构件的评级标准为：含 B 级小于 50%，不含 C 级、D 级时，评为 A 级；含 C、D 级之和小于 50%，且含 D 级小于 5%时，评为 B 级；含 D 级小于 35%时，评为 C 级；含 D 级大于或等于 35%时，评为 D 级。

传力树评级取树中各基本构件等级中的最低级别。当树中非基本构件的最低级低于基本构件的最低级(二级)时,以基本构件的最低级降一级作为该传力树的评定等级。当出现低于三级时,可按基本构件的最低级降二级确定。

承重结构体系的评级可按下列规定确定:

1) 含B级传力树不大于30%,不含C级、D级传力树时,评为A级;

2) 含C级传力树不大于15%,不含D级传力树时,评为B级;

3) 含D级传力树小于5%时,评为C级;

4) 含D级传力树大于或等于5%时,评为D级;

3. 单元综合鉴定评级

对厂房进行可靠性鉴定时,根据厂房的结构体系 ,结构现状、工艺布置,使用条件和鉴定目的,将厂房的整体、区间或结构体系划分为一个或多个单元。单元的综合鉴定评级,包括承重结构体系、结构布置和支撑系统、围护结构系统三个项目。评级时以承重结构体系为主,并考虑结构的重要性、耐久性和使用状态等综合判定。

6-2-2 民用建筑可靠性评级方法

民用建筑是按安全性和正常使用性进行鉴定评级的,各按构件、子单元和鉴定单元分为三个层次。每一层次分为四个安全性等级和三个使用性等级,应按规定的检查项目和步骤,从第一层开始,分层进行:

1) 根据构件各检查项目评定结果,确定单个构件等级;

2) 根据子单元各检查项目及各种构件的评定结果,确定子单元等级;

3) 根据各子单元的评级结果,确定鉴定单元等级。

各层次可靠性鉴定评级,应以该层次安全性和正常使用性的评级结果为依据综合确定。每一层次的可靠性等级分为四级;当仅要求鉴定某层次的安全性和正常使用性时,检查和评定工作可只进行到该层次相应程序规定的步骤。

民用建筑适修性的评估,应按每种构件、每一子单元和鉴定单元分别进行,且评估结果应以不同的适修性等级表示。每一层次的适修性等级分为四级。

民用建筑各层次安全性、正常使用性、适修性的评级标准,应用时请参考《民用建筑可靠性鉴定标准》(GB50292)。

§6-3 混凝土结构的鉴定和等级评定

6-3-1 混凝土结构鉴定的特点

对混凝土结构进行鉴定,除遵循一般的原则外,还应根据其特点进行。

1. 材料强度特点

由于钢筋混凝土的钢筋数量、规格和品种不能一目了然,混凝土强度及其老化程度需要检测，某些构造或受力复杂的部位需要进行力学和结构分析，需要结合工程经验作出判断或定性评价。例如，混凝土的粗、细骨料都是地方性材料，且很多都是以人工或半机械化控制配料，因此其强度、密实性等性能离散性较大。

2. 历史条件特点

由于受各时期技术政策及国情的影响，我国各历史阶段建造的混凝土结构各有特点。例如：50年代初期，全国有统一的设计及施工规范和标准，而且管理制度较严格，工程质量较好，极少发现采用不合格钢筋和不合格水泥的现象。但这些结构已使用很长时间，鉴定时，应侧重检查其老化程度和损伤情况。1958至1960年片面追求进度，设计和施工质量事故时有发生。对这些结构应注意检测施工质量和材质。60年代到70年代，有些工程使用了未经工程试用或实践考验的新型构件，给结构留下了隐患，鉴定时应着重检查其结构布置和构造是否合理，设计的可靠度和施工质量等是否满足要求。

3. 地区特点

配制混凝土使用的砂、石为地方性材料，某些地方砂的粒度过细或某些杂质含量较高等，由其配制的混凝土，其性能也呈现某些差异。

综上所述，进行结构可靠性鉴定时，除了要对结构的使用破损情况、材料强度进行详细的调查外，还需要对该工程建造时期的技术政策和形势特点以及材料供应条件作较详细的了解分析，以便确定工作重点，准确找出结构存在问题的症结，作出恰如其分的鉴定结论。

6-3-2 材料性能的测试评定

1. 混凝土强度

目前，常用于测试混凝土强度的方法有：取芯法、回弹法、超声法和拔出法等。这些方法均有国家标准可遵循。由于这些方法都属于非破损（或微破损）检测法，是近似测量法，选择时要根据测试部位的具体情况确定，最好采用综合法测试和评定。

2. 混凝土老化程度

水泥在水化过程中生成大量氢氧化钙、氢氧化钾和氢氧化钠等产物，使硬化水泥的pH值达到12～18的强碱性状态，其中氢氧化钙为主要成分。此时，混凝土中的水泥石对钢筋有一定的保护作用，使钢筋处于碱性钝化状态。但由于混凝土长期暴露于空气中，混凝土表面受到空气中二氧化碳的作用形成碳酸钙，使水泥石的碱度降低；这个过程称为混凝土的碳化，或叫中性化或老化。混凝土碳化深度达到钢筋表面时，水泥石失去对钢筋的保护作用。当然并非所有失去混凝土保护作用的钢筋都会发生锈蚀，只有受有害气体和液体介质以及处在潮湿环境中的钢筋才会锈蚀。锈蚀发展到一定程度，由于锈皮体积膨胀混凝土表面出现沿钢筋方向的纵向裂缝。纵向裂缝出现后，钢筋即与外界接触而锈蚀迅速发展，裂缝宽度增大致使混凝土保护层脱落、掉角及露筋。老化严重处混凝土表面呈现酥松剥落现象，从外观即可判断。对于表面完整的结构，其老化程度一般用混凝土碳化深度来衡量。测定混凝土碳化深度的简便方法是，用1%～2%浓度的酚酞酒精试液喷涂在混凝土碳化层表面(用直径为10mm左右的电钻钻孔或用小锤敲掉构件的棱角获得)，未碳化的混凝土遇酚酞试液后即变成红色，用卡尺测量碳化深度，精确度达到0.5mm即可。

3. 钢筋材质检测

对已埋置在混凝土中的钢筋，目前还不能用非破损检测方法来测定材料性能，也不能从构件的外观形态来推断。若在服役结构上取样试验是比较困难的，所以应注意收集分析原始资料(包括原产品合格证及修建时现场抽样试验记录等)。当原始资料能充分证明所使用钢筋的力学性能及化学成分合格时，方可据此作出处理意见。当无原始资料或原始资料不足时，则需在构件内截取试样进行试验。取样应特别注意不得损伤原结构，尽量在受力较小的部位或具有代表性的次要构件上截取试样，必要时采取临时支护措施，取样完毕必须当即按原样修复。对钢筋取样所做的力学性能试验、化学分析结果或搜集到的修建时所做的检验记录，均以现行建筑用钢筋国家标准所列指标来作为评定是否合格的依据。

6-3-3 承载能力验算和评级

在对结构抗力和结构上的作用进行调查的基础上，可对承载力进行验算，验算应以现行国家设计规范为依据，并注意以下几方面问题：

1. 计算简图和有关的几何尺寸

结构验算的计算简图应符合结构的实际受力状态与构造。确定计算简图必须进行充分的理论分析并应与工程经验相结合，如果计算简图与实际情况不符，将导致计算结果与实际受力状况差异较大，甚至出现不能容许的偏差。这个问题对混凝土结构尤为重要。因此，验算服役结构的承载能力，必须首先详细查看和分析结构的实际尺寸、连接及受力状态，以便采用较为符合实际的计算图形。例如已查明的实际结构尺寸与设计简图不尽相同；结构经多年使用或经加固改造和修补，实际结构尺寸已有很大变动；有些杆件也许已失效或被取消等，这些变化都将影响验算结果。因此验算时应采用实际的几何尺寸和连接构造。

2. 材料强度取值和作用效应

当被检测的钢筋和混凝土的材质性能都符合原设计要求时，可取用原设计的材料强度值。否则应取用现场实测的材料强度值。由于经过多年使用，大部分结构经历了工艺变更，有些还经受过地震等自然灾害、事故和损伤，其实际情况与原设计相比都有变异，应注意作用效应值与实际作用情况尽可能相符。

钢筋锈蚀可导致截面削弱，在进行结构承载能力验算时应予以考虑。一般的折算方法是用锈蚀后的钢筋面积乘以原材料强度设计值作为钢筋的承载能力。测量锈蚀钢筋的截面积常用称重法或用卡尺量取锈蚀最严重处的钢筋直径。主筋达到中度锈蚀后，结构表面混凝土将出现沿主筋方向的裂缝，严重时混凝土保护层便剥落。当构件主筋锈蚀后，除了使钢筋面积削弱外还使钢筋与混凝土协同工作性能降低，锈坑引起的应力集中和缺口效应将影响钢筋的屈服强度以及构件的承载能力。

3. 结构构件的承载能力验算和评级

混凝土结构构件承载能力的评级标准如表 6-3 所示。表中 R 为结构构件的抗力。按现行混凝土结构设计规范计算。材质性能按本节前述方法取用。当结构构件表面温度长期大于 60℃ 时，应考虑温度对材质性能的影响；受损伤的结构构件应考虑钢筋和混凝土截面积被削弱而对构件抗力的影响；钢筋锈蚀严重的部位还应考虑锈坑引起的缺口效应，应力集中以及钢筋和混凝土协同工作性能的降低；结构构件已发生过过度变形的应考虑其对抗力的影响。表中 S 为结构构件的作用效应。在计算时应注意实际作用和原设计值及《建筑结构荷载规范》规定值的差异，差异较大时应按实际调查和测定值取用。作用效应的计算可按结构力学规定的原则进行，有条件时优先采用应用计算程序计算。表中 γ_0 为结构重要性系数，按现行混凝土结构设计规范采用，对安全等级为一级、二级、三级的结构构件，可分别取 1.1、1.0、0.9。

表 6-3 混凝土结构构件承载能力评定等级标准

构件种类	承载能力评定等级 $\frac{R}{\gamma_0 S}$			
	a	b	c	d
屋架、托架、屋面梁、平台梁、柱、中级重级工作制吊车梁	≥1.0	≥0.92	≥0.87	<0.87
一般构件(包括楼盖、现浇板、梁等)	≥1.0	≥0.90	≥0.85	<0.85

4. 连接与构造的承载力及其评级

连接的承载能力与结构构件的承载能力都属于结构承载能力的范畴，连接一旦破坏，结构即变为机动体系。混凝土构件之间或混凝土构件与钢构件之间的连接，绝大多数通过预埋件或焊缝和螺栓实现，对这些部件的使用状态和损伤程度难于给出评级定量标准，而只能给出原则规定。例如当预埋件的锚板有明显变形，或锚板、锚筋与混凝土之间有明显滑移；或拔脱现象时，根据其严重程度可评为 c 级或 d 级。这种评级标准没有严格的定量值，给鉴定者以较大的灵活性，同时也提高了对鉴定者的要求。因此要根据现场情况，结合工程经验并通过科学分析，作出合理正确的判断。

6-3-4 裂缝的检测和评级

1. 裂缝的类型及其区分

混凝土结构的裂缝宽度、数量和位置是结构受力状态的重要特征。对混凝土结构进行可靠性鉴定必须对其裂缝状态进行检测和分析。产生裂缝的原因很多，一般可将其归纳为受力裂缝和非受力裂缝两种。

(1) 受力裂缝。

由结构上的作用引起的裂缝称为受力裂缝。产生裂缝的作用有:(a)施加在结构上的各种荷载;(b)引起结构变形或约束变形的因素,如地基不均匀沉降,温度变形受到约束等。

(2) 非受力裂缝。

非结构上的作用引起的裂缝称之为非受力裂缝。引起这类裂缝的原因很多,如:(a)材料固有特征引起的收缩或膨胀;(b)环境温度异常引起的变形;(c)火灾或生产过程中产生的高温;(d)受化学物品侵蚀或自然界腐蚀等引起;(e)施工不良等。

鉴定时要注意区分受力裂缝和非受力裂缝。受力裂缝出现的部位和扩展方向与结构受力特征一致,同时伴随有与裂缝宽度相适应的变形。非受力裂缝出现的部位及扩展方向尚无规律,随产生裂缝的原因而异,一般说来,非受力裂缝的宽度较大。实际工程中的裂缝常为受力裂缝与非受力裂缝的混合体,如结构上的作用效应使原有非受力裂缝扩展;结构的周围环境变化或受化学物品侵蚀也会使原受力裂缝扩展。上述两类裂缝有时不可能绝然分清,在检查时要注意区分。

2. 量测裂缝宽度的方法

量测裂缝宽度可以用刻度放大镜或裂缝卡等工具。可变荷载作用大的结构需要测量其裂缝宽度的变化及最大裂缝宽度,这时可以横跨裂缝安装仪表用动态电阻应变仪测量记录。

3. 裂缝宽度评级

为保证结构的适用性和耐久性,应控制混凝土结构的裂缝宽度。评定裂缝宽度等级的标准主要考虑结构的功能要求;结构所处的环境;不同钢筋种类对腐蚀的敏感性反映等。现行混凝土结构设计规范的裂缝控制等级还考虑了工程实际调查及实验结果等因素。鉴定标准根据不同的钢筋种类按预应力构件与非预应力构件,分别给出评级标准,钢筋混凝土构件裂缝宽度评级标准见表 6-4。

表 6-4 钢筋混凝土构件裂缝宽度评级标准

构件使用条件		裂缝宽度评定等级/mm			
		a	b	c	d
室内正常环境	一般构件	≤0.40	≤0.45	≤0.70	>0.70
	屋架、托架	≤0.20	≤0.30	≤0.50	>0.50
	吊车梁	≤0.30	≤0.35	≤0.50	>0.50
露天或室内高湿度环境		≤0.20	≤0.30	≤0.40	>0.40

注:露天或室内高湿度环境一栏的构件,系指直接受雨淋的构件或经常受蒸气及凝结水作用的室内构件,以及与土壤直接接触的构件。

上述是受力裂缝的评级标准,非受力裂缝的评级标准为:因主筋锈蚀产生的沿主筋方向的裂缝宽度宜按下列标准评定等级,a 级和 b 级要求无裂缝;当裂缝宽度

≤2mm 时，评为 c 级；当裂缝宽度>2mm 时，评为 d 级。因主筋锈蚀导致构件掉角或混凝土保护层脱落的均评为 d 级。

6-3-5 变形的测量和评级

控制混凝土结构构件的变形主要是为满足使用功能要求和结构感观的要求。测量结构或构件的变形可用水准仪、经纬仪等常规测量仪器或激光位移计等。当需要测量可变荷载作用大的结构变形时，可用动态电阻应变仪，磁带记录仪等动态测量仪器进行，有时在操作条件允许时亦可用拉线、吊锤等简易方法测量。变形的等级评定标准，如表 6-5 所示。

表 6-5 混凝土结构构件变形评定等级标准

构件类别		变形评定等级			
		a	b	c	d
单层厂房托架、屋架		$\leqslant l_0/500$	$\leqslant l_0/450$	$\leqslant l_0/400$	$>l_0/400$
多层框架主梁		$\leqslant l_0/400$	$\leqslant l_0/350$	$\leqslant l_0/250$	$>l_0/250$
屋盖、楼盖及楼梯构件	$l_0>9$m	$\leqslant l_0/300$	$\leqslant l_0/250$	$\leqslant l_0/200$	$>l_0/200$
	7m$\leqslant l_0\leqslant$9m	$\leqslant l_0/250$	$\leqslant l_0/200$	$\leqslant l_0/175$	$>l_0/175$
	$l_0\leqslant$7m	$\leqslant l_0/200$	$\leqslant l_0/175$	$\leqslant l_0/125$	$>l_0/125$
吊车梁	电动吊车	$\leqslant l_0/600$	$\leqslant l_0/500$	$\leqslant l_0/400$	$>l_0/400$
	手动吊车	$\leqslant l_0/500$	$\leqslant l_0/400$	$\leqslant l_0/350$	$>l_0/350$
风荷载下多层厂房	框架层间水平变形	$\leqslant h/400$	$\leqslant h/350$	$\leqslant h/300$	$>h/300$
	框架总体水平变形	$\leqslant H/500$	$\leqslant H/450$	$\leqslant H/400$	$>H/400$
单层厂房排架柱平面外倾斜		$\leqslant H/1000$ 且 $H>10$m 时 $\leqslant$20mm	$\leqslant H/750$ 且 $H>10$m 时 $\leqslant$30mm	$\leqslant H/500$ 且 $H>10$m 时 $\leqslant$40mm	$>H/500$ 且 $H>10$m 时 $>$40mm

注：表中 l_0 为构件的计算跨度，H 为柱或框架总高，h 为框架层高。

§6-4 砌体结构的鉴定和等级评定

根据《砌体结构设计规范》的要求，对砌体结构构件仅进行承载能力极限状态验算，而正常使用极限状态则通过构造要求来保证，即对砌体结构不进行构件裂缝和变形验算。但是，在实际结构中，由于结构设计不当，施工质量低劣，或由于地基不均匀沉降及温度变形等因素的影响，砌体结构常常存在各种裂缝和变形（墙、柱倾斜）而影响房屋的正常使用。因此在进行砌体结构的可靠性鉴定时，亦应对构件的正常使用功能进行评定，即按承载能力、裂缝、变形及构造四个子项进行评定。

6-4-1 承载力的评定

进行承载能力评定，首先要搞清砌体强度方面的数据。目前我国已颁布了有关砌体工程现场检测技术标准(GB/T50315)。例如采用原位轴压法在现场直接测定砌体抗压强度,采用原位单砖双剪法、回弹法等方法测量砂浆及砌体的强度,同时可对砂浆配合比、含泥量、砂浆饱满度、砌体砌筑质量以及材料风化、腐蚀等项目进行详细检测。鉴定标准规定的承载能力评级标准如表 6-6 所示。

表 6-6　砌体结构构件承载能力分级标准

承载能力等级	a	b	c	d
$R/\gamma_0 S$	≥1.00	≥0.92	≥0.87	<0.87

应当注意的是,当砌体结构和构件已出现明显的受压、受弯、受剪等受力裂缝时,应根据其严重程度,评定为 c 级或 d 级。验算构件承载能力时,应考虑由于预留洞、风化剥落、各种变形裂缝、构件倾斜等引起的有效截面的削弱和附加内力。

6-4-2　变形裂缝的评定

砖石砌体除受力裂缝外,还可能由于地基不均匀沉降或温度作用产生各种斜裂缝、垂直裂缝和水平裂缝,这类裂缝称为变形裂缝。

当地基不均匀沉降引起的裂缝比较轻微,且趋于稳定时一般不危及结构安全,但裂缝可能影响使用要求。裂缝还削弱了结构的整体性和墙、柱的有效截面,严重时也会引起倒塌。温度变形引起的裂缝与地基沉降引起的裂缝相比,危害相对较小,但同样会降低整体性、耐久性和使用功能。所以裂缝对结构的影响是多方面的。

影响裂缝等级评定的因素也很多,如裂缝发生的原因和出现裂缝的部位,裂缝的长度、宽度和数量,裂缝是否稳定等等,这就使变形裂缝等级的评定十分困难。目前只是根据工程实践经验进行综合判断。变形裂缝宽度评级标准见表 6-7。

表 6-7　变形裂缝宽度分级标准

构件	级别			
	a	b	c	d
墙、带壁柱墙	无裂缝	墙体产生轻微裂缝 裂缝宽度 W_T<1.5mm	墙体开裂较严重,裂缝 宽度 W_T=1.5~10mm	墙体开裂严重,裂缝 宽度 W_T>10mm
独立柱	无裂缝	无裂缝	裂缝宽度 W_T<1.5mm 且未贯通柱截面	柱断裂或产生 水平错位

6-4-3　墙、柱变形(倾斜)的评定

墙、柱过大的倾斜变形会产生不安全感,还可能影响有关设备的正常运行。由于墙、柱倾斜变形产生的附加偏心将影响承载能力,因此它由构件的承载能力评定级别来反映,而墙、柱倾斜变形的评定等级,主要考虑倾斜对结构使用功能的影响。鉴定标准的分级标准见表 6-8 和表 6-9。

表 6-8　单层厂房墙、柱变形（或倾斜）评定等级标准

构件类别	变形或倾斜值 Δ/mm 评定等级			
	a	b	c	d
墙、柱无吊车厂房	≤10	≤30	≤60 或≤$\frac{H}{150}$	>60 或>$\frac{H}{150}$
墙、柱有吊车厂房	≤$\frac{H_T}{1250}$	有倾斜，但不影响使用	影响吊车运行但可调节	影响吊车运行已无法调节
独立柱	≤10	≤15	≤40 或$\frac{H}{170}$	>40 或$\frac{H}{170}$

注：1）H_T 为柱脚底面至吊车梁或吊车桁架顶面的高度，Δ 为单层工业厂房墙、柱变形或倾斜值，H 为砌体结构房屋总高；

2）当墙、柱高度 $H\leqslant10$m 时，按本表评级；当墙、柱高度 $H>10$m 时，高度每增加 1m，各级变形或倾斜限值可增大 10%。

表 6-9　多层厂房墙、柱变形（倾斜）分级标准

构件类别	层间变形或倾斜值 δ/mm				总变形或倾斜值 Δ/mm（总高 $H<10$m）			
	a	b	c	d	a	b	c	d
墙、带壁柱墙	≤5	≤30	≤40 且≤$\frac{h}{100}$	>40 或>$\frac{h}{100}$	≤10	≤30	≤60 且≤$\frac{H}{120}$	>60 或>$\frac{H}{120}$
独立性	≤5	≤15	≤30 且≤$\frac{h}{120}$	>30 或>$\frac{h}{120}$	≤10	≤20	≤45 且≤$\frac{H}{150}$	>45 或>$\frac{45}{120}$

注：1）表中 h 为层高；

2）墙、柱总高 $H>10$m 时，高度每增加 1m，各级限制可增加 10%。

6-4-4　构造和连接的等级评定

砌体结构的构造包括墙、柱高厚比，墙与柱间的拉结，墙、柱与梁板的连接，如搁置长度、垫块设置、预埋件与构件的连接等。实践表明，当墙、柱高厚比过大，墙、柱的连接构造不当时，同样可能发生工程倒塌事故。因此结构构造与结构承载能力具有同等的重要性。鉴定标准规定的评级规则为：

a 级：设计合理，施工质量良好，各项构造均满足设计要求。

b 级：墙、柱高厚比大于国家现行规范容许值，但不超过 10%，或连接构造有局部缺陷，但不影响结构的安全使用。

c 级：墙、柱高厚比大于国家现行规范容许值，但不超过 20%，或连接构造有较严重的缺陷，已影响结构的安全使用。

d 级：墙、柱高厚比大于国家现行规范容许值 20%以上，且连接构造有严重缺陷，已危及结构的安全。

§6-5　钢结构的鉴定和等级评定

6-5-1　钢结构检测要点

钢结构中有杆系结构，实体结构和组合结构三类。由于钢材在工程结构材料中

强度较高，故制成的构件具有薄、细、长、柔等特点。结构对附加的局部应力、残余应力、几何偏差、裂缝、腐蚀、振动撞击效应等均很敏感，其对强度、稳定，疲劳和连接都有不可忽视的影响。

1. 材质检查

在钢结构鉴定中，检查钢结构的材质是很重要的。由于材质不同，其机械性能和化学成分也均不同。当结构材料种类和性能均符合原设计要求时(原始资料充分可靠)，应按原设计取值；不符合或材料已变质时，应采用实测试验数据。实测分析时材料强度的标准值应按《建筑结构设计统一标准》(GBJ68)的有关规定进行。

当结构经受过 150℃ 以上的温度作用或受过骤冷骤热作用时，应检查烧伤状况，必要时应采取试样试验以确定钢材的物理力学性能。

2. 连接构造、腐蚀和破损的检查

连接构造的检查应根据不同的构件有所侧重，例如屋盖系统应注意支撑设置是否完整，支撑杆长细比是否符合规定，特别是受力杆件是否有弯曲、断裂；连接节点(板、球)钢材是否有撕裂，连接铆钉或螺栓是否松动，焊缝是否开裂等；梁、柱、板系统应注意检查构件间的相互连接，包括梁与板、梁与梁、梁与柱的连接。

腐蚀和破损检查应注意检查构件及连接点处容易积灰和积水的部位；经常受漏水和干湿交替作用的部位，有腐蚀介质作用的构件以及不易油漆的组合截面和节点的腐蚀状况等。当油漆脱落严重，残留的漆层已没有光泽，对生锈钢材应查明钢材实际厚度及锈坑深度和锈烂的状况。

动荷载作用的结构还要注意检查钢材和连接件是否出现疲劳开裂等现象。

3. 结构变形的检测

钢结构的变形有整体变形和局部变形，整体变形主要检测挠度、偏斜、扭转和整体失稳等；局部变形主要检测局部挠曲和失稳。

6-5-2 构件的鉴定评级

单层厂房钢结构构件的可靠性鉴定评级，包括承载能力、构造连接、变形和偏差等四项。

1. 承载能力和构造连接的鉴定评级

钢结构构件的承载力验算，一般包括强度、稳定性、疲劳、刚度及连接构造等内容，必要时还可以直接进行荷载试验检验，但这种方式只能在个别有条件的情况下采用。构件承载能力(强度、稳定性、疲劳、连接等)参考表 6-10 评定等级。

在承载能力评级时还应注意，对所有杆件或连接构造，凡有裂缝或锐角切口者，应评为 c 级或 d 级；对于承受动力荷载的构件，凡出现翼缘与腹板连接焊缝处有疲劳开裂，或受拉翼缘有疲劳开裂者，均应评为 c 级或 d 级。

2. 变形的鉴定评级

钢结构受弯构件必须保证有一定的刚度才能正常工作，如吊车梁的挠度过大，就会使轨道不平直而导致吊车运行困难及轮压分布不均衡等，平台梁的挠度过大则会给人以不舒适和不安全感或有碍设备操作等，因此对受弯构件的挠度要加以限制。另外，对某些构件的横向变位也要给以限制。变形限制的确定方法，是根据国家现行规范规定的变形容许值和工程应用效果调查并参考国内外有关文献综合确定的。鉴定标准给变形的评级标准也是按 a、b、c、d 四个级别，具体评级标准参考鉴定标准。

表 6-10 钢结构构件承载能力评定等级标准

构件种类	承载能力评定等级 $\frac{R}{\gamma_0 S}$			
	a	b	c	d
屋架、托架、梁、柱	≥1.00	≥0.95	≥0.90	<0.90
中、重级制吊车梁	≥1.00	≥0.95	≥0.90	<0.90
一般构件及支撑	≥1.00	≥0.92	≥0.87	<0.87
构造和连接	≥1.00	≥0.95	≥0.90	<0.90

3. 结构安装和使用中引起偏差的鉴定评级

钢结构的制作、安装质量虽受到国家施工验收规范的制约，但是已建成的钢结构建筑物、构筑物并非总能完全符合国家标准的要求。由于钢结构对尺寸偏差效应很敏感(偏差存在可使结构承载能力降低很多)，所以应引起足够的重视。安装与使用过程中引起的结构偏差，宜按鉴定标准规定的评级标准评定等级。在评定构件的偏差时，应根据构件的受力特点分别评定。同时，应注意地基下沉引起柱子倾斜和弯曲对偏差的影响。

§6-6 地基基础的鉴定与评级

地基基础的可靠性对保证上部结构的安全和正常使用起着十分重要的作用。结构在使用期间，其使用情况和周围环境的变化，都将对基础带来不利影响，严重的将产生地基不均匀沉降。使地基基础承载力降低的因素主要有：①使用荷载增大；②周围相邻工程的施工；③地震；④地下水上升，受地面水浸泡，贮水设备和地下管道漏水等；⑤周围斜坡被破坏；⑥地基材料老化或受腐蚀；⑦设备振动等。

地基基础的鉴定包括地基部分、基础部分、桩及柱基、斜坡等。

6-6-1 地基的检查和评级

1. 鉴定方法

鉴定地基的可靠性，应根据地基承载力或地基变形来确定。确定地基承载力必须查阅当时的地基承载力勘探资料及其确定方法，同时还应考虑到目前是否有可能进行荷载试验或地质勘探工作。由于结构建成使用多年后，再来进行上述工作有一定困难，故通常都是根据地基变形来鉴别地基的可靠性。

2. 检查和调查

因为上部结构和连接部位对地基不均匀沉降的反应很敏感，因而连接部位是检查的重点，如砖墙、门窗过梁、梁柱节点、上下柱交界处和柱根部，应检查其有无沉降裂缝。如果有沉降裂缝，要根据裂缝状态判断其是否是已停止发展的旧裂缝还是发展中的新裂缝。对于工业厂房，可以根据吊车的运行情况来确定地基是否有不均匀沉降。如果上部结构无沉降裂缝或虽有裂缝但无发展趋势，吊车运行正常，则表明地基是可靠的；如果上部结构存在发展中的沉降裂缝，吊车运行又不正常，表明地基沉降仍在发展中，即地基变形没有终止。在这种情况下，应进行地基沉降观测，以便查明沉降速度和沉降发展趋向。

3. 等级评定

地基的可靠性等级评定标准的制定主要是根据地基的沉降速度和上部结构的反应、设备的运行情况来确定。详见鉴定标准有关内容。

6-6-2 桩和桩基的等级评定

桩按制桩材料分为木桩、钢桩和混凝土桩。这些桩在地基中是单独工作的。所以，应单独评定其可靠性。而土桩、灰土桩、砂桩、石灰桩、碎石桩等在地基中是与周围的土体共同工作而构成复合地基，所以这些桩应划入地基范围内进行评定。

在使用期间，木桩可能发生腐烂，钢桩可能发生腐蚀，钢筋混凝土桩可能发生混凝土开裂与钢筋锈蚀。这些都将使桩的承载力降低。桩的承载力取决于其横截面和桩的长度，承载力降低率与截面削弱率成正比关系。故用木桩横截面的腐烂面积或钢桩的腐蚀厚度来控制其承载力的降低程度。混凝土桩在使用期间很少发生腐烂和腐蚀，故不评定单桩只评定桩基。桩的等级评定标准按地基的评级标准进行：单桩的等级评定标准主要考虑上述诸因素，具体方法参考鉴定标准。

6-6-3 基础的检测和评级

在进行基础检测时，必须查明基础的实际尺寸(埋置深度、底板尺寸等)，结构状态和材料特性以及受腐蚀和损伤程度，基础构造和基础与其他结构的连接等。基础一般由混凝土或砌体结构建筑，其检测项目和评级标准与混凝土结构或砌体结构相同。根据基础的特殊性，应着重检测下述内容：①是否受侵蚀介质作用；②有无漏失的杂散电流作用；③是否曾受过高温作用或冰冻；④承受的荷载有无大幅度增加。

6-6-4 斜坡的调查和评级

建造在斜坡上或斜坡附近的结构，如果在使用期间斜坡丧失稳定性，对结构就有破坏性的危害。所以应对修建区域内的斜坡稳定性进行鉴定。

对斜坡进行鉴定时，应详细观察结构有无倾斜或局部破坏情况，地面有无开裂或陷坑，调查历史上是否发生过滑动，停止滑动后是长期稳定还是近期又有滑动迹象，在必要时参考工程地质勘察报告中的结论和邀请工程地质专家参加评定工作。斜坡的等级评定按鉴定标准进行。

§6-7 结构耐久性评估

结构的寿命包括无形寿命和自然寿命。结构的无形寿命是指结构建成以后尚未达到自然寿命之前，由于种种原因而人为地终止预定功能的时间。结构的自然寿命也称耐久年限或使用寿命（用 Y 表示），是指结构在正常维护下，随时间变化使用一段时间后，已不能满足预定功能要求的时间。结构的剩余耐久年限 Y_r（推算值）是指结构经过几年使用后，距自然寿命 Y 的剩余年限，即 $Y_r=Y-Y_0$。结构鉴定中耐久性评估的重点是估计结构在正常使用、正常维护条件下，继续使用是否满足下一个目标使用年限 Y_m（2 年、5 年、10 年……）的要求。结构耐久性评估用结构耐久性系数确定，即

$$K_n=\frac{Y_r}{Y_m} \tag{6-5}$$

评定标准见表 6-11。

表 6-11 结构耐久性评估等级标准

耐 久 性 评 估				a	b	c	d
	混凝土结构	钢结构	砌体结构				
结构耐久性系数 K_n	主筋处于未碳化区 ($\overline{C}_t<\overline{C}$)	维修保护膜尚起作用	坚硬砌体	$\geqslant1.5$	$1.5>K_n\geqslant1.0$	<1.0	
	主筋处于已碳化区 ($\overline{C}_t\geqslant\overline{C}$)	维修保护膜已不起作用	松软砌体			$\geqslant1.0$	<1.0

注：当结构耐久性系数 $K_n<1.0$ 时，应对结构进行安全验算。表中 $\overline{C}$ 为混凝土结构构件截面受力主筋平均保护层厚度，$\overline{C}_t$ 为混凝土结构构件受力主筋侧边的平均碳化深度。

由于耐久性评估与结构适用性（变形、挠度、裂缝等）评级的重要性相同，所以可使结构耐久性评级比结构等级相差一至二级。

6-7-1 混凝土结构的耐久性评估

混凝土结构耐久性破坏是指混凝土、钢筋或混凝土结构构件随时间变化而产生的损伤。例如，由于受自然界的各种作用、化学腐蚀、骨料反应、疲劳损伤、电化学作用等造成的累积损伤。混凝土结构耐久性寿命理论有碳化寿命理论、开裂寿命理论和结构承载能力寿命理论等。鉴定标准采用了碳化寿命理论和结构承载能力寿命理论。根据承载能力耐久性理论的研究成果，对主筋直径不大于 10mm 的钢筋，如果发生全面锈蚀，则评为 d 级。对主筋直径大于 10mm 的钢筋，锈蚀截面损失小于或等于 6%时，可按 c 级考虑，大于 6%时，评为 d 级。

当构件中一半以上的主筋处于锈蚀状态时，既使通过一般维修和局部更换，已不能满足构件评定等级的 B 级要求，达到这种状态的时间为 Y_r，称为该构件自然寿命剩余耐久年限(推算值)。混凝土结构耐久性评估可按图 6-5 进行。

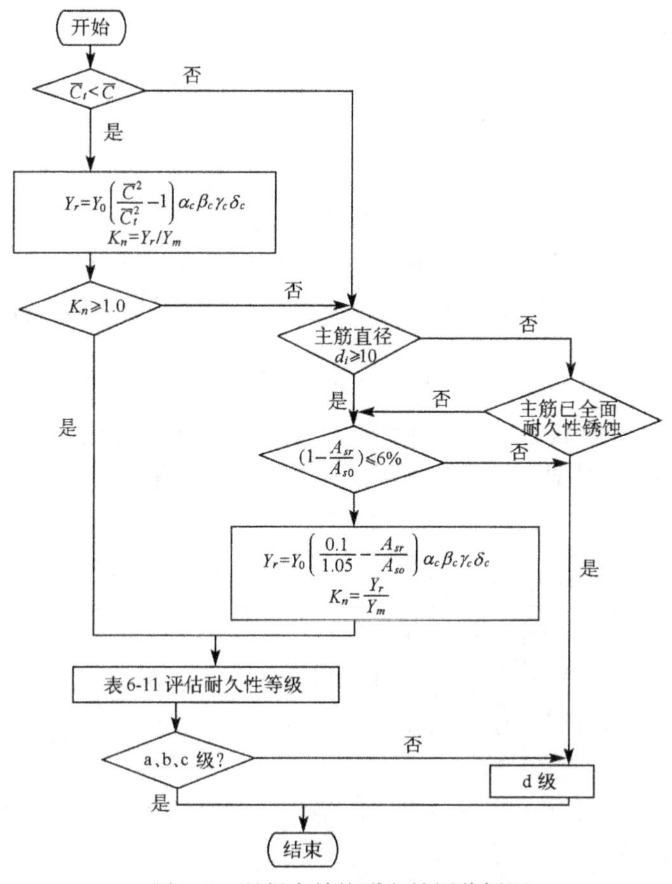

图 6-5　混凝土结构耐久性评估框图

图 6-5 中：

$\overline{C}$——混凝土结构构件截面受力主筋平均保护层厚度 $\overline{C}=\frac{1}{n}\sum_{i}^{n}C_i$；

C_i——混凝土结构构件截面第 i 排受力主筋保护层厚度；

n——混凝土结构构件截面受力主筋排数；

$\overline{C}_t$——混凝土结构构件截面受力主筋侧平均碳化深度；

Y_r——结构构件自然寿命剩余耐久年限(推算值)；

Y_0——结构构件已使用年限；

Y_m——结构构件下一个目标使用年限；

A_{sr}——钢筋锈蚀后当前剩余截面面积；

A_{s0}——钢筋锈蚀前截面面积；

K_n——结构耐久性系数；

α_c、β_c、γ_c、δ_c——混凝土材质、钢筋保护层、环境、结构损伤对混凝土结构耐久性影响系数。可查阅有关资料。

6-7-2 钢结构耐久性评估

钢结构耐久性破坏是指钢结构的保护膜、母材、焊缝、铆钉、螺钉等随使用时间增长，由于受自然作用、化学腐蚀、疲劳损伤(重复荷载下裂纹开展、冲击断裂、连接疲劳等)、应力腐蚀、累积变形失稳等等造成的累积损伤。钢结构耐久性寿命理论有保护膜破坏耐久性寿命理论，大气腐蚀母材断面损伤耐久性寿命理论，大气和应力联合作用下承载能力耐久性寿命理论，疲劳累积损伤耐久性寿命理论，按常见钢结构耐久性破坏规律判断寿命理论等。主要是根据耐久性破坏速度推算钢结构构件的自然寿命剩余耐久年限。

当构件主体的保护膜破坏，母材截面耐久性损伤超过10%，且通过一般维修和局部更换，已不能满足结构构件规定的使用要求时，达到这种状态的年限$Y_{r1}b$被称为该钢结构构件耐久性的自然腐蚀剩余年限(推算值)：

$$Y_{r1}=\left(\frac{0.1t_0}{t_0-t_r}-1\right)Y_0a_s \tag{6-6}$$

式中：t_0——钢结构原钢材厚度；

t_r——钢结构腐蚀后钢材的剩余厚度；

Y_{r1}——钢结构耐久性的自然腐蚀剩余年限(推算值)；

Y_0——结构构件已使用年限；

a_s——钢结构腐蚀系数。

当钢结构主要杆件中的应力水平较高时，应按下式计算钢结构考虑应力影响的耐久性自然腐蚀剩余年限Y_{r2}：

$$Y_{r2}=\left\{\frac{0.5t_0}{t_0-t_r}\left[1-\left(\frac{\sigma_0}{f_y}\right)^{\frac{1}{m}}\right]-1\right\}Y_0a_s \tag{6-7}$$

式中：σ_0——钢结构主要杆件在常遇荷载下的最大主应力；

f_y——钢结构主要杆件钢材的屈服强度；

m——考虑钢结构应力影响耐久性腐蚀的截面形状和受力系数。

对容易产生累积损伤破坏的结构，特别是已有疲劳破坏迹象的结构部位，应进行钢结构耐久性抗疲劳寿命剩余年限Y_{r3}的推断。

钢结构耐久性评估的自然寿命剩余耐久年限Y_r取自然腐蚀剩余年限Y_{r1}、Y_{r2}和抗疲劳寿命剩余年限Y_{r3}三者中较小者。

6-7-3 砌体结构耐久性评估

砌体结构的耐久性，是指砌体结构的块体和砂浆随时间增长，由于受自然作用(冻融、水冲刷、风化等)、化学腐蚀(酸碱盐浸蚀、块体软化分解等)、基础不均匀沉降的发展、砌体裂缝的恶性发展等。造成的累积损伤与破坏。砌体结构构件使用Y_0年后，根据其破坏速度（砌体风化、剥落、砂浆粉化等原因导致砌体截面削弱的速度）来推算当墙体截面削弱达$\frac{1}{4}$或柱截面削弱达$\frac{1}{5}$时，即使通过一般维修和局部更换，已不能满足结构构件使用功能的要求，达到这种状态的年限Y_r称为该构件自然寿命剩余耐久年限（推算值）。

$$Y_r = \left(\frac{a_m A_{m0}}{A_{m0} - A_{mr}} - 1 \right) Y_0 \tag{6-8}$$

式中：A_{m0}——砌体结构墙（柱）原截面面积；

A_m——砌体结构墙（柱）当前剩余截面面积；

Y_0——结构构件已使用年限；

Y_r——结构构件自然寿命剩余耐久年限；

a_m——砌体结构耐久性极限系数。

§6-8 现场无损检测技术

目前，对服役结构的检测试验方法，主要有荷载试验和非破损或微破损检测两类。前者主要用于整体结构或构件承载力测定，后者则多用于结构材料的性能和结构缺陷的检测等。应用时根据具体情况比较选择，例如，混凝土结构可靠性检测试验方法的选用可参见表6-12。

表6-12 混凝土结构可靠性检测试验方法的选用比较

试验方法	试验目的	破损情况	代表性	可靠性	主要限制条件
破坏荷载试验	构件强度和性能	试件破坏	优	高	必须从结构上取样，试验条件应与计算条件一致
超载试验	构件强度和性能	构件可能破坏	优	高	构件宜从结构上取出，试验条件与计算条件一致；当做原位试验时，应考虑相邻构件的影响
取芯试验	混凝土强度	应修补	良	高	取芯试件尺寸和分布有限制和要求
拔出法试验	混凝土强度	应修补	接近表面	中	最小边距和构件厚度有限制
超声波试验	混凝土强度、密实度、缺陷	无损伤	优	中	应做对比试验，被测面要处理
回弹试验	混凝土强度	无损伤	表面	低	有条件限制，并需测碳化深度
化学分析法	混凝土质量、配合比、水泥含量	微破损	接近表面	中	应有计划，分布取样

荷载试验结果能直接对结构的承载力提供数据，但较费时、费事，经费也较高，所以必须周密计划，突出试验目的，研究主要问题，并注意与其他方法相结合进行，不可盲目采用。结构的现场荷载试验，还必须特别注意安全，应有严密的保护措施。分离构件进行破坏试验时，取样应在可靠防护下进行，对结构造成的损伤须尽快修复。

对服役结构现场荷载试验，前述静载试验和动载试验方法都同样适用。本节将着重对结构的非破损与微破损检测方法进行讨论。

结构的非破损及微破损检测，是在不破坏整体结构和构件及其使用性能的情况下，来检测结构的某项性能参数或缺陷。非破损检测的一个重要特点是对比性或相关性，即必须在事先对具有被测结构同条件的试样进行检测，然后对试样进行破坏试验或剖析，建立非破损或微破损试验结果与破坏试验结果的对比或相关关系，才有可能对检测结果做出比较正确的判断。尽管这样，有时所测结果却仍不十分可靠。所以，多种方法的综合比较、综合分析，又是提高其可靠性的另一重要手段，也是这些方法的另一个特点。

非破损、微破损检测，许多方法不仅适用于服役结构，也适合于在建结构施工过程中的应用。

6-8-1 表面硬度法

结构材料表面硬度是一个与材质有关的因素。早在 1930 年就记载有测试混凝土硬度的各种尝试。它是建立在试验测试值与混凝土强度之间的相关关系上，但使用上还受到特殊限制。

表面硬度法，通常采用一个标准质量的重物，在被激发的标准动力推动下，撞击在混凝土、钢材、木材等材料的表面，用形成的凹痕大小或对重物的回弹能量高低，来确定被测材料的硬度和强度的。

另外，表面硬度试验中还有一种刻痕法，德国、苏联和英国都较重视，我国也有使用的，但多做为一种经验判断使用。

目前较为成熟的方法有下述几种：

1. 回弹法

回弹法主要用于评定混凝土抗压强度，是各种表面硬度法中应用较好的一种方法。它具有仪器构造简单、使用方便、测试速度快和试验费用低等优点，在一定条件下能满足结构混凝土强度的测试要求，误差在±15%以内。在历届国际非破损检测会议上，均得到肯定和推荐。

回弹仪的构造原理如图 6-6 所示。其是一种直射锤击式仪器，工作原理如图 6-7所示，一个标准质量的重锤，在标准弹簧弹力带动下，冲击一个与混凝土表面接触的弹击杆，由于回弹力的作用重锤又回跳一定距离，并带动滑动指针在刻度上指出回弹值 N。N 是重锤回弹距离与起跳点原始位置距离的百分比值，可用下式表示：

$$N = \frac{L'}{L} \times 100\% \tag{6-9}$$

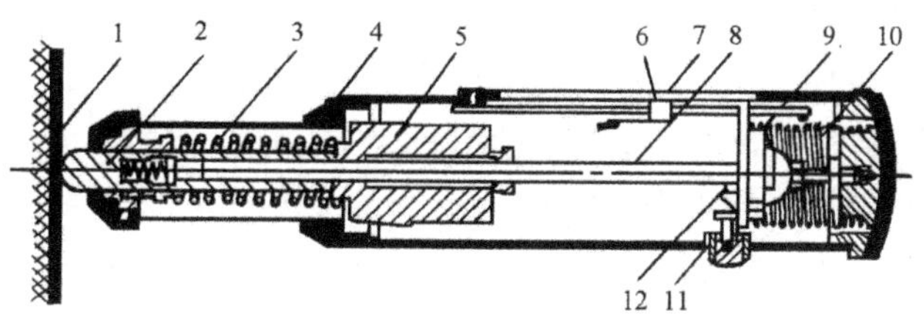

图 6-6　回弹仪构造

1——试件；2——冲击杆；3——拉簧；4——套筒；5——重锤；
6——指针；7——标尺；8——导杆；9——压簧；10——螺栓；
11——按钮；12——钩子

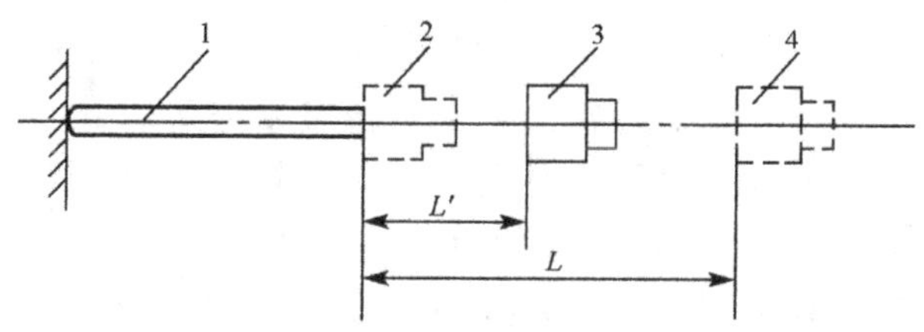

图 6-7　回弹仪工作原理

1——弹击杆；2——重锤弹击时的位置；3——重锤回跳最远位置；
4——重锤发射前的位置

混凝土的强度越高，表面硬度越大，N 值也越大。通过事先建立的混凝土强度与回弹值关系曲线 f_{cu}-N 即可从 N 值求得 f_{cu}值。

使用时，先让弹击杆伸出套筒，然后垂直于测点表面，再把它徐徐压缩回套管内，当后盖螺栓触动挂钩后，重锤即发射冲击弹击杆，接着被回弹并带动指针指出回弹值。

我国已制定了《回弹法评定混凝土抗压强度技术规程》(JGJ23)，使用时应遵照执行。

回弹仪对混凝土检测的影响因素较多，除了仪器状态和操作技术之外，被测结构的状况对测试结果影响也很大，诸如水泥品种、骨料品种和粒径、构件质量、密实度、表面情况、龄期、硬化程度、养护条件、碳化深度、温度、湿度和应力状态等都会有影响。因此，《规程》规定中型回弹仪只适用于龄期 14～365 天、C10～C50 级、自然养护的普通混凝土，不适用于内部有缺陷或遭化学腐蚀、火灾、冻害的混凝土和其他品种混凝土。而且，必须具备测强曲线(换算表)才能使用。测强曲线除了全国曲线外，一般各地区或单位还建立本地区曲线或专用曲线，曲线的地区范围越小，测试结果越可靠，误差不低于±15%。对于龄期大于一年的服役结构，由于各方面因素更加复杂，《规程》的换算表不能机械地套用，宜与其他检测方法(如钻芯法)相结合建立专用的率定曲线，以提高测试结果的准确性。

此外，测点处的刚度和测试面、测试方向、测区、测点的选择等，也都会有影响，都应该在试验时加以注意。

测区要求选在混凝土浇筑的两侧面，并相对称、均匀分布、间距不大于 2m。每一试样测区数不少于 10 个。这样测试结果较有代表性，并方便仪器水平方向进行测试。当受条件限制而采用非侧面和非水平方向测试，结果均应分别加以修正。测区处的刚度应足够，保证测试时不颤动。

为减小不均匀性影响，每一测区（约 400cm²）内应有 16 个测点，然后去掉最大和最小值各 3 个，以 10 个平均值做为试验结果。测点在测区内亦应均匀分布，间距不小于 3cm。

混凝土碳化形成的碳酸钙使表面硬度增大。试验证明，当碳化深度超过0.4 mm 时即对试验结果有明显影响，应进行碳化修正。碳化深度测定常用钻孔法，洒入 1%酚酞酒精溶液检测，不呈现紫红色反应的厚度即碳化深度。

总之，混凝土回弹法测强影响因素很多，而且每一个因素都可能给测试结果造成很大的影响，只有严格按规程操作，才能取得可靠结果。

中型回弹仪，除了单独用于普通混凝土测强外，还有用于超声回弹综合法测强，也可用于质量对比性试验与匀质性检测。回弹仪除中型之外，还有：

重型：HT-3000 型，冲击能量 29.4J，用于大体积普通混凝土结构的检测；

轻型：HT-100 型，冲击能量 0.98J，用于轻质混凝土和砖的检测；

特轻型：HT-28 型，冲击能量 0.28J，用于砌体砂浆的检测。

这些回弹仪也必须有专用的强度与回弹值关系曲线配合使用。

2. *钢材表面硬度法*

钢结构材料的抗拉强度，除可截取小试件进行试验外，在缺少预留试件或为避免结构损伤的情况下，可采用如图 6-8 所示的 HB2 型锤击式布氏硬度计，在结构上用锤击法直接测定。由标准板和结构测点所产生的凹痕直径，按经验公式求得钢材的抗拉强度 f_t：

$$f_t = 0.36H_1 = 0.36H_0 \frac{D - \sqrt{D^2 - d_0^2}}{D - \sqrt{D^2 - d_1^2}} \tag{6-10}$$

式中：H_0、H_1——标准板和被试钢材的布氏硬度；

D——硬度计钢球直径(mm)；

d_0、d_1——标准板和被试钢材上所形成的凹穴直径(mm)，用读数显微镜量测，误差±7%～10%。

6-8-2 超声波法

超声波是一种频率超过 20kHz 的机械波，一般由高频电振荡激励压电晶体发出。接收也是通过压电晶体把机械振荡转换成电讯号进行传输、放大与量测。

超声法探测的基本原理是基于超声波在介质中传播时，遇到不同界面，将产生反射、折射、绕射、衰减等现象，从而使传播的声时、振幅、波形、频率等发生相应变化，测定这些规律的变化，便可得到材料的某些性质与内部构造情况。

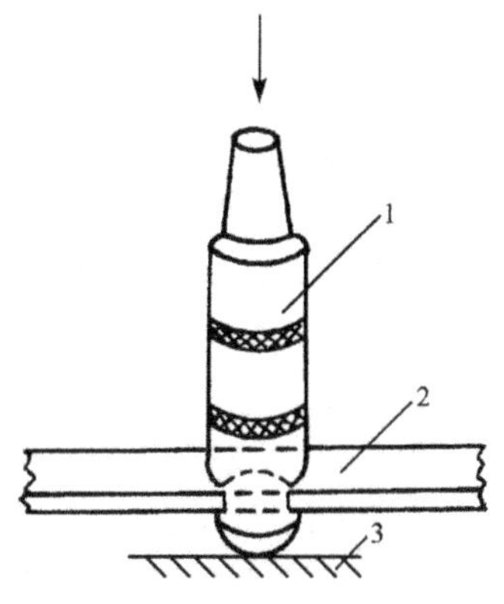

图 6-8 表面硬度测定法测定钢材强度

1——HB_2 型布氏硬度计；2——硬度标准板；3——试件

由于非金属材料与金属材料的性质不同，使用的超声波探测仪也分两类。用于非金属探测的需要频率低、功率大，声波传播能量不易被衰减，才能满足一定范围的量测需要。用于金属探测的，则需要频率高而功率不必太大，这样探测灵敏度较高，精度较好。

1. *混凝土的超声检测*

超声波用于混凝土的测试，国外始于 20 世纪 40 年代，随后发展迅速，今已在工程上广泛应用。目前主要用于强度、裂缝、内部缺陷和均匀性检测等方面，有时也用于测定弹性参数。

使用的非金属超声波探测仪的组成部分，主要包括超声波的发生、传递、接收、放大、时间测量和显示等装置。图 6-9 为仪器的一种基本组成电路框图。

由于混凝土为弹粘塑性材料，内部构造复杂，超

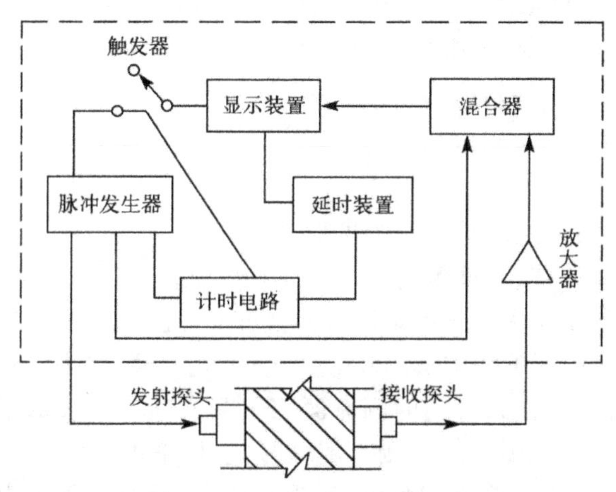

图 6-9 超声测试的一种基本电路

声波在其中传播衰减较大，为了能检测较大的距离，探测仪采用较低的频率和较大的功率。工作频率通常在 1MHz 以下，10～500kHz 较适用于普通混凝土，为减少各种干扰和失真，以 50～100kHz 以内较好。仪器通常配有二至三对探头，测距较大或混凝土强度较低、或缺陷较多时，宜用 100kHz 以下的，反之用较高频率的探头。当在钻孔中部探测时，如对桩基质量的检测，应采用径向探头。在粗糙表面或曲面上宜选用指数探头，其端头成圆台形，与测点的接触面较小，便于耦合。

混凝土超声检测对仪器的要求是：声时最小分度值不大于 0.1μs；精度不低于 ±1%；20～30μs 范围内漂移不大于 0.2μs/2h；电脉冲起动准确，发送器的启动时间应小于探头固有周期的 $\frac{1}{4}$，脉冲频率要低，以避免与相邻探头之间的干涉作用。

频率宜在 50～100kHz 以内，标准频率误差不大于±10%，操作应注意探头和测点表面保持良好耦合，以减少声能耗损。为此，测点必须平整，并涂刷耦合剂，如黄油、海藻酸钠胶溶液等。在钻孔中检测时，应用防水探头，孔中灌水耦合。

(1) 混凝土强度检测

基于混凝土强度与其弹性模量、密实度等密切相关，而超声波在其中传播速度又与这些参数有如下式关系：

$$V = \sqrt{\frac{E_d(1-\nu)}{\rho(1+\nu)(1-2\nu)}} \tag{6-11}$$

式中：E_d——介质的动弹性模量；

ρ——介质的密度；

ν——介质的泊松比。

因此，混凝土强度 f_{cu} 与超声波在其中传播速度 ν 具有一定相关性。这就是超声法检测混凝土强度的基本原理。

由于影响因素的复杂性和随机性，检测也必须有事先建立的 f_{cu}^c-V 相关曲线。这种曲线，目前国内外常采用下列几种函数通用表达式：

$$\begin{aligned} &\text{平抛物线型} \quad f_{cu}^c = a + bv + cv^2 \\ &\text{指数函数型} \quad f_{cu}^c = ae^{bv} \\ &\text{幂函数型} \quad f_{cu}^c = av^b \end{aligned} \tag{6-12}$$

式中：a、b、c——待定系数；

f_{cu}^c——超声法测定的混凝土强度换算值。

检测采用发、收双探头对测法。

当该法作为与回弹法综合评定混凝土强度时，应按照我国《超声回弹综合法检测混凝土强度技术规程》(CECS02:88)进行。因此，与回弹法相对应，每个测区(约 400cm^2)内应在混凝土浇筑方向的两侧面上布置三对测点，每对测点的收、发探头应在同一轴线上进行对测。当对测有困难时，也可采用二探头不同一轴线的斜测法。无论那种方法均要求测距尺寸准确，误差不大于 2%。每一构件测区数应不少于 10 个，其间距不大于 2m，2m 以内构件的测区亦不得少于 3 个。测区的测试结果以三对测点平均值计算。当收发探头分别布置在混凝土浇筑的顶面和底面时，与两侧面对测结果会有差异，应修正。

混凝土超声测强的影响因素很多，除了仪器性能和检测方式、方法之外，其他诸如混凝土内部构造，石子品种、粒径、用量，水泥品种，含砂率，外加剂，水灰比，养护条件，龄期，湿度以及所含钢筋的粗细、疏密、方向等的不同，均会对测试结果产生影响。所以，我国目前超声法测强，只作为与回弹法的综合法使用，并优先采用地区曲线或专用曲线。

(2) 混凝土裂缝检测

服役结构在长年使用中，可能产生各种裂缝和损伤，为了评估其安全性和耐久性，常需了解裂缝的深度、形状和走向。现场结构加载试验中，也常需要检测裂缝的出现及发展过程。对于装配式结构的接缝质量、裂缝灌浆处理效果、新旧混凝土结合情况等。非金属超声波检测仪则提供了一种方便、快速的检测手段。

检测裂缝的原理主要是声波在传播过程中遇到裂缝时，不同介质产生反射、折射、绕射、衰减以及介质应力与声速所具有的相关性。

对于垂直裂缝的检测，如图 6-10 所示，发、收探头放置在对称于裂缝的混凝土表面上，彼此相距为 d，测得裂缝尖端的声时 t_1；然后以相同距离 d 将探头置于附近无裂缝处的混凝土表面，测得沿表层传播的声时 t_2，可知：

$$t_2 \cdot v = d$$

$$t_1 \cdot v = AO + BO \tag{6-13}$$

式中：v——混凝土声速，$v=\dfrac{d}{t_2}$。

根据三角形关系可得裂缝深度

$$h = \frac{d}{2}\sqrt{\left(\frac{t_1}{t_2}\right)^2 - 1} \tag{6-14}$$

条件允许时也可采用如图 6-11 所示的对测法。二探头相对，从裂缝顶部开始，逐渐向尖端移动扫描，当测得声速为混凝土声速时，即为裂缝的终止。

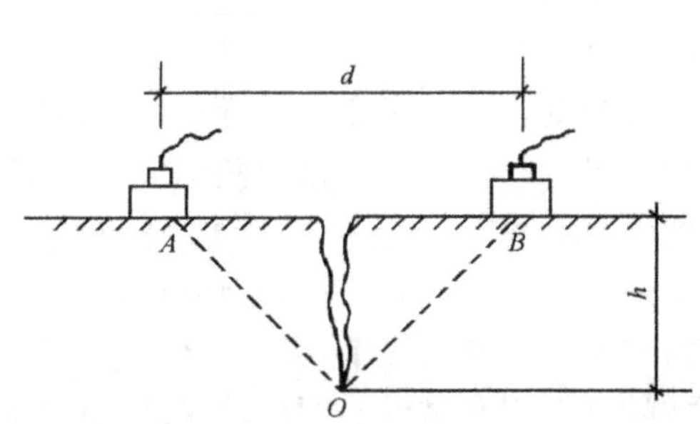

图 6-10　垂直裂缝量测

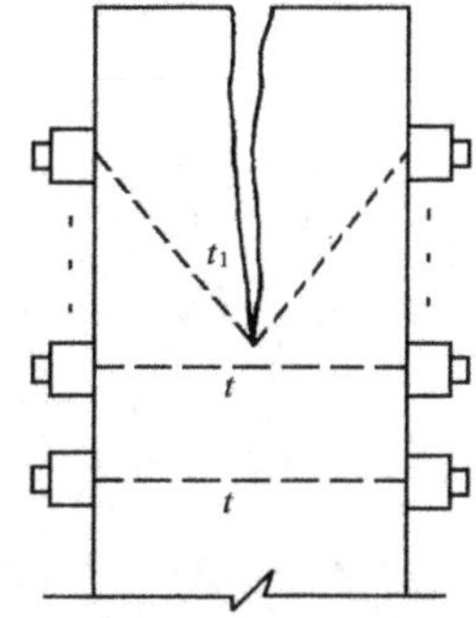

图 6-11　垂直裂缝的对测法

很深的裂缝，侧向又无法探测，当用一般方法穿透能量不足时，可钻孔用径向增压式探头如图 6-12 的方法检测。

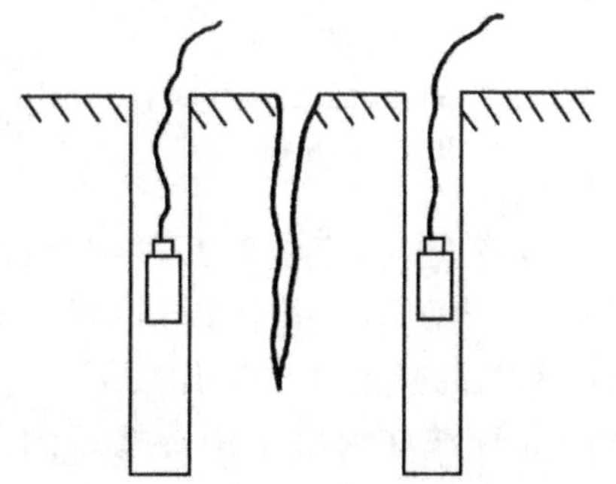
图 6-12　地下基础深裂缝的检测

对于倾斜裂缝，应先确定其走向。方法是在测试面上画一条与裂缝交叉并相垂直的直线，然后如图 6-13 所示，将一探头固定放置在直线上某一测点 A，另一探头置于裂缝的另一边靠近裂缝的 B_1 点，测得声时 t_1 后再稍许外移，此时声时若减小，则裂缝走向右边，反之则向左边。裂缝末端的确定，如图 6-13 所示，在 B 探头由 B_1 到 B_2 的移动过程中，记下声时值最小的测点 B_3，从 B_3 引测试面的垂直

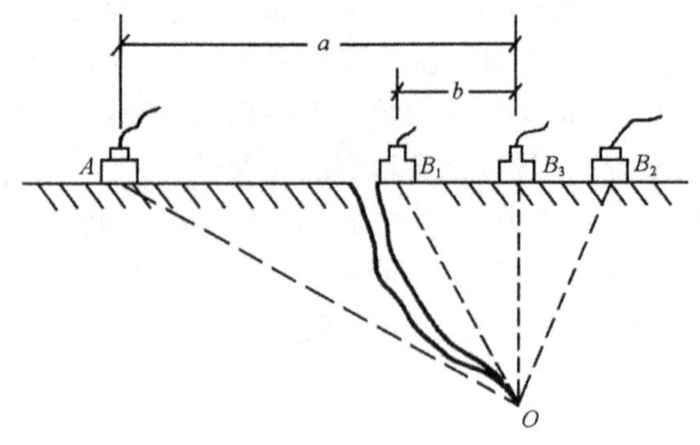

图 6-13　倾斜裂缝的检测

线，该直线必与裂缝末端 O 相交。从直角三角形 AOB_3 与 B_1OB_3 可得：

$$B_1O^2 - b^2 = AO^2 - a^2$$

$$AO + B_1O = t_1 \cdot v \tag{6-15}$$

式中：v——混凝土无裂缝声速，解得 AO 或 B_1O 值，即可确定 O 点的位置。

对于加载试验中裂缝出现的探测，是利用混凝土结构受载过程中其超声声时和振幅将随荷载的增加而变化的原理进行的。图 6-14 为棱柱体试件单轴压缩过程中声时、振幅及表面横向应变随荷载变化的一个典型曲线。

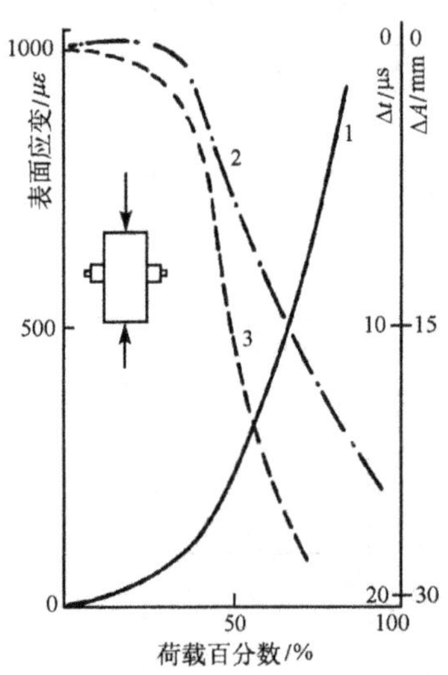

图 6-14　荷载-应变、声时、振幅关系图

1——表面应变；2——声时；3——振幅

在加载初期，应力-应变关系近于直线，试件处于弹性阶段。此时，声时、振幅基本保持不变。当加载到 30%最大荷载左右，变形加大，应力-应变关系逐渐偏离直线，试件进入塑性阶段，声时、振幅开始减小。当加载到最大荷载的 80%左右，声时、振幅剧减，不久试件表面出现裂缝，直至破坏。从而可以从声时、振幅的变化中看出试件受力、开裂直至破坏的过程。

同样，对其他受力构件也可以采用超声法检测裂缝的出现和扩展。图 6-15 为受弯构件加载试验中裂缝超声检测的一种布置方法。

混凝土中钢筋会干扰超声波的传递。当有钢筋贯穿裂缝时，应注意其影响；钢筋较粗、较密时，超声法不宜用于裂缝检测。

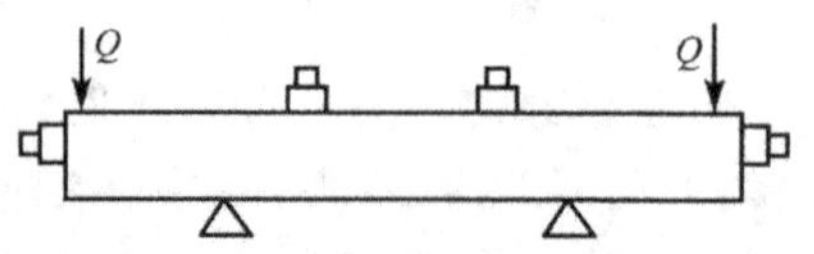

图 6-15　受弯构件加载试验裂缝的检测

(3) 混凝土内部缺陷的检测

超声波在混凝土中传播遇到缺陷时，其正常传播的某些声学参数便发生变化，根据这些改变，可以判断缺陷的存在和大致尺寸。

但只有缺陷大于探头直径时才较灵敏。主要方法有：

声时法(又称声速法)，即利用超声波遇到孔洞等缺陷时产生绕射或直接穿过缺陷中低速介质时，从声时的变化而进行的量测；波形法，利用超声波遇到缺陷时，连续性被破坏，传播路线受干扰，使接收波波形发生畸变和首波到达接收探头时间的滞后，来判别缺陷，如图 6-16，振幅法，利用缺陷对声波的衰减比无缺陷处大，接收波振幅将减小的特点，根据首波振幅的异常变化确定缺陷；还有频率法，即利用混凝土中质量的不同，对超声脉冲波中的高频分量吸收、衰减也不同，致使接收波的频谱发生变化。有缺陷处，接收波的高频分量相对减少，低频分量则相对增大。因此可从接收的频率值检出缺陷。

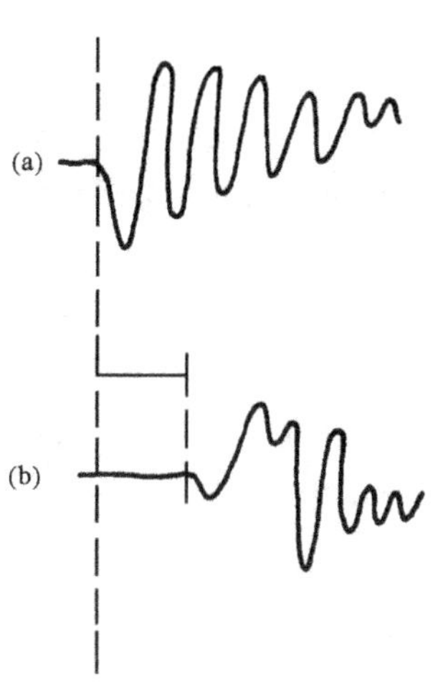

图 6-16 有无缺陷的波形对比

(a)无缺陷时波形；

(b)有缺陷时波形

(4) 混凝土匀质性检测

超声波检测混凝土匀质性，可与探测缺陷相结合进行。方法一样，仅把最后结果分别用图形表示。图 6-17 为一现浇混凝土构件用等声时(等声速)线表示匀质性的例子。

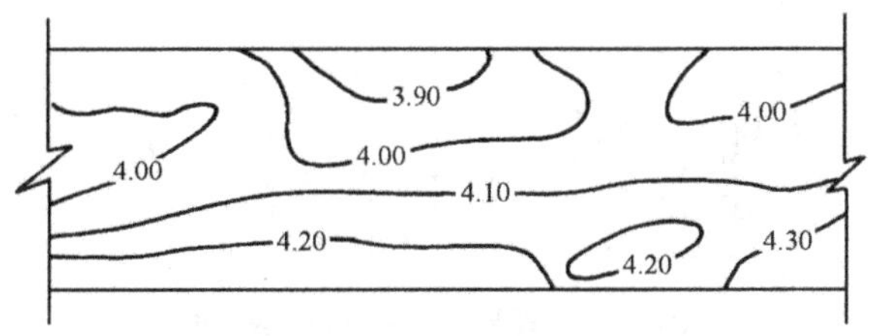

图 6-17 等声时(声速)线

(5) 混凝土变质破坏范围的检测

结构混凝土由于火灾、机械和化学作用等造成变质、破坏的程度和范围，也可用超声波进行探测。

主要测定破坏层深度 δ 时，可先测完好部分混凝土声速 v，然后测定包括变质层在内的总厚度 h 的声时 t，则变质层厚度可近似从下式求得，

$$\delta = t \cdot v - h \tag{6-16}$$

以上各种检测，常常先在结构混凝土表面布置 10～100cm 间距方格网，以方格网交点为测点，若发现疑点，应再加密测点网格补测。结果按坐标以数字和图式等方法分别表示裂缝、缺陷、变质损坏及匀质性等情况。

2. *钢结构的超声检测*

钢结构的超声波检测与混凝土不同，主要用于探测内部缺陷，如裂纹、空洞、夹杂等。因为钢的密度较大，所用的超声波频率也较高，通常为 0.5～75MHz，而功

率则较小。仪器要求符合标准《A型脉冲反射式超声波探伤仪技术条件》(JB1834)。探伤的基本原理是高频超声波在金属中传播时，遇到不同介质(如缺陷)，会在介面上产生部分反射。探头接收后经放大等处理，即在示波屏上显示出各介面的反射波及其相对位置。图6-18表示采用直探头(纵波)和斜探头(横波)探伤的两种方法。

M'为试件表面反射波(亦称始波)，S'为缺陷反射波(亦称伤波)，D'为底面反射波(亦称底波)。如果无缺陷，则只有M'、D'两个波形。缺陷的大小由仪器灵敏度调节确认或由探头移动扫描探测。

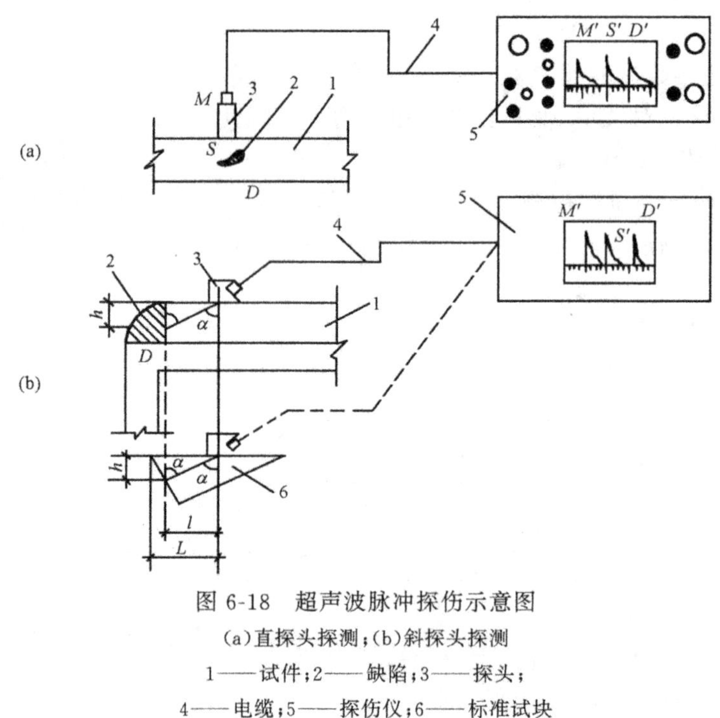

图6-18 超声波脉冲探伤示意图

(a)直探头探测；(b)斜探头探测

1——试件；2——缺陷；3——探头；

4——电缆；5——探伤仪；6——标准试块

缺陷的位置，当用直探头时，如图6-18(a)，从示波屏二三个波尖相对于时标即可求得。当用斜探头时，可采用图6-18(b)的方法。在发现缺陷时，将探头在结构的位置和示波屏上伤波位置记下来，然后将探头移到有一角度与探头折射角相同的直角三角形标准试块斜边上，并作相对移动，当发现底波与结构的伤波重合时，量取长度L，即可按下式求得缺陷位置：

$$\begin{aligned} l &= L\sin\alpha \\ h &= L\sin\alpha\cos\alpha \end{aligned} \tag{6-17}$$

超声波在钢结构上检测，也同样要求测点平整光滑，并加适当耦合剂。同时只能测出尺寸大于波长的缺陷。所以频率越高，波长越短，其检测灵敏度越高。由于散射影响，单探头反射法灵敏度比双探头透射法高，所以金属探伤多用单探头反射法。

此外，缺陷的尺寸也可用反射波的振幅来估计，但要用标准试件建立专用曲线或图表；还可用多频率频谱分析法以及其他方法，如射线法相结合进行探测。

超声波探伤仪用在钢材中可探测深度 1.5m 以内的各种缺陷，设备简单，便于现场使用，并可实现扫描和自动化检测，国产带微机图像储存和多通道可配计算机的仪器也已问世。其缺点是确定缺陷尺寸要有一定经验，主要的影响因素有仪器的灵敏度、测点表面情况、缺陷形状和探测方向等。其如用于探测焊缝，可参照国家和有关部颁标准进行。

6-8-3 钻芯法

钻芯法是在混凝土结构有代表性部位钻取芯样，经必要加工整理以后进行物理、力学和化学的试验测定和分析，主要是抗压强度等试验。该法被认为是一种直接而又可靠，能较好反映材料实际情况的微破损鉴定方法。在服役结构上钻取少量芯样，可供非破损方法进行检测结果对比，提高非破损检测的精确度和可靠性。另外，还可以直接观察混凝土内部各种情况与施工质量。在某种意义上，其比预留混凝土立方体试块法更能体现工程的实际情况。我国工程建设标准化委员会已推荐颁发有《钻芯法检测混凝土强度技术规程》(CECS03：88)。

取样的技术要求各国不尽相同，我国的规程规定，芯样的直径宜大于或等于混凝土骨料最大粒径的 3 倍，特殊情况也不应小于 2 倍；高度为直径的 0.95～2.05 倍，以直径与高度均为 10cm 作为标准试件，加工后端面的不平度≤0.1%为合格，不平整的应抹平或用环氧树脂水泥或热硫磺抹平，并与轴线垂直；芯样内不应包含钢筋，若无法避免，只允许含有垂直于轴线而不露出端面、直径不大于 10mm 的钢筋 2 支。

钻芯和锯割设备应有水冷却装置，并具有足够的刚度，固定牢靠，不产生任何偏移。设备带水作业，应特别注意有效接地和安全防护。

试验前应对芯样做精确测量和特征描述，诸如各种缺陷、骨料种类与最大粒径、是否含有钢筋及其直径等，以供评定参考。为使芯样抗压试验在与结构或构件的湿度基本一致条件下进行，分为自然干燥状态(试件在室内干燥 3 天后)试验，潮湿状态(试件在 20℃±5℃ 清水中浸泡 40～48h 后)试验两种方法。

芯样混凝土强度换算值，按下式计算：

$$f_{cu}^{c} = \alpha \frac{4F}{\pi d^2} \tag{6-18}$$

式中：f_{cu}^{c}——芯样混凝土强度换算值(MPa)，精确至 0.1MPa；

F——芯样抗压试验测得的最大压力(N)；

d——芯样试件平均直径(mm)；

α——不同高径比混凝土强度换算系数，其值见表 6-13。

钻芯法检测混凝土强度和其他性能，可靠性比较大。主要问题是试验费用较高，取样不很方便，试验周期较长，且会造成结构一些局部破损等。所以应与其他非破损方法综合应用、分析与评定，提高效益。

表 6-13 芯样试件混凝土强度换算系数

高径比$\frac{h}{d}$	1.0	1.1	1.2	1.3	1.4	1.5	1.6	1.7	1.8	1.9	2.0
系数 α	1.00	1.04	1.07	1.10	1.13	1.15	1.17	1.19	1.21	1.22	1.24

6-8-4 拔出法

拔出法是用一根螺栓或类似的装置，部分埋入混凝土中，然后拔出，测定其拔出力的大小来评定混凝土的强度。该法主要方法分两类。

一类是把锚头预埋在混凝土内，到达龄期后做拔出试验，称先装法，仅适应工程施工及验收需要。

另一类是在硬化的混凝土表面上钻孔，然后装上拔出装置，进行拔出试验，称钻孔后装法。该法灵活性较大，较适用于股役结构的检测。

两类方法的基本概念都是建立在拔出力与混凝土抗压强度的相关关系上。其优点是能比较直接地反映混凝土的强度，虽只测表面某一深度，但比回弹法深度大、比超声法影响因素少，比取芯法方便、费用低、损伤范围小。

钻孔后装法在服役结构检测中，主要采用两种方法。

一种方法是采用直径为 6mm 电钻，在混凝土表面上钻一个深度为 30～35mm 的孔，用吹风机清除孔内粉尘后，把一个 6mm 的楔形胀管锚栓插入孔内，至混凝土表面以下规定深度，如图 6-19 所示。经用靠尺检查和调整锚栓与混凝土表面垂直度后，再装上拉拔器进行拉拔试验。

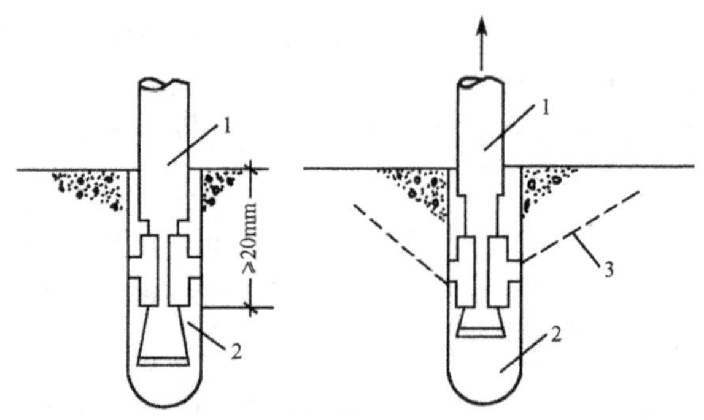

图 6-19 钻孔后装法试验装置图之一

1——胀锚螺栓；2——钻孔；3——破裂面

拉拔时以一定速度连续进行，并保持拉杆垂直，为此锚杆与拉拔器的连接应为铰接。当胀管螺栓被锁紧后，进行内裂破坏力的测定。破坏力系指如图 6-20 所示的荷载-位移曲线的峰值。根据事先建立的拔出峰值荷载与混凝土强度关系曲线确定混凝土强度。

拔出设备有多种形式，较简单的可用扭矩仪，也可用张拉千斤顶或其他适当方法。无论何种方法，都要求通过一定试验建立率定曲线。

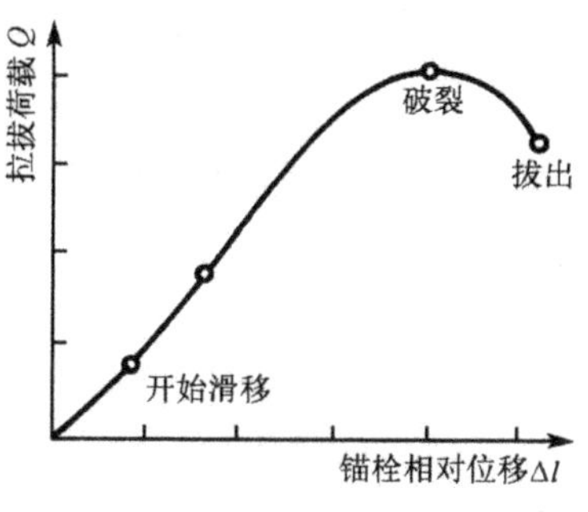

图 6-20　拔出荷载-位移曲线

这种拔出法，力的传递相当复杂。混凝土骨料与胀管的相对位置等都有影响，试验结果的变异性随骨料的增大而增大。所以钻孔基本尺寸的确定，应考虑拔出力大小和胀管深度，避免表面碳化层、钢筋位置和裂缝等的影响和干扰。最小拔出深度建议不小于骨料最大粒径，并不小于 20mm。

另一种为钻孔后装拔出法，其基本做法是用一台轻便钻机，在混凝土表面钻一直径 18mm、深度 45mm 的孔，再在孔内 25mm 深处扩一个 25mm 的环形槽，插入带胀环的胀管螺栓，即可进行拔出试验，至混凝土表面出现裂缝时终止。该法虽然也有混凝土表面性质等影响因素存在，但胀环定位明确，比前一种方法受胀管局部应力集中影响小，传力简单；比钻芯法无论在造成的结构损伤、试验时间、试验费用等方面都要少。

6-8-5　综合法

结构检测的方法很多，每种方法都有其优缺点，都存在多因素的影响，各种因素对不同方法的影响又不相同，所以应采用两种或两种以上多因素综合分析法，诸如超声回弹综合法、超声钻芯综合法、声速衰减系数综合法等，它具有单一方法间优缺互补、正负误差相消的效果，能提高检测和分析评定结果的精度与可靠性。

超声回弹综合法是国际上 20 世纪 60 年代发展起来的一种非破损检测方法，由于其精度高，已在我国混凝土工程中广泛使用。该法是以超声声速和回弹值综合反映混凝土强度的。

我国工程建设标准化委员会已推荐颁布了《超声回弹综合法检测混凝土强度技术规程》，除了工程上由于管理不善、施工质量不良，试块与结构中混凝土质量不一致或对试块检验结果有疑问时，可按该规程进行检测推定混凝土强度外，并可作为处理混凝土质量问题的一个主要依据。服役结构多为长龄期混凝土，其碳化深度对测试结果影响较大，只有在钻取芯样试件作校核条件下，才能按规程对结构或构件进行检测和强度评定。

使用时分别以前述的回弹法和超声法测出测区的回弹值 R 和声速值 v，然后查专用或地区的超声回弹综合测强曲线，求得混凝土强度换算值 f_{cu}^{c}，计算采用下列回归方程式：

$$f_{cu}^{c} = a(v_a)^b(R_a)^c \tag{6-19}$$

式中：a、b、c——与混凝土粗骨料有关的系数，见表 6-14。

测区布置基本上同回弹法，但单个构件检测时，测区应不少于 10 个，若构件长度不足 2m，也不得少于 3 个。

表 6-14 混凝土粗骨料系数

粗骨料品种	a	b	c
卵　石	0.038	1.23	1.95
碎　石	0.008	1.72	1.57

测区内先进行回弹测试，再进行超声测试，避免耦合剂给回弹测试带来影响。平均值与修正值的计算方法如前述。

为减小离散性和偶然因素的影响，抽样检验时，抽检构件数一般不少于同批应检构件数的 30%，如果推算的混凝土强度等级≤C20、标准差 $S_{f_{cu}}>4.5$MPa，或推算强度等级>C20、$S_{f_{cu}}>5.5$MPa 时，应全部按单个构件检测。

当结构所用的材料与测强曲线的材料有较大差异时，须用同条件试块或从结构测区钻取的混凝土芯样进行检验修正，芯样数量不少于 3 个。

超声回弹综合法，比单一法精度高，一般误差在 12%左右，影响因素也显著减少。除石子品种及含量外，水泥品种及用量、砂子品种、石子粒径等均无显著影响，是现场混凝土强度检测的一个方便、可靠、费用低的非破损检测方法。

此外，还有超声-射线、回弹-砂浆声速-碳化、回弹-钻芯等等也有可能建立综合法，或相结合进行评定测试结果。

6-8-6 砌体强度检测方法

砌体强度包含砌筑块体（如砖、石、砌块等）和砌筑砂浆的强度。砌体强度的现场检测方法，按对墙体损伤程度，可分为以下两类：①非破损检测方法，在检测过程中，对砌体结构的既有性能没有影响；②局部破损检测方法，在检测过程中，对砌体结构的既有性能有局部的、暂时的影响，但可修复。

砌体强度的现场检测方法，按测试内容可分为下列几类：

1）检测砌体抗压强度：原位轴压法、扁顶法；

2）检测砌体工作应力、弹性模量：扁顶法；

3）检测砌体抗剪强度：原位单剪法、原位单砖双剪法；

4）检测砌筑砂浆强度：推出法、筒压法、砂浆片剪切法、回弹法、点荷法、射钉法。

原位轴压法是西安建筑科技大学研究开发的，在工程中被广泛应用，本方法适用于推定 240mm 厚普通砖砌体的抗压强度。检测时，在墙体上开凿两条水平槽孔，安放原位压力机。原位压力机由手动油泵、扁式千斤顶、反力平衡架等组成。其工作状况如图 6-21 所示，测试部位应具有代表性，并应符合下列规定：

1）测试部位宜选在墙体中部距楼、地面 1m 左右的高度处；槽间砌体每侧的墙体宽度不应小于 1.5m。

2）同一墙体下，测点不宜多于 1 个，且宜选在沿墙体长度的中间部位；多于 1 个时，其水平净距不得小于 2.0m。

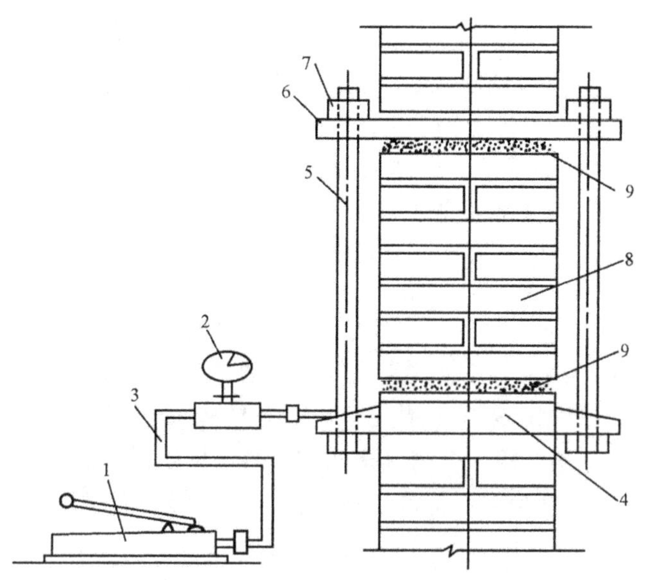

图 6-21 原位压力机测试工作状态

1——手动油泵;2——压力表;3——高压油管;
4——扁式千斤顶;5——拉杆(共 4 根);6——反力板;
7——螺母;8——槽间砌体;9——砂垫层

3）测试部位不得选在挑梁下、应力集中部位以及墙梁的墙体计算高度范围内。

在测点上开凿水平槽孔时,应注意上、下水平槽的尺寸应符合要求,上下水平槽孔应对齐,两槽之间应相距 7 皮砖;开槽时,应避免扰动四周的砌体;槽间砌体的承压面应修平整。

在槽孔间安放原位压力机时,应符合下列规定:

1）在上槽内的下表面和扁式千斤顶的顶面,应分别均匀铺设湿细砂或石膏等材料垫层,垫层厚度可取 10mm。

2）将反力板置于上槽孔,扁式千斤顶置于下槽孔,安放四根钢拉杆,使两个承压板上下对齐后,拧紧螺母并调整其平行度;四根钢拉杆的上下螺母间的净距误差不应大于 2mm。

3）正式测试前,应进行试加荷载试验,试加荷载值可取预估破坏荷载的 10%,检查测试系统的灵活性和可靠性,以及上下压板和砌体受压面接触是否均匀密实。经试加荷载,测试系统正常后卸荷,开始正式测试。

正式测试时,应分级加荷。每级荷载可取预估破坏荷载的 10%,并应在 1～1.5min 内均匀加完,然后恒载 2min。加荷至预估破坏荷载的 80%后,应按原定加荷速度连续加荷,直至槽间砌体破坏。当槽间砌体裂缝急剧扩展和增多,油压表的指针明显回退时,槽间砌体达到极限状态。试验过程中,如发现上下压板与砌体承压面因接触不良，致使槽间砌体呈局部受压或偏心受压状态时，应停止试验。此时应调整试验装置，重新试验，无法调整时应更换测点。试验过程中，应仔细观察槽间砌体初裂裂缝与裂缝开展情况，记录逐级荷载下的油压表读数、测点位置、裂缝随荷载变化情况简图等。

计算砌体强度是根据槽间砌体初裂和破坏时的油压表读数，分别减去油压表的初始读数，按原位压力机的校验结果，计算槽间砌体的初裂荷载值和破坏荷载值。槽间砌体的抗压强度，应按下式计算：

$$f_{uij} = \frac{N_{uij}}{A_{IJ}} \tag{6-20}$$

式中：f_{uij}——第 i 个测区第 j 个测点槽间砌体的抗压强度(MPa)；

N_{uij}——第 i 个测区第 j 个测点槽间砌体的受压破坏荷载值(N)；

A_{ij}——第 i 个测区第 j 个测点槽间砌体的受压面积(mm^2)。

槽间砌体抗压强度换算为标准砌体的抗压强度应按下列公式计算：

$$f_{mij} = \frac{f_{uij}}{\xi_{1ij}}$$

$$\xi_{1ij} = 1.36 + 0.54\sigma_{0ij} \tag{6-21}$$

式中：f_{mij}——第 i 个测区第 j 个测点的标准砌体抗压强度换算值(MPa)；

ξ_{1ij}——原位轴压法的无量纲的强度换算系数；

σ_{0ij}——该测点上部墙体的压应力(MPa)，其值可按墙体实际所承受的荷载标准值计算。

测区的砌体抗压强度平均值，应按下式计算：

$$f_{mi} = \frac{1}{n_i}\sum_{j=1}^{n_i} f_{mij} \tag{6-22}$$

式中：f_{mi}——第 i 个测区的砌体抗压强度平均值(MPa)；

n_1——测区的测点数。

6-8-7 其他非破损检测方法

1. 电位差法

钢筋混凝土结构，在使用中由于碳酸气的作用，便会由表及里的发生碳化，使混凝土碱性降低，再加其他因素影响，钢筋就可能锈蚀。其发生和发展意味着钢筋与混凝土的握裹力遭到破坏，甚至使保护层爆裂，钢筋截面削弱等，致使结构失效。

钢筋的锈蚀，可用电位差法测定。其原理是由于钢筋的腐蚀便有腐蚀电流产生，锈蚀的程度不同，其接地电位差也不一样。用铜-硫酸铜作为参照电极，并与被测钢筋连接，中间串联一毫伏表，如图 6-22 所示，便可判断混凝土中钢筋的锈蚀情况。一般来说，测得的 mV 数为正，表示无锈蚀；测得为负值，则有锈蚀可能。负值越大，锈蚀就越严重。

这种方法，目前只能定性，不易定量，即难以给出锈蚀率。为提高准确率，仪器应事先率定；使用的毫伏表的内阻应远大于混凝土的电阻；参照电极的电阻要尽量小，且不要使其极化，避免量测系统对原电池的影响。

2．电磁法

电磁法是利用电磁感应原理，检测铁磁性材料的不可见位置、大小及内部缺陷情况等，当前此类设备主要有两种，钢筋位置测定仪和磁粉探伤机。

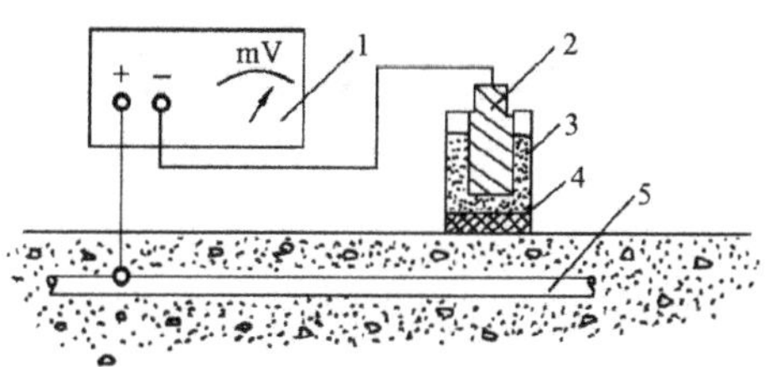

图 6-22　钢筋锈蚀电位差测定法

1——毫伏表；2——铜棒电极；3——硫酸铜饱和溶液；4——多孔接头；5——混凝土中钢筋

钢筋位置测定仪是检测钢筋混凝土结构中钢筋的位置、直径和保护层的厚度等的有效仪器。钢筋位置测定仪是根据电磁原理制成的，是一种非破损检测仪器，主要由探头和接收指示两部分组成，其工作原理见图 6-23。由感应线圈组成的探头靠近钢筋时，使感应电流增大；离开时，则减小。通过标定，可从电表的指示感应电流大小便可确定钢筋的位置与直径。

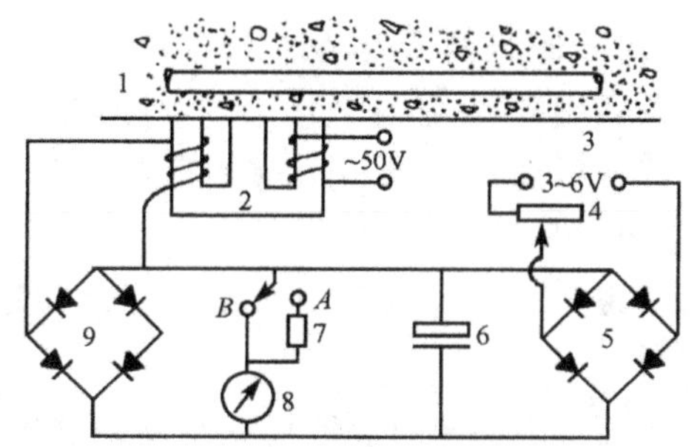

图 6-23　钢筋位置测定仪工作原理

1——试件；2——探头；3——平衡电源；4——可变电阻；5——平衡整流器；6——电介电容；7——分挡电阻；8——电流表；9——整流器

这种仪器探测最大深度为 40～700mm，钢筋直径 10～32mm。深度小于 40mm 时，最小直径可测至 2mm。仪器的量测误差，一般不超过±5％或 2mm。这种仪器还可用于探查混凝土结构中其他铁磁性材料的含量及分布。

磁粉探伤仪主要用于探测钢结构内部缺陷。基本原理是根据钢铁材料磁化产生的电磁场，在缺陷处要发生畸变，其形状可用撒磁粉得到显示。

探测时，先把测区表面磨平，清洁后磁化。磁化方法有纵向磁化和环向磁化二种。前者可用永久磁铁、电磁铁使测点产生纵向磁场；后者是把电流纵向通过测区，造成环向磁场。图 6-24 表示两种磁化方法及其结果示意。钢结构探测通常采用(a)法。

磁粉探伤法，可显示气孔、夹渣和分布于近表面或露于表面的裂缝。深度小于 5mm 的较大缺陷也可显示。方法比较简单，结果直观，操作技术要求不高。但应注意用肉眼观察带有一定主观性，且指出的只是相当的缺陷而不是确切尺寸；同时，

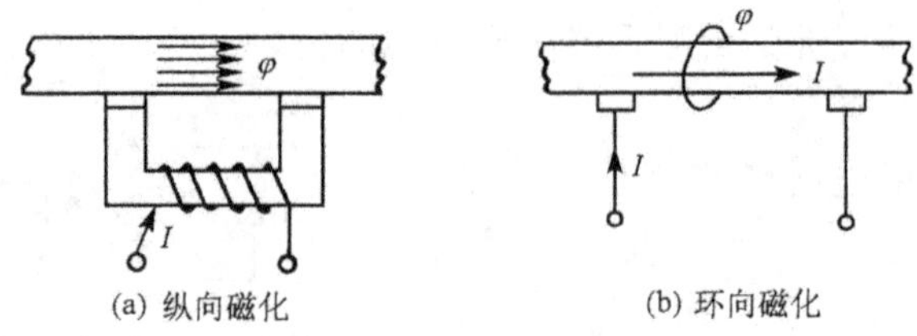

图 6-24 磁化方法示意图

顺着磁力线方向缺陷不切割磁力线，故重要部分应进行纵横两方向磁化检测。

类似的电磁感应方法还有涡流检测法。它是使通交流电的感应线圈靠近测点，导电的试件内就感应产生涡流电流。线圈的形状和尺寸、交流电频率、试件的电导率、磁导率、形状和尺寸、试件和线圈的距离以及试件表面裂缝等缺陷的存在将决定涡流电流的大小及其分布。通过量测到的涡流电流的变化，即可得到试件中有无缺陷和缺陷的尺寸与变化规律等信息。

3. *声发射法*

声发射是材料受力或其他作用后，当某个局部点上的应变超过弹性极限，发生错位、滑移、相变、压碎或微裂缝等，被释放出来的动能而形成弹性应力波。这种应力波虽然振幅很小，但能在材料中传播，可由紧贴于材料表面的传感器接收到。这在断裂力学分析中有重要意义。

声发射探测器，就是根据上述原理利用声发射仪来探测即时正在产生和变化着的缺陷(裂缝)的。

例如混凝土，声发射信号主要来自裂缝形成与发展过程。当混凝土的强度及弹粘塑性不同或处于不同受力阶段，裂缝的产生和发展也就不同，声发射的数量和信号的强度、频率等也都不一样。图 6-25 为一普通混凝土受轴压应力过程中的脉冲计数图。从图可见，基本可分成三个区段，裂缝从无到有，到急剧增加，直到破坏的过程。

声发射仪的作用，就是把从传感器(探头)感受到的信号进行放大、滤波和各种分析处理，通过记录仪显示或记录下来。取得结构材料内部微观或宏观变化着的信号作为判别缺陷的依据。

声发射检测技术，目前虽还有许多问题需要进一步研究，但它已在许多场合被应用，在工程检测中应用也愈来愈多，已成功地用于运行中核电站的监测和市政、桥梁及房屋建筑等工程中混凝土的检测。除此之外，在材料和岩石的物理力学性能的研究、金属焊接的检验、断裂力学参数的测定等方面亦均有应用。

4. *射线法*

射线法探测，是利用射线对各种物质的穿透力来检测物体内部构造或缺陷的。其实质是根据被测物体内所包含的各种介质(如混凝土中钢筋、石子、砂浆、孔洞、裂缝等)对射线能量衰减的程度不同，而使射线透过物体后强度发生不同变化，在

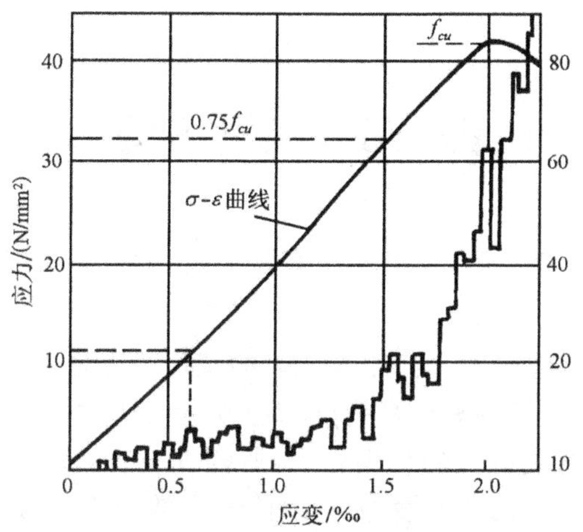

图 6-25　普通混凝土在轴向压力作用下的声发射特性

感光材料上获得投影所产生的潜影，经处理后而得到物体内部构造与缺陷情况的图像。或通过量测仪器测得射线不同强度变化的数据，来判断物体内部情况。

目前探测中应用的主要是 X 射线和 γ 射线。它们都是波长很短，因而穿透力很强，肉眼看不见的电磁波射线。应用中，X 射线由探伤机的 X 射线管产生；γ 射线是放射性同位素裂变产生的。γ 射线较 X 射线波长更短，穿透物质能力更强，所以，探测装置可以较小，宜于现场和野外使用。两种装置均可用于混凝土和钢结构等的检测。

但仪器设备都较昂贵，试验费用高，且射线对人体有害，要有熟练的人员操作和严格的防护措施，尤其现场使用较麻烦，所以除了重要结构或部位的检测外，很少使用。

除了上述方法和设备之外，当今国内外专家和试验工作者还提出许多相当有效的方法与手段，诸如贯入法、折断法等测混凝土强度；冲击法测混凝土、砖和砂浆强度；化学分析法测定混凝土的组成及水泥品种、有害盐分；岩相显微测定法、X 射线衍射法与红外线吸收光谱法等测定混凝土组分等等。有的处于初期阶段，有的在不断研究完善之中。随着科学技术的发展，将有更多有效方法进入结构非破损检测行列。

第七章　模型试验

§7-1　概　　述

在进行结构性能试验时，作为结构试验的试件可以是真实结构，也可以是其中的某一部分。若把真实结构称作真型(原型)或足尺，则不论是整体或它的一部分，由于都是足尺，势必导致试验的规模很大，所需加荷设备的容量和费用会很高，制作试件的材料费、加工费也随之增加。所以除了少数在原型结构上进行的检验性试验以外，一般的研究性试验都是模型试验。通常，结构模型都是缩尺的，即模型结构的尺寸比原型结构小，但也有少数是足尺的或将原型结构按比例放大。据调查，国内外各大型结构试验室所作结构试验的试件，绝大多数为缩尺的局部结构或构件，少量为整体模型试件。

结构模型试验所采用的模型，是仿照原型结构按一定相似关系复制而成的代表物，它具有原型结构的全部或主要特征。只要设计的模型满足相似条件，则通过模型试验所获得的数据和结果，可以直接推算到相应的原型结构上去。

应该指出，对研究性试验中所进行的局部结构、基本构件和节点的基本性能试验大都采用缩尺比较大的模型，这种试件的设计不需满足全部相似条件，试验结果在数值上与真实结构没有直接的联系，但试件的计算理论和方法可以推广到实际结构中去。

模型试验作为结构性能分析的手段，在近代建筑结构的发展中，起着很大的作用。与一般的结构试验相比，它具有以下优点：

(1)经济性好

由于模型结构的几何尺寸小(一般取原型结构的$\frac{1}{2}\sim\frac{1}{6}$，有时也可取$\frac{1}{10}\sim\frac{1}{20}$或更小)，因此试件的制作容易，装拆方便，节省材料、劳动力和时间，并且同一个模型可进行多个不同目的的试验。在荷载方面尤为突出，在一般常用的相似条件下，集中荷载的减小与几何尺寸的缩小成平方关系。若原型结构上作用着100kN的集中荷载，一个缩尺比为$\frac{1}{20}$的模型仅需0.25kN的集中荷载，当用低弹性模量的材料制作模型时，荷载还可进一步减小，因此模型试验也可较大幅度地降低加荷设备的容量和费用。

(2)针对性强

结构模型试验可以根据试验的目的，突出主要设计因素，简略次要因素，并改变其某些主要因素进行多个模型的对比试验。这对于结构性能的研究，新型结构的设计，结构理论的验证和推动新的计算理论的发展都具有一定的意义。

(3)数据准确

由于试验模型小，一般可在试验技术条件和环境条件均较好的室内进行试验，因此可以严格控制其主要测试参数，避免外界因素的干扰，保证试验结果的准确度。

结构模型试验作为结构分析的工具与电子计算机相比较仍具有较强的竞争能力。一般来说，模型试验适用于整体结构以及复杂结构的试验研究。虽然用计算机对复杂结构甚至整体结构进行计算分析已是可行而方便的手段，用计算机作数学模型分析在经费和时间方面有时比模型试验更节省，但模型试验能更正确地反映结构的实际工作情况。因为它不受简化假定的影响。反之，简化了的数学模型计算机分析的结果常常需要用模型试验来加以验证。模型试验还可清晰而直观地展示整个结构从受载直至破坏坍塌的全部过程，而要用计算机对一个较复杂的钢筋混凝土结构的受载全过程和破坏形态进行预计，则并非易事，即使可能，所耗费的时间和费用将不会比模型试验少。应该说，模型试验和计算机的数学模型分析两者是互为补充的，对于已有适用计算程序的情况，计算机的计算分析方法总比作模型试验分析更快更省，而当边界条件等难于确定，用计算机分析不易进行时，常常需要依靠模型试验。

小比例的动态模型试验在研究复杂情况(结构本身复杂或荷载复杂)下的结构动力特性时用得很多，几乎和计算机分析法占有同等重要的地位。

特别要提出的是模型试验还为研究结构与地基基础的相互作用创造了条件。

因此，在一些国家的结构设计规范中，明确规定了要以模型试验作为论证设计方案或提供设计参数的手段。

对于那些结构局部细节起关键作用的问题，如结构的连接接头、焊缝特性、残余应力、钢筋(或型钢)与混凝土间的粘结-滑移、结构疲劳问题等，因局部的、细节性的因素很难模拟，模型试验就不适用。

模型试验方法虽然很早就有人使用，但其迅速发展则还是近几十年内的事，特别是量纲分析法引入模型设计(1914年)后，才使模型试验方法得到系统的发展，量测技术的不断改进以及各种新颖模型材料的发现和应用也为模型试验方法创造了条件。目前模型试验方法在飞机和宇宙航行器等研制过程中的应用已远远领先于土木工程领域里模型研究的现状。

§7-2　模型结构的相似

如前所述，模型需与原结构保持相似才能由模型试验的数据和结果推算出原型结构的数据和结果。这里仅介绍相似的概念以及在模型设计中对相似条件的要求，对相似理论的严格论证，读者可参阅有关专著。

这里所讲的相似是指模型与原型相对应的物理量或物理过程相似，其中物理量的相似比通常所讲的几何相似概念更广泛。所谓物理过程相似，是指除了几何相似之外，在进行物理过程的系统中，在相应的地点(或位置)和对应的时刻，模型与原型的各相应物理量之间的比例应保持常数。下面简略介绍与结构性能有关的几个主要物理量的相似以及物理过程相似要求模型设计应满足的相似条件。

7-2-1 物理量的相似

1. 几何相似

结构模型与原型满足几何相似，就要求模型与原型结构之间所有方向（或对应部分）的线性尺寸都成比例。即应满足

$$\frac{h_m}{h_p}=\frac{b_m}{b_p}=\frac{l_m}{l_p}=S_l \tag{7-1}$$

式中：S_l——几何相似常数；

l、b、h——分别为结构长、宽、高三个方向的线性尺寸；

m、p——分别表示模型和原型。

则模型与原型结构的面积比、截面抵抗矩比和惯性矩比分别为

$$S_A=\frac{A_m}{A_p}=\frac{h_m\cdot b_m}{h_p\cdot b_p}=S_l^2 \tag{7-2}$$

$$S_W=\frac{W_m}{W_p}=\frac{\frac{1}{6}b_m\cdot h_m^2}{\frac{1}{6}b_p\cdot h_p^2}=S_l^3 \tag{7-3}$$

$$S_I=\frac{I_m}{I_p}=\frac{\frac{1}{12}b_m\cdot h_m^3}{\frac{1}{12}b_p\cdot h_p^3}=S_l^4 \tag{7-4}$$

根据变形体系的位移（或变形）与长度、应变之间的关系，位移（或变形）的相似常数为

$$S_x=\frac{x_m}{x_p}=\frac{\varepsilon_m\cdot l_m}{\varepsilon_p\cdot l_p}=S_\varepsilon\cdot S_l \tag{7-5}$$

式中：S_ε——应变相似常数。

2. 质量相似

在结构的动力问题中，要求结构的质量分布相似，即模型与原型结构对应部分的质量成比例。质量相似常数为

$$S_m=\frac{m_m}{m_p} \tag{7-6}$$

对于具有分布质量的部分，用质量密度（单位体积的质量）ρ 表示更为合适，质量密度相似常数为

$$S_\rho=\frac{\rho_m}{\rho_p} \tag{7-7}$$

由于模型与原型对应部分质量之比为 S_m，体积之比为 $S_V=S_l^3$，所以单位体积质量之比，即质量密度相似常数可表达为

$$S_\rho=\frac{S_m}{S_V}=\frac{S_m}{S_l^3} \tag{7-8}$$

应该指出，在模型试验中，常常限于对材料力学特性的要求，而不能同时满足 S_ρ 和 S_m 的要求，此时需在模型结构上附加质量块以满足 S_m 的要求。

3. 荷载相似

荷载相似要求模型与原型在各对应点所受的荷载方向一致，大小成比例。

集中荷载相似常数：

$$S_p = \frac{P_m}{P_p} = \frac{A_m \cdot \sigma_m}{A_p \cdot \sigma_p} = S_\sigma \cdot S_l^2 \tag{7-9}$$

线荷载相似常数：

$$S_w = S_\sigma \cdot S_l \tag{7-10}$$

面荷载相似常数：

$$S_q = S_\sigma \tag{7-11}$$

弯矩或扭矩相似常数：

$$S_M = S_\sigma \cdot S_l^3 \tag{7-12}$$

当同时需要考虑结构自重的影响时，还需要考虑重量分布的相似，即 $S_{mg} = \dfrac{m_m \cdot g_m}{m_p \cdot g_p} = S_m \cdot S_g$，通常 $S_g = 1$，而 $S_m = S_\rho \cdot S_l^3$，则 $S_{mg} = S_\rho \cdot S_l^3$，此时要有统一的荷载相似常数，即

$$S_p = S_\rho \cdot S_l^3 \tag{7-13}$$

式中：S_σ、S_g——分别为法向应力和重力加速度的相似常数。

4. 物理相似

物理相似要求模型与原型的各相应点的应力与应变、刚度与变形间的关系相似，即

$$S_\sigma = \frac{\sigma_m}{\sigma_p} = \frac{E_m \cdot \varepsilon_m}{E_p \cdot \varepsilon_p} = S_E \cdot S_\varepsilon \tag{7-14}$$

$$S_\tau = \frac{\tau_m}{\tau_p} = \frac{G_m \cdot \gamma_m}{G_p \cdot \gamma_p} = S_G \cdot S_\gamma \tag{7-15}$$

$$S_\nu = \frac{\nu_m}{\nu_p} \tag{7-16}$$

$$S_k = \frac{S_p}{S_x} = \frac{S_\sigma \cdot S_l^2}{S_l} = S_\sigma \cdot S_l \tag{7-17}$$

式中：S_σ、S_ε、S_E、S_τ、S_γ、S_G、S_ν 和 S_k——分别为法向应力、法向应变、弹性模量、剪应力、剪应变、剪切模量、泊松比和刚度的相似常数。

5. 时间相似

在结构动力问题中，要求模型与原型的各物理量（如应力、应变、位移或变形、速度、加速度等）在对应的位置和对应的时刻保持一定的比例，即动力过程相似。所谓对应的时刻不一定是相同的时刻，只要求对应的时间或时间间隔成比例，即应满足

$$S_t = \frac{t_m}{t_p} \text{ 或 } S_t = \frac{\Delta t_m}{\Delta t_p} \tag{7-18}$$

式中：S_t——时间相似常数。

6. 边界条件相似

要求模型与原型在与外界接触的区域内的各种条件（包括支承条件、约束条件和边界上的受力情况等）保持相似。其中，模型的支承和约束条件可以由与原型结构构造相同的条件来满足与保证。

7. 运动方程和初始条件相似

对于结构动力问题，为了保证模型与原型的动力反应相似，还要求两者的运动方程和运动的初始条件相似。

运动的初始条件相似包括质点的位移、速度和加速度均相似，即应满足

$$S_x = S_l;\ S_{\dot{x}} = \frac{S_x}{S_t} = \frac{S_l}{S_t};\qquad S_{\ddot{x}} = \frac{S_x}{S_t^2} = \frac{S_l}{S_t^2} \tag{7-19}$$

式中：S_x、$S_{\dot{x}}$、$S_{\ddot{x}}$——分别为位移、速度和加速度的相似常数，反映了模型与原型运动状态在时间和空间上的相似关系。

7-2-2 物理过程相似

结构模型试验的过程客观地反映出参与该模型工作的各有关物理量之间的相互关系。由于模型与原型的相似关系，因此它也必须反映出模型与原型结构相似常数之间的关系。这样相似常数之间所应满足的一定关系就是模型与原型结构之间的相似条件，也就是模型设计需要遵循的原则。人们可以由模型试验的结果，按照相似条件得到原型结构需要的数据和结果，这样，求得模型结构的相似关系就成为模型设计的关键。

现举两个简单的例子来说明两个相似物理过程中各相似常数间应满足的关系。

1. 一悬臂梁结构，在梁端作用一静力集中荷载 P（如图 7-1 所示）

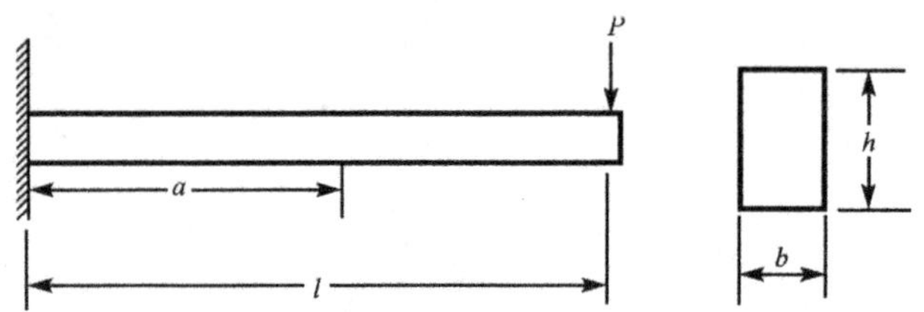

图 7-1　梁端受静力集中荷载作用的悬臂梁

对于原型结构，在任意截面 a 处的弯矩为

$$M_p = P_p(l_p - a_p) \tag{7-20}$$

截面上的正应力为

$$\sigma_p = \frac{M_p}{W_p} = \frac{P_p}{W_p}(l_p - a_p) \tag{7-21}$$

截面处的挠度为

$$f_p = \frac{P_p a_p^2}{6E_p I_p}(3l_p - a_p) \tag{7-22}$$

当要求模型与原型相似时，应同时满足如下相似关系：

结构几何尺寸相似，即

$$\frac{l_m}{l_p}=\frac{a_m}{a_p}=\frac{h_m}{h_p}=\frac{b_m}{b_p}=S_l;\quad \frac{W_m}{W_p}=S_l^3;\quad \frac{I_m}{I_p}=S_l^4$$

材料的弹性模量 E 相似，即

$$S_E=\frac{E_m}{E_p}$$

作用于结构上的荷载相似，即

$$S_p=\frac{P_m}{P_p}$$

当要求模型梁上 a_m 处的弯矩、应力和挠度与原型结构相似时，则弯矩、应力和挠度的相似常数分别为

$$S_M=\frac{M_m}{M_p};\quad S_\sigma=\frac{\sigma_m}{\sigma_p};\quad S_f=\frac{f_m}{f_p}$$

将以上各物理量的相似关系代入式(7-20)、(7-21)、(7-22)，可得

$$M_m=\frac{S_M}{S_p\cdot S_l}P_m(l_m-a_m) \tag{7-23}$$

$$\sigma_m=\frac{S_\sigma\cdot S_l^2}{S_p}\cdot\frac{P_m}{W_m}(l_m-a_m) \tag{7-24}$$

$$f_m=\frac{S_f\cdot S_E\cdot S_l}{S_p}\cdot\frac{P_m a_m^2}{6E_m I_m}(3l_m-a_m) \tag{7-25}$$

由公式(7-23)、(7-24)、(7-25)，可知：

仅当

$$\frac{S_M}{S_p\cdot S_l}=1 \tag{7-26}$$

$$\frac{S_\sigma\cdot S_l^2}{S_p}=1 \tag{7-27}$$

$$\frac{S_f\cdot S_E\cdot S_l}{S_p}=1 \tag{7-28}$$

才满足

$$M_m=P_m(l_m-a_m) \tag{7-29}$$

$$\sigma_m=\frac{P_m}{W_m}(l_m-a_m) \tag{7-30}$$

$$f_m=\frac{P_m a_m^2}{6E_m I_m}(3l_m-a_m) \tag{7-31}$$

这说明只有当公式(7-26)、(7-27)、(7-28)同时成立，模型才能与原型结构相似。因此公式(7-26)、(7-27)、(7-28)是模型与原型应该满足的相似条件。

这时可以由模型试验获得的数据，按其各自的相似关系推算得到原型结构的相应数据，即

$$M_p = \frac{M_m}{S_M} = \frac{M_m}{S_p \cdot S_l} \tag{7-32}$$

$$\sigma_p = \frac{\sigma_m}{S_\sigma} = \sigma_m \cdot \frac{S_l^2}{S_p} \tag{7-33}$$

$$f_p = \frac{f_m}{S_f} = f_m \cdot \frac{S_E \cdot S_l}{S_p} \tag{7-34}$$

如果需要考虑结构自重对梁的影响，则对于原型结构由自重产生的弯矩、应力和挠度，分别为

在任意截面 a 处的弯矩：

$$M_p = \frac{\gamma_p A_p}{2}(l_p - a_p)^2 \tag{7-35}$$

截面上的正应力：

$$\sigma_p = \frac{M_p}{W_p} = \frac{\gamma_p A_p}{2W_p}(l_p - a_p)^2 \tag{7-36}$$

截面处的挠度：

$$f_p = \frac{\gamma_p A_p a_p^2}{24E_p I_p}(6l_p^2 - 4l_p a_p + a_p^2) \tag{7-37}$$

同样可以得到相似条件如下：

$$\frac{S_M}{S_\gamma \cdot S_l^4} = 1 \tag{7-38}$$

$$\frac{S_\sigma}{S_\gamma \cdot S_l} = 1 \tag{7-39}$$

$$\frac{S_f \cdot S_E}{S_\gamma \cdot S_l^2} = 1 \tag{7-40}$$

式(7-35)～(7-40)中：A_p、γ_p——分别为原型梁的截面积和材料的比重；

S_γ——材料比重的相似常数，$S_\gamma = S_g S_\rho$，通常 $S_g = 1$，因此 $S_\gamma = S_\rho$。

2. 一单自由度体系受地震作用发生强迫振动

该体系振动的微分方程为

$$m\ddot{x} + c\dot{x} + kx = -m\ddot{x}_g \tag{7-41}$$

结构动力试验模型要求体系动力平衡方程式与原型的相似。按照前述结构静力试验模型的方法，将各物理量的相似关系

$$\frac{m_m}{m_p} = S_m;\quad \frac{c_m}{c_p} = S_c;\quad \frac{k_m}{k_p} = S_k;\quad \frac{\ddot{x}_m}{\ddot{x}_p} = S_{\ddot{x}} = \frac{S_x}{S_t^2}$$

$$\frac{\dot{x}_m}{\dot{x}_p} = \frac{S_x}{S_t};\quad \frac{x_m}{x_p} = S_x;\quad \frac{\ddot{x}_{gm}}{\ddot{x}_{gp}} = S_{\ddot{x}_g} = \frac{S_{x_g}}{S_t^2}$$

代入式(7-41)，可求得动力模型的相似条件如下：

$$
\left.\begin{aligned}
\frac{S_c \cdot S_t}{S_m} &= 1 \\
\frac{S_k \cdot S_t^2}{S_m} &= 1 \\
\frac{S_{x_g}}{S_x} &= 1
\end{aligned}\right\} \tag{7-42}
$$

式中：S_m、S_k、S_c、S_t、S_x、S_{x_g}——分别为质量、刚度、阻尼、时间、反应位移、输入地震波位移的相似常数。

综上所述，模型结构与原型结构相似必须满足：

1)几何相似。

2)各相应的物理量相似。

3)物理过程相似，即各相似常数之间满足一定的组合关系。一般将组合关系表示为等于1的形式，并称这种数值上等于1的相似常数组合关系为相似条件。

模型设计的关键是写出相似条件。

§7-3 相似条件的确定——量纲分析

确定相似条件的方法有方程式分析法和量纲分析法两种。以上两个示例即为用方程式分析法推导相似条件的两个简单例子。可以看出，用方程式分析法建立相似条件相当方便明确，但必须在进行模型设计之前对所研究的物理过程中各物理量之间的函数关系，亦即对试验结果与试验条件之间的关系提出明确的数学方程式，这却常常是需要通过试验研究才能提出的，尤其当结构或荷载条件较复杂，人们还没有完全掌握其间的客观规律时，在进行模型设计前一般不能提出明确的函数方程式。这时，就可用量纲分析法进行模型设计。量纲分析法仅需明确哪些物理量影响所研究的物理现象以及量测这些物理量的单位系统的量纲就够了。

量纲(或称因次)的概念是在研究物理量的数量关系时产生的，它说明量测物理量时所用单位的性质。如测量距离用米、厘米、英尺等不同的单位，但它们都属于长度这一性质，因此把长度称为一种量纲，以$[L]$表示。时间用时、分、秒等单位表示，是有别于长度的另一种量纲，以$[T]$表示。每一种物理量都对应有一种量纲。例如表示重量的物理量W，它对应的量纲是属力的种类，用$[F]$表示。有些物理量是无量纲的，用[1]表示，有些物理量是由量测与它有关的量后间接求出的，其量纲由与它有关的物理量的量纲导出，称为导出量纲。在一般的结构工程问题中，各物理量的量纲都可由长度、时间、力这三个量纲导出，故可将长度、时间、力三者取为基本量纲，称为绝对系统。另一组常用的基本量纲为长度，时间，质量，称为质量系统。还可选用其他的量纲作为基本量纲，但基本量纲必须是互相独立的和完整的，即在这组基本量纲中，任何一个量纲不可能由其他量纲组成而且所研究的物理过程中的全部有关物理量的量纲都可由这组基本量纲组成。常用的物理量的量纲表示法见表 7-1。

表 7-1 常用物理量及物理常数的量纲

物理量	质量系统	绝对系统	物理量	质量系统	绝对系统
			面积二次矩	$[L^4]$	$[L^4]$
长度或变位	$[L]$	$[L]$	质量惯性矩	$[ML^2]$	$[FLT^2]$
时间	$[T]$	$[T]$	表面张力	$[MT^{-2}]$	$[FL^{-2}]$
质量	$[M]$	$[FL^{-1}T^2]$	应变	$[1]$	$[1]$
力	$[MLT^{-2}]$	$[F]$	比重	$[ML^{-2}T^{-2}]$	$[FL^{-3}]$
刚度	$[MT^{-2}]$	$[FL^{-1}]$	密度	$[ML^{-3}]$	$[FL^{-4}T^2]$
温度	$[\theta]$	$[\theta]$	弹性模量	$[ML^{-1}T^{-2}]$	$[FL^{-2}]$
速度	$[LT^{-1}]$	$[LT^{-1}]$	泊松比	$[1]$	$[1]$
加速度	$[LT^{-2}]$	$[LT^{-2}]$	动力粘度	$[ML^{-1}T^{-1}]$	$[FL^{-2}T]$
角度	$[1]$	$[1]$	运动粘度	$[L^2T^{-1}]$	$[L^2T^{-1}]$
角速度、频率	$[T^{-1}]$	$[T^{-1}]$	阻尼(系数)	$[MT^{-1}]$	$[FL^{-1}T]$
角加速度	$[T^{-2}]$	$[T^{-2}]$	阻尼比	$[1]$	$[1]$
压强和应力	$[ML^{-1}T^{-2}]$	$[FL^{-2}]$	线热胀系数	$[\theta^{-1}]$	$[\theta^{-1}]$
力矩	$[ML^2T^{-2}]$	$[FL]$	导热率	$[MLT^{-2}\theta^{-1}]$	$[FT^{-1}\theta^{-1}]$
能量、热	$[ML^2T^{-2}]$	$[FL]$	比热	$[L^2T^{-2}\theta^{-1}]$	$[L^2T^{-2}\theta^{-1}]$
冲力	$[MLT^{-1}]$	$[FT]$	热容量	$[ML^{-1}T^{-2}\theta^{-1}]$	$[FL^{-2}\theta^{-1}]$
功率	$[ML^2T^{-3}]$	$[FLT^{-1}]$	导热系数	$[MT^{-3}\theta^{-1}]$	$[FL^{-1}T^{-1}\theta^{-1}]$

略去严格的证明,关于量纲可简要归结如下:

1)两个物理量相等,不仅要求它们的数值相同,而且要求它们的量纲相同。

2)两个同量纲参数的比值是无量纲参数,其值不随所取单位的大小而变。

3)一个完整的物理方程式中,各项的量纲必须相同,常把这一性质称为“量纲和谐”。量纲和谐的概念是量纲分析法的基础。

4)导出量纲可和基本量纲组成无量纲组合,但基本量纲之间不能组成无量纲组合。

5)若在一个物理过程中共有 n 个物理参数、k 个基本量纲,则可组成 $(n-k)$ 个独立的无量纲参数组合。无量纲参数组合简称“π 数”。

6)一个物理方程式若含 n 个参数 $x_1,x_2,\cdots,x_n$ 和 k 个基本量纲,则此物理方程式可改写成为 $(n-k)$ 个独立的 π 数的方程式,即方程

$$f(x_1,x_2,\cdots,x_n)=0$$

可改写成

$$\phi(\pi_1,\pi_2,\cdots,\pi_{n-k})=0$$

就是说,任何一种可以用数学方程定义的物理现象都可以用与单位无关的量——无量纲数 π 来定义。有的文献把这一性质称为 π 定理或第二相似定理,是英国学者 J. Bucking ham 在 1914 年提出的。π 定理在量纲分析中起着重要的作用。

若两个物理过程相似，其 π 函数 ϕ 相同，相应各物理量之间仅是数值大小不同。根据上述量纲的基本性质，可证明这两个物理过程的相应 π 数必然相等。这就是用量纲分析法求相似条件的依据：相似物理现象的相应 π 数相等。有的文献把这一结论称为第一相似定理。

下面仍以单自由度体系受地震作用强迫振动的动力学问题为例来说明如何运用量纲分析法求相似条件。该体系振动的微分方程为

$$m\frac{\mathrm{d}^2x}{\mathrm{d}t^2}+c\frac{\mathrm{d}x}{\mathrm{d}t}+kx+m\frac{\mathrm{d}_{x_g}^2}{\mathrm{d}t^2}=0 \tag{7-43}$$

改写成函数的形式为

$$f(m,c,k,x,t,x_g)=0 \tag{7-44}$$

方程中物理量个数 $n=6$，采用绝对系统，基本量纲为 3 个，则 π 函数为

$$\phi(\pi_1,\pi_2,\pi_3)=0 \tag{7-45}$$

所有物理量参数组成无量纲形式 π 数的一般形式为

$$\pi=m^{\alpha_1}c^{\alpha_2}k^{\alpha_3}x^{\alpha_4}t^{\alpha_5}x_g^{\alpha_6} \tag{7-46}$$

式中：α_1、α_2、…、α_6——待定的指数。

从表 7-1 查得各物理量的量纲为

$$[m]=[FL^{-1}T^2] \qquad [c]=[FL^{-1}T]$$
$$[k]=[FL^{-1}] \qquad [x]=[L]$$
$$[t]=[T] \qquad [x_g]=[L]$$

代入上式得

$$[1]=[FL^{-1}T^2]^{\alpha_1}[FL^{-1}T]^{\alpha_2}[FL^{-1}]^{\alpha_3}[L]^{\alpha_4}[T]^{\alpha_5}[L]^{\alpha_6}$$

根据量纲和谐要求，

对量纲$[F]$：

$$\alpha_1+\alpha_2+\alpha_3=0$$

对量纲$[L]$：

$$-\alpha_1-\alpha_2-\alpha_3+\alpha_4+\alpha_6=0$$

对量纲 $[T]$：

$$2\alpha_1+\alpha_2+\alpha_5=0$$

上述三个方程式中包含 6 个未知量，是一组不定方程式组。求解时需先确定其中三个未知量，才能用这三个方程式求出另三个未知量。若先确定了 α_2，α_3 和 α_6，则

$$\alpha_1=-\alpha_2-\alpha_3$$
$$\alpha_4=-\alpha_6$$
$$\alpha_5=\alpha_2+2\alpha_3$$

所以无量纲 π 数又可改写为

$$\pi=m^{-\alpha_2-\alpha_3}c^{\alpha_2}k^{\alpha_3}x^{-\alpha_6}t^{\alpha_2+2\alpha_3}x_g^{\alpha_6}=\left(\frac{ct}{m}\right)^{\alpha_2}\left(\frac{kt^2}{m}\right)^{\alpha_3}\left(\frac{x_g}{x}\right)^{\alpha_6}$$

若分别取

$$\alpha_2 = 1, \alpha_3 = 0, \alpha_6 = 0$$
$$\alpha_2 = 0, \alpha_3 = 1, \alpha_6 = 0$$
$$\alpha_2 = 0, \alpha_3 = 0, \alpha_6 = 1$$

可得到三个独立的 π 数

$$\left.\begin{aligned} \pi_1 &= \frac{ct}{m} \\ \pi_2 &= \frac{kt^2}{m} \\ \pi_3 &= \frac{x_g}{x} \end{aligned}\right\} \tag{7-47}$$

若 α_1、α_4、α_5 取其他值，可得到另外的 π 数，但互相独立的 π 数只有这 3 个。

由于 π 数对于相似的物理现象具有不变的形式，即模型与原型相似时，其相应的 π 数相等。故设计模型时只需模型的物理量与原型的物理量满足公式(7-48)，则测得的模型试验的结果可按上式换算到原型结构上去。

$$\left.\begin{aligned} \frac{c_m t_m}{m_m} &= \frac{c_p t_p}{m_p} \\ \frac{k_m t_m^2}{m_m} &= \frac{k_p t_p^2}{m_p} \\ \frac{x_{gm}}{x_m} &= \frac{x_{gp}}{x_p} \end{aligned}\right\} \tag{7-48}$$

以各相似常数代入式(7-48)，即得相似条件如下：

$$\left.\begin{aligned} \frac{S_c S_t}{S_m} &= 1 \\ \frac{S_k S_t^2}{S_m} &= 1 \\ \frac{S_{x_g}}{S_x} &= 1 \end{aligned}\right\} \tag{7-49}$$

公式(7-49)与用方程式分析法得出的相似条件公式(7-42)相同。

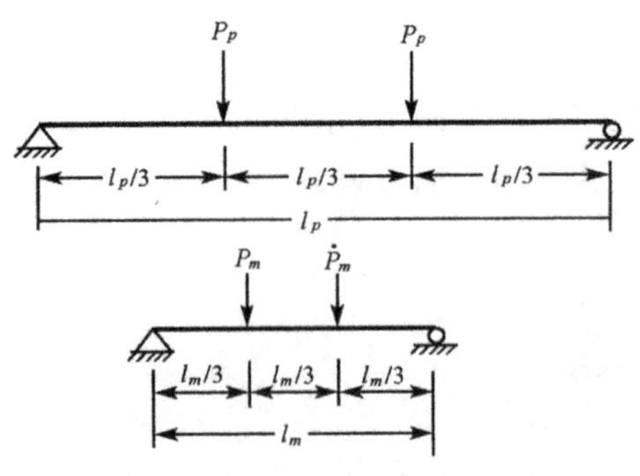

图 7-2　简支梁受静力集中荷载的相似

下面再来研究简支梁受静力集中荷载作用(如图 7-2 所示)的例子，以介绍用量纲矩阵的方法寻求无量纲 π 函数的方法。

根据材料力学知识，受横向荷载作用的梁正截面的应力 σ 是梁的跨度 l、截面抗弯模量 W、梁上作用的荷载 P 和弯矩 M 的函数。将这些物理量之间的关系写成一般形式

$$f(\sigma, P, M, l, W) = 0 \tag{7-50}$$

物理量个数 $n=5$，基本量纲个数 $k=2$，所以有独立的 π 数个数 $(n-k)=3$。π 函数可表示为

$$\phi(\pi_1, \pi_2, \pi_3) = 0 \tag{7-51}$$

所有物理量参数组成 π 函数的一般形式为

$$\pi = \sigma^{\alpha_1} P^{\alpha_2} M^{\alpha_3} l^{\alpha_4} W^{\alpha_5} \tag{7-52}$$

用绝对系统基本量纲来表示这些量纲：

$$[\sigma] = [FL^{-2}] \qquad [P] = [F]$$
$$[M] = [FL] \qquad [l] = [L]$$
$$[W] = [L^3]$$

按照它们的量纲排列成为“量纳矩阵”：

	α_1	α_2	α_3	α_4	α_5
	σ	P	M	l	W
$[L]$	-2	0	1	1	3
$[F]$	1	1	1	0	0

矩阵中的列是各个物理量具有的基本量纲的幂次，行是对应于某一基本量纲各个物理量具有的幂次。根据量纲和谐原理，可以写出基本量纲指数关系的联立方程，即量纲矩阵中各个物理量对应于每个基本量纲的幂次数之和等于零。

对量纲$[L]$：

$$-2\alpha_1 + \alpha_3 + \alpha_4 + 3\alpha_5 = 0$$

对量纲$[F]$：

$$\alpha_1 + \alpha_2 + \alpha_3 = 0$$

若先确定 α_1、α_2、α_4，则

$$\alpha_3 = -\alpha_1 - \alpha_2$$

$$\alpha_5 = \alpha_1 + \frac{1}{3}\alpha_2 - \frac{1}{3}\alpha_4$$

这时各物理量指数可用如下矩阵表示：

$$\begin{array}{c|ccc|cc}
 & \sigma & P & l & M & W \\
 & \alpha_1 & \alpha_2 & \alpha_4 & \alpha_3 & \alpha_5 \\
\hline
\alpha_1 & 1 & 0 & 0 & -1 & 1 \\
\alpha_2 & 0 & 1 & 0 & -1 & \frac{1}{3} \\
\alpha_4 & 0 & 0 & 1 & 0 & -\frac{1}{3}
\end{array} \tag{7-53}$$

而 π 函数的一般形式则可写为

$$\pi = \sigma_1^{\alpha_1} P^{\alpha_2} M^{-\alpha_1-\alpha_2} l^{\alpha_4} W^{\alpha_1+\frac{1}{3}\alpha_2-\frac{1}{3}\alpha_4} = \left(\frac{\sigma W}{M}\right)^{\alpha_1} \left(\frac{PW^{\frac{1}{3}}}{M}\right)^{\alpha_2} \left(\frac{l}{W^{\frac{1}{3}}}\right)^{\alpha_4}$$

若分别取

$$\alpha_1 = 1,\quad \alpha_2 = 0,\quad \alpha_4 = 0$$
$$\alpha_1 = 0,\quad \alpha_2 = 1,\quad \alpha_4 = 0$$
$$\alpha_1 = 0,\quad \alpha_2 = 0,\quad \alpha_4 = 1$$

可得到三个独立的 π 数

$$\left.\begin{aligned} \pi_1 &= \frac{\sigma W}{M} \\ \pi_2 &= \frac{PW^{\frac{1}{3}}}{M} \\ \pi_3 &= \frac{l}{W^{\frac{1}{3}}} \end{aligned}\right\} \tag{7-54}$$

模型梁与原型梁相似的条件是相应的 π 数相等,即

$$\left.\begin{aligned} \frac{\sigma_m W_m}{M_m} &= \frac{\sigma_p W_p}{M_p} \\ \frac{p_m W_m^{\frac{1}{3}}}{M_m} &= \frac{P_p W_p^{\frac{1}{3}}}{M_p} \\ \frac{l_m}{W_m^{\frac{1}{3}}} &= \frac{l_p}{W_p^{\frac{1}{3}}} \end{aligned}\right\} \tag{7-55}$$

以各相似常数代入式(7-55),即得相似条件如下:

$$\left.\begin{aligned} \frac{S_\sigma S_W}{S_M} &= 1 \\ \frac{S_p S_W^{\frac{1}{3}}}{S_M} &= 1 \\ \frac{S_l}{S_W^{\frac{1}{3}}} &= 1 \end{aligned}\right\} \tag{7-56}$$

显然,在量纲矩阵中,只要将第一行的各物理量幂次数代入 π 函数的一般形式中,可得到 π_1 数。同理由第二行,第三行的幂次数可组成为 π_2 和 π_3 数。由此上面的矩阵又称"π 矩阵"。从上例可以看到,量纲分析法中引入量纲矩阵分析,推导过程简便、明了。

至此,可将量纲分析法归纳为:列出与所研究的物理过程有关的物理参数,根据 π 定律和量纲和谐的概念找出 π 数,并使模型和原型的 π 数相等,从而得出模型设计的相似条件。

需要注意的是 π 数的取法有着一定的任意性,而且当参与物理过程的物理量较多时,可组成的 π 数很多。若要全部满足与这些 π 数相应的相似条件,条件将十分苛刻,有些是不可能达到也不必要达到的。另一方面,若在列物理参数时遗漏了那些对问题有主要影响的物理参数,就会使试验研究得出错误的结论或得不到解答。因此,需要恰当地选择有关的物理参数。量纲分析法本身不能解决物理参数选

择得是否正确的问题。物理参数的正确选择取决于模型试验者的专业知识以及对所研究的问题初步分析的正确程度。甚至可以认为，如果不能正确选择有关的参数，量纲分析法就无助于模型设计。在进行模型试验时，研究人员在结构方面的知识十分重要。

在实际应用时，由于技术和经济等方面的原因，一般很难完全满足相似条件做到模型与实物完全相似。常常简化和减少一些次要的相似要求，采用不完全相似的模型。只要能够抓住主要影响因素，略去某些次要因素并利用结构的某些特性来简化相似条件，不完全相似的模型试验仍可保证结果的准确性。例如在一般梁的模拟中，对材料的刚度相似要求常常略去 G 而只要求 E 相似。此时，模型与原型材料的泊松系数 ν 不相等，是不完全刚度相似，但并不影响梁的试验结果。对于钢筋(或型钢)混凝土结构的模型，由于很难使模型结构中钢筋(或型钢)与混凝土两者之间的粘结情况与原型结构中的粘结情况完全相似；当进入塑性阶段产生大变形后，力的平衡关系需按变形后的几何位置得出，要求模型与原型结构材料的应变相等、刚度相似这些要求很难满足；因此对钢筋(或型钢)混凝土结构，很难做到模型与原型结构的完全相似。目前用于模型的混凝土材料仅能基本满足要求(见§7-6“模型材料”)。但已有的钢筋(或型钢)混凝土模型试验结果表明，只要在模型设计时正确抓住主要的相似要求，小比例的钢筋(或型钢)混凝土模型试验可以相当成功。这里还要再强调模型设计者的专业知识，不完全相似模型试验的成功与否，在很大程度上取决于模型设计者的结构知识和经验。

§7-4 模型设计

模型设计是模型试验是否成功的关键，因此在模型设计中不仅仅是确定模型的相似条件，而应综合考虑各种因素，如模型的类型、模型材料、试验条件以及模型制作条件等，以确定出适当的物理量的相似常数。

7-4-1 模型的类型

结构模型通常分为弹性模型、强度模型和间接模型。弹性模型试验的目的是要从中获得原型结构在弹性阶段的资料，其研究范围仅局限于结构的弹性阶段。它常用在钢筋(或型钢)混凝土结构、砌体结构的设计过程中，用以验证新型结构的设计计算方法是否正确或为设计计算提供某些参数。目前来说，结构动力试验模型一般都是弹性模型。弹性模型的制作材料不必与原型结构的材料完全相似，只需模型材料在试验过程中具有完全的弹性性质。如高层或超高层结构常用有机玻璃制作弹性模型。强度模型试验的目的是探讨原型结构的极限强度、极限变形以及在各级荷载作用下结构的性能，它常用于钢筋(或型钢)混凝土结构、钢结构的弹塑性性能研究。这种模型试验的成功与否很大程度上取决于模型与原型的材料(混凝土和钢材)性能的相似程度。目前来说，钢筋(或型钢)混凝土结构的小比例强度模型还只能做到不完全相似的程度，主要的困难是材料的完全相似难以满足。间接模型试验的目的是要得到关于结构支座、反力、弯矩、剪力、轴力等内力的资料，因此间接模型并不要求与原型结构直接相似。如框架的内力分布主要取决于梁、柱等构件之间的刚度比，梁、柱的截面形状不必直接与原型结构相似。间接模型现在已很少使用而被计算机分析所取代。

7-4-2 模型设计的程序及模型几何尺寸

模型设计一般按照下列程序进行：

1)根据任务明确试验的具体目的和要求，选择适当的模型类型和模型制作材料。

2)针对课题所研究的对象，用方程式分析法或量纲分析法确定相似条件。

3)根据现有试验设备的条件，确定出模型的几何尺寸，即几何相似常数。

4)根据相似条件，定出其他相似常数。

5)绘制模型施工图。

结构模型几何尺寸的变动范围较大，缩尺比例可以从几分之一到几百分之一，设计时应综合考虑模型的类型、制作条件及试验条件来确定出一个最优的几何尺寸。小模型所需荷载小，但制作较困难，加工精度要求高，对量测仪表要求亦高；大模型所需荷载大，但制作方便，对量测仪表可无特殊要求；一般来说，弹性模型的缩尺比例较小；而强度模型，尤其是钢筋(或型钢)混凝土结构的强度模型的缩尺比例较大，因为模型的截面最小厚度、钢筋间距、保护层厚度等方面都受到制作可能性的限制，不可能取得太小。目前最小的钢丝水泥砂浆板壳模型厚度可做到3mm，最小的梁柱截面边长可做到6mm。几种模型结构常用的缩尺比例见表7-2。

表7-2 模型的缩尺比例

结构类型	弹性模型	强度模型
壳体	$\frac{1}{200}\sim\frac{1}{50}$	$\frac{1}{30}\sim\frac{1}{10}$
铁路桥	$\frac{1}{25}$	$\frac{1}{20}\sim\frac{1}{4}$
反应堆容器	$\frac{1}{100}\sim\frac{1}{50}$	$\frac{1}{20}\sim\frac{1}{4}$
板结构	$\frac{1}{25}$	$\frac{1}{10}\sim\frac{1}{4}$
坝	$\frac{1}{400}$	$\frac{1}{75}$
风载作用结构	$\frac{1}{300}\sim\frac{1}{50}$	一般不用强度模型

对于某些结构，如薄壁结构，由于原型结构腹板原来就较薄，若为了满足几何相似条件按三维几何比例缩小制作模型就会产生模型制作工艺上的困难。这样就无法用几何相似设计模型，而须考虑采用非完全几何相似的方法设计模型，即所谓的变态模型设计。关于变态模型设计可参考有关的专著。

7-4-3 模型设计中几个常见相似现象的相似关系

一般情况下，相似常数的个数多于相似条件的个数，除长度相似常数 S_l 为首先确定的条件外，还可先确定几个量的相似常数，再根据相似条件推出对其余量的相似常数要求。由于目前模型材料的力学性能还不能任意控制，所以在确定各相似常数时，一般根据可能条件先选定模型材料，亦即先确定 S_E 及 S_σ 再确定其他量的相似常数。

下面采用方程式分析法或量纲分析法给出几个常见相似现象的相似关系：

1. 静力弹性相似

对一般的静力弹性模型，当以长度及弹性模量的相似常数 S_l、S_E 为设计时首先确定的条件时，所有其他量的相似常数都是 S_l 和 S_E 的函数或等于 1。表 7-3 列出了一般静力弹性模型的相似常数要求。

表 7-3 结构静力弹性模型的相似常数和相似关系

类型	物理量	量纲(绝对系统)	相似关系
材料特性	应力 σ	FL^{-2}	$S_\sigma=S_E$
	应变 ε	—	$S_\varepsilon=1$
	弹性模量 E	FL^{-2}	S_E
	泊松比 ν	—	$S_\nu=1$
	质量密度 ρ	FT^2L^{-4}	$S_\rho=\frac{S_E}{S_l}$
几何特性	长度 l	L	S_l
	线位移 x	L	$S_x=S_l$
	角位移 θ	—	$S_\theta=1$
	面积 A	L^2	$S_A=S_l^2$
	截面抵抗矩 W	L^3	$S_W=S_l^3$
	惯性矩 I	L^4	$S_I=S_l^4$
荷载	集中荷载 P	F	$S_p=S_ES_l^2$
	线荷载 ω	FL^{-1}	$S\omega=S_ES_l$
	面荷载 q	FL^{-2}	$S_q=S_E$
	力矩 M	FL	$S_M=S_ES_l^3$

2. 动力相似

在进行动力模型尤其结构抗震模型设计时，除了将长度[l]和力[F]作为基本物理量外，还要考虑时间[T]这一基本物理量。而且结构的惯性力常常是作用在结构上的主要荷载，必须考虑模型与原型结构的结构材料质量密度的相似。在材料力学性能的相似要求方面还应考虑应变速率对材性的影响。表 7-4 为结构动力模型的相似常数和相似关系，其中(a)列为一般相似条件下模型的相似关系。从中可看出，由于动力问题中要模拟惯性力、恢复力和重力三种力，对模型材料的弹性模量、密度的要求很严格，为$\left(\dfrac{g\rho l}{E}\right)_m=\left(\dfrac{g\rho l}{E}\right)_p$，即$\dfrac{S_E}{S_g S_\rho}=S_l$。通常 $S_g=1$，则$\dfrac{S_E}{S_\rho}=S_l$，在$S_l<1$的情况下，要求材料的弹性模量 $E_m<E_p$ 或密度 $\rho_m>\rho_p$，这在模型设计选择材料时很难满足。如模型采用与原型结构同样的材料，即 $S_E=S_\rho=1$，这时要满足 $S_g=\dfrac{1}{S_l}$，则要求 $g_m>g_p$，即需对模型施加非常大的重力加速度，这在结构动力试验中存在困难。为满足$\dfrac{S_E}{S_\rho}=S_l$ 的相似关系，实用上与静力模型试验一样，就是在模型上附加适当的分布质量，即采用高密度材料来增加结构上有效的模型材料的密度，但该方法仅适用于质量在结构空间分布的准确模拟要求不高的情况。也曾有人把振动台装在离心机上通过增加模型重力加速度来调节对材料相似的要求。当重力对结构的影响比地震等动力引起的影响小得多时，可忽略重力影响，则在选择模型材料及材料相似时的限制就放松得多。表 7-4 中(b)列即为忽略重力后的相似常数要求。

表 7-4　结构动力模型的相似常数和相似关系

类型	物理量	量纲（绝对系统）	相似关系	
			(a)一般模型	(b)忽略重力影响模型
材料特性	应力 σ	FL^{-2}	$S_\sigma=S_E$	$S_\sigma=S_E$
	应变 ε	—	$S_\varepsilon=1$	$S_\varepsilon=1$
	弹性模量 E	FL^{-2}	S_E	S_E
	泊松比 ν	—	$S_\nu=1$	$S_\nu=1$
	质量密度 ρ	FT^2L^{-4}	$S_\rho=\dfrac{S_E}{S_l}$	S_ρ
几何特性	长度 l	L	S_l	S_l
	线位移 x	L	$S_x=S_l$	$S_x=S_l$
	角位移 θ	—	$S_\theta=1$	$S_\theta=1$
	面积 A	L^2	$S_A=S_l^2$	$S_A=S_l^2$
荷载	集中荷载 P	F	$S_p=S_ES_l^2$	$S_p=S_ES_l^2$
	线荷载 ω	FL^{-1}	$S_w=S_ES_l$	$S_w=S_ES_l$
	面荷载 q	FL^{-2}	$S_q=S_E$	$S_q=S_E$
	力矩 M	FL	$S_M=S_ES_l^3$	$S_M=S_ES_l^3$
动力性能	质量 m	$FL^{-1}T^2$	$S_m=S_\rho S_l^3=S_ES_l^2$	$S_m=S_\rho S_l^3$
	刚度 k	FL^{-1}	$S_k=S_ES_l$	$S_k=S_ES_l$
	阻尼 c	$FL^{-1}T$	$S_c=\dfrac{S_m}{S_t}=S_ES_L^{\frac{3}{2}}$	$S_c=\dfrac{S_m}{S_t}=S_l^2\left(S_\rho S_E\right)^{\frac{1}{2}}$
	时间 t、固有周期 T	T	$S_t=S_T=\left(\dfrac{S_m}{S_k}\right)^{\frac{1}{2}}=S_l^{\frac{1}{2}}$	$S_t=S_T=\left(\dfrac{S_m}{S_k}\right)^{\frac{1}{2}}=S_l\left(\dfrac{S_\rho}{S_E}\right)^{\frac{1}{2}}$
	频率 f	T^{-1}	$S_f=\dfrac{1}{S_T}=S_l^{-\frac{1}{2}}$	$S_f=\dfrac{1}{S_T}=S_l^{-1}\left(\dfrac{S_E}{S_\rho}\right)^{\frac{1}{2}}$
	速度 $\dot{x}$	LT^{-1}	$S_{\dot{x}}=\dfrac{S_x}{S_t}=S_l^{\frac{1}{2}}$	$S_{\dot{x}}=\dfrac{S_x}{S_t}=\left(\dfrac{S_E}{S_\rho}\right)^{\frac{1}{2}}$
	加速度 $\ddot{x}$	LT^{-2}	$S_{\ddot{x}}=\dfrac{S_x}{S_t^2}=1$	$S_{\ddot{x}}=\dfrac{S_x}{S_t^2}=\dfrac{S_E}{S_lS_\rho}$
	重力加速度 g	LT^{-1}	$S_g=1$	忽略

3. 静力弹塑性相似

上述结构模型设计中所表示的各物理量之间的关系式均是无量纲的，它们均是在假定采用理想弹性材料的情况下推导求得的，实际上在结构试验研究中应用较多的是钢筋（或型钢）混凝土或砌体结构的强度模型，强度模型试验除了应获得弹性阶段应力分析的数据资料外，还要求能正确反映原型结构的弹塑性性能，要求能给出与原型结构相似的破坏形态、极限变形能力和极限承载能力，这对于结构抗震试验更为重要。为此，对于钢筋（或型钢）混凝土和砌体这类由复合材料组成的结构，模型材料的相似就更为严格。

在钢筋（或型钢）混凝土结构中，一般模型的混凝土和钢筋（或型钢）应与原型结构的混凝土和钢筋（或型钢）具有相似的 σ-ε 曲线，并且在极限强度下的变形 ε_c 和 ε_s 应相等（图 7-3），亦即 $S_{\varepsilon_s}=S_{\varepsilon_c}=S_\varepsilon=1$。当模型材料满足这些要求时，由量纲分析得出的钢筋（或型钢）混凝土强度模型的相似条件如表 7-5 中(a)列所示。注意这时 $S_{E_s}=S_{E_c}=S_{\sigma_c}=S_\sigma$，亦即要求模型钢筋（或型钢）的弹性模量相似常数等于模型混凝土的弹性模量相似常数和应力相似常数。由于钢材是目前能找到的惟一适用于模型的加筋材料，因此 $S_{E_s}=S_{E_c}=S_{\sigma_c}$ 这一条件很难满足，除非 $S_{E_s}=S_{E_c}=S_{\sigma_c}=1$，也就是模型结构采用与原型结构相同的混凝土和钢筋（或型钢）。此条件下对其余各量的相似常数要求列于表 7-5 中(b)列。其中模型混凝土密度相似常数为 $1/S_l$，要求模型混凝土的密度为原型结构混凝土密度的 S_l 倍。当需考虑结构本身的质量和重量对结构性能的影响时，为满足密度相似的要求，常需在模型结构上加附加质量。但附加质量的大小必须以不改变结构的强度和刚度特性为原则。

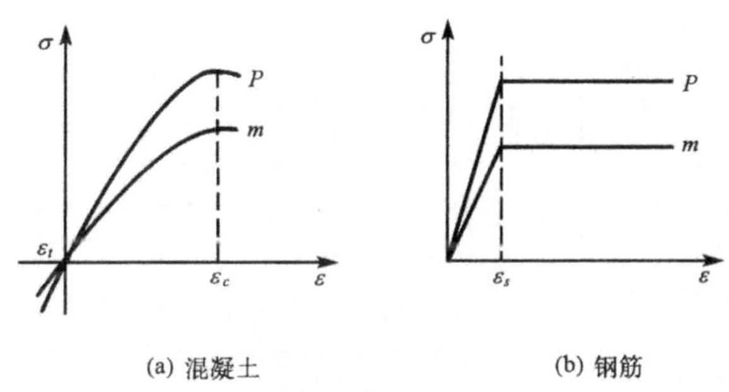

图 7-3　一般相似材料的 σ-ε 曲线

混凝土的弹性模量和 σ-ε 曲线直接受骨料及其级配情况的影响，模型混凝土的骨料多为中、粗砂，其级配情况亦与原型结构的不同，因此实际情况下 $S_{E_c}\neq1$，S_{σ_c} 和 S_{ε_c} 亦不等于 1（图 7-4）。在 $S_{E_s}=1$ 的情况下为满足 $S_{\sigma_s}=S_{\sigma_c}=S_\sigma$，$S_{\varepsilon_s}=S_{\varepsilon_c}=S_\varepsilon$，需调整模型钢筋（或型钢）的面积，如表 7-5 中(c)列所示。严格地讲，这是不完全相似的，对于非线性阶段的试验结果会有一定的影响。

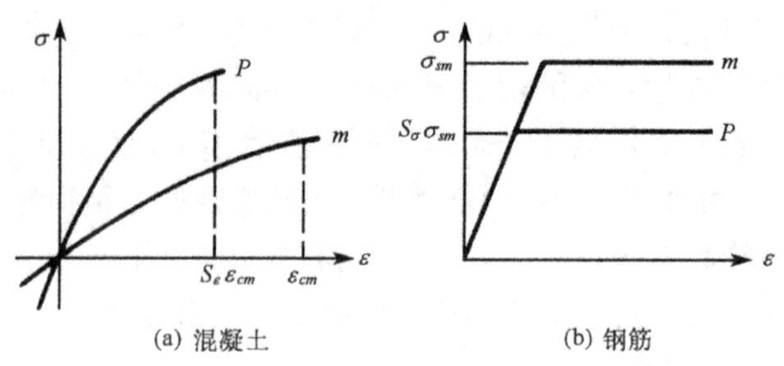

(a) 混凝土　　　(b) 钢筋

图 7-4　不完全相似材料的 σ-ε 曲线

表 7-5　钢筋(或型钢)混凝土结构静力强度模型的相似常数和相似关系

类型	物理量	量纲（绝对系统）	相似关系		
			(a)一般模型	(b)实用模型	(c)不完全相似模型
材料特性	混凝土应力 σ_c	FL^{-2}	$S_{\sigma_c}=S_\sigma$	$S_{\sigma_c}=1$	$S_{\sigma_c}=S_\sigma$
	混凝土应变 ε_c	—	$S_{\varepsilon_c}=1$	$S_{\varepsilon_c}=1$	$S_{\varepsilon_c}=S_\varepsilon$
	混凝土弹模 E_c	FL^{-2}	$S_{E_c}=S_\sigma$	$S_{E_c}=1$	$S_{E_c}=\dfrac{S_\sigma}{S_\varepsilon}$
	混凝土泊松比 ν_c	—	$S_{\nu_c}=1$	$S_{\nu_c}=1$	$S_{\nu_c}=1$
	混凝土密度 ρ_c	FT^2L^{-4}	$S_{\rho_c}=\dfrac{S_\sigma}{S_l}$	$S_{\rho_c}=\dfrac{1}{S_l}$	$S_{\rho_c}=\dfrac{S_\sigma}{S_l}$
	钢筋(或型钢)应力 σ_s	FL^{-2}	$S_{\sigma_s}=S_\sigma$	$S_{\sigma_s}=1$	$S_{\sigma_s}=S_\sigma$
	钢筋(或型钢)应变 ε_s	—	$S_{\varepsilon_s}=1$	$S_{\varepsilon_s}=1$	$S_{\varepsilon_s}=S_E$
	钢筋(或型钢)弹模 E_s	FL^{-2}	$S_{E_s}=S_\sigma$	$S_{E_s}=1$	$S_{E_s}=1$
	粘结应力 u	FL^{-2}	$S_u=S_\sigma$	$S_u=1$	$S_u=\dfrac{S_\sigma}{S_\varepsilon}$
几何特性	长度 l	L	S_l	S_l	S_l
	线位移 x	L	$S_x=S_l$	$S_x=S_l$	$S_x=S_\varepsilon S_l$
	角位移 θ	—	$S_\theta=1$	$S_\theta=1$	$S_\theta=S_\varepsilon$
	钢筋(或型钢)面积 A_s	L^2	$S_{A_s}=S_l^2$	$S_{A_s}=S_l^2$	$S_{A_s}=\dfrac{S_\sigma S_l^2}{S_\varepsilon}$
荷载	集中荷载 P	F	$S_p=S_\sigma S_l^2$	$S_p=S_l^2$	$S_p=S_\sigma S_l^2$
	线荷载 ω	FL^{-1}	$S_\omega=S_\sigma S_l$	$S_\omega=S_l$	$S_\omega=S_\sigma S_l$
	面荷载 q	FL^{-2}	$S_q=S_\sigma$	$S_q=1$	$S_q=S_\sigma$
	力矩 M	FL	$S_M=S_\sigma S_l^3$	$S_M=S_l^3$	$S_M=S_\sigma S_l^3$

对于砌体结构由于它也是由块材(砖、砌块)和砂浆两种材料复合组成，除了在几何比例上缩小要对块材作专门加工并给砌筑带来一定困难外，同样要求模型与原型有相似的 σ-ε 曲线，实用上就采用与原型结构相同的材料。砌体结构模型的相似常数见表 7-6。以上要求在结构动力弹塑性模型设计中也必须同时满足。

7-4-4 模型设计示例

【例题 7-1】 设简支梁受静力集中荷载 P 作用(图 7-5),并假定梁都在弹性范围内工作,且时间因素对材料性能的影响(如时效、疲劳、徐变等)可忽略,同时也不考虑残余应力或温度应力的影响。下面按缩尺比例为 λ_l 来设计模型。

表 7-6 砖石结构静力强度模型的相似常数

类型	物理量	量纲(绝对系统)	相似关系	
			一般模型	实用模型
材料性能	砌体应力 σ	FL^{-2}	S_σ	$S_\sigma=1$
	砌体应变 ε	—	$S_\varepsilon=1$	$S_\varepsilon=1$
	砌体弹性模量 E	FL^{-2}	$S_E=S_\sigma$	$S_E=1$
	砌体泊松比 ν	—	$S_\nu=1$	$S_\nu=1$
	砌体质量密度 ρ	FL^3	$S_\rho=\frac{S_\sigma}{S_l}$	$S_\rho=\frac{1}{S_l}$
几何特性	长度 l	L	S_l	S_l
	线位移 x	L	$S_x=S_l$	$S_x=S_l$
	角位移 θ	—	$S_\theta=1$	$S_\theta=1$
	面积 A	L^2	$S_A=S_l^2$	$S_A=S_l^2$
荷载	集中荷载 P	F	$S_p=S_\sigma S_l^2$	$S_p=S_l^2$
	线荷载 ω	FL^{-1}	$S_\omega=S_\sigma S_l$	$S_\omega=S_l$
	面荷载 q	FL^{-2}	$S_q=S_\sigma$	$S_q=1$
	力矩 M	FL	$S_M=S_\sigma S_l^3$	$S_M=S_l^3$

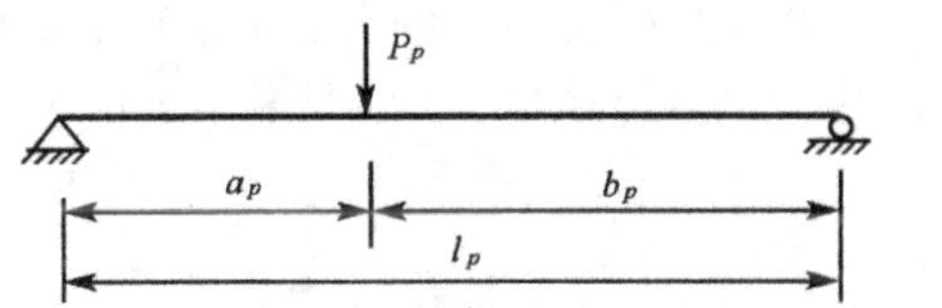

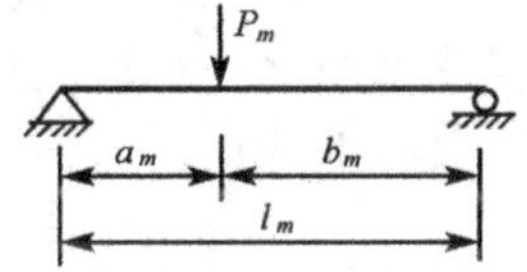

图 7-5 简支梁受集中力作用

【解】 根据材料力学,梁在集中荷载作用下的作用点处的边缘纤维应力、弯矩、挠度可以分别用下列公式表示:

$$\left.\begin{aligned} \sigma &= \frac{Pab}{lW} \\ M &= \frac{Pab}{l} \\ f &= \frac{Pa^2b^2}{3EIl} \end{aligned}\right\} \tag{7-57}$$

由于该物理过程中各物理量之间的函数关系式已明确给出,因此用方程式分析法建立相似条件比较方便。考虑到原型与模型的静力现象相似，则对应的物理量纲应保持为常数，可得到下列关系式：

$$\left.\begin{array}{llll} l_m = S_l l_p; & a_m = S_l a_p; & b_m = S_l b_p & \\ W_m = S_l^3 W_p; & I_m = S_l^4 I_p; & \sigma_m = S_\sigma \sigma_p & \\ M_m = S_M M_p; & f_m = S_l f_p; & P_m = S_p P_p; & E_m = S_E E_p \end{array}\right\} \tag{7-58}$$

式中：S_l、S_σ、S_M、S_f、S_p、S_E——分别为长度、应力、弯矩、挠度、荷载和弹性模量的相似常数。

把式(7-57)改写成为

$$\frac{Pab}{lW\sigma}=1$$

$$\frac{Pab}{lM}=1$$

$$\frac{Pa^2b^2}{EIlf}=3$$

则它们均是无量纲比例常数，由此模型与原型有如下关系式成立：

$$\left.\begin{array}{l} \dfrac{P_m a_m b_m}{l_m W_m \sigma_m} = \dfrac{P_p a_p b_p}{l_p W_p \sigma_p} \\ \dfrac{P_m a_m b_m}{l_m M_m} = \dfrac{P_p a_p b_p}{l_p M_p} \\ \dfrac{P_m a_m^2 b_m^2}{E_m I_m l_m f_m} = \dfrac{P_p a_p^2 b_p^2}{E_p I_p l_p f_p} \end{array}\right\} \tag{7-59}$$

把关系式(7-58)代入，则得到三个相似条件

$$\frac{S_p}{S_l^2 S_\sigma} = 1; \quad \frac{S_p S_l}{S_M} = 1; \quad \frac{S_p}{S_E S_l S_f} = 1 \tag{7-60}$$

这三个相似条件包含有六个相似常数，即意味着有三个相似常数可任意选择，而另外三个相似常数则需由条件式推出。现在已知模型是按缩尺比例为 λ_l 来设计，故 $S_l=\lambda_l$。剩余两个相似常数的选择则需根据试验的目的、试验的条件来确定。

1)若要使模型上各点反应的挠度、应力与原型一致，即 $S_\sigma=1$ 和 $S_f=1$，则模型设计需满足下列条件：

$$S_p = S_l^2; \quad S_M = S_l^3; \quad S_E = S_l$$

即试验的荷载是原型结构荷载按缩尺比例的平方缩小，模型材料也要求其弹性模量按缩尺比例减小。而 $S_M=S_l^3$，只要上面两个条件满足，该式也自然成立。

2)若模型材料与原型一致，而又要求模型的应力也一致，即 $S_\sigma=1$，$S_E=1$，则有

$$S_p = S_l^2; \quad S_M = S_l^3; \quad S_f = S_l$$

该条件式与1)的前两个条件式相同，只是这时所测的挠度比原型挠度按缩尺比例缩小。考虑到量测精度，此时要求模型比例不宜缩小过大。

在上面的讨论中，忽略了结构自重对于应力和挠度的影响。对于大跨度结构，结构的自重是不能够忽略的。

【例题 7-2】 高层建筑在地震作用下的结构性能研究，通常是采用与原型材料相同的缩尺比例模型在振动台上进行试验研究。试讨论模型设计的问题：

【解】 根据对问题的分析，认为该物理过程中包含有下列特性物理量：结构尺寸 l，结构的水平变位 x，应力 σ，应变 ε，结构材料的弹性模量 E，结构材料的平均质量密度 ρ，结构的自重（比重 γ），结构的振动频率 f 和结构阻尼比 ζ，此外还有地震运动的振幅 a 和运动的最大频率 f_g。

若采用量纲分析方法来求出系统的相似条件，则可写出在质量系统下的量纲矩阵：

	l	x	σ	ε	E	ρ	γ	f	ζ	a	f_g
[M]	0	0	1	0	1	1	1	0	0	0	0
[L]	1	1	−1	0	−1	−3	−2	0	0	1	0
[T]	0	0	−2	0	−2	0	−2	−1	0	0	−1

由此解得一组 8 个无量纲 π 数

$$\left.\begin{aligned}&\pi_1=\frac{x}{l};\quad \pi_2=\frac{\sigma}{\rho f^2 l^2};\quad \pi_3=\varepsilon\\&\pi_4=\frac{E}{\rho f^2 l^2};\quad \pi_5=\frac{\gamma}{\rho f^2 l};\quad \pi_6=\zeta\\&\pi_7=\frac{a}{l};\quad \pi_8=\frac{f_g}{f}\end{aligned}\right\}\tag{7-61}$$

由于模型与原型要保持相似，则对应的物理量成比例

$$\left.\begin{aligned}&x_m=S_x x_p\quad l_m=S_l l_p;\quad \sigma_m=S_\sigma\sigma_p;\quad \varepsilon_m=S_\varepsilon\varepsilon_p\\&E_m=S_E E_p;\quad \rho_m=S_\rho\rho_p;\quad \gamma_m=S_\gamma\gamma_p;\quad f_m=S_f f_p\\&\zeta_m=S_\zeta\zeta_p;\quad a_m=S_a a_p;\quad f_{gm}=S_{f_g}f_{gp}\end{aligned}\right\}\tag{7-62}$$

因此由式(7-61)可得到模型设计应满足的相似条件

$$\left.\begin{aligned}&\frac{S_x}{S_l}=1;\quad \frac{S_\sigma}{S_\rho S_f^2 S_l^2}=1;\quad S_\varepsilon=1\\&\frac{S_E}{S_\rho S_f^2 S_l^2}=1;\quad \frac{S_\gamma}{S_\rho S_f^2 S_l}=1;\quad S_\zeta=1\\&\frac{S_a}{S_l}=1;\quad \frac{S_{f_g}}{S_f}=1\end{aligned}\right\}\tag{7-63}$$

这八个相似条件仅包含有 11 个相似常数，故只有三个相似常数为预先拟定，而其他八个相似常数则只能从式(7-63)推算出。根据题意模型材料与原型材料相同，即已定出了 $S_E=1$ 和 $S_\rho=1$，又模型为缩尺比例模型，所以 S_l 也已确定，由此获得：

$$\left.\begin{aligned}&S_x=S_l;\quad S_a=S_l;\quad S_\varepsilon=S_\zeta=1\\&S_\sigma=S_E=1;\quad S_f=S_{f_g}=\frac{1}{S_l};\quad S_\gamma=\frac{1}{S_l}\end{aligned}\right\}\tag{7-64}$$

式(7-64)中，$S_\varepsilon=S_\sigma=1$ 表明按缩尺比例设计的模型上的各点的应力和应变与原型一致，而 $S_x=S_l$ 则说明模型上各点的变位与原型相应点的变位按缩尺比例减小，故要求试验测定位移的仪表有较高的精度。$S_\zeta=1$ 这个条件一般较难以满足，因为结构尺寸的改变而又要维持阻尼比不变是较困难的。若原型结构阻尼很小，则这个条件可以忽略。$S_a=S_l$ 和 $S_f=S_{f_g}=\frac{1}{S_l}$，则是关于振幅和频率两个关系式，是控制试验中振动台动作的条件。如果模型的缩尺比为$\frac{1}{10}$，则要求振动台的振动频率应为

地震频率的 10 倍，而振动台的振幅应为地震振幅的$\frac{1}{10}$。这是因为结构按比例缩尺后的模型本身的频率提高了 10 倍而变位减小了$\frac{1}{10}$倍，从而要求试验的振动台也做相应的变化以满足模型的试验结果与原型的相似。最后的 $S_\gamma=\frac{1}{S_l}$的条件是要求缩尺比例模型的自重（比重）应比原型自重（比重）按缩尺比例倒数的倍数增加，如前所述，这个条件给模型试验造成了很大的困难。目前解决这个问题的办法是在不考虑自重（比重）分布不均对结构的影响的情况下采用附加配重来提高模型的自重（比重）。

上述例题的分析过程进一步表明，模型的设计不仅仅是确定模型的相似条件，而是为了使模型的试验结果可以推算到原型上去，应对整个试验过程做周密的设计，如模型试验对加载设备、量测设备、模型材料等一系列问题的要求。

§7-5　动力模型配重不足时与原型结构的相似关系

振动台试验时，为了使小比例模型能够很好地再现原型结构的动力特征，模型与原型的竖向压应变相似常数 S_ε 应该等于 1；即竖向压应力相似常数 S_σ 应该等于弹性模量相似常数 S_E。为此，必须在模型上施加一定数量的人工质量——配重，以满足由量纲分析规定的全部第一级相似条件，这样的模型才是具有与原型动力相似的完备模型。以上给出了动力相似完备模型与原型之间的动力反应相似常数及其相似关系。但由于振动台承载能力的限制，许多试验模型难以满足对配重的要求，从而造成因 $S_\varepsilon\neq1$ 而模型失真。此时，前述各物理量之间的相似关系将发生变化，必须根据实际的模型参数来推导模型与原型之间的动力反应关系，以便根据模型的试验结果来正确地推算原型的动力性能。下面采用量纲分析法和动力方程法的结合推导动力试验模型在任意配重条件下与原型结构的相似关系。

假设条件：竖向压应力对结构抗侧刚度无影响，即刚度相似常数 $S_k=S_ES_l$；各集中质量由竖向压应力乘以结构横截面面积求得，即质量相似常数 $S_m=S_\sigma S_l^2$。其中竖向压应力 σ 和弹性模量 E 的相似常数 S_σ 和 S_E 可分别依据模型配重后的实际质量和模型材料首先确定。

7-5-1　弹性阶段的动力相似关系

利用振型正交条件，将多自由度体系的运动方程解耦后，模型与原型对应自由度的动力反应关系可由 Duhamel 积分求出：

$$
\begin{aligned}
x_m &=\frac{1}{m_m\omega_m}\int_0^{t_m}P_m(\tau)\sin\omega_m(t_m-\tau_m)\mathrm{d}\tau_m \\
&=\frac{1}{m_m\omega_m}\int_0^{t_m}m_m\ddot{x}_{gm}(\tau)\sin\omega_m(t_m-\tau_m)\mathrm{d}\tau_m \\
&=\frac{S_{\ddot{x}_g}}{S_f^2\omega_p}\int_0^{t_p}\ddot{x}_{gp}(\tau)\sin\omega_p(t_p-\tau_p)\mathrm{d}\tau_p \\
&=\frac{S_{\ddot{x}_g}}{S_f^2}x_p
\end{aligned}
\tag{7-65}
$$

由此推得弹性阶段的动力相似关系如表 7-7 所示。

表 7-7 配重不足的动力模型在弹性阶段的动力相似关系

类型	物理量	量纲(绝对系统)	相似关系
材料特性	竖向压应力 σ	FL^{-2}	S_σ
	竖向压应变 ε	—	$S_\varepsilon=\frac{S_\sigma}{S_E}$
	弹性模量 E	FL^{-2}	S_E
	泊松比 ν	—	$S_\nu=1$
	剪应力 τ	FL^{-2}	$S_\tau=\frac{S_V}{S_l^2}=S_\sigma S_{\ddot{x}_g}$
	剪应变 γ	—	$S_\gamma=\frac{S_\tau}{S_G}=\frac{S_\sigma S_{\ddot{x}_g}}{S_E}$
	剪切模量 G	FL^{-2}	$S_G=S_E$
	质量密度 ρ	FT^2L^{-4}	$S_\rho=\frac{S_m}{S_l^3}=\frac{S_\sigma}{S_l}$
几何特性	长度 l	L	S_l
	线位移 x	L	$S_x=\frac{S_{\ddot{x}_g}}{S_f^2}=\frac{S_\sigma S_{\ddot{x}_g} S_l}{S_E}$
	角位移 θ	—	$S_\theta=\frac{S_x}{S_l}=\frac{S_\sigma S_{\ddot{x}_g}}{S_E}$
	面积 A	L^2	$S_A=S_l^2$
荷载	地震作用 F	F	$S_F=S_m S_{\ddot{x}}=S_\sigma S_{\ddot{x}_g} S_l^2$
	剪力 V	F	$S_V=S_F=S_\sigma S_{\ddot{x}_g} S_l^2$
	弯矩 M	FL	$S_M=S_V S_l=S_\sigma S_{\ddot{x}_g} S_l^3$
动力性能	质量 m	$FL^{-1}T^2$	$S_m=S_\sigma S_l^2$
	刚度 k	FL^{-1}	$S_k=S_E S_l$
	阻尼 c	$FL^{-1}T$	$S_c=\frac{S_m}{S_t}=(S_E S_\sigma)^{\frac{1}{2}} S_l^{\frac{3}{2}}$
	时间 t,固有周期 T	T	$S_t=S_T=\left(\frac{S_m}{S_k}\right)^{\frac{1}{2}}=\left(\frac{S_\sigma S_l}{S_E}\right)^{\frac{1}{2}}$
	频率 f	T^{-1}	$S_f=\frac{1}{S_T}=\left(\frac{S_E}{S_\sigma S_l}\right)^{\frac{1}{2}}$
	输入加速度 $\ddot{x}_g$	LT^{-2}	$S_{\ddot{x}_g}$
	反应速度 $\dot{x}$	LT^{-1}	$S_{\dot{x}}=S_{\ddot{x}} S_T=S_{\ddot{x}_g}\left(\frac{S_\sigma S_l}{S_E}\right)^{\frac{1}{2}}$
	反应加速度 $\ddot{x}$	LT^{-2}	$S_{\ddot{x}}=S_{\ddot{x}_g}$

在弹性阶段,如果拟定了输入的地震加速度峰值相似常数 $S_{\ddot{x}_g}$,则可依据上述相似关系,直接由模型试验结果来分析原型结构的动力反应。实际应用中,通常取 $S_{\ddot{x}_g}=1$,当模型与原型材料和施工条件相同时,取 $S_E=1$。值得注意的是,当配重不足,即 $S_\varepsilon\neq1$ 或 $S_\sigma\neq S_E$ 时的,因为模型与原型在输入相同的加速度峰值时,具有不

同的剪应变状态，故其开裂、屈服和破坏阶段的时程及加卸载历史不同，上述比例系数不能直接套用于弹塑性阶段。

7-5-2 弹性及弹塑性阶段的动力相似关系

若拟定模型与原型的剪应变相同，即剪应变相似常数 $S_\gamma=1$，则可由模型试验结果推算原型在与模型同样受力（剪应力相似常数 $S_\tau=S_E$）或破坏状态下所能承受的地震加速度峰值以及在该峰值加速度作用下原型的动力反应。

由剪应变相似常数 $S_\gamma=1$，剪切模量相似常数 $S_G=S_E$ 及前述假设条件可推得弹性及弹塑性阶段的动力相似关系如表 7-8 所示。

表 7-8 配重不足的动力模型在弹性及弹塑性阶段的动力相似关系

类型	物理量	量纲（绝对系统）	相似关系
材料特性	竖向压应力 σ	FL^{-2}	S_σ
	竖向压应变 ε	—	$S_\varepsilon=\frac{S_\sigma}{S_E}$
	弹性模量 E	FL^{-2}	S_E
	泊松比 ν	—	$S_\nu=1$
	剪应力 τ	FL^{-2}	$S_\tau=S_G S_\gamma=S_E$
	剪应变 γ	—	$S_\gamma=1$
	剪切模量 G	FL^{-2}	$S_G=S_E$
	质量密度 ρ	FT^2L^{-4}	$S_\rho=\frac{S_m}{S_l^3}=\frac{S_\sigma}{S_l}$
几何特性	长度 l	L	S_l
	线位移 x	L	$S_x=\frac{S_V}{S_k}=S_l$
	角位移 θ	—	$S_\theta=\frac{S_x}{S_l}=1$
	面积 A	L^2	$S_A=S_l^2$
荷载	地震作用 F	F	$S_F=S_V=S_E S_l^2$
	剪力 V	F	$S_V=S_\tau S_l^2=S_E S_l^2$
	弯矩 M	FL	$S_M=S_V S_l=S_E S_l^3$
动力性能	质量 m	$FL^{-1}T^2$	$S_m=S_\sigma S_l^2$
	刚度 k	FL^{-1}	$S_k=S_E S_l$
	阻尼 c	$FL^{-1}T$	$S_c=\frac{S_m}{S_t}=(S_E S_\sigma)^{\frac{1}{2}}S_l^{\frac{3}{2}}$
	时间 t，固有周期 T	T	$S_t=S_T=\left(\frac{S_m}{S_k}\right)^{\frac{1}{2}}=\left(\frac{S_\sigma S_l}{S_E}\right)^{\frac{1}{2}}$
	频率 f	T^{-1}	$S_f=\frac{1}{S_T}=\left(\frac{S_E}{S_\sigma S_l}\right)^{\frac{1}{2}}$
	输入加速度 $\ddot{x}_g$	LT^{-2}	$S_{\ddot{x}_g}=S_{\ddot{x}}=\frac{S_E}{S_\sigma}$
	反应速度 $\dot{x}$	LT^{-1}	$S_{\dot{x}}=\frac{S_x}{S_t}=\left(\frac{S_l}{S_E S_\sigma}\right)^{\frac{1}{2}}$
	反应加速度 $\ddot{x}$	LT^{-2}	$S_{\ddot{x}}=\frac{S_F}{S_m}=\left(\frac{S_E S_l}{S_\sigma}\right)^{\frac{1}{2}}$

按上述相似常数调整输入加速度峰值，使其模型与原型的剪应变相同，即剪应

变相似常数 $S_\gamma=1$ 或剪应力相似常数 $S_\tau=S_E$，则其相应的相似常数就给出了模型与原型在弹性和弹塑性阶段的动力相似关系。这样，我们就能够根据模型的破坏状态和动力反应来确定原型在同样破坏状态时所能承受的地震加速度峰值(抗震能力)及相应的地震反应。

以上两组相似关系，是在相同条件下，基于不同的基准参数推得的，故虽然形式不同，但具有相同的物理意义。如果将前者的加速度相似常数换成后者相应的加速度相似常数，则两组系数完全相同。

§7-6 模型材料

7-6-1 模型材料

适用于制作模型的材料很多，但没有绝对理想的材料。因此正确地了解材料的性质及其对试验结果的影响，对于顺利完成模型试验往往有决定性的意义。

模型材料主要应满足下列要求：

1)保证相似要求。

2)保证量测要求，能产生足够大的变形。因此弹性模量应低一些，但也不能过低以致因安装应变片或其他量测仪器本身的刚度影响试验结果。

3)材料性能稳定，不因温、湿度的变化而变化。由于模型结构的尺寸较小，周围环境的温、湿度变化对它的影响远大于对原型结构的影响，模型材料对环境变化的稳定性要求高于原型材料。

4)徐变小。对用作弹性模型的有机合成材料尤应注意。

5)便于加工制造。

1. 用作弹性模型的材料

制造弹性模型的模型材料并不要求与原型材料完全相似，在材料的强度或屈服等指标方面并无严格的相似要求，仅要求模型材料在试验时保持弹性，满足 S_E 的要求。

各种热固性和热塑性塑料(如环氧树脂、聚酯树脂、聚氯乙烯、聚乙烯、有机玻璃等)、石膏、钢材及铝合金等匀质弹性材料都可用作弹性模型。

(1)金属

铝合金允许有较大的应变量，并有良好的导热性和较低的弹性模量，因此金属模型中铝合金用得较多。钢和铝合金的泊松比约为 0.30，比较接近于混凝土材料。用金属制作模型的缺点是加工困难，且金属模型的弹性模量较塑料和石膏的都高，荷载模拟亦较困难，因此用金属制作模型的并不多。

(2)塑料

塑料作为模型材料的最大优点是强度高而弹性模量低(约为金属弹性模量的 0.1～0.02)，便于加工。缺点是力学性能受应变速率的影响较大，弹性模量受温度、时间变化的影响亦较大，徐变大，泊松比(约为 0.35～0.50)高，导热性差。但只要采取一定措施，如放慢加载速度、严格控制试验环境温度，在试件设计时将材料工作应力限制在1/3的极限强度范围以内等等，这些缺点是可以克服的。

在塑料模型中有机玻璃用得最多。有机玻璃是一种各向同性的匀质材料，弹性模量为(2.6～2.3)×10^3MPa。泊松比为0.33～0.35，抗拉比例极限大于30MPa。因为有机玻璃的徐变较大，试验时为了避免明显的徐变，应使材料中的应力不超过7MPa，而此时的应变已达2000$\mu\varepsilon$左右，对于一般应变测量已能保证足够的精度。

有机玻璃材料，市场上有各种规格的板材、管材和棒材提供，给模型加工制作提供了方便。有机玻璃模型一般用木工工具就可以进行加工，而用胶粘剂或热气焊接组合成型。通常采用的粘结剂是氯仿溶剂，将氯仿和有机玻璃粉屑拌合而成粘结剂。由于材料是透明的，所以连接处的任何缺陷都能容易地检查出来。对于具有曲面的模型，可将有机玻璃板材加热到110℃软化，然后在模子上热压成曲面。

由于塑料具有加工容易的特点，故大量地用来制作板、壳、框架及其形状复杂的结构模型。

(3)石膏

石膏的泊松比与混凝土接近(约为0.17)、成本低廉并易于加工。其主要缺点是抗拉强度低、弹性特性的控制较困难。纯石膏的弹性模量较高且性脆，加工时凝结太快。因此石膏用作模型材料时应掺入一定数量的掺合料(如硅藻土，塑料或其他有机物)及缓凝剂以改善其力学及加工性能。石膏的性能还与水膏比(拌和用水与石膏的质量比)有关。当石膏与硅藻土的比例为2∶7，水膏比在0.8～3.0之间变动时，其弹性模量可以在400～4000MPa之间任意调整以满足相似条件的要求。值得注意的是加入掺合料后的石膏在应力较低时是弹性的，而应力超过破坏强度的50%时出现塑性。

石膏模型的制作，首先按原型结构的缩尺比例制作好浇注石膏的模子；在浇注石膏之前应仔细校核模子的尺寸，然后把调好的石膏浆注入尺寸准确的模子制成。为了避免形成气泡，在搅拌石膏时应先将硅藻土和水调配好，待混合数小时后再加入石膏。石膏的养护一般存放在气温为35℃及相对湿度为40%的空调室内进行，时间至少一个月。由于浇注模型表面的弹性性能与内部不同，因此制作模型是先将石膏按模子浇注成整体，然后再进行机械加工(割削和铣)形成模型。

2.用作钢筋(或型钢)混凝土强度模型的材料

(1)模型用混凝土

用作强度模型的混凝土材料目前有模型(或微粒)混凝土、细石混凝土、水泥砂浆和石膏砂浆。

用模型试验来研究钢筋(或型钢)混凝土结构的弹塑性工作或极限能力，较理想的材料可算是模型(或微粒)混凝土和细石混凝土了。它们与实际工程中含有大骨料的混凝土虽然有差别(如收缩和骨料粒径的影响等)，但这些差别在很多情况下是可以忽略的。

模型混凝土由细骨料、水泥和水组成。对模型混凝土的配比应十分重视，因为强度模型的成功与否在很大程度上取决于模型材料和原结构材料间的相似程度。

影响模型混凝土力学性能的主要因素是骨料含量和水灰比$\frac{W}{C}$。图 7-6 为由大量试验得出的一组骨料体积含量及水灰比与混凝土的割线弹性模量 E_c、极限抗压强度 f'_c 和 95%极限荷载时的极限压应变 ε_{95} 的关系曲线。利用这组曲线可设计出基本符合相似要求的模型混凝土。例如当要求模型混凝土受压应力-应变性能满足：割线模量 $E_c=20.6\times10^3\text{MPa}$，轴压强度 $f_c=34.5\text{MPa}$，$\varepsilon_{95}=0.0025$ 的要求时，利用图 7-6，在 E_c，f_c 和 ε_{95} 的相应值处分别引水平线与各曲线族相交，由交点得出当水灰比为 0.5，骨料体积含量为 65%时(线 1)基本满足上述要求，此时混凝土的配比(重量)为水：灰：骨料＝0.5：1：4。如这一配比的和易性不满足施工要求时，可将水灰比改为 0.7。则骨料体积含量为 60%(线 2)配比为 0.7：1：4。ε_{95} 值大了 28%左右，其他基本符合要求。

由图 7-6 可知，骨料含量有一临界范围(图中阴影部分)，约为 50%～60%，当

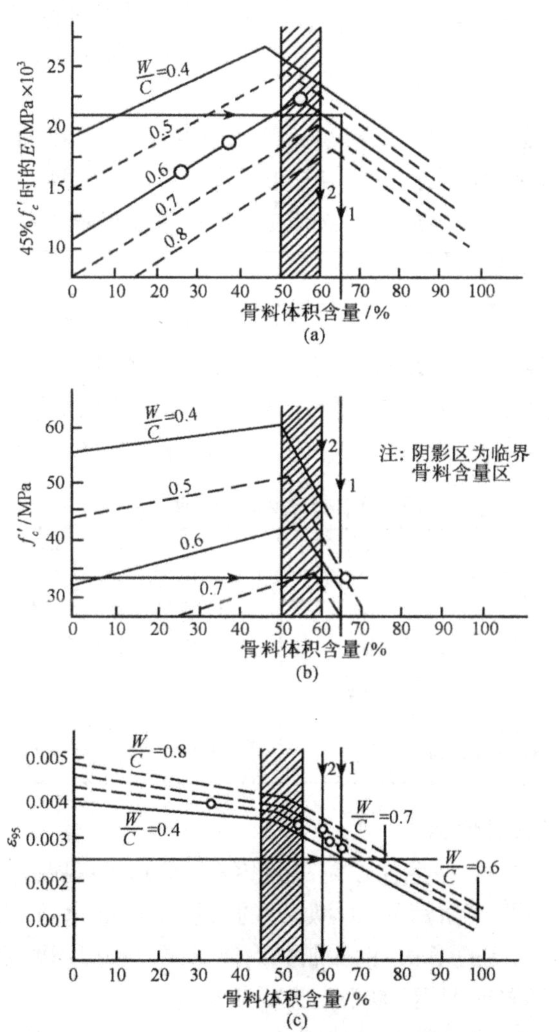

图 7-6　模型混凝土的水灰比、骨料含量和力学特性的关系曲线

骨料含量超过或低于临界区时，力学性能将急剧下降。上例中如要获得所要求的ε_{95}值，骨料含量就会超过临界含量而使弹性模量和强度极限偏低，不符合要求。一般来说，在设计混凝土配比时优先满足弹性模量和强度极限的要求而将极限应变要求放在次要地位。

由图 7-6 得出的配比在模型正式浇灌前还应进行试配，必要时加以适当的调整。

模型混凝土的骨料粒径根据模型的几何尺寸而定，骨料最大粒径一般不大于截面最小尺寸的$\frac{1}{3}$，其中通过 0.15mm 筛孔的细骨料用量应少于 10%，以免为取得和易性而需过分加大水灰比。

细石混凝土由细（石）骨料、砂、水泥和水组成，它的力学性能和技术要求与前述的模型混凝土基本相同。

水泥砂浆比较接近混凝土，但基本性能无疑地与含有大骨料的混凝土存在差别。所以水泥砂浆主要是用来制作钢筋混凝土板壳等薄壁结构的模型，而采用的钢筋是细直径的各种钢丝及铅丝等。

值得注意未经退火的钢丝没有明显的屈服点，如果需要模拟热轧钢筋，则应进行退火处理。细钢丝的退火处理必须防止金属表面氧化而削弱断面面积。

石膏砂浆由石膏、水、砂或小豆石组成。其主要优点是固化快（1 天或更少）。缺点是力学性能受湿度影响较大。

变动水膏比$\frac{W}{G}$和骨膏比$\frac{A}{G}$可在较大范围内调整石膏砂浆的抗压强度。精心配制的石膏砂浆可获得与原型结构混凝土相似的力学性能。

石膏砂浆的经验配比如表 7-9 所示，但石膏的性能因石膏的原料产地、锻烧工艺、磨细度的不同会有差异。表 7-9 仅供参考，在浇制模型前还需试配。

表 7-9　石膏砂浆的经验配比

组号	砂	石膏	水	龄期	轴压强度/MPa
1	1.2	1.0	0.35	24	16.5
2	1.0	1.0	0.35	24	18.0
3	1.0	1.0	0.30	24	20.7
4	0.8	1.0	0.30	24	23.4
5	1.0	1.0	0.30	48	27.6

（2）模型用钢筋（或型钢）。

钢筋（或型钢）的σ-ε特性往往是决定钢筋（或型钢）混凝土结构非弹性性能的主要因素，应充分重视模型钢筋（或型钢）的材性相似要求，除屈服强度、极限强度及弹性模量外，σ-ε曲线的形状，包括屈服台阶长度，硬化段以及极限延伸率等都应尽量与原型结构钢筋（或型钢）的相应指标相似。

（3）模型钢筋与混凝土之间的粘结。

钢筋与混凝土间的粘结情况对结构非弹性阶段的荷载-变形性能及裂缝的分布和发展有直接的关系。特别当承受反复荷载(如地震荷载)时,结构的内力重分布受裂缝的影响。所以,粘结力问题应予以充分重视。但由于粘结力问题本身的复杂性,对模型结构的粘结要求至今还没有完善的结论。从已有的研究工作中得知,使模型钢筋产生一定程度的锈蚀或用机械方法在模型钢筋表面压痕模拟原结构中的变形钢筋将使模型结构的粘结力和裂缝情况比用光面钢丝更接近实际情况。

7-6-2 模型试验应注意的问题

1. 模型的制作精度

模型尺寸的不准确是引起模型试验误差的主要原因之一。模型尺寸的允许误差范围与原型结构的允许误差范围一样,为±5%,但由于模型的几何尺寸小,允许制作偏差的绝对值就很小。在制作模型时对其尺寸应倍加注意。

对于钢筋(或型钢)混凝土结构模型,模型尺寸包括截面几何尺寸、跨度及钢筋(或型钢)位置。模板对模型尺寸有重要的影响,制作模板的材料应体积稳定,不随温、湿度而变化。模板应达到机加工的精度。有机玻璃是效果较好的模板材料,为了降低费用,也可用表面覆有塑料的木材作模板,型铝也是常用的模板材料,它和有机玻璃配合使用相当方便。

模型钢筋一般都很细柔,其位置易在浇捣混凝土时受机械振动的影响从而直接影响结构的承载能力。对于直线型构件常在两个端模板上钢筋位置处钻孔,使钢筋穿过孔洞并将钢筋稍微张紧以确保其位置。

2. 材性试件的尺寸

为了消除尺寸效应的影响,模型的材性试样尺寸应和模型的最小截面或临界截面的大小基本相应,对测定轴压强度及弹模的柱体试样,高宽比定为2～3。

3. 试验环境

小模型试验对于周围环境的要求比一般结构试验严格。对于有机玻璃等塑料模型,试验时温度变化不应超过±1℃。小混凝土模型因温湿度变化引起的收缩和温度应力等远较大的结构严重。环境变化对试验模型的复杂影响是远非在量测时布置温度补偿仪表所能解决的。所以一般应在试验过程中控制温、湿度的变化。

4. 荷载

模型试验的荷载必需事先仔细校正。如因模型较小,完全模拟实际的荷载情况有困难时,改加明确的集中荷载将比勉强模拟实际荷载更好,否则会在整理和推算量测结果时引进很大的误差。

5. 量测

小模型试验量测仪表的安装位置应特别准确,否则在将模型试验结果换算到原型结构上去时将引起较大的误差。此外,如果模型的刚度较小,则应注意量测仪表的重量、刚度等的影响。

如果在模型试验的过程中严格操作,采取各种相应的措施,试验结果是相当可靠的。对于弹性模型试验，若用它来预计钢筋(或型钢)混凝土结构，其误差可控制在10%左右。对于钢筋(或型钢)混凝土结构的强度模型，当钢筋(或型钢)与混凝土之间的粘结力不是影响结构性能的主要因素时，由试验结果推算到原结构的误差(主要指裂缝开展后的位移和承载能力)可控制在15%左右。需要注意的是钢筋(或型钢)混凝土原型结构本身的离散性就很大，最终在非线性阶段的差异可高达20%或20%以上。因此，要得出由其模型试验结果推算原型结构性能的误差，需要作相当数量的原型与模型结构的对比试验才能用统计方法得出有一定可信度的统计结果，这是钢筋(或型钢)混凝土强度模型试验有待解决的问题之一。

第八章　结构试验的数据处理

结构试验后(有时在试验进行中),对直接量测的试验数据进行整理换算、统计分析和归纳演绎,以找出影响结构性能的各主要参量间的相互关系和变化规律,并将之以公式、表格、图像、数值或数学模型的方式表达出来,这就是结构试验的数据处理。它主要解决如下问题:

(1) 进行量测数据的误差分析

在结构试验中,对结构反应的参数进行测定后,获得了一系列的实测数据。由于这些数据都是在一定环境和条件下,使用各种测量仪表,通过观察者的感觉器官而取得。因此,不论测量仪表多么完善,观察者多么精心,其测定值总是不可能完全代表被测对象的真值,亦即任何被测参数的真值是无法测得的,我们所能得到的只是真值的近似值。因而,在获得实测数据后,应对所测数据进行加工处理,分析出接近于真值的近似值,并鉴定近似值的精确度。

(2) 确定物理参量间的相关关系

在结构试验中,根据记录的大量数据有时需要确定各被测参数之间的相互关系。例如,钢筋混凝土柱的承载力,主要受到柱中纵向钢筋配筋率、箍筋配筋率、轴向压应力、剪跨比以及混凝土强度等因素的影响,改变其中任一项参数,都将影响柱的承载力。即承载力与这些参数之间存在着一定关系,由于这种关系不完全确定,所以一般称它为相关关系。表达这种相关关系的数学表达式(或拟合的曲线),有待运用统计原理进行。

(3) 进行随机过程的数字化处理和统计特征值计算

在结构动力试验中,还有一类是以时间为参数的周期性或非周期性的变量,而且各时刻的变量之间又有着密切的相关关系,这种量称为随机变量或称随机过程、随机信号。研究随机信号除了时域、频域以外,还要从幅域上研究其发生的概率分布,其主要内容是进行随机过程的数字化处理和统计特征值的计算。因此对随机信号采用的处理方法比静态数据的处理更复杂。它属于概率和随机过程问题。

本章将重点讨论关于数据处理中的一些常用方法,并扼要介绍随机信号处理的基本概念。关于随机信号处理的更详细的内容请参阅有关书籍。

§8-1　测 量 误 差

8-1-1　测量误差及其分类

1. *真值与误差*

测量的最终目的是寻求被测参数的真值。但由于测量误差的存在,真值无法测得，由误差理论可知，经过等精度、无穷多次重复测量所得的数据，在剔除粗大误差并尽可能消除和修正了系统误差之后，其测量结果的算术平均值就接近其真值，亦即被测数据的统计平均值(或数学期望值)接近于真值。若以 x 代表测量值，它与真值 μ 之差称绝对误差 Δ，即

$$\Delta = x - \mu \tag{8-1}$$

绝对误差是个绝对量，具有量纲，故不能用于(不同量程的同类仪表，或者不同种类仪表之间)测量精度的比较。例如测量屋架下弦挠度 100mm 时的绝对误差为 ±1mm，简支梁挠度 10mm 时的绝对误差也是 ±1mm。两者的绝对误差均等于 ±1mm，但其测量精度却相差很远。因此单从绝对误差的大小，无法比较测量精度。为了解决这个问题必须引入相对误差的概念。

相对误差 R 是绝对误差 Δ 与被测量实测值(或指示值) x 的比值，用百分数表示，无量纲，即

$$R = \frac{\Delta}{x} \tag{8-2}$$

因此，屋架挠度的相对误差为 $R=\frac{\Delta}{x}=\frac{1}{100}=1\%$；而梁挠度的相对误差 $R=\frac{\Delta}{x}=\frac{1}{10}=10\%$。所以，利用相对误差就可以比较上述两种情况的测量精度。

在一台仪表的整个测量范围内，相对误差不是一个定值，它常随测量值 x 的大小而变化。为了对同一量程的仪表进行测量精度比较，制造厂对所制的仪表以一系列标准百分比数值，表示它们的精度等级并进行分档。这个百分比数值，通常是仪表在规定条件下的最大绝对允许误差相对于测量范围的百分数。因而，对于某一精度等级的仪表，在实际使用时必须根据被测量的大小，不断改变其测量的量程才能达到较高的测量精度。由此可见，量程问题，归根到底还是一个误差问题。

2. 误差分类

根据误差产生的原因和误差的性质，常将其分为三类：粗大误差(过失误差)、系统误差(经常误差)和随机误差(偶然误差)。

1) 粗大误差：是指由于测试人员的操作技术不佳，或仪表安装不当乃至粗心大意所造成的误差。这类误差一旦发现应予以剔除。

2) 系统误差：是指测量系统(包括测量方法、测量仪表、测量条件等)由于某些客观因素所引起的带有规律性的误差。例如采用简化的测量方法引起的误差，由于电阻应变仪电桥部分的非线性对测量结果引入的误差，应变片中的电阻丝因温度效应引起的误差，以及仪器的零点漂移产生的误差等等。为了防止这类误差引入测量结果，必须预先对整个测量系统进行系统标定，以确定系统误差出现的规律及其量值。

3) 随机误差：它是由一些预先难以确定的微小因素所造成的。由于这类误差的大小和正负号的出现不能事先知道，具有随机性质，因此无法从测量数据中予以修正或将其消除。但它在多次重复测量时表现出稳定的统计规律性，因此在实际工

作中可以根据误差理论，通过增加量测次数来加以控制，减少其对量测结果的影响。偶然误差的大小，决定了量测工作的精确度，因而它是误差分析的研究对象。

8-1-2 随机误差的分布

1. 误差的分布规律

对同一个量进行大量的等精度重复测量时，可以得到一系列实测值，称它为测量列。测量列中的数值一般是不相同的。假设在测量列中不包含系统误差和粗大误差（已予修正或剔除），则测量列中数值特大和特小的都是少数。如果将每一数值出现的次数作为纵坐标，相应于这一数值的随机误差 δ 作为横坐标，按直角坐标系描点并将各点连成曲线，这条曲线称为随机误差的分布曲线，如图 8-1 所示。

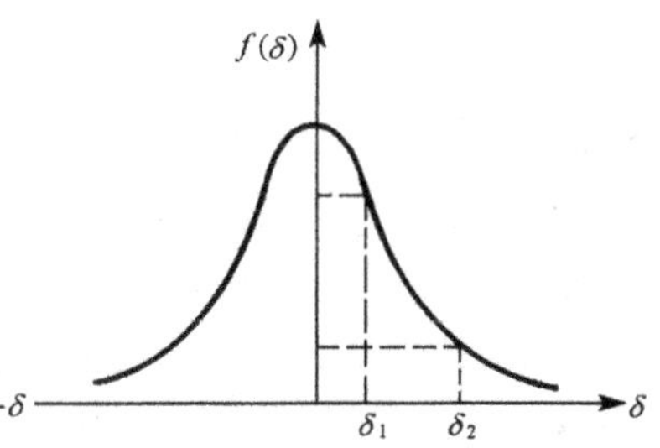

图 8-1 随机误差正态分布曲线

在结构试验中，应力、应变、荷载、材料强度等参数大多服从正态分布，其误差的分布也服从正态。正态分布的数学表达式为

$$f(\delta)=\frac{1}{\sigma\sqrt{2\pi}}e^{-\frac{\delta^2}{2\sigma^2}} \tag{8-3}$$

式中：δ——随机误差值，$\delta=x-\mu$；

e——自然对数的底；

π——圆周率；

σ——总体随机误差的标准差。

正态分布曲线的特点如下：

1）单峰值。正态分布只有一个峰值，出现在 $\delta=0$ 的纵轴上。由于绝对值小的误差 δ_1（见图 8-1）在峰值附近，故小误差出现的概率比大误差出现的概率为大。

2）对称性。分布曲线与纵轴 y 对称，所以绝对值相等的正误差与负误差出现的概率相等，即 $P(\delta)=P(-\delta)$。

3）抵偿性。由于分布曲线的对称性，在同样条件下，对同一量的测量，当测量次数 $n\to\infty$ 时，各个误差的代数和将趋向于零，即

$$\lim_{n\to\infty}\frac{1}{n}\sum_{i=1}^{n}\delta_i=0 \tag{8-4}$$

4）有限性。在一定测量条件下，误差的绝对值实际上不会超过一定范围，因为绝对值很大的误差出现的概率近于零。

由式(8-3)可得表 8-1。表中，介于 $\pm 2\sigma$ 之间的诸误差值出现的概率为 $\int_{-2\sigma}^{2\sigma}f(\delta)d\delta=0.9544$，约为 95%，也就是 22 次测量中，有一次的误差绝对值超出 2σ 的范围；而落在 $\pm 3\sigma$ 范围内的概率为 99.73%，即约为 370 次测量中，可能有一

次的误差绝对值超过 3σ 的范围。由于一般情况下，测量的次数最多也只有几十次，因此可以认为误差值超过 $\pm3\sigma$ 的情况实际上是不大可能发生的。一般在测试技术中可取 $\pm3\sigma$ 作为随机误差的极限值，对应的概率为 0.9973，并称之为置信概率（或置信度）。它包含的区间称为置信区间。

表 8-1　随机误差的概率

随机误差 δ	0.67σ	1σ	2σ	3σ	4σ
不超过规定误差 δ 的概率	0.4972	0.6826	0.9544	0.9973	0.9999
在表列测量次数中其中可能有一次超过	2	3	22	370	15625

关于置信的含义，可解释为某一估计值落在某一区间的可信程度。如通常把 $\pm3\sigma$ 称为极限误差（置信限），它所对应的置信度为 99.73%。在结构试验中，常以 $\pm3\sigma$ 作为处理试验数据异常值的舍弃界限。

若将两个极限误差以外包含的区间称为随机误差的不确定度，用 e 表示，则

$$e = \pm k\sigma \tag{8-5}$$

式中：k——置信系数。

不确定度是说明测量结果的不精确程度或分散性的大小。在结构试验中，置信概率一般取为 0.95，它对应的误差极限值为 $\pm2\sigma$，这时不确定度 $e=\pm2\sigma$，置信系数 $k=2$。

2. 标准误差

标准误差又称均方根误差。用它表示测量数据的分散性最为理想。例如在进行一系列测量中，得到 n 个测量值 $x_i(i=1,2,3,\cdots,n)$，由于误差的存在，各 x_i 值一般不会相同，其数学期望（均值）的近似值 $\bar{x}$ 为

$$\bar{x} = \frac{1}{n}\sum_{i=1}^{n} x_i \tag{8-6}$$

令 $\Delta_i = x_i - \bar{x}$（Δ_i 称剩余误差），则标准误差（均方根误差）σ 可定义为

$$\sigma_{n\to\infty} = \sqrt{\frac{1}{n}\sum_{i=1}^{n}\Delta_i^2} \tag{8-7}$$

式中：Δ_i——第 i 次测量值与被测量的真值之差。

当测量次数为有限次，以 δ_i 代替 Δ_i，并用测量结果的平均值代替真值时，可根据误差理论推得

$$\sigma = \sqrt{\frac{\sum_{i=1}^{n}\delta_i^2}{n-1}} = \sqrt{\frac{\sum_{n-1}^{n}(x_i-\bar{x})^2}{n-1}} \tag{8-8}$$

公式(8-8)称贝塞尔(Bessel)公式，σ 是表征测量精确度的代表值。σ 值越大，随机误差的极限范围就越大，即可靠性越差，误差的正态分布曲线也就平坦。例如图 8-2 中的三条曲线，它们有相同的平均值 $\bar{x}$，但标准误差不同：σ_3 最大，说明这批数

据的分散性很大；σ_1 最小，说明这批数据都集中在平均值的附近，因而可靠性较好；σ_2 介于两者之间，说明这批数据的分散性优于 σ_3 而不如 σ_1。

计算标准误差，不仅可以得知测量列的精度，还可以用 σ 来检验测量列中是否存在粗大误差。具体内容详见§8.2节中叙述。

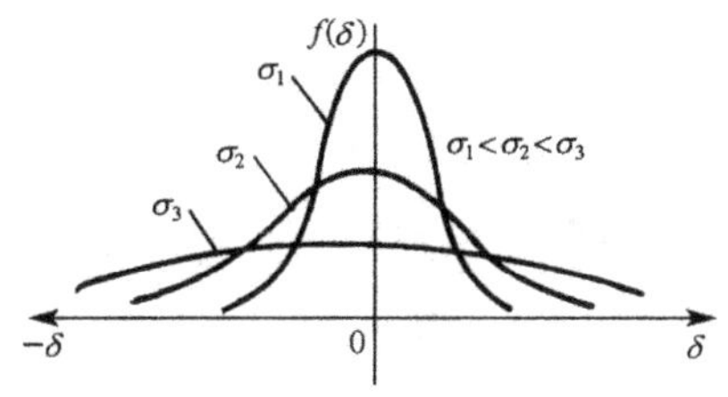

图 8-2 不同标准差的正态分布曲线

8-1-3 分布参数的区间估计

为了获得随机变量的概率分布，首先应画出频率分布图。这就需要做大量的重复测试以得到一系列测量值，但在实际工作中只能作有限次试验，因而只能利用有限次测量结果，并借助数学方法来推断和估计全部试件的参数(均值和标准误差)，这种方法在概率与统计学中称为母体的参数估计。

在统计学中，把研究对象的全体称作母体或总体；从母体中抽出的一部分叫子样或样本；子样的个数称容量。则随机变量的 n 次观测值也就是该随机变量的子样观测值。从子样得到的 n 次观测值，经过统计计算可进而推算母体参数的估计值。区间估计就是指在某一给定概率下，用子样所得统计参数去估计母体参数。因而区间估计的实质是先建立一个区间，使母体参数以某种规定的概率落在所建立的区间内。该规定的概率称为置信度，相应的区间称置信区间。

估计的参数有母体的均值和母体的标准差。例如，用子样的均值 $\bar{x}$ 估计母体的均值 μ 的估计值 $\hat{\mu}$；用子样的方差 S^2 估计母体方差 σ^2 的估计值 $\hat{\sigma}^2$。当子样容量 n 逐渐增大时，则估计值就越来越接近被估计的母体参数，这种性质叫做一致性。估计值不仅要满足一致性，还要满足无偏性要求，也就是从子样算出来的某一个估计值的数学期望必须等于被估计的那个母体的参数，即

$$\hat{\mu} = \bar{x} = \frac{1}{n}\sum_{i=1}^{n} x_i \tag{8-9}$$

$$\hat{\sigma} = S = \sqrt{\frac{1}{n-1}\sum_{i=1}^{n}(x_i - \bar{x})^2} \tag{8-10}$$

然后，按照规定的概率对分布参数进行区间估计。进行区间估计时，常采用正态(即 Z)分布法和 t 分布法，选用的置信区间有图 8-3(a)、(b)、(c)三种形式，图中阴影部分为舍弃区。图 8-3(a,c)为单边置信，当选用置信度为 95%时，舍弃区所占面积为 5%，用 a 表示。图 8-3(b)为双边置信，每边的阴影面积占 2.5%，即 $a/2$(查正态分布或 t 分布数值表时应注意它们的区别)。

1. 标准正态分布法的区间估计

采用标准正态分布法进行区间估计时，需要知道母体标准差，这个条件一般很难满足。如果近似地用子样标准差 S 来代替母体标准差的估计值 $\hat{\sigma}$ 时，子样均值亦服从正态分布，但这仅当子样容量 n 足够大时才能成立，否则不能用此法。因此，标

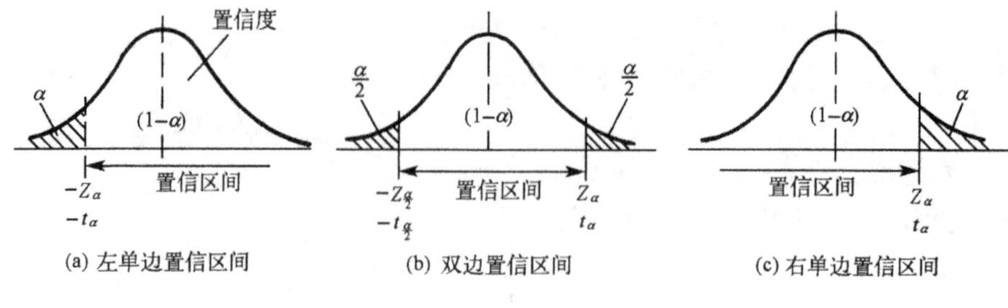

图 8-3　置信区间

准正态分布分析法又称大子样分析法。

标准正态分布法是以 Z 为随机变量进行的区间估计。由于采用子样均值估计母体均值所在的区间，故应将概率密度函数表达式(8-3)中的 x 用子样均值 $\bar{x}$ 代替，σ 用子样均值的方差 $\sigma_{\bar{x}}=\frac{\sigma}{\sqrt{n}}\approx\frac{\hat{\sigma}}{\sqrt{n}}$ 代替，μ 用母体均值的估计值 $\hat{\mu}$ 代替，则得随机变量 Z 为

$$Z=\frac{\bar{x}-\hat{\mu}}{\sigma_{\bar{x}}}=\frac{\bar{x}-\hat{\mu}}{\frac{\sigma}{\sqrt{n}}} \tag{8-11}$$

因而，只要知道母体标准差 σ 的估计值 $\hat{\sigma}$、子样的容量 n 和子样均值 $\bar{x}$，就可由式(8-11)求得随机变量 Z 与母体均值 μ 的估计值 $\hat{\mu}$ 的关系，然后根据选定的概率，由表 8-2 查得 $Z_{\frac{\alpha}{2}}$(双边置信)值，从而近似估计母体均值 μ 的所在范围。其概率表达式为

表 8-2　正态分布表

对应于 $Z_{\frac{\alpha}{2}}$(或 Z_α)的 $\frac{\alpha}{2}$(或 α)数值表

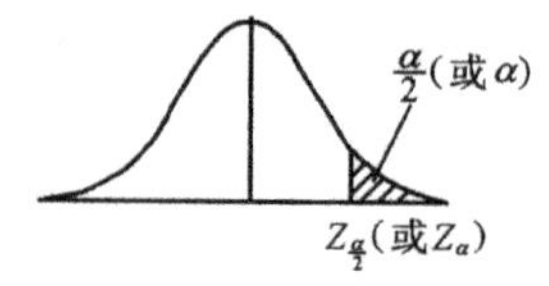

$$P[Z>Z_{\frac{\alpha}{2}}(\text{或} Z_\alpha)]=\int_{Z_{\frac{\alpha}{2}}(\text{或}Z_\alpha)}^{\infty}\frac{1}{\sqrt{2x}}e^{-\frac{Z^2}{2}}\mathrm{d}Z=\frac{\alpha}{2}(\text{或}\alpha)$$

$Z_{\frac{\alpha}{2}}$(或 Z_α)	0.00	0.01	0.02	0.03	0.04	0.05	0.06	0.07	0.08	0.09
0.0	0.5000	0.4960	0.4920	0.4880	0.4840	0.4801	0.4761	0.4721	0.4681	0.4641
0.1	0.4602	0.4562	0.4522	0.4483	0.4443	0.4404	0.4364	0.4325	0.4286	0.4247
0.2	0.4207	0.4168	0.4129	0.4090	0.4052	0.4013	0.3974	0.3936	0.3897	0.3859
0.3	0.3821	0.3783	0.3745	0.3707	0.3669	0.3632	0.3594	0.3557	0.3520	0.3483
0.4	0.3446	0.3409	0.3372	0.3336	0.3300	0.3264	0.3228	0.3192	0.3156	0.3121
0.5	0.3085	0.3050	0.3015	0.2981	0.2946	0.2912	0.2877	0.2843	0.2810	0.2776
0.6	0.2743	0.2709	0.2676	0.2643	0.2611	0.2578	0.2546	0.2514	0.2483	0.2451
0.7	0.2420	0.2389	0.2358	0.2327	0.2297	0.2266	0.2236	0.2206	0.2177	0.2148
0.8	0.2119	0.2090	0.2061	0.2033	0.2005	0.1977	0.1949	0.1922	0.1894	0.1867

续表

$Z_{\frac{\alpha}{2}}$(或 Z_α)	0.00	0.01	0.02	0.03	0.04	0.05	0.06	0.07	0.08	0.09
0.9	0.1841	0.1814	0.1788	0.1762	0.1736	0.1711	0.1685	0.1660	0.1635	0.1611
1.0	0.1587	0.1562	0.1539	0.1515	0.1492	0.1469	0.1446	0.1423	0.1401	0.1379
1.1	0.1357	0.1335	0.1314	0.1292	0.1271	0.1251	0.1230	0.1210	0.1190	0.1170
1.2	0.1151	0.1131	0.1112	0.1093	0.1075	0.1056	0.1038	0.1020	0.1003	0.0985
1.3	0.0968	0.0951	0.0934	0.0918	0.0901	0.0885	0.0869	0.0853	0.0838	0.0823
1.4	0.0808	0.0793	0.0778	0.0764	0.0749	0.0735	0.0721	0.0708	0.0694	0.0681
1.5	0.0668	0.0655	0.0643	0.0630	0.0618	0.0606	0.0594	0.0582	0.0571	0.0559
1.6	0.0548	0.0537	0.0526	0.0516	0.0505	0.0495	0.0485	0.0475	0.0465	0.0455
1.7	0.0446	0.0436	0.0427	0.0418	0.0409	0.0401	0.0392	0.0384	0.0375	0.0367
1.8	0.0359	0.0351	0.0344	0.0336	0.0329	0.0322	0.0314	0.0307	0.0301	0.0294
1.9	0.0287	0.0281	0.0274	0.0268	0.0262	0.0256	0.0250	0.0244	0.0239	0.0233
2.0	0.0228	0.0222	0.0217	0.0212	0.0207	0.0202	0.0197	0.0192	0.0188	0.0183
2.1	0.0179	0.0174	0.0170	0.0166	0.0162	0.0158	0.0154	0.0150	0.0146	0.0143
2.2	0.0139	0.0136	0.0132	0.0129	0.0125	0.0122	0.0119	0.0116	0.0113	0.0110
2.3	0.0107	0.0104	0.0102	0.00990	0.00964	0.00939	0.00914	0.00889	0.00866	0.00842
2.4	0.00820	0.00798	0.00776	0.00755	0.00734	0.00714	0.00695	0.00676	0.00657	0.00639
2.5	0.00621	0.00604	0.00587	0.00570	0.00554	0.00539	0.00532	0.00508	0.00494	0.00480
2.6	0.00466	0.00453	0.00440	0.00427	0.00415	0.00402	0.00391	0.00379	0.00368	0.00357
2.7	0.00347	0.00336	0.00326	0.00317	0.00307	0.00298	0.00289	0.00280	0.00272	0.00264
2.8	0.00256	0.00248	0.00240	0.00233	0.00226	0.00219	0.00212	0.00205	0.00199	0.00193
2.9	0.00187	0.00181	0.00175	0.00169	0.00164	0.00159	0.00154	0.00149	0.00144	0.00139
$Z_{\frac{\alpha}{2}}$(或 Z_α)	0.0	0.1	0.2	0.3	0.4	0.5	0.6	0.7	0.8	0.9
3	0.00135	0.0^3988	0.0^3687	0.0^3483	0.0^3337	0.0^3233	0.0^3159	0.0^3108	0.0^4723	0.0^4481

注:1)表中 0.0^3988 即 0.000988,以此类推;

2)双边置信取$\frac{\alpha}{2}$,单边置信取 α。

$$P\left[-Z_{\frac{\alpha}{2}} \leqslant \frac{\bar{x}-\hat{\mu}}{\frac{\hat{\sigma}}{\sqrt{n}}} \leqslant Z_{\frac{\alpha}{2}}\right]=1-\alpha \tag{8-12}$$

【例题 8-1】 某车间生产一批产品,从中抽取样本 35 个,测得数据列于表8-3,试估计该批产品的均值和置信度为 95%时的置信区间。

表 8-3 实测数据表

16.01	15.02	14.89	14.77	14.99	13.90	15.66
15.88	15.08	14.97	15.12	14.67	14.98	15.43
14.31	16.01	15.03	15.20	14.50	14.60	15.62
14.98	14.70	15.22	15.01	15.90	14.70	16.02
14.90	14.60	14.31	14.81	15.60	14.86	15.30

【解】 该批产品均值的估计值为

$$\hat{\mu}=\bar{x}=\frac{1}{n}\sum_{i=1}^{n}x_i=\frac{1}{35}(16.01+15.02+\cdots\cdots+15.30)=15.07$$

该产品标准差的估计值为

$$\hat{\sigma}=S$$

$$=\sqrt{\frac{1}{35-1}[(16.01-15.07)^2+(15.02-15.07)^2+\cdots+(15.30-15.07)^2}$$

$$=0.52$$

子样均值的方差为

$$\sigma_{\bar{x}}=\frac{\hat{\sigma}}{\sqrt{n}}=\frac{0.52}{\sqrt{35}}=0.0879$$

根据题意知：

$$P\left[-Z_{\frac{\alpha}{2}}\leqslant\frac{\bar{x}-\hat{\mu}}{\frac{\hat{\sigma}}{\sqrt{n}}}\leqslant Z_{\frac{\alpha}{2}}\right]=1-\alpha=0.95$$

即

$$P\left[\left(\bar{x}-\frac{Z_{\frac{\alpha}{2}}\hat{\sigma}}{\sqrt{n}}\right)\leqslant\hat{\mu}\leqslant\left(\bar{x}+\frac{Z_{\frac{\alpha}{2}}\hat{\sigma}}{\sqrt{n}}\right)\right]=0.95$$

由$\frac{a}{2}=0.025$，查表 8-2 得 $Z_{\frac{\alpha}{2}}=1.96$。把各参数代入上式得：

$$P\left[\left(15.07+\frac{1.96\times0.52}{\sqrt{35}}\right)\leqslant\hat{\mu}\leqslant\left(15.07+\frac{1.96\times0.52}{\sqrt{32}}\right)\right]=0.95$$

即

$$P[14.89\leqslant\hat{\mu}\leqslant15.24]=0.95$$

故该批产品均值 μ 的置信区间近似为[14.89，15.24]。

2. t 分布法的置信区间估计

t 分布与正态分布相似，也对称于 y 轴。用 t 分布作区间估计的特点是不需要知道母体的标准差 σ，直接可以用小子样的均值 $\bar{x}$ 和标准差 S 来估计母体均值 μ 所在区间，因此应用更广泛。

t 分布的概率密度函数为

$$f(t)=\frac{\Gamma\left(\frac{v+1}{2}\right)}{\sqrt{\pi v}\,\Gamma\left(\frac{v}{2}\right)}\left(1+\frac{t^2}{v}\right)^{\frac{-v+1}{2}} \tag{8-13}$$

t 分布函数的数值表列于表 8-4。

随机变量 t、子样均值 $\bar{x}$ 和标准差 S 间存在下列关系：

$$t=\frac{\bar{x}-\mu}{\frac{S}{\sqrt{n}}};\quad S=\sqrt{\frac{1}{n-1}\sum_{i=1}^{n}(x_i-\bar{x})^2} \tag{8-14}$$

表 8-4　t 分布表

对应于 v 和 $\frac{\alpha}{2}$(或 α)的 $t_{\frac{\alpha}{2}}$(或 t_α)数值表

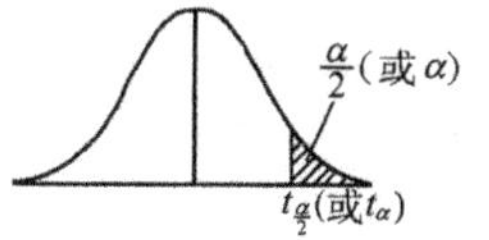

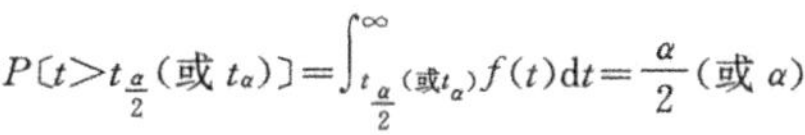

$$P[t>t_{\frac{\alpha}{2}}(\text{或 } t_\alpha)]=\int_{t_{\frac{\alpha}{2}}(\text{或}t_\alpha)}^{\infty} f(t)\mathrm{d}t=\frac{\alpha}{2}(\text{或 } \alpha)$$

$\frac{\alpha}{2}$(或 α) / $v=n-1$	0.20	0.10	0.05	0.025	0.010	0.005	0.001	0.0005
1	1.376	3.078	6.314	12.71	31.82	63.66	318.3	636.6
2	1.061	1.886	2.920	4.303	6.965	9.925	22.33	31.60
3	0.978	1.638	2.353	3.182	4.541	5.841	10.22	12.94
4	0.941	1.533	2.132	2.776	3.747	4.604	7.173	8.610
5	0.920	1.476	2.015	2.571	3.365	4.032	5.893	6.859
6	0.906	1.440	1.943	2.447	3.143	3.707	5.208	5.959
7	0.896	1.415	1.895	2.365	2.998	3.499	4.785	5.405
8	0.889	1.397	1.860	2.306	2.896	3.355	4.501	5.041
9	0.883	1.383	1.833	2.262	2.821	3.250	4.297	4.781
10	0.879	1.372	1.812	2.228	2.764	3.169	4.144	4.587
11	0.876	1.363	1.796	2.201	2.718	3.105	4.025	4.437
12	0.873	1.356	1.782	2.179	2.681	3.055	3.930	4.318
13	0.870	1.350	1.771	2.160	2.650	3.012	3.852	4.221
14	0.868	1.345	1.761	2.145	2.624	2.977	3.787	4.140
15	0.866	1.341	1.753	2.131	2.602	2.947	3.733	4.073
16	0.865	1.337	1.746	2.120	2.583	2.921	3.686	4.015
17	0.863	1.333	1.740	2.110	2.567	2.898	3.646	3.965
18	0.862	1.330	1.734	2.101	2.552	2.878	3.611	3.922
19	0.861	1.328	1.729	2.093	2.539	2.861	3.579	3.883
20	0.860	1.325	1.725	2.086	5.528	2.845	3.552	3.850
21	0.859	1.323	1.721	2.080	2.518	2.831	3.527	3.819
22	0.858	1.321	1.717	2.074	2.508	2.819	3.505	3.792
23	0.858	1.319	1.714	2.069	2.500	2.807	3.485	3.767
24	0.857	1.318	1.711	2.064	2.492	2.797	3.467	3.745
25	0.856	1.316	1.708	2.060	2.485	2.787	3.450	3.725
26	0.856	1.315	1.706	2.056	2.479	2.779	3.435	3.707
27	0.855	1.314	1.703	2.052	2.473	2.771	3.421	3.690
28	0.855	1.313	1.701	2.048	2.467	2.763	3.408	3.674
29	0.854	1.311	1.699	2.045	2.462	2.756	3.396	3.659
30	0.854	1.310	1.697	2.042	2.457	2.750	3.385	3.646
40	0.851	1.303	1.684	2.021	2.423	2.704	3.307	3.551
50	0.849	1.298	1.676	2.009	2.403	2.678	3.262	3.495
60	0.848	1.296	1.671	2.000	2.390	2.660	3.232	3.460
80	0.846	1.292	1.664	1.990	2.374	2.639	3.195	3.415
100	0.845	1.290	1.660	1.984	2.365	2.626	3.174	3.389

注：双边置信取 $\frac{\alpha}{2}$，单边置信取 α。

式中：v——子样的自由度，当进行 n 次独立测量时，因为受到平均值 $\bar{x}$ 的约束，所以 n 个测量值中有一个是不独立的，则得自由度 $v=n-1$。

根据给定的概率和子样的自由度 $v=n-1$，由表 8-4 查得 $t_{\frac{\alpha}{2}}$（双边置信）值，经过计算即可求得母体均值 μ 的所在区间。其概率表达式为

$$P\left[-t_{\frac{\alpha}{2}} \leqslant \frac{\bar{x}-\mu}{\frac{S}{\sqrt{n}}} \leqslant t_{\frac{\alpha}{2}}\right]=1-\alpha \tag{8-15}$$

【例题 8-2】 从一批应变片中抽取样本 6 片，量得其电阻值分别为 112.1、112.3、112.4、112.5、112.5 和 112.6 欧姆。试求置信度为 95%时的母体均值置信区间。

【解】 子样均值为

$$\bar{x}=\frac{1}{n}\sum_{i=1}^{n}x_i=112.4$$

子样标准差为

$$S=\sqrt{\frac{1}{n-1}\sum_{i=1}^{n}(x_i-\bar{x})^2}=0.1789$$

根据题意知

$$P\left[-t_{\frac{\alpha}{2}} \leqslant \frac{\bar{x}-\mu}{\frac{S}{\sqrt{n}}} \leqslant t_{\frac{\alpha}{2}}\right]=1-\alpha=0.95$$

即

$$P\left[\left(\bar{x}-\frac{t_{\frac{\alpha}{2}}S}{\sqrt{n}}\right) \leqslant \mu \leqslant \left(\bar{x}+\frac{t_{\frac{\alpha}{2}}S}{\sqrt{n}}\right)\right]=0.95$$

由 $\frac{\alpha}{2}=0.025$ 和 $v=n-1=5$，查表 8-4 得 $t_{\frac{\alpha}{2}}=2.571$。把各参数代入上式得

$$P\left[\left(112.4-\frac{2.571\times 0.1789}{\sqrt{6}}\right) \leqslant \mu \leqslant \left(112.4+\frac{2.571\times 0.1789}{\sqrt{6}}\right)\right]=0.95$$

即

$$P[112.21 \leqslant \mu \leqslant 112.59]=0.95$$

故母体均值 μ 的置信区间为[112.21,112.59]。

8-1-4 函数误差及区间估计

前面讨论的测量误差，均是指对某一参量进行直接测定时引入的误差。实践中有些参量不能进行直接测定，如应力 $\sigma=E\varepsilon$，剪力 $V=\frac{\varepsilon_2-\varepsilon_1}{\alpha_2-\alpha_1}EW$ 等，它们均是通过对应变 ε 和弹性模量 E 分别进行直接测定后经过计算求得。导出来的量 σ 和 V 称为间接测定值。由于直接测量值存在误差，由其导出的间接值也必然带有误差。因此，必须对这类误差的传递结果作出估计，因为它是分析测量精确度的依据。

若将间接测定值的误差看作是各有关的直接测定值的函数，则利用误差传递

公式就可以从自变量的误差计算函数的误差。

1. *函数误差*

设某函数为

$$y = f(x_1, x_2, \cdots, x_n) \tag{8-16}$$

式中,$x_1, x_2, \cdots, x_n$——函数的独立变量,同时也是被直接测量的物理参量。设它们的测量误差分别为 $\delta_1, \delta_2, \cdots, \delta_n$,带有误差的变量所构成的函数也必然带有误差,即

$$y + \Delta y = f(x_1 + \delta_1, x_2 + \delta_2, \cdots, x_n + \delta_n) \tag{8-17}$$

将上式按台劳级数展开,并略去二阶以上微量,得近似式如下:

$$y + \Delta y = f(x_1, x_2, \cdots, x_n) + \frac{\partial f}{\partial x_1}\delta_1 + \frac{\partial f}{\partial x_2}\delta_2 + \cdots + \frac{\partial f}{\partial x_n}\delta_n \tag{8-18}$$

式(8-18)减式(8-16)得函数的绝对误差 Δy:

$$\Delta y = \frac{\partial f}{\partial x_1}\delta_1 + \frac{\partial f}{\partial x_2}\delta_2 + \cdots + \frac{\partial f}{\partial x_n}\delta_n = \sum_{i=1}^{n} \frac{\partial f}{\partial x_i}\delta_i \tag{8-19}$$

函数的相对误差为

$$\begin{aligned} E &= \frac{\Delta y}{y} = \frac{\partial y}{\partial x_1}\frac{\delta_1}{y} + \frac{\partial y}{\partial x_2}\frac{\delta_2}{y} + \cdots + \frac{\partial y}{\partial x_n}\frac{\delta_n}{y} \\ &= \frac{\partial y}{\partial x_1}E_1 + \frac{\partial y}{\partial x_2}E_2 + \cdots + \frac{\partial y}{\partial x_n}E_n \\ &= \sum_{i=1}^{n} \frac{\partial y}{\partial x_i}E_i \end{aligned} \tag{8-20}$$

最大绝对误差和最大相对误差取各误差的绝对值,即

$$\Delta y_{\max} = \pm \left(\left| \frac{\partial f}{\partial x_1}\delta_1 \right| + \cdots + \left| \frac{\partial f}{\partial x_n}\delta_n \right| \right) = \pm \sum_{i=1}^{n} \left| \frac{\partial f}{\partial x_i}\delta_i \right| \tag{8-21}$$

$$E_{\max} = \frac{\Delta y_{\max}}{y} = \pm \left(\left| \frac{\partial f}{\partial x_1}E_1 \right| + \cdots + \left| \frac{\partial y}{\partial x_n}E_n \right| \right) = \pm \sum_{i=1}^{n} \left| \frac{\partial f}{\partial x_i}E_i \right| \tag{8-22}$$

2. *函数的方差*

若进行 j 次测量,则第 j 次测量时的函数误差为:

$$(\Delta y)_i = \frac{\partial f}{\partial x_1}\delta_{1j} + \frac{\partial f}{\partial x_2}\delta_{2j} + \cdots + \frac{\partial f}{\partial x_k}\delta_{kj} \tag{8-23}$$

将式(8-23)两边平方得

$$\begin{aligned} (\Delta y)_j^2 = &\left(\frac{\partial f}{\partial x_1}\right)^2 \delta_{1j}^2 + \left(\frac{\partial f}{\partial x_2}\right)^2 \delta_{2j}^2 + \cdots + \left(\frac{\partial f}{\partial x_k}\right)^2 \delta_{kj}^2 + \cdots \\ &+ 2\frac{\partial f}{\partial x_1}\frac{\partial f}{\partial x_2}(\delta_{1j})(\delta_{2j}) + 2\frac{\partial f}{\partial x_2}\frac{\partial f}{\partial x_3}(\delta_{2j})(\delta_{3j}) + \cdots \end{aligned} \tag{8-24}$$

因为 δ_{ij}有正有负,因此其乘积之和为零,则上式可简化为

$$(\Delta y)_j^2 = \left(\frac{\partial f}{\partial x_1}\right)^2 \delta_{1j}^2 + \left(\frac{\partial f}{\partial x_2}\right) \delta_{2j}^2 + \cdots + \left(\frac{\partial f}{\partial x_k}\right)^2 \delta_{kj}^2$$

测量 n 次后,得 n 个方程,取其和得

$$\sum_{j=1}^{n}(\Delta y)_j^2=\left(\frac{\partial f}{\partial x_1}\right)^2\sum_{j=1}^{n}(\delta_{1j})^2+\left(\frac{\partial f}{\partial x_2}\right)^2\sum_{j=1}^{n}(\delta_{2j})^2+\cdots+\left(\frac{\partial f}{\partial x_k}\right)^2\sum_{j=1}^{n}(\delta_{kj})^2$$

将上式两边都除以 n，得函数方差为

$$S_y^2=\frac{1}{n}\sum_{j=1}^{n}(\Delta y)_j^2=\left(\frac{\partial f}{\partial x_1}\right)^2\cdot\frac{1}{n}\sum_{j=1}^{n}(\delta_{1j})^2+\left(\frac{\partial f}{\partial x_2}\right)^2\cdot\frac{1}{n}\sum_{j=1}^{n}(\delta_{2j})^2$$

$$+\cdots+\left(\frac{\partial f}{\partial x_k^2}\right)^2\cdot\frac{1}{n}\sum_{j=1}^{n}(\delta_{kj})^2$$

或简写作

$$S_y^2=\sum_{i=1}^{k}\left(\frac{\partial f}{\partial x_i}\right)^2\cdot\frac{1}{n}\sum_{i=1}^{n}(\delta_{ij})^2 \tag{8-25}$$

第 i 个自变量 x_i 在 n 次测量中的方差为

$$S_{x_i}^2=\frac{1}{n}\sum_{j=1}^{n}(\delta_{ij})^2 \tag{8-26}$$

代入式(8-26)，最后得函数的方差计算公式为

$$S_y^2=\sum_{i=1}^{k}\left(\frac{\partial f}{\partial x_i}\right)^2 S_{x_i}^2 \tag{8-27}$$

【例题 8-3】 在一根截面尺寸为 $b\times h=3\text{mm}\times 4\text{mm}$ 的拉杆上，测得应变为 500×10^{-6}，拉杆的弹性模量 $E=2.1\times10^5\text{N/mm}^2$，应变测量误差±1%，截面尺寸误差±1%，弹性模量误差也为±1%。试分析拉杆轴向力的测量误差。

【解】 轴向拉力 $N=\varepsilon EA=\varepsilon Ebh$，是间接测定值，各分项误差将传递给试验结果轴向力 N，故应采用函数误差进行分析。轴向拉力为

$$N=500\times10^{-6}\times2.1\times10^5\times3\times4=1260N$$

最大绝对误差为

$$\begin{aligned}\Delta N_{\max}&=\pm\sum_{i=1}^{n}\left|\frac{\partial N}{\partial x_i}\delta_i\right|\\&=\pm\left(\left|\frac{\partial N}{\partial\varepsilon}\delta_\varepsilon\right|+\left|\frac{\partial N}{\partial E}\delta_E\right|+\left|\frac{\partial N}{\partial b}\delta_b\right|+\left|\frac{\partial N}{\partial h}\delta_h\right|\right)\\&=\pm(|Ebh\delta_\varepsilon|+|\varepsilon bh\delta_E|+|\varepsilon Eh\delta_b|+|\varepsilon Eb\delta_h|)\\&=\pm(2.1\times10^5\times3\times4\times5\times10^{-6}+500\times10^{-6}\times3\times4\\&\quad\times0.021\times10^5+500\times10^{-6}\times2.1\times10^5\times4\times0.03\\&\quad+500\times10^{-6}\times2.1\times10^5\times3\times0.04)\\&=\pm63\text{N}\end{aligned}$$

最大相对误差为

$$\frac{\Delta N_{\max}}{N}=\pm\frac{63}{1260}=\pm0.05=\pm5\%$$

由此看出，间接测定值的最大相对误差总大于各直接测定值的相对误差。计算时，假定各直接测定值的最大误差都同时出现，但实际情况并非如此；如果能对测试系统进行整体率定，用测量系统的总误差进行分析，将更符合实际情况。

【例题 8-4】 将三轴 45°应变花测得的应变列于表 8-5。应变花在 0°、45°、90°方向上的应变分别以 ε_1、ε_2、ε_3 表示。试根据测量结果计算主应力的函数误差，并给出置信度为 90%的区间估计(泊松比 $\nu=0.3$；弹性模量 $E=2.1\times10^5\text{N/mm}^2$)。

表 8-5 应变花数据表

应变测量次数	实测应变 $\varepsilon_i\times10^{-6}$		
	ε_1	ε_2	ε_3
1	1650	3500	4000
2	1610	1500	2000
3	1600	2000	3500
4	1450	3000	2500
5	1300	2500	3000

【解】 1)设应变花方向的标注为 i(0°方向标注为 1，45°为 2，90°为 3)；测量次数的序号为 $j(j=1\sim n)$。则子样的均值、方差和主应力均值计算如下：

$$\bar{\varepsilon}_i=\frac{1}{n}\sum_{j=1}^{n}\varepsilon_{ij}$$

$$S_i^2=\frac{1}{n}\sum_{j=1}^{n}(\varepsilon_{ij}-\bar{\varepsilon}_i)^2$$

子样均值

$$\bar{\varepsilon}_1=1522\times10^{-6};\ \bar{\varepsilon}_2=2500\times10^{-6};\ \bar{\varepsilon}_3=3000\times10^{-6}$$

子样方差

$$S_1^2=1.8\times10^{-8};\ S_2^2=6.24\times10^{-7};\ S_3^2=6.24\times10^{-7}$$

主应力均值

$$\begin{matrix}\bar{\sigma}_1\\\bar{\sigma}_2\end{matrix}=E\left[\frac{\bar{\varepsilon}_1+\bar{\varepsilon}_3}{2(1-\nu)}\pm\frac{1}{\sqrt{2}(1+\nu)}\sqrt{(\bar{\varepsilon}_1-\bar{\varepsilon}_2)^2+(\bar{\varepsilon}_2-\bar{\varepsilon}_3)^2}\right]$$

$$=\begin{matrix}800.7\text{N/mm}^2\\547.4\text{N/mm}^2\end{matrix}$$

2)影响系数$\frac{\partial\bar{\sigma}_1}{\partial\bar{\varepsilon}_1}$、$\frac{\partial\bar{\sigma}_1}{\partial\bar{\varepsilon}_2}$、$\frac{\partial\bar{\sigma}_1}{\partial\bar{\varepsilon}_3}$、$\frac{\partial\bar{\sigma}_2}{\partial\bar{\varepsilon}_1}$、$\frac{\partial\bar{\sigma}_2}{\partial\bar{\varepsilon}_2}$、$\frac{\partial\bar{\sigma}_2}{\partial\bar{\varepsilon}_3}$的计算列于表 8-6。

3)计算 σ_1、σ_2 的函数标准差：

$$S_1^2=\sum_{i=1}^{3}\left(\frac{\partial\bar{\sigma}_1}{\partial\bar{\varepsilon}_i}\right)^2\cdot S_i^2=(47840)^2\times1.8\times10^{-8}+(51080)^2$$
$$\times6.24\times10^{-7}+(201080)^2\times6.24\times10^{-7}$$
$$=26898$$

同理

$$S_2^2=\sum_{i=1}^{3}\left(\frac{\partial\bar{\sigma}_2}{\partial\bar{\varepsilon}_i}\right)^2S_i^2=8879$$

表 8-6 影响系数计算

影响系数	代入 C	计算结果
$\frac{\partial\bar{\sigma}_1}{\partial\bar{\varepsilon}_1}=E\left\{\frac{1}{2(1-\nu)}+\frac{1}{\sqrt{2}(1+\nu)}\cdot[(\bar{\varepsilon}_1-\bar{\varepsilon}_2)^2+(\bar{\varepsilon}_2-\bar{\varepsilon}_3)^2]^{-1/2}\cdot(\bar{\varepsilon}_1-\bar{\varepsilon}_2)\right\}$	$E\{C_1+C_2\times C_3(\bar{\varepsilon}_1-\bar{\varepsilon}_2)\}$	47840
$\frac{\partial\bar{\sigma}_1}{\partial\bar{\varepsilon}_2}=E\left\{\frac{1}{\sqrt{2}(1+\nu)}\cdot[(\bar{\varepsilon}_1-\bar{\varepsilon}_2)^2+(\bar{\varepsilon}_2-\bar{\varepsilon}_3)^2]^{-\frac{1}{2}}\cdot[-(\bar{\varepsilon}_1-\bar{\varepsilon}_2)+(\bar{\varepsilon}_2-\bar{\varepsilon}_3)]\right\}$	$E\{C_2\times C_3(-\bar{\varepsilon}_1+2\bar{\varepsilon}_2-\bar{\varepsilon}_3)\}$	51080
$\frac{\partial\bar{\sigma}_1}{\partial\bar{\varepsilon}_3}=E\left\{\frac{1}{2(1-\nu)}+\frac{1}{\sqrt{2}(1+\nu)}\cdot[(\bar{\varepsilon}_1-\bar{\varepsilon}_2)^2+(\bar{\varepsilon}_2-\bar{\varepsilon}_3)^2]^{-\frac{1}{2}}\cdot[-(\bar{\varepsilon}_2-\bar{\varepsilon}_3)]\right\}$	$E\{C_1+C_2\times C_3(-\bar{\varepsilon}_2+\bar{\varepsilon}_3)\}$	201080
$\frac{\partial\bar{\sigma}_2}{\partial\bar{\varepsilon}_1}=E\left\{\frac{1}{2(1-\nu)}-\frac{1}{\sqrt{2}(1+\nu)}\cdot[(\bar{\varepsilon}_1-\bar{\varepsilon}_2)^2+(\bar{\varepsilon}_2-\bar{\varepsilon}_3)^2]^{-\frac{1}{2}}\cdot(\bar{\varepsilon}_1-\bar{\varepsilon}_2)\right\}$	$E\{C_1-C_2\times C_3(\bar{\varepsilon}_1-\bar{\varepsilon}_2)\}$	252170
$\frac{\partial\bar{\sigma}_2}{\partial\bar{\varepsilon}_2}=E\left\{\frac{1}{\sqrt{2}(1+\nu)}\cdot[(\bar{\varepsilon}_1-\bar{\varepsilon}_2)^2+(\bar{\varepsilon}_2-\bar{\varepsilon}_3)^2]^{-\frac{1}{2}}\cdot[-(\bar{\varepsilon}_1-\bar{\varepsilon}_2)+(\bar{\varepsilon}_2-\bar{\varepsilon}_3)]\right\}$	$E\{C_2\times C_3(-\bar{\varepsilon}_1+2\bar{\varepsilon}_2-\bar{\varepsilon}_3)\}$	−51080
$\frac{\partial\bar{\sigma}_2}{\partial\bar{\varepsilon}_3}=E\left\{\frac{1}{2(1-\nu)}-\frac{1}{\sqrt{2}(1+\nu)}\cdot[(\bar{\varepsilon}_1-\bar{\varepsilon}_2)^2+(\bar{\varepsilon}_2-\bar{\varepsilon}_3)^2]^{-\frac{1}{2}}\cdot[-(\bar{\varepsilon}_2-\bar{\varepsilon}_3)]\right\}$	$E\{C_1-C_2\times C_3(-\bar{\varepsilon}_2+\bar{\varepsilon}_3)\}$	98920

注：1) $C_1=\frac{1}{2(1-\nu)}=0.7143$，$C_2=\frac{1}{\sqrt{2}(1+\nu)}=0.5439$；

2) $C_3=[(\bar{\varepsilon}_1-\bar{\varepsilon}_2)^2+(\bar{\varepsilon}_2-\bar{\varepsilon}_3)^2]^{-\frac{1}{2}}=894.4$，$C_2\times C_3=486.5$。

所以

$$S_1=164.01;\qquad S_2=94.23$$

4)对 σ_1、σ_2 进行区间估计：由于子样的容量 $n=5$ 较小，选用 t 分布进行。根据 $v=n-1=4$，$\frac{\alpha}{2}=0.05$，查表 8-4，得 $t_\alpha=2.132$。把各参数代入 t 分布区间计算公式 $P\left[\left(\bar{\sigma}_1-\frac{S_1}{\sqrt{n}}\right)\leqslant\sigma_1\leqslant\left(\bar{\sigma}_1+\frac{S_1}{\sqrt{n}}\right)\right]=1-\alpha$，得

$$P\left[\left(800.7-\frac{2.132\times 164.01}{\sqrt{5}}\right)\leqslant\sigma_1\leqslant\left(800.7+\frac{2.132\times 164.01}{\sqrt{5}}\right)\right]$$
$$=1-\alpha=0.90$$

即

$$P[644.33\leqslant\sigma_1\leqslant 957.07]=0.90$$

同理

$$P[457.46\leqslant\sigma_2\leqslant 637.14]=0.90$$

故主应力 σ_1、σ_2 的置信区间分别为[644.33,957.07]和[457.46,637.14]。

§8-2 误差的鉴别技术

在进行统计分析的数据中，不应包含粗大误差和系统误差。因此，在进行统计分析之前，必须对原始数据进行识别，检验其是否存在粗大误差或系统误差，包含

粗大误差的可疑数据应从测量列中剔除，存在系统误差的数据应加以修正。

8-2-1 系统误差

系统误差的来源及修正措施已在§8-1节中述及，但某些系统误差有时不易发现，这时应根据数据处理的科学方法来加以控制。

1.t 检验法鉴别

用一台仪器鉴别某一物理量中是否存在系统误差，一般可借助标定曲线来进行。但在实际工程中，多数情况是同时使用两台或两台以上仪器进行测量，这时多台仪器的测试之间是否存在系统误差则需要用 t 检验法来鉴别。这种方法首先要用两台相同精度的仪器，分别独立测定某一物理参量，然后利用 t 检验式计算 t 值，当 $t<t_\alpha$ 值时，认为所测两列数据之间不存在系统误差。t 检验的计算式如下：

$$t = (\bar{x}_1 - \bar{x}_2)\sqrt{\frac{n_1 n_2 (n_1 + n_2 - 2)}{(n_1 + n_2)[(n_1 - 1)S_1^2 + (n_2 - 1)S_2^2]}} < t_\alpha \qquad (8\text{-}28)$$

$$\bar{x}_1 = \frac{1}{n_1}\sum_{i=1}^{n_1} x_i; \qquad \bar{x}_2 = \frac{1}{n_2}\sum_{j=1}^{n_2} x_j$$

式中：t——随机变量；

t_α——根据选定置信度 α 和自由度 $v=n_1+n_2-2$ 查 t 分布表（表8-4）得 t_α（单边置信）；

S_1^2、S_2^2——分别为第一、第二台仪器所测读数的标准差，$S_1^2=\frac{1}{n_1-1}\sum_{i=1}^{n_1}(x_{1i}-\bar{x}_1)^2$；$S_2^2=\frac{1}{n_2-1}\sum_{j=1}^{n_2}(x_{2j}-\bar{x}_2)^2$。（式中，$x_{1i}$ 为第一台仪器第 i 次的读数，$i=1,2,\cdots,n_1$；x_{2j} 为第二台仪器第 j 次的读数，$j=1,2,\cdots,n_2$）

【例题8-5】 对等精度的仪器 A 和 B 实测某点应变，共进行8次试验，每次读数列于表8-7。当置信度取95%时，试确定它们之间是否存在系统误差。

表 8-7

次数 / $\varepsilon\times10^{-6}$	1	2	3	4	5	6	7	8
ε_1	156	148	154	157	143	149	152	150
ε_2	149	147	148	151	153	149	153	151

【解】 1）求两组实测应变的均值和方差为

$$\left.\begin{array}{l}\bar{\varepsilon}_1 = 151.13\\ \bar{\varepsilon}_2 = 150.13\end{array}\right] \quad \left.\begin{array}{l}S_1^2 = 4.61\\ S_2^2 = 2.23\end{array}\right]$$

2）置信度为95%，$v=8+8-2=14$，查表8-4得 $t_\alpha=1.76$。

3）计算 t 值：

$$t = (151.13 - 150.13)\sqrt{\frac{8 \times 8 \times (8 + 8 - 2)}{(8 + 8) \times (8 \times 4.61 + 8 \times 2.23)}} = 1.012$$

因 $t=1.012<t_\alpha=1.76$，所以两台仪器所得数据之间不存在系统误差。

2. 系统误差修正方法

不变的系统误差往往不能通过在同一条件下的多次重复测量来发现，只有改变造成这种误差的条件，通过实验对比才能发现。例如，用有误差的砝码称重量，不管重复多少次，都不能发现这一误差，只有用另一种准确的砝码再次作同样的测量，才能查出这个不变的系统误差。

例如温度是形成系统误差的根源，则可以通过变动温度这个因素进行重复测量，然后利用统计回归（详见§8.4节）确定与温度有关的回归方程，借助回归方程修正由该因素造成的测量误差。

【例题 8-6】 利用电测法测量承受内压力薄壁容器的应力时，温度补偿较难实现。试利用回归方程对温度的影响加以修正。在不同温度下测得应变片的读数列于表 8-8。

表 8-8

应变 $\varepsilon(\times 10^{-6})$	500	580	550	560	600	630	680
温度 t/℃	16	21	19	20	23	26	29

【解】 1）用数据表中数据 ε_i、t_i 画散点图，可知温度 t 与应变 ε 成线性关系，其密切程度可用相关系数来衡量

$$r = \frac{\sum_{i=1}^{n}(t_i - \bar{t})(\varepsilon_i - \bar{\varepsilon})}{\sqrt{\sum_{i=1}^{n}(t_i - \bar{t})^2 \sum_{i=1}^{n}(\varepsilon_i - \bar{\varepsilon})^2}} = \frac{L_{t\varepsilon}}{\sqrt{L_{tt}L_{\varepsilon\varepsilon}}} = 0.9953$$

2）根据置信度 95% 和 $v=n-2=5$ 查相关系数检验表 8-13（见§8-4 节），得 $r_\alpha=0.754$。因为计算值 $r>r_\alpha$，故认为温度 t 是应变 ε 的线性误差来源，需要对 ε 加以修正。

3）用回归方程对 ε 进行修正

$$b = \frac{\sum_{i=1}^{n}(t_i - \bar{t})(\varepsilon_i - \bar{\varepsilon})}{\sum_{i=1}^{n}(t_i - \bar{t})^2} = \frac{L_{t\varepsilon}}{L_{tt}} = 13.19$$

$$a = \bar{\varepsilon} - b\bar{t} = 295.5$$

所以

$$\hat{\varepsilon} = 295.5 + 13.19t$$

准确的应变值，应该按照回归方程式把因温度变化所引起的影响加以消除。假设规定 22℃ 为应变测试的标准温度，则表 8-8 中所列应变读数均应减去 $13.19 \cdot (t_i-22)$。

8-2-2 可疑数据的鉴别

在多次重复测量中，观测数据的变异是不可避免的，凡是客观条件不能解释为合理的那些过大或过小的数据，均应归属为可疑数据，可疑数据应该从测量列中剔除。

按照偶然误差正态分布理论，绝对值越大的误差，其出现的概率越小，且其数值不会超过某一范围。因此可以选择一个“鉴别值”与各个测量数据的剩余误差相比，剩余误差大于鉴别值者，则认为该数据必包含粗大误差，为可疑数据，应该从测量列中剔除。剔除可疑数据的常用方法有 3σ 法、修正 3σ 法及格拉贝斯法三种。

1. 3σ 法

根据随机误差正态分布规律，误差大于 3σ 的数据出现的概率仅为 0.0027(见表 8-1)，即在 370 次观测中才可能出现一次。因此当一列观测值中某一次观测值与平均值偏差的绝对值大于 3σ 时，则认为此偏差已不属于随机误差范围，应剔除这个观测值。

若一列观测值的平均值为 $\bar{x}$，标准差为 $\sigma \approx S$，可疑数据为 x_i，则当 $|x_i - \bar{x}| > 3\sigma \approx 3S$ 时，该 x_i 将被剔除。故称其为 3σ 法。

2. 修正 3σ 法

当测量次数增多时，测量列中偏差 $|x_i - \bar{x}|$ 较大的数据将随之增多，此时，利用 3σ 法被剔的数据也随之增加，这是不合理的。为此对 3σ 法加以修正，修正的 3σ 法是：设可疑数据为 x_i，该测量列的标准差为 S，则随机变量 Z 为：

$$Z = \frac{x_i - \bar{x}}{S} \tag{8-29}$$

由 Z 查正态分布表(表 8-2)得 α(单边置信)，若 $n\alpha$ 符合公式(8-30)所给条件，则应舍弃可疑值 x_i。

$$n\alpha \leqslant 0.1 \tag{8-30}$$

【例题 8-7】 测定一批构件的承载力为 4.52，4.46，4.61，4.54，4.60，4.50，4.67，4.46，4.50，4.83(单位 kN·m)，试鉴别这列数据中是否包含可疑值。

【解】

$$\bar{x} = \frac{1}{n}\sum_{i=1}^{n} x_i = 4.57$$

$$S = \sqrt{\frac{\sum_{i=1}^{n}(x_i - \bar{x})^2}{n-1}} = 0.114$$

1)按 3σ 准则：

$$3s = 3 \times 0.114 = 0.347$$

$$|x_i - \bar{x}| = |4.83 - 4.57| = 0.266 < 3S = 0.347$$

故可疑数据 4.83 应保留。

2)修正 3σ 方法：

$$Z = \frac{x_i - \bar{x}}{S} = \frac{4.83 - 4.57}{0.114} = 2.28$$

由 Z 值查正态分布表(表 8-2),得 $\alpha=0.0113$

$$n\alpha = 10 \times 0.0113 = 0.113 > 0.1$$

故可疑数据 4.83 应保留。

3. 格拉贝斯(Grubbs)法

当样本容量较小时,以子样标准差 S 代替母体标准差 σ 误差较大,因此,利用前述两种方法可能会漏掉应该剔除的数据。此时用以 t 分布为基础的格拉贝斯法进行鉴定更为合适。此法按指定显著性水平 α 和观测的样本容量 n 求得鉴别可疑数据的临界值 $T(n,\alpha)$,再与样本函数 T 进行比较,当 $T \geqslant T(n,\alpha)$ 时,可疑数据应剔除。

由于格拉贝斯法是对一列数据中的最大值和最小值进行鉴别,所以随机变量可表达为:

$$T = \frac{\bar{x} - x_{\min}}{S} \quad 或 \quad T = \frac{x_{\max} - \bar{x}}{S} \tag{8-31}$$

【例题 8-8】 根据前面例题 8-7 数据,用格拉贝斯法判别是否存在可疑数据。

【解】

$$\bar{x} = 4.57; \qquad S = 0.114;$$

$$T_1 = \frac{\bar{x} - x_{\min}}{S} = \frac{4.57 - 4.46}{0.114} = 0.965$$

$$T_2 = \frac{x_{\max} - \bar{x}}{S} = \frac{4.83 - 4.57}{0.114} = 2.28$$

置信度为 95%(显著性水平 $\alpha=0.05$),根据样本容量 $n=10$,$\alpha=0.05$,查表 8-9,得 $T(n,\alpha)=2.18$,则有

表 8-9 格拉贝斯(Grubbs)$T(n,\alpha)$值

n \ α	0.05	0.025	0.01	n \ α	0.05	0.025	0.01
3	1.15	1.15	1.16	17	2.48	2.62	2.78
4	1.46	1.48	1.49	18	2.50	2.65	2.82
5	1.67	1.71	1.75	19	2.53	2.68	2.85
6	1.82	1.89	1.94	20	2.56	2.71	2.88
7	1.94	2.02	2.10	21	2.58	2.73	2.91
8	2.03	2.13	2.22	22	2.60	2.76	2.94
9	2.11	2.21	2.32	23	2.62	2.78	2.96
10	2.18	2.29	2.41	24	2.64	2.80	2.99
11	2.23	2.36	2.48	25	2.66	2.82	3.01
12	2.28	2.41	2.55	30	2.74	2.91	3.10
13	2.33	2.46	2.61	35	2.81	2.98	3.18
14	2.37	2.51	2.66	40	2.87	3.04	3.24
15	2.41	2.55	2.70	50	2.96	3.13	3.34
16	2.44	2.59	2.75	100	3.17	3.38	3.59

$$T_1 = 0.965 < T(n,\alpha) = 2.18, \qquad T_2 = 2.28 > T(n,\alpha) = 2.18$$

故 $x_i=4.46$ 应保留，$x_i=4.83$ 应剔除。

在剔除粗大误差的时候，不能一次同时剔除两个以上剩余误差绝对值大于鉴别值的测量数据，只能剔除其中数值最大和最小的那一个或两个，然后从其余的数据中再算出新的鉴别值，进行第二次鉴别，直至不存在粗大误差为止。不然的话，就可能把正常数据误认为包含有粗大误差而抛弃。

§8-3 试验结果的表达

试验结果应包含的内容需视试验目的而定，对于一般的鉴定性试验，需要给出试验结构在强度(包括强度安全系数)、刚度(包括各特征荷载下的变形)等方面的试验结果，若为钢筋混凝土结构，还需给出有关裂缝的分布、发展等方面的结果。对于研究性试验，除应给出上述基本结果外，常需给出所研究的各种变动因素和结构力学性能之间的关系，从中找出规律，其具体内容视试验目的而定。

试验结果的表达方式一般为曲线、表格及经验公式。曲线表达较直观，便于展示整个试验过程中的转折点、最高点、最低点以及周期性的变化规律。它又是推导经验公式的基础，所以应特别注意试验曲线的绘制。坐标轴分度的比例尺应与试验量测仪表的精密度相应，最小分度应不大于量测仪表的最小刻度，同时，纵横轴的分度比例应尽可能使试验曲线有近于1的斜率并使曲线图形能占满全幅坐标纸。常常用“+”或“·”等符号来描点以便使试验数据的位置不被描绘的曲线盖掉。符号的长短阔狭可代表误差，其中心代表算术平均值。为了综合归纳不同试验条件的试验结果，可用无量纲变量作为坐标，以便突出主要变动因素的影响。例如为验证钢筋混凝土单筋受弯构件的承载能力和配筋率的关系，可用无量纲变量$\dfrac{M_u}{f_{cm}bh_0^2}$作纵坐标，$\rho\dfrac{f_y}{f_{cm}}$作横坐标，其中 M_u 为试验极限弯矩，这样就排除了因不同尺寸的试件截面、不同混凝土标号和不同钢材强度对试验结果的影响，试验曲线很好地表现了大量的试验结果。列表法数据具体，简易醒目，但不便看出规律。经验公式表达法是在列表和图示的基础上根据相关分析确定数学表达式，其形式紧凑，自变量与因变量的关系明确，便于分析和应用。关于确定经验公式的相关分析方法将在下节讨论。

结构的破坏特征和破坏形态的描述是试验结果的重要部分，一般以照片及按比例绘制的裂缝分布展开图示之。

§8-4 回归分析

试验数据处理的目的，是欲求得试验研究对象中各有关变量的变化规律，确定各变量间的依存关系。在工程问题中，由于变量之间的关系比较复杂，往往具有某种不确定性，由试验得出的数据又不可避免地带有误差，因此无法得到精确的数学表达式。回归分析便是处理这种大量数据，寻找不完全确定变量关系的一种数理统计方法。这种方法可以解决以下问题：

1)确定几个特定变量之间存在的相关关系，并建立合适的数学表达式；

2)根据一个或几个变量的值，预测或控制另一个变量的取值及其可能达到的精确度；

3)对变量进行因素分析，找出主要因素和次要因素及其相互关系。

变量间的关系一般可分为两类：

①确定性关系。比如我们熟悉的虎克定律 $\sigma=E\varepsilon$ 就是确定性关系。在三个变量中，只要有两个已知，另一个就可以精确地求出。

②相关关系。当变量间既存在密切关系，但又不能由一个或几个变量值精确地求得另一变量值的非确定性关系，称为相关关系。

由于测量误差的存在，变量间的确定性关系，往往通过相关关系来表现。

当变量 x 和 y 之间存在着相关关系时，通常称 x 为自变量，y 为因变量。回归分析中把自变量 x 视为一系列的定值，而对应于每一个 x 值只有一个 y 的平均值。其数学表达式称为回归方程式。回归方程式的函数图形称回归曲线。

回归方程式有不同类型。只有一个自变量所建立的方程，可能是一元线性回归方程，如

$$\hat{y}=a+bx$$

也可能是一元非线性回归方程，如二次抛物线方程

$$\hat{y}=a+bx+cx^2$$

如果有 n 个自变量，回归方程可能是多元线性方程，如

$$\hat{y}=a+b_1x_1+b_2x_2+\cdots+b_nx_n$$

也可能是多元非线性方程等。

8-4-1　一元线性回归分析

一元线性回归是回归分析中最简单，也是最基本的一种方法。在结构试验数据处理中经常遇到的拟合直线问题就属此类。

1. 回归直线的求法

设两个变量 x 和 y 间存在着某种关系。通过试验测得两列数据列于表 8-10，试求 x 和 y 间的关系式。

表 8-10　实测数据表

自变量 x	3.1	5.0	5.5	6.0	7.5	8.0	8.1	9.5	10.5	12.0	13.0	15.0	16.0	17.5
因变量 y	2.0	1.8	2.6	3.2	2.4	3.0	3.6	3.4	4.8	4.0	5.0	5.4	5.0	6.0

将表 8-10 中的数据描绘在直角坐标系上，画出散点图(图 8-4)。从图中可以看出，y 有随 x 增加而增大的趋势。但两者的关系又不完全确定，比如 x 有相近值(如 8.0，8.1)时，y 的两个取值(如 3.0，3.6)并不相近；反之，有相同的 y 值(如 5.0)，x

又不相等。因此 x 与 y 之间的关系为不完全确定的相关关系。

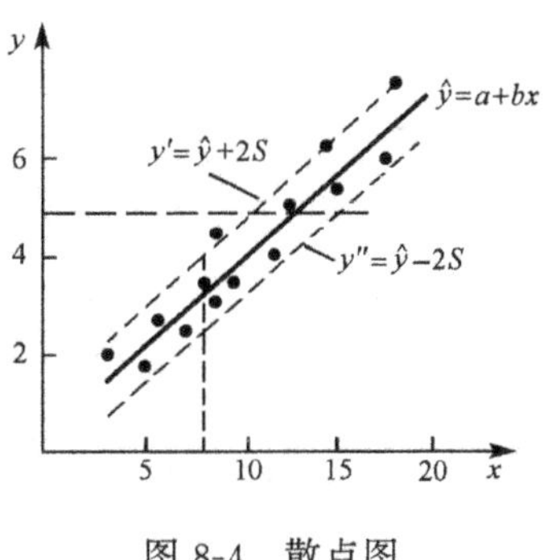

图 8-4 散点图

由图 8-4 可见，散点图上的数据点近于直线，于是先假定用一条直线来表示它们之间的关系：

$$\hat{y} = a + bx \tag{8-32}$$

该直线称为变量 y 对 x 的回归直线。方程(8-32)称变量 y 对 x 的回归直线方程。其中斜率 b 称回归系数，a 为常数项。只要求出斜率 b 和常数 a，则该直线在平面中的位置即完全被确定。回归直线是一切直线中最接近全部试验点的直线，即它与试验数据的误差比任何其他直线都小。为了得到这样一条比较精确的回归直线，常采用的方法是最小二乘法原理。

用式(8-32)代表 x 与 y 关系时，则每个已知的观测点 y_i 与对应的 $\hat{y}_i$(直线上的点)间存在的误差为 δ_i

$$\delta_i = y_i - \hat{y}_i = y_i - (a + bx_i) \tag{8-33}$$

所以，n 次观测值所引起的总误差为 $\sum_{i=1}^{n}\delta_i$。在 $\sum\delta_i$ 中，δ_i 有正有负，因而单纯的相加将由于正、负抵消而不能代表真正的总误差。故采用误差平方和作为总误差，即

$$Q = \sum_{i=1}^{n}\delta_i^2 = \sum_{i=1}^{n}(y_i - a - bx_i)^2 \tag{8-34}$$

为使总误差最小，根据数学分析求极值的原理，分别对 a、b 求偏导，并令其等于零，则

$$\frac{\partial Q}{\partial a} = -2\sum_{i=1}^{n}(y_i - a - bx_i) = 0 \tag{8-35}$$

$$\frac{\partial Q}{\partial b} = -2\sum_{i=1}^{n}x_i(y_i - a - bx_i) = 0 \tag{8-36}$$

由式(8-35)得

$$na = \sum_{i=1}^{n}y_i - b\sum_{i=1}^{n}x_i$$

所以

$$a = \bar{y} - b\bar{x} \tag{8-37}$$

由式(8-36)得

$$\sum_{i=1}^{n}x_iy_i - a\sum_{i=1}^{n}x_i - b\sum_{i=1}^{n}x_i^2 = 0 \tag{8-38}$$

将式(8-37)代入式(8-38)并经整理得回归系数 b

$$b = \frac{\sum_{i=1}^{n}x_iy_i - \bar{y}\sum_{i=1}^{n}x_i}{\sum_{i=1}^{n}x_i^2 - \bar{x}\sum_{i=1}^{n}x_i} = \frac{\sum_{i=1}^{n}(x_i - \bar{x})(y_i - \bar{y})}{\sum_{i=1}^{n}(x_i - \bar{x})^2} = \frac{L_{xy}}{L_{xx}} \tag{8-39}$$

将求得的 a 及 b 值代入式(8-32)，便得到欲求的回归方程。

为便于书写，对回归系数 b 作如下规定：在式(8-39)中，将分母中所有 x 的观测值距其均值 $\bar{x}$ 的偏差平方和记作 L_{xx}。只要所有 x 的观测值不完全相等，它必然是大于零的数。式(8-39)中分子是 x 的偏差与 y 偏差乘积之和，记作 L_{xy}。当 $b>0$ 时，y 有随 x 增加而增大的趋势，称为正相关；而当 $b<0$ 时，y 有随 x 增加而减小的趋势，称作负相关。具体计算常将数据列成表格进行。

【例题 8-9】 用同一条件配置的混凝土立方强度，其中一半测定其 1 天强度，另一半测定其 28 天强度，强度测定值列于表 8-11，试件数量 n 各 20 个。试确定 1 天强度和 28 天强度之间的关系。

表 8-11 一元线性回归计算表 A

序号	x_i	y_i	x_i^2	y_i^2	x_iy_i
1	24.7	40.1	610.09	1608.01	990.47
2	24.0	36.8	576.00	1354.24	883.20
3	24.3	38.9	590.49	1513.21	945.27
4	21.9	33.8	479.61	1142.44	740.22
5	22.1	36.0	488.41	1296.00	795.60
6	25.5	40.1	650.25	1608.01	1022.55
7	21.7	33.9	470.89	1149.21	725.63
8	16.3	33.0	265.69	1089.00	528.00
9	25.2	35.6	635.04	1267.36	897.12
10	16.5	28.8	272.25	829.44	475.20
11	16.7	31.4	278.89	985.96	524.38
12	14.5	24.8	210.25	615.04	359.60
13	14.2	28.4	201.64	806.56	403.28
14	12.3	25.9	151.29	670.81	318.57
15	13.1	20.7	171.61	428.49	271.17
16	12.4	24.4	153.76	595.36	302.56
17	12.9	22.6	166.41	510.76	291.54
18	12.7	24.2	161.29	585.64	307.34
19	10.8	23.6	116.64	556.96	254.88
20	11.5	22.4	132.25	501.76	257.60
$\sum$	353.7	605.4	6782.75	19114.26	11304.18

【解】 以 1 天强度为横坐标，28 天强度为纵坐标画散点图如图 8-5 所示，这些点大致分布在一条直线附近，为此设该回归直线方程为

$$\hat{y} = a + bx$$

按表 8-11 及表 8-12 进行计算，得所求回归方程为 $\hat{y}=10.25+1.133x$。因这条回归直线一定通过点$(\bar{x},\bar{y})$，所以作回归线时，只需对 x 取某一值 x_0，代入回归方程求相应的 y_0 值，连接$(\bar{x},\bar{y})$和(x_0,y_0)两点的直线就是所求的回归直线。

表 8-12 一元线性回归计算表 B

$\sum_{i=1}^{n} x_i = 353.70$	$\sum_{i=1}^{n} y_i = 605.4$	$n = 20$
$\bar{x} = \frac{1}{n}\sum_{i=1}^{n} x_i = 17.67$	$\bar{y} = \frac{1}{n}\sum_{i=1}^{n} y_i = 30.27$	
$\sum_{i=1}^{n} x_i^2 = 6782.75$	$\sum_{i=1}^{n} y_i^2 = 19114.26$	$\sum_{i=1}^{n} x_i y_i = 11304.18$
$\frac{1}{n}\left(\sum_{i=1}^{n} x_i\right)^2 = 6255.18$	$\frac{1}{n}\left(\sum_{i=1}^{n} y_i\right)^2 = 18325.46$	$\frac{\left(\sum_{i=1}^{n} x_i\right)\left(\sum_{i=1}^{n} y_i\right)}{n} = 10706.50$
$L_{xx} = \sum_{i=1}^{n} (x_i - \bar{x})^2$	$L_{yy} = \sum_{i=1}^{n} y_i^2 - \frac{1}{n}\left(\sum_{i=1}^{n} y_i\right)^2 = 788.80$	$L_{xy} = \sum_{i=1}^{n} x_i y_i - \frac{1}{n}\left(\sum_{i=1}^{n} x_i\right)$
$= \sum_{i=1}^{n} x_i^2 - \frac{1}{n}\left(\sum_{i=1}^{n} x_i\right)^2$	$b = \frac{L_{xy}}{L_{xx}} = 1.133$	$\cdot \left(\sum_{i=1}^{n} y_i\right)$
$= 527.57$	$a = \bar{y} - b\bar{x} = 10.25$ $\hat{y} = 10.25 + 1.133x$	$= 597.68$

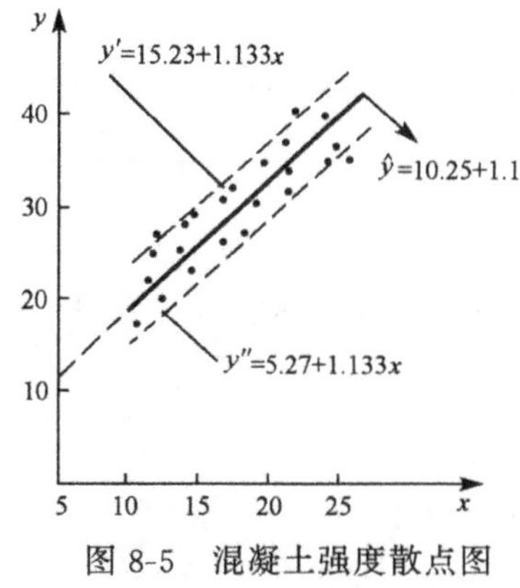

图 8-5 混凝土强度散点图

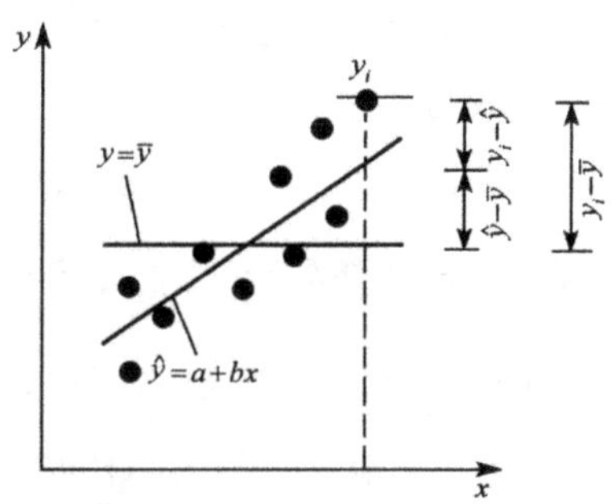

图 8-6 $(y_i - \bar{y})$的分解

2. 回归直线方程的显著性检验

在求回归方程的计算过程中，并未事先规定两个变量之间一定具有直线关系。因为对平面上一堆完全杂乱无章的散点，也可用最小二乘法配置一条直线来表示 x 与 y 的关系，显然这种直线是毫无实际意义的。因而尽管建立了回归方程 $\hat{y} = a + bx$，还需要检验 y 与 x 间是否真的具有线性相关关系。于是，必须给出一个数量指标来描述两个变量线性关系的密切程度，这个指标叫做相关系数 r。线性关系密切称回归效果显著，反之为不显著。相关系数与总偏差平方和有关。因为 n 个观测值之间的差值可用观测值 y_i 与其平均值 $\bar{y}$ 的偏差平方和来表示，则其总编差平方和为

$$\sum_{i=1}^{n} (y_i - \bar{y})^2 = L_{yy} \tag{8-40}$$

由图 8-6 看出，一个测点的偏差可以分解成两部分，即

$$y_i - \bar{y} = (y_i - \hat{y}_i) + (\hat{y}_i - \bar{y}) \tag{8-41}$$

对式(8-41)的左、右两边平方，并对 n 点求和，得

$$\sum_{i=1}^{n}(y_i - \bar{y})^2 = \sum_{i=1}^{n}(y_i - \hat{y}_i)^2 + \sum_{i=1}^{n}(\hat{y}_i - \bar{y})^2 + 2\sum_{i=1}^{n}(y_i - \hat{y}_i)(\hat{y}_i - \bar{y}) \tag{8-42}$$

由图 8-6 知，式(8-42)中右边最后一项为零，故可简化为

$$\sum_{i=1}^{n}(y_i - \bar{y})^2 = \sum_{i=1}^{n}(y_i - \hat{y}_i)^2 + \sum_{i=1}^{n}(\hat{y}_i - \bar{y})^2$$

或写作

$$L_{yy} = Q + U \tag{8-43}$$

式中：Q——“剩余平方和”，由 y 观测值的误差和 x 与 y 之间的非线性等随机因素所引起：

$$Q = \sum_{i=1}^{n}(y_i - \hat{y}_i)^2 = L_{yy} - U = L_{yy} - bL_{xy} \tag{8-44}$$

U——“回归平方和”，由 x 和 y 的线性关系所引起：

$$U = \sum_{i=1}^{n}(\hat{y}_i - \bar{y})^2 = \sum_{i=1}^{n}[(a + bx_i) - (a + b\bar{x})]^2 = b^2\sum_{i=1}^{n}(x_i - \bar{x})^2 = bL_{xy} = \frac{L_{xy}^2}{L_{xx}} \tag{8-45}$$

回归效果显著与否，取决于$\dfrac{U}{L_{yy}}$的大小，这个比值愈大，回归的效果愈好。因此，$\dfrac{U}{L_{yy}}$便是衡量回归效果的数量指标，可表达为

$$\frac{U}{L_{yy}} = \frac{bL_{xy}}{L_{yy}} = \frac{L_{xy}^2}{L_{xx}L_{yy}} = r^2$$

所以

$$r = \frac{L_{xy}}{\sqrt{L_{xx} \cdot L_{yy}}} \tag{8-46}$$

且有

$$U = r^2 L_{yy} \tag{8-47}$$

$$Q = (1 - r^2)L_{yy} \tag{8-48}$$

由于 U 仅是 L_{yy}中的一部分，而 Q 不可能是负值，因此 $U \leqslant L_{yy}$。由此推出 $r^2 \leqslant 1$，从而得 $|r| \leqslant 1$。r 称相关系数，其符号与分子有关，它决定于 x 偏差与 y 偏差乘积之和 L_{xy}的符号，且与回归系数 b 的符号一致。

当相关系数 r 的符号不同，散点(或者拟合的直线)在平面上就具有不同的位置(见图 8-7)。$|r|$越小，散点越分散，线性关系越差；$|r|$越接近于 1，散点越靠近回归直线，线性关系越好；$|r|=1$ 时，所有的点都在回归直线上，称 x 与 y 完全线性

相关。因此，只有当$|r|$足够大，才可用回归直线来表示 x 与 y 之间的关系，且称这时的相关系数是显著的。但当$|r|\to 0$ 时，则并不说明 x 和 y 之间不存在相关关系，只能说不存在线性相关关系。

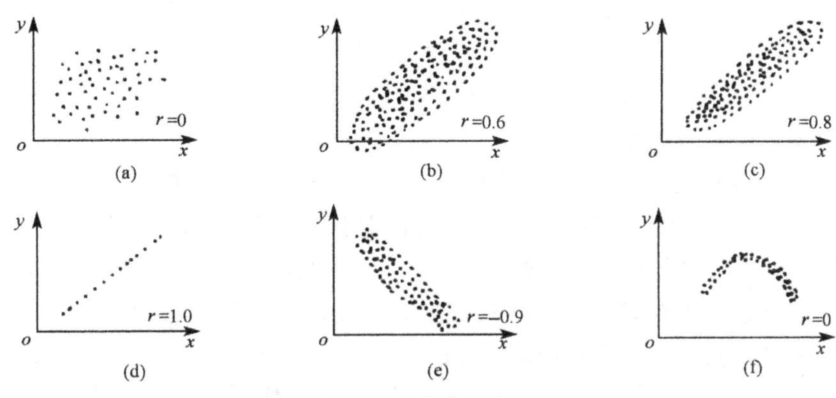

图 8-7 不同相关系数散点图

由于抽样误差或重复观测误差的影响，相关系数 r 达到显著的值往往与抽样次数或观测次数 n 有关。表 8-13 给出了不同的 n 值，在两种显著水平下相关系数达到显著的最小值。若算得的 r 低于表中数值，则所配直线为不合格。

表 8-13 相关系数检验表

$n-2$ \ a	0.05	0.01	$n-2$ \ a	0.05	0.01
1	0.997	1.000	21	0.413	0.526
2	0.950	0.990	22	0.404	0.515
3	0.878	0.959	23	0.396	0.505
4	0.811	0.917	24	0.388	0.496
5	0.754	0.874	25	0.381	0.487
6	0.707	0.834	26	0.374	0.478
7	0.666	0.798	27	0.367	0.470
8	0.632	0.765	28	0.361	0.463
9	0.602	0.735	29	0.355	0.456
10	0.576	0.708	30	0.349	0.449
11	0.553	0.684	35	0.325	0.418
12	0.532	0.661	40	0.304	0.393
13	0.514	0.641	45	0.238	0.372
14	0.497	0.623	50	0.273	0.354
15	0.482	0.606	60	0.250	0.325
16	0.468	0.590	70	0.232	0.302
17	0.456	0.575	80	0.217	0.283
18	0.444	0.561	90	0.205	0.267
19	0.433	0.549	100	0.195	0.254
20	0.423	0.537	200	0.138	0.181

【例题 8-10】 按例 8-9 数据，检验所配回归直线是否显著。

【解】 $n=20, n-2=18$，当选定置信度为 95%($a=0.05$)时，从表 8-13 查得相关系数达到显著的最小值为 0.444，而计算得：

$$r=\frac{L_{xy}}{\sqrt{L_{xx}L_{yy}}}=\frac{597.68}{\sqrt{527.57\times788.8}}=0.926>0.444$$

因此，所配回归直线的相关性显著。

3. 回归直线的精度预测

由于回归方程中 x 与 y 之间的关系是相关关系，知道了 x 值，并不能精确地知道 y 值，但可以知道 y 的回归值 $\hat{y}$。在误差分析一节里已经提到，可以用标准误差 σ 来反映数据的分散程度。假如观测值 x 对应的值 y 是按一定规律在波动(一般认为是按正态分布规律波动)，则只要能算出波动的标准差，回归线的精度就可以得到估计。这里的标准差叫作剩余标准差 S。

剩余标准差 S 是在排除 x 对 y 的线性影响后，衡量 y 随机波动大小的一个估计量。它与剩余平方和 Q 及其自由度有关。

因为总平方和可以分解成回归平方和及剩余平方和两部分，$L_{yy}=Q+U$，所以与平方和有联系的自由度，同样也可以分解为两部分，即

$$f_L=f_Q+f_U \tag{8-49}$$

式中：f_L——总平方和的自由度，其值为 $f_L=n-1$。f_U 为回归平方和的自由度，其值等于自变量的个数 k，在一元线性回归中 $f_U=1$，故剩余平方和的自由度 f_Q 为

$$f_Q=f_L-f_U=n-1-1=n-2 \tag{8-50}$$

则剩余标准差可定义为

$$S=\sqrt{\frac{Q}{n-2}}=\sqrt{\frac{1}{n-2}\sum_{i=1}^{n}(y_i-\hat{y}_i)^2} \tag{8-51a}$$

或

$$S=\sqrt{\frac{1}{n-2}(L_{yy}-bL_{xy})}=\sqrt{\frac{1}{n-2}(1-r^2)L_{yy}} \tag{8-51b}$$

于是根据正态概率分布的性质，试验点落在以均值为中心的 $\pm2S$ 范围内的概率为 95.4%，这样特定值 x_0 对应的均值便是 $\hat{y}_0$，$\hat{y}_0=a+bx_0$，亦即试验点落在 $\hat{y}_0+2S$ 范围内的概率为 95.4%。这个结论对试验范围内的每一个 x 都是正确的，因此可以在图 8-4 上作两条平行于回归线的直线 y' 和 y''：

$$y'=a+bx+2S;\ y''=a+bx-2S \tag{8-52}$$

可以预料，有 95.4%的 y 值将落在这两条直线之间。同理可知，试验点落在 $\hat{y}_0\pm S$ 范围内的概率约为 68.3%；而落在 $\hat{y}_0\pm3S$ 范围内的概率为 99.7%。

【例题 8-11】 按例题 8-9 数据，当置信度为 95%时，预测所配回归直线方程的精度。

【解】 当置信度为 95%时，所配回归直线方程的预测范围为

$$y = 10.25 + 1.133x \pm 2S$$

其中，剩余标准差 S 为

$$S = \sqrt{\frac{1}{n-2}(L_{yy} - bL_{xy})} = \sqrt{\frac{1}{20-2}(788.8 - 1.133 \times 597.68)} = 2.49$$

即若作两条与回归直线平行的直线

$$y' = 10.25 + 1.133x + 2 \times 2.49 = 15.23 + 1.133x$$

$$y'' = 10.25 + 1.133x - 2 \times 2.49 = 5.27 + 1.133x$$

则大约有 95%的 y 值将落在这两条直线之间(见图 8-5)。

8-4-2　一元非线性回归分析

在实际测试数据中，两个变量之间并不一定是线性关系，有时选配适当的曲线比配直线更符合实际情况。这时就需要进行非线性回归分析。

非线性回归分析一般是根据已有的专业知识以及以往积累的实验经验及理论分析先确定两个变量之间的曲线类型。然后通过坐标轴的转换把曲线变成线性型式，就可用上述一元线性回归的方法进行处理。

在选定曲线类型时，要注意到试验研究内容的物理特征，以及是否经过原点，是否有水平段、垂直段，或沿某一方向是否有渐近线等等。也要注意选择的曲线是否易于转化为线性关系。在工程问题中，一般都是单调变化的函数。表 8-14 列举了几种常用的曲线类型以供选择，如果它们都不适用，则需求助于正交多项式。

前面介绍过用相关系数 r 来衡量线性回归方程的效果，根据式(8-48)可知

$$r^2 = 1 - \frac{Q}{L_{yy}} = 1 - \frac{\sum_{i=1}^{n}(y_i - \hat{y}_i)^2}{\sum_{i=1}^{n}(y_i - \overline{y})^2}$$

在配曲线的回归中，要求所配的曲线与所测数据拟合较好，因此可改用上式定义的量来作为衡量曲线效果好坏的标准。为与直线区别，改写为

$$R^2 = 1 - \frac{\sum_{i=1}^{n}(y_i - \hat{y}_i)^2}{\sum_{i=1}^{n}(y_i - \overline{y})^2} \tag{8-53}$$

R 也可称"相关系数"，但它与经过变量变换后的 x'、y' 的线性相关系数不是一回事，r 表示新坐标系中 x_i'、y_i' 各散点的线性密切程度，而 R 则表示回归曲线拟合的好坏。

当剩余平方和甚小，即式(8-53)右边第二项趋近于零而 R^2 趋近于 1 时，表明所配的曲线效果好。计算 R^2 时，不能用(8-46)式，因该式是根据直线条件推导出来的。对曲线来说，要计算 R^2，应直接计算 $\sum_{i=1}^{n}(y_i-\hat{y}_i)^2$，此时，$\sum_{i=1}^{n}(y_i-\overline{y})^2$ 仍是 $L_{yy}=$

$\sum_{i=1}^{n} y_i^2 - \frac{(\sum_{i=1}^{n} y_i)^2}{n}$，求得 $\sum_{i=1}^{n}(y_i-\hat{y}_i)^2$ 及 L_{yy} 后，再按式(8-53)求 R^2。

表 8-14　常用函数图形

图形及特征	名称及方程
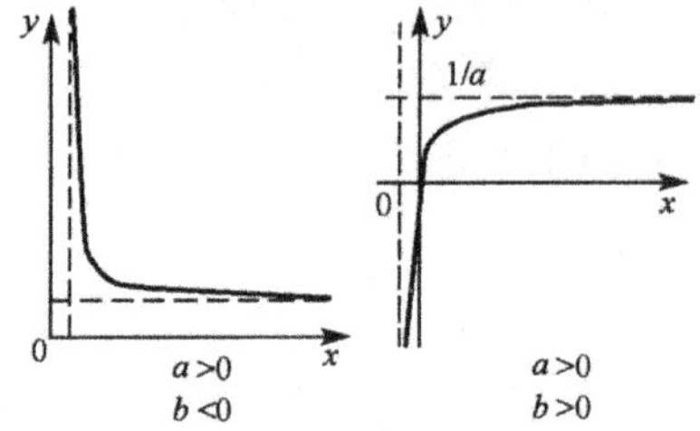	双曲线 $\frac{1}{y}=a+\frac{b}{x}$ 令 $y'=\frac{1}{y}, x'=\frac{1}{x}$ 则 $y'=a+bx'$
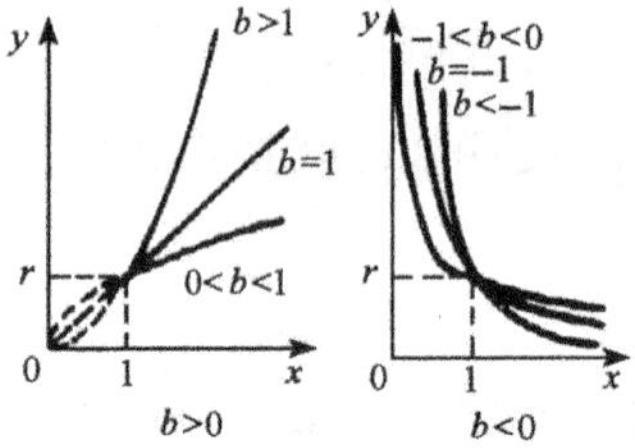	幂函数曲线 $y=rx^b$ 令 $y'=\log y, x'=\log x, a=\log r$ 则 $y'=a+bx'$
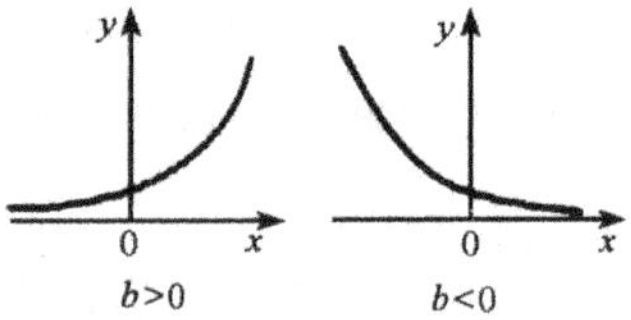	指数函数曲线 $y=re^{bx}$ 令 $y'=\ln y, a=\ln r$ 则 $y'=a+bx$
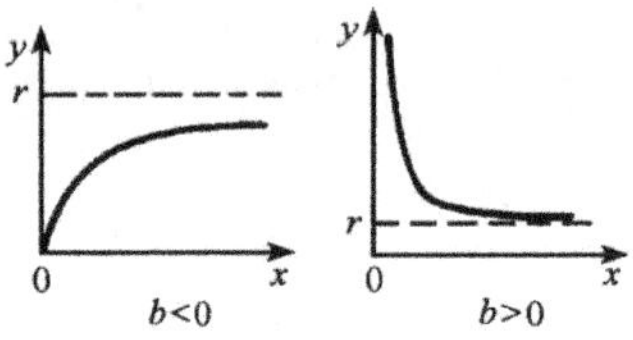	指数函数曲线 $y=re^{b/x}$ 令 $y'=\ln y, x'=\frac{1}{x}, a=\ln r$ 则 $y'=a+bx'$
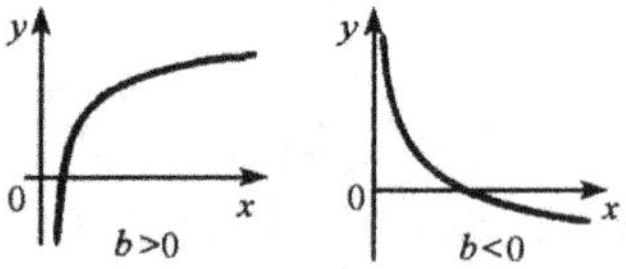	对数曲线 $y=a+b\log x$ 令 $x'=\log x$ 则 $y=a+bx'$
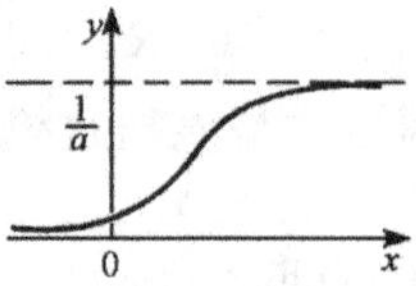	S 型曲线 $y=\frac{1}{a+be^{-x}}$ 令 $y'=\frac{1}{y}, x'=e^{-x}$ 则 $y'=a+bx'$

与线性回归相同，用式(8-51a)求剩余标准差 S，以它作为回归方程预报 y 值精度的标准。

【例题 8-12】 已知两个变量 x 和 y 之间存在着相关关系，两组实测数据列于表 8-15。试找出 x 与 y 的关系式，并预测其精确度。

表 8-15 回归计算表 A

序号	x_i	y_i	$x_i'=\frac{1}{x_i}$	$y_i'=\frac{1}{y_i}$	$(x_i')^2$	$(y_i')^2$	$x_i'y_i'$
1	2	6.42	0.500000	0.155763	0.250000	0.024262	0.077882
2	3	8.20	0.333333	0.121951	0.111111	0.014872	0.040650
3	4	9.58	0.250000	0.104384	0.062500	0.010896	0.026096
4	5	9.50	0.200000	0.105263	0.040000	0.011080	0.021053
5	6	9.70	0.166667	0.103093	0.027778	0.010628	0.017182
6	7	10.00	0.142857	0.100000	0.020408	0.010000	0.014286
7	8	9.93	0.125000	0.100705	0.015625	0.010141	0.012588
8	9	9.99	0.111111	0.100100	0.012346	0.010020	0.011122
9	10	10.49	0.100000	0.095323	0.010000	0.009088	0.009533
10	11	10.59	0.090909	0.091429	0.008264	0.008917	0.008584
11	12	10.60	0.083333	0.094340	0.006944	0.008900	0.007862
12	13	10.80	0.076923	0.092593	0.005917	0.008573	0.007123
13	14	10.60	0.071429	0.091310	0.005102	0.008900	0.006739
14	15	10.90	0.066667	0.091743	0.004444	0.008417	0.006116
15	16	10.76	0.062500	0.092937	0.003906	0.008637	0.005809
$\sum$			2.380729	1.546964	0.584345	0.163331	0.272625

表 8-16 回归计算表 B

$\sum_{i=1}^{n}x_i'=2.381$	$\sum_{i=1}^{n}y_i'=1.547$	$n=15$
$\overline{x_i'}=0.159$	$\overline{y_i'}=0.103$	
$\sum_{i=1}^{n}(x_i')^2=0.584$	$\sum_{i=1}^{n}(y_i')^2=0.163$	
$\frac{1}{n}\left(\sum_{i=1}^{n}x_i'\right)^2=0.378$	$\frac{1}{n}\left(\sum_{i=1}^{n}y_i'\right)^2=0.159$	$\sum_{i=1}^{n}x_i'y_i'=0.273$
$L_{x'x'}=0.206$	$L_{y'y'}=0.04$	$\frac{1}{n}\left(\sum_{i=1}^{n}x_i'\right)\left(\sum_{i=1}^{n}y_i'\right)=0.246$
	$b=\frac{L_{x'y'}}{L_{x'x'}}=0.1312$	$L_{x'y'}=0.027$
	$a=\overline{y'}-b\overline{x'}=0.0823$	

【解】 画出散点图 8-8。从图中看出，随 x 增加 y 最初增加快，以后逐渐减慢，且有一条平行于 x 轴的渐近线。据此选用双曲线来表示，即

$$\frac{1}{\hat{y}}=a+b\frac{1}{x}$$

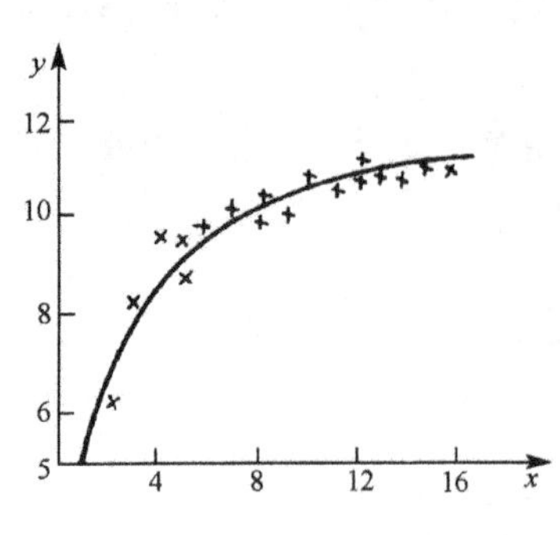

图 8-8　实测试验数据散点图

令 $\hat{y}'=\frac{1}{\hat{y}}, x'=\frac{1}{x}$，通过变量变换，上式转化为 $\hat{y}'=a+bx'$。以下便可用一元线性法拟合曲线。具体计算列表进行(见表 8-15 及表 8-16)。

将计算所得 a、b 代入线性方程得

$$\hat{y}' = 0.0823 + 0.1312x'$$

即

$$\frac{1}{\hat{y}} = 0.0823 + 0.1312\frac{1}{x}$$

或

$$\hat{y} = \frac{x}{0.0823x + 0.1312}$$

将观测值 y_i 和曲线上预报值 $\hat{y}_i$ 进行比较，列于表 8-17。

表 8-17　回归计算表 C

实际值 y_i	预报值 $\hat{y}_i$	$y_i-\hat{y}_i$	实际值 y_i	预报值 $\hat{y}_i$	$y_i-\hat{y}_i$
6.42	6.761	−0.341	10.49	10.479	0.011
8.20	7.934	0.266	10.59	10.612	−0.022
9.58	8.687	0.893	10.60	10.725	−0.125
9.50	9.212	0.288	10.80	10.823	−0.023
9.70	9.599	0.101	10.60	10.908	−0.308
10.00	9.896	0.104	10.90	10.983	−0.083
9.93	10.131	−0.201	10.76	11.049	−0.289
9.99	10.322	−0.332			

则剩余标准差 S 为

$$S=\sqrt{\frac{1}{n-2}\sum_{i=1}^{n}(y_i-\hat{y}_i)^2}$$

$$=\sqrt{\frac{1}{13}[(-0.341)^2+(0.226)^2+\cdots\cdots+(-0.289)^2]}=0.33$$

$$2S=0.66$$

所以，用所配回归方程预报 y 取值时，有 95.4%的把握断言，其绝对误差不会超过 ±0.66 的范围。

从图 8-8 和表 8-17 看出，预报值开始一段偏小，后一段偏大，说明曲线类型选择得不够理想(其拟合效果可用相关系数 R 来检验)。若改用指数曲线再进行一次拟合，所得标准差比双曲线的标准差要小，则应换成指数曲线。

对某些通过变量变换不能化为线性函数的问题，可参考有关书籍进行处理。

8-4-3 多元线性回归分析

前面讨论的只是两个变量的回归问题，其中因变量只与一个自变量有关。在很多情况下，影响因变量的因素不是一个而是多个，这类回归问题为多元回归分析。因为许多非线性问题都可以转换成线性回归来处理。所以多元线性回归分析最为常见。

多元线性回归分析的原理与一元线性回归分析完全相同，但在计算上却复杂得多，下面以二个自变量的二元线性回归(平面回归)为例来说明。

假如有因变量 y 受 x_1、x_2 两个因素的影响，它们之间的关系符合二元线性方程，则写作：

$$\hat{y} = a + b_1x_1 + b_2x_2 \tag{8-54a}$$

若有 m 个自变量，则多元线性方程写作：

$$\hat{y} = a + b_1x_1 + b_2x_2 + \cdots + b_mx_m \tag{8-54b}$$

式(8-54a)在几何上表示一个平面。故也称作 y 对 x_1、x_2 的回归平面，其中 a 为常数项，b_1、b_2 分别为 x_1、x_2 的回归系数。在多元回归中，y 对某一自变量的回归系数表示当其他自变量为定值时，该自变量变化一个单位而使 y 平均改变的数值。例如在式(8-54a)中，y 对 x_1 的回归系数 b_1 表示当 x_2 为定值时，x_1 每变化一个单位而引起 y 平均变化的数值。

求 a、b_1、b_2 的方法仍采用最小二乘法原理，使其总误差平方和 $Q=\sum\limits_{i=1}^{n}(y_i-\hat{y}_i)^2=\sum\limits_{i=1}^{n}(y_i-a-b_1x_{1i}-b_2x_{2i})^2$ 达到极小值。为此，用求偏导方法可推得 b_1、b_2 应满足的方程组为

$$\left.\begin{aligned} L_{11}b_1 + L_{12}b_2 &= L_{1y} \\ L_{21}b_1 + L_{22}b_2 &= L_{2y} \end{aligned}\right\} \tag{8-55}$$

式中：

$$\left.\begin{aligned} L_{11} &= \sum_{i=1}^{n}(x_{1i}-\bar{x}_1)^2 \\ L_{22} &= \sum_{i=1}^{n}(x_{2i}-\bar{x}_2)^2 \\ L_{12} = L_{21} &= \sum_{i=1}^{n}(x_{1i}-\bar{x}_1)(x_{2i}-\bar{x}_2) \\ L_{1y} &= \sum_{i=1}^{n}(x_{1i}-\bar{x}_1)(y_i-\bar{y}) \\ L_{2y} &= \sum_{i=1}^{n}(x_{2i}-\bar{x}_2)(y_i-\bar{y}) \\ \bar{x}_1 &= \frac{1}{n}\sum_{i=1}^{n}x_{1i},\bar{x}_2 = \frac{1}{n}\sum_{i=1}^{n}x_{2i},\bar{y} = \frac{1}{n}\sum_{i=1}^{n}y_i \end{aligned}\right\} \tag{8-56}$$

于是

$$\left.\begin{aligned} b_1 &= \frac{L_{1y}L_{22} - L_{2y}L_{12}}{L_{11}L_{22} - L_{12}^2} \\ b_2 &= \frac{L_{2y}L_{11} - L_{1y}L_{21}}{L_{11}L_{22} - L_{12}^2} \end{aligned}\right\} \tag{8-57}$$

a 由下式确定：

$$a = \bar{y} - b_1\bar{x}_1 - b_2\bar{x}_2 \tag{8-58}$$

将所求得的 a、b_1、b_2 代回式(8-54a)得所求的回归方程。但此方程是否反映客观规律，还需对其拟合效果进行检验。检验标准采用一个全相关系数 R

$$R = \sqrt{\frac{b_1L_{1y} + b_2L_{2y}}{L_{yy}}} \tag{8-59}$$

式中：

$$L_{yy} = \sum_{i=1}^{n}(y_i - \bar{y})^2 = \sum_{i=1}^{n}y_i^2 - \frac{1}{n}\Big(\sum_{i=1}^{n}y_i\Big)^2 \tag{8-60}$$

显然 $0 \leqslant R \leqslant 1$，$R$ 趋近于 1 时，所求回归方程最理想。

回归方程的精度预测仍采用剩余标准差 S 来表示，但应按下式计算：

$$S = \sqrt{\frac{L_{yy} - (b_1L_{1y} + b_2L_{2y})}{n - m - 1}} \tag{8-61}$$

式中：m——自变量的个数。

一般来说所配直线或曲线只在测定值所在范围内有效，若要外推到区间以外，需十分慎重，应有充分的论证。

【例题 8-13】 表 8-18 中的 10 组观测数据中，x_1、x_2 为自变量，y 为因变量，求 y 对 x_1、x_2 的线性回归方程，并检验其拟合效果、预测方程的精度。

表 8-18　观测数据表

序号	x_1	x_2	y	序号	x_1	x_2	y
1	2.1	0.9	8.0	6	6.0	2.0	12.2
2	3.9	1.0	9.0	7	8.0	2.1	13.1
3	6.1	1.1	10.5	8	2.1	2.9	12.0
4	8.0	1.2	11.2	9	6.1	3.0	14.0
5	4.0	1.9	11.2	10	8.1	3.1	15.5

【解】 1)求线性回归方程。

根据式(8-56)求得

$$\bar{y} = \frac{1}{n}\sum_{i=1}^{n}y_i = 11.67$$

$$\bar{x}_1 = \frac{1}{n}\sum_{i=1}^{n}x_{1i} = 5.44$$

$$\bar{x}_2 = \frac{1}{n}\sum_{i=1}^{n}x_{2i} = 1.92$$

$$L_{yy}=\sum_{i=1}^{n}(y_i-\bar{y})^2=\sum_{i=1}^{n}y_i^2-\frac{1}{n}(\sum_{i=1}^{n}y_i)^2$$

$$=1406.83-\frac{116.7^2}{10}=44.94$$

$$L_{11}=\sum_{i=1}^{n}(x_{1i}-\bar{x}_1)^2=\sum_{i=1}^{n}x_{1i}^2-\frac{1}{n}(\sum_{i=1}^{n}x_{1i})^2$$

$$=344.06-\frac{54.4^2}{10}=48.12$$

$$L_{22}=\sum_{i=1}^{n}(x_{2i}-\bar{x}_2)^2=\sum_{i=1}^{n}x_{2i}^2-\frac{1}{n}(\sum_{i=1}^{n}x_{2i})^2$$

$$=43.5-\frac{19.2^2}{10}=6.64$$

$$L_{12}=\sum_{i=1}^{n}(x_{1i}-\bar{x}_1)(x_{2i}-\bar{x}_2)$$

$$=\sum_{i=1}^{n}x_{1i}x_{2i}-\frac{1}{n}(\sum_{i=1}^{n}x_{1i})(\sum_{i=1}^{n}x_{2i})$$

$$=108-\frac{19.2\times 54.4}{10}=3.55$$

$$L_{1y}=\sum_{i=1}^{n}(x_{1i}-\bar{x}_1)(y_i-\bar{y})$$

$$=\sum_{i=1}^{n}x_{1i}y_i-\frac{1}{n}(\sum_{i=1}^{n}x_{1i})(\sum_{i=1}^{n}y_i)$$

$$=664.5-\frac{54.4\times 116.7}{10}=29.65$$

$$L_{2y}=\sum_{i=1}^{n}(x_{2i}-\bar{x}_2)(y_i-\bar{y})$$

$$=\sum_{i=1}^{n}x_{2i}y_i-\frac{1}{n}(\sum_{i=1}^{n}x_{2i})(\sum_{i=1}^{n}y_i)$$

$$=239.23-\frac{19.2\times 116.7}{10}=15.17$$

由式(8-57)可知

$$b_1=\frac{29.65\times 6.64-15.17\times 3.55}{48.12\times 6.64-3.55^2}=0.466$$

$$b_2=\frac{15.17\times 48.12-29.65\times 3.55}{48.12\times 6.44-3.55^2}=2.035$$

代入式(8-58),得

$$a=11.67-0.466\times 5.44-2.035\times 1.92=5.218$$

所求的回归方程为

$$\hat{y}=5.218+0.466x_1+2.035x_2$$

2)拟合效果检验。

由式(8-59)求得全相关系数 R 如下：

$$R=\sqrt{\frac{b_1L_{1y}+b_2L_{2y}}{L_{yy}}}=\sqrt{\frac{0.466\times 29.65+2.035\times 15.17}{44.94}}$$

$$=\sqrt{\frac{44.69}{44.94}}=0.997$$

因 $R=0.997$ 很接近于 1，故所配回归方程很合理。

3) 回归方程精度预测。

由式(8-61)求得剩余标准差 S 如下：

$$S=\sqrt{\frac{L_{yy}-(b_1L_{1y}+b_2L_{2y})}{n-m-1}}=\sqrt{\frac{44.94-44.69}{10-2-1}}=0.189$$

$$2S=0.378$$

所以，用所配回归方程预报 y 取值时，有 95.4%的把握断言，其绝对误差不会超过±0.378 的范围。

§8-5 信号处理及分析

对结构进行动态测定的结果往往是极为复杂的，即便是在有规律的扰力激励下产生的振动信号也常包含有与结构振动无关的信号。所谓信号处理就是要设法压缩或过滤与结构振动无关的信号分量，突出与结构有关的信号分量，然后对这些信号进行分析，以获得与结构振动有关的特征参量。

任何物理现象由于振动引起的波形，在忽略次要分量的前提下，均可分为确定性振动和非确定性振动两类。从分析角度看，凡是能够用明确的数学关系式描述的振动过程称为确定性的振动过程，例如简谐振动和周期性振动等。不能用明确的数学关系式描述，且无法预测未来时刻精确值的振动过程称非确定性的振动或随机振动过程。例如，地震引起的结构振动等。

8-5-1 确定性信号

1. 周期性振动信号

(1) 单一简谐振动波形分析

结构因受有扰力而起振。当扰力恒定时，结构的振动过程将连续不断地重复出现，它可以用时间的确定函数来描述。按简谐规律出现的振动是一种最简单的振动信号，其数学表达式为

$$x(t)=x_m\sin\omega t \tag{8-62}$$

式中：x_m——振幅值；

ω——振动圆频率，$\omega=2\pi f$。

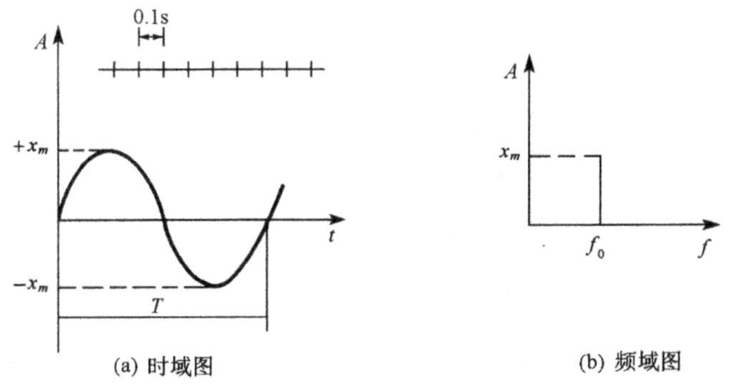

图 8-9　单一简谐振动

单一简谐振动具有单一周期或单一频率，如图 8-9(a)所示。它在时域内描述了一个随时间增长而作周期变化的振动过程。在记录纸上找到时间指标与振动曲线的关系就可以得到频率。因为它只含有一个频率成分，所以用频率图来描述时，应该是该频率处的一根线的线谱[见图 8-9(b)]。

(2) 两个简谐振动合成的信号分析

两个简谐振动叠加合成的振动是一个复杂的周期信号，它由以 n 为倍数的不同频率组成。其信号分析方法视振动台合成波形的复杂程度而异。

图 8-10(a)为两个简谐频率相差较大的时程曲线，图中实线为振动记录图，虚线为勾画的包络线，仔细地从图上找出两个相似点，便可定出周期 T_1 和相应的振幅 $2a_1$，它代表的是低频波的周期和振幅，高频波的周期为 T_2 振幅为 $2a_2$。其频域图由两条离散的直线组成[见图 8-10(b)]。

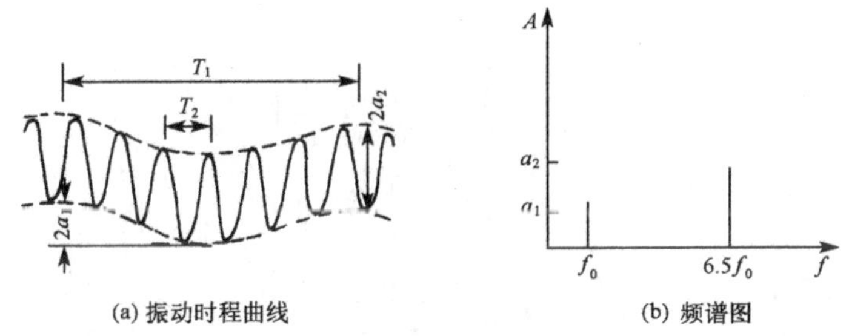

图 8-10　频率相差较大的振动合成

图 8-11(a)是两个频率相差两倍的时程曲线，实线为振动记录曲线，虚线为相应的两个分振动，分振动的周期为 T_1、T_2，对应的振幅为 a_1、a_2。其频域图如图 8-11(b)所示。

图 8-12 为两个频率非常接近的振动合成，合成波出现“拍振”现象，对拍振可以采用包络法进行分析。

两种简谐波的频率和振幅如下：

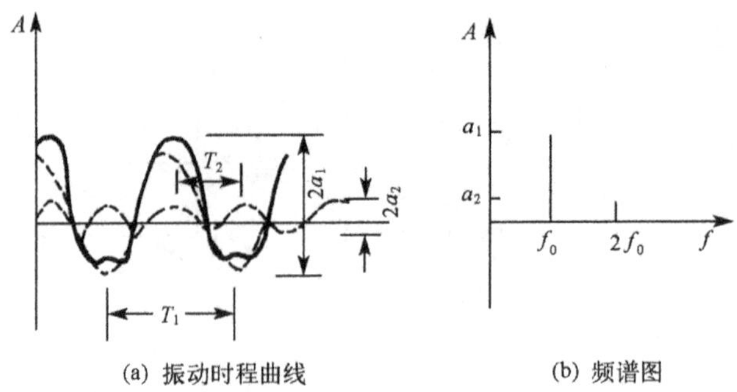

图 8-11　频率相差两倍的振动合成

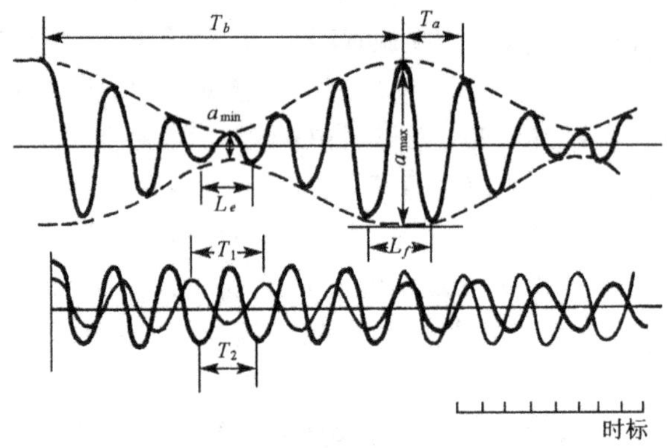

图 8-12　频率接近的“拍振”

$$\left.\begin{aligned} f_1 &= \frac{1}{T_1} = \frac{1}{T_a} + \frac{1}{T_b} \\ f_2 &= \frac{1}{T_2} = \frac{1}{T_a} - \frac{1}{T_b} \end{aligned}\right\} \tag{8-63}$$

$$\left.\begin{aligned} A_1 &= \frac{a_{\max} + a_{\min}}{2} \\ A_2 &= \frac{a_{\max} - a_{\min}}{2} \end{aligned}\right\} \tag{8-64}$$

若拍振腹部波峰与波峰间的时间间隔小于腰部波峰与波峰的时间间隔，即 $L_f < L_e$，则低频波的振幅较大。而 $L_f > L_e$ 时，高频波的振幅大。

由上可知，对于周期振动，其振幅只能说明最大值，而不能说明振动性质，比如能量和功率谱密度等，故可引入“有效值”和“平均值”来表示。有效值就是均方根值，它与振动的能量有关，例如位移的有效值代表了振动系统的势能；速度的有效值代表了振动系统的动能；加速度的有效值代表的是振动系统的功率谱密度。此外，有效值还兼顾了振动过程的时间历程。它不同于峰值，只表示一个瞬时值，因此在目前，被认为是一种较全面的描述振动过程的表示方法。

当振动周期为 T 时，有效值和平均值的计算公式为
有效值

$$x=\sqrt{\frac{1}{T}\int_0^T x^2 \mathrm{d}t} \tag{8-65}$$

$$x=\frac{1}{\sqrt{2}}x_m \quad (\text{对简谐波})$$

平均值

$$x=\frac{1}{T}\int_0^T |x| \mathrm{d}t \tag{8-66}$$

$$x=0.637x_m \quad (\text{对简谐波})$$

(3) 非简谐周期振动信号分析

对于非简谐的周期振动仅仅确定其振动的峰值和有效值还不能找出振动对构件所产生的影响，而必须用频率分析法才能找出频谱的含量。因为一条复杂的曲线，是振幅和频率各不相等的若干振动的合成，因此分析振动图形时首先要把它们分解成若干个单一频率的简谐分量，故也称谐量分析。

谐量分析的基础是富里哀级数原理。任意一个圆频率为 ω(周期为 $T=\frac{2\pi}{\omega}$)的周期性函数 $f(t)$都可分解为包括许多正弦和余弦函数的级数，它们的圆频率各为 $\omega, 2\omega, \cdots$，即

$$f(t)=\frac{1}{2}a_0+\sum_{k=1}^{\infty}(a_k\cos k\omega t+b_k\sin k\omega t) \tag{8-67}$$

其中

$$\left.\begin{aligned} a_0 &= \frac{2}{T}\int_0^T f(t)\mathrm{d}t \\ a_k &= \frac{2}{T}\int_0^T f(t)\cos k\omega t\mathrm{d}t \\ b_k &= \frac{2}{T}\int_0^T f(t)\sin k\omega t\mathrm{d}t \end{aligned}\right\} \tag{8-68}$$

式中：$\frac{a_0}{2}$——函数 $f(t)$的平均值；

a_k、b_k——傅里叶系数。

令

$$\left.\begin{aligned} A_0 &= \frac{1}{2}a_0 \\ A_k^2 &= a_k^2+b_k^2 \\ \varphi_k &= \operatorname{arctg}\frac{a_k}{b_k} \end{aligned}\right\} \tag{8-69}$$

则式(8-67)可写作

$$f(t)=A_0+\sum_{k=1}^{\infty}A_k\sin(k\omega t+\varphi_k) \tag{8-70}$$

当 $k=1$ 时，式(8-70)等号右边第二项 $A_1\sin(\omega t+\varphi_1)$是具有和 $f(t)$相同频率的简谐分量，称为基本谐量。基本谐量的频率称基频。A_1 是基本谐量的振幅，φ_1 是基本谐量的初相角。$A_k\sin(k\omega t+\varphi_k)$是第 k 个谐量，其频率为 $k\omega$，振幅为 A_k，初相角为 φ_k。常量 A_0 是函数 $f(t)$的平均值。如果函数 $f(t)$的数学表达式是已知的，那末从式(8-68)可求出傅里叶系数，再利用式(8-69)和(8-70)就可以得到 $f(t)$的各个谐量分量，从而达到了谐量分析的目的。

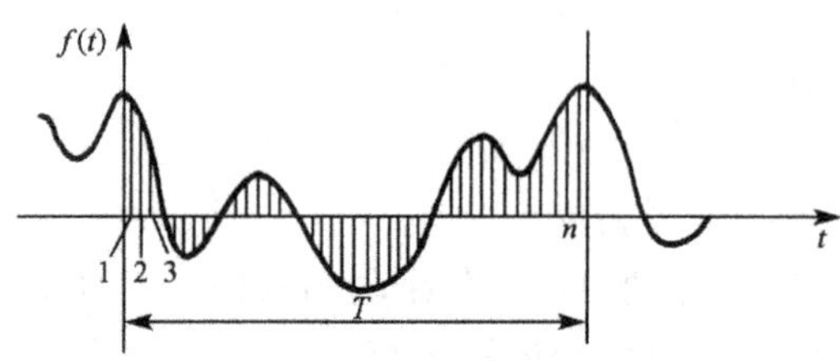

图 8-13　非简谐振动曲线

应该注意的是函数 $f(t)$是实测记录曲线，即 $f(t)$是以图形给出的(如图 8-13 所示)，故不能用积分式(8-68)计算 a_k 和 b_k。为此，将记录曲线中的一个周期段分成 n 等分，每等分 $\Delta T=\dfrac{2\pi}{\omega n}$，若令 $\varphi=\omega t$，则 $\Delta\varphi=\dfrac{2\pi}{n}$，$\varphi_i=i\Delta\varphi(i=1,2,\cdots,n)$，这样在时间轴上就得到 φ_1、φ_2、…、φ_i、…、φ_n，相应的振幅 y_1、…、y_i、…、y_n 可以从图上量得。将式(8-68)改变成近似积分式

$$\left.\begin{aligned}
&a_k=\frac{2}{T}\int_0^T f(t)\cos k\omega t\mathrm{d}t=\frac{2}{n}\sum_{i=1}^{n}y_i\cos k\varphi_i\\
&\text{同理}\\
&b_k=\frac{2}{n}\sum_{i=1}^{n}y_i\sin k\varphi_i\quad a_0=\frac{2}{n}\sum_{i=1}^{n}y_i
\end{aligned}\right\}\tag{8-71}$$

$$(k=1,2,\cdots,m),\ n\geqslant 2(m+1)$$

m 为谐波的数量。n 必须取偶数，至少等于 $2(m+1)$。如计算二次谐波振幅 a_2，这时 $m=2$，$n=2(2+1)=6$，亦即至少要将一个周期波分成六等分。n 越大计算越精确，但计算工作量也增大，实际上我们欲求的主要是前几个分量。

上述方法主要用于处理周期性振动记录图。对其进行谐量分析后，把一个复杂的振动分解成一个一个的简谐分量，将这些分量画成振幅谱和相位谱的图形，就可以清楚地表示出一个复杂振动的组成情况和各个谐量之间的关系。以上工作亦可借用专用的信号处理机进行。

【例题 8-14】 从某振动记录曲线中取出一个周期的波形如图 8-14(a)所示。试对其进行二次谐波分析。

【解】 将一个周期分成六等分($n=6$)，量取对应的 y 值列于表 8-19。将 2π 角也六等分，$\Delta\varphi=60°$，得 $\varphi_i=i\cdot 60°(i=1,2,3,\cdots,6)$，相应的正弦和余弦值列于表 8-20。

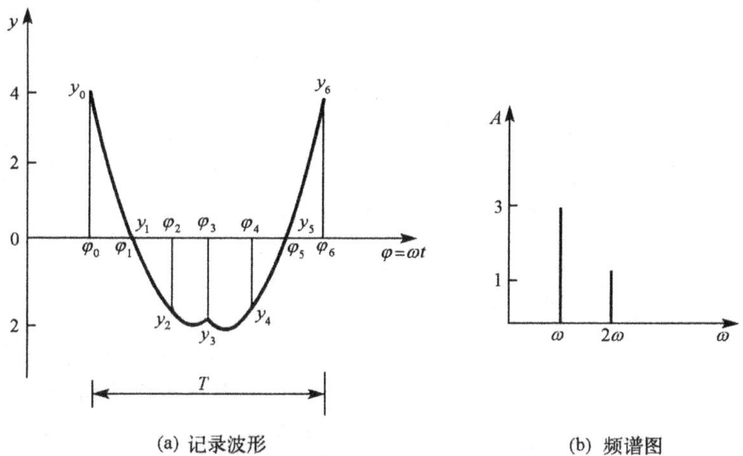

(a) 记录波形　　(b) 频谱图

图 8-14　图形分析

表 8-19　y 值表

y_1	y_2	y_3	y_4	y_5	y_6
1	−2	−2	−2	1	4

表 8-20

i	φ_i	$\sin\varphi_i$	$\cos\varphi_i$	$\sin2\varphi_i$	$\cos2\varphi_i$
1	60°	0.866	0.5	0.866	−0.5
2	120°	0.866	−0.5	−0.866	−0.5
3	180°	0	−1	0	1
4	240°	−0.866	−0.5	0.866	−0.5
5	300°	−0.866	0.5	−0.866	−0.5
6	360°	0	1	0	1

计算系数：

$$A_0=\frac{a_0}{2}=\frac{1}{n}\sum_{i=1}^{6}y_i=\frac{1}{6}(1-2-2-2+1+4)=0$$

$$a_1=\frac{2}{6}\sum_{i=1}^{6}y_i\cos\varphi_i=3$$

$$a_2=\frac{2}{6}\sum_{i=1}^{6}y_i\cos2\varphi_i=1$$

$$b_1=\frac{2}{6}\sum_{i=1}^{6}y_i\sin\varphi_i=0$$

$$b_2=\frac{2}{6}\sum_{i=1}^{6}y_i\sin2\varphi_i=0$$

故有

$$y = 3\cos\varphi + \cos 2\varphi = 3\cos\omega t + \cos 2\omega t$$

据此画出频谱图如图 8-14(b)所示。

2. 非周期振动信号

在非周期振动信号中，各谐波的频率比不全为有理数，它没有最大公约数，即没有基波，只是由若干正弦波叠加而成。在时域上它没有重复的周期，在频域上是离散的谱线，而谱线间的距离又没有一定规律。例如多台发动机不同步工作所引起的振动；构件在复合力作用下某一点产生的复合运动等。由于这类信号仍由周期性信号组成，故又称为准周期信号，其表达式可写作

$$x(t) = x_1\sin(t + \varphi_1) + x_2\sin(3t + \varphi_2) + x_3\sin(\sqrt{50}t + \varphi_3) \tag{8-72}$$

除准周期性信号以外的非周期信号均属于瞬变性非周期性信号。例如，单一的三角形信号、矩形信号、半正弦信号和指数衰减信号等。

矩形脉冲波形的频率分析是以时间表示的函数 $f(t)$，经傅里叶变换成频率函数 $F(\omega)$。当矩形脉冲的幅值为 A、宽度为 T 时，则它的频谱可表达为

$$F(\omega) = AT\frac{\sin\left(\frac{\omega T}{2}\right)}{\frac{\omega T}{2}} \tag{8-73}$$

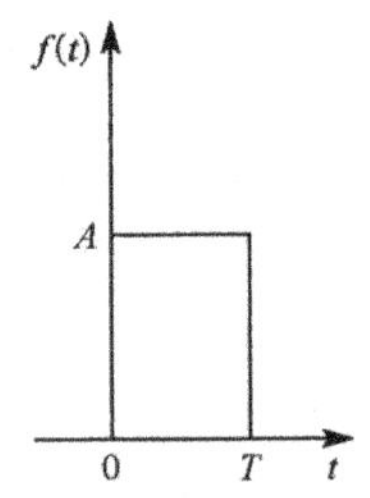

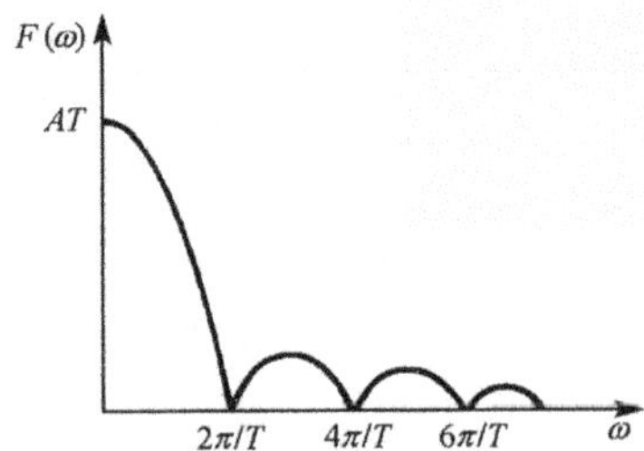

图 8-15　矩形脉冲频谱分析

图 8-15 为矩形脉冲的频谱分布。由图看出，脉冲的能量按频谱分布在 $0\to\infty$ 频率范围内，但大部分能量集中在 $0\to\frac{\pi}{4}$ 的频率范围内。频谱谱线间的距离趋近于零，谱线成为连续的曲线，因而不能用傅里叶级数表示，而必须用傅里叶积分表示，即

$$F(\omega) = \int_{-\infty}^{\infty} f(t)e^{-3\omega t}\mathrm{d}\omega \tag{8-74}$$

8-5-2　随机振动信号分析

图 8-16 中的每一条时程曲线，都是随机振动的单次记录波形。从中可以看到随机振动的特征有：它的振幅值随时间的变化是无规律的，不能用确定性函数表达，也不可能预测记录时间 T 以外的运动取值；从多次(图中表示有四次)记录图形来看，每次波形都不相同，即不可重复性和不可预测性确实是随机振动的一个重

要特征；另一个特征是随机振动具有统计规律性，它可以用随机过程理论来描述。

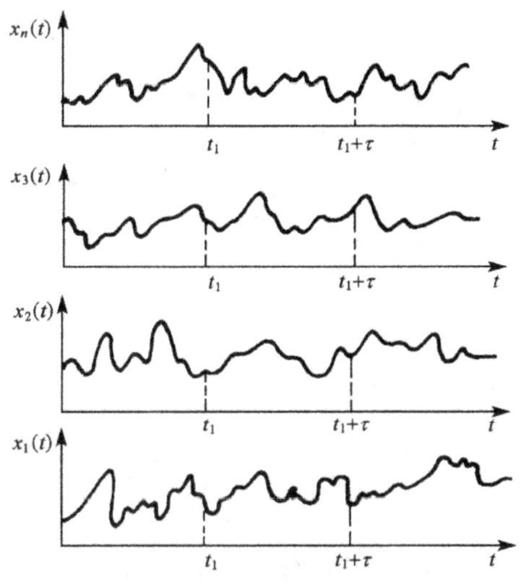

图 8-16　组成随机振动过程的样本

通常把图 8-16 的单次记录时间历程曲线称作样本函数或称子样。将可能产生的全部样本函数的集合称随机过程或称母体。随机过程又可分为平稳随机过程和非平稳随机过程，前者是指母体的统计特征(均值和相关性)都与时间因素无关。若随机过程的统计特征均随试验时间和试验次数的变更而变动，则称为非各态历经的随机过程。反之，称各态历经的随机过程，这时每个样本的统计特征均可代表随机过程的统计特征。如果随机过程的统计特征母体均值同其中任一子样记录的时间平均值相等，则分析工作大为简化。因为只要记录的时间足够长，用一个样本函数就能描述出总体统计特征。工程中大部分随机振动过程都可以近似地这样处理。

对于非平稳随机过程的特征，只能用组成该过程的样本函数的集合(总体)，求瞬时平均值来确定，严格讲，实际发生的随机过程大多是非各态历经的。因此，在处理信号时，应先确定随机过程的性质，即作平稳性和各态历经性等数据检验。下面我们讨论描述随机信号特征的几个主要统计函数。

1. 概率密度函数

随机振动的概率密度函数，是研究随机振动的瞬时幅值落在某指定范围内的概率值。某随机振动的时间历程样本函数为 $f(t)$，欲求 $x(t)$落在 x 及$(x+\Delta x)$区间内取值的各段时刻为$(\Delta t_1+\Delta t_2+\Delta t_3+\Delta t_4)$，如图 8-17 所示。当记录时间 T 足够长时，其概率可由时间比值求得：

$$P[x < x(t) \leqslant (x + \Delta x)] = \lim_{T\to\infty} \frac{\sum\limits_{i=1}^{k} \Delta t_i}{T} \tag{8-75}$$

式中：$\sum\limits_{i=1}^{k}\Delta t_i=\Delta t_1+\Delta t_2+\cdots+\Delta t_k$——$x(t)$落在$(x+\Delta x)$范围内的总时间，当 Δx 很

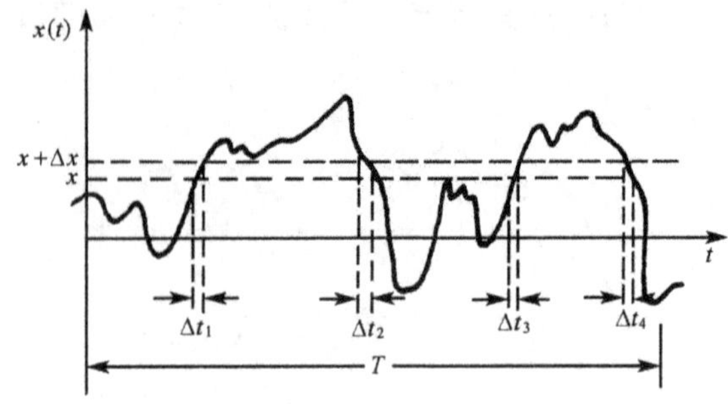

图 8-17 随机过程 $P(x)$计算

小时，概率密度函数可按下式定义：

$$P(x)=\lim_{\Delta x\to 0}\frac{1}{\Delta x}\left[\lim_{T\to\infty}\frac{\sum_{i=1}^{k}\Delta t_i}{T}\right] \tag{8-76}$$

在自然界中存在着大量的随机过程，而多数都符合高斯概率分布，其表达式如下：

$$P(x)=\frac{1}{\sigma\sqrt{2\pi}}=\exp-\left[\frac{(x-\mu)^2}{2\sigma^2}\right] \tag{8-77}$$

2. 均值和均方值

式(8-77)中的 μ 和 σ 代表的是均值和均方值。它们是随机过程的两个非常重要的特征参数，表示一个变化着的量是否有恒定值和波动值。其总体均值

$$\mu_x=\lim_{n\to\infty}\frac{1}{n}\sum_{i=1}^{n}x_i(t) \tag{8-78}$$

即对组成总体的 n 个子样取同一时刻 t 的平均值。

若对 n 个子样分别取不同时刻 t_1、t_2，……，且它们的数学期望分别都相等，即 $\mu_x(t_1)=\mu_x(t_2)=\cdots\cdots=\mu_x(t_n)$，则说明均值与时间 t 无关，也就是该随机过程表示的是平稳随机过程的一个重要统计特征。用下式定义子样均值，即按时间取其均值

$$\mu_x=\lim_{T\to\infty}\frac{1}{T}\int_0^T x(t)\mathrm{d}t \tag{8-79a}$$

当 T 不能趋于无穷大时，可用它的估计值来表示

$$\hat{\mu}_x=\frac{1}{T}\int_0^T x(t)\mathrm{d}t \tag{8-79b}$$

均值 μ_x 或其估计值 $\hat{\mu}_x$，只能描述振动信号中的恒定分量，而不能描述波动情况(因为围绕平均值的正、负方向的波动被互相抵消了)，因此将每个值先平方后再平均，即用均方值 ψ_x^2 来描述动态过程更为合理。其数学定义为

$$\psi_x^2=\lim_{T\to\infty}\frac{1}{T}\int_0^T x^2(t)\mathrm{d}t \tag{8-80a}$$

同理定义其估计值为

$$\psi_x^2=\frac{1}{T}\int_0^T x^2(t)\mathrm{d}t \tag{8-80b}$$

若随机过程的概率密度函数 $P(x)$已知，则可以用 $P(x)$来表示均值和均方值。由式(8-76)可得

$$P(x)\cdot\Delta x=\lim_{T\to\infty}\frac{\sum_{i=1}^{k}\Delta t_i}{T} \tag{8-81}$$

则式(8-79b)可变为

$$\hat{\mu}_x=\frac{1}{T}\int_0^T x(t)\mathrm{d}t=\int_0^T x(t)\frac{\mathrm{d}t}{T}=\sum_t x(t)\frac{1}{T}$$

所以

$$\hat{\mu}_x=\sum_x x[P(x)\mathrm{d}x]=\int_{-\infty}^{\infty}xP(x)\mathrm{d}x \tag{8-82}$$

同理均方值为

$$\psi_x^2=\int_{-\infty}^{\infty}x^2P(x)\mathrm{d}x \tag{8-83}$$

均方值是用来描述动态过程特征的。它包含了静态和动态的内容(恒定值和波动值)。若只研究动态情况，则应从过程中将恒定值(静态分量)减去。则剩下的为波动特征，且可用方差表示如下：

$$\begin{aligned}\hat{\sigma}_x^2&=\frac{1}{T}\int_0^T[x(t)-\hat{\mu}_x]^2\mathrm{d}t\\&=\frac{1}{T}\int_0^T x^2(t)\mathrm{d}t-2\hat{\mu}_x\frac{1}{T}\int_0^T x(t)\mathrm{d}t+\frac{1}{T}\int_0^T\hat{\mu}_x^2\mathrm{d}t\\&=\psi_x^2-2\hat{\mu}_x\hat{\mu}_x+\hat{\mu}_x^2=\psi_x^2-\hat{\mu}_x^2\end{aligned} \tag{8-84}$$

3. 相关关系

分析相关关系用的两个统计量是自相关函数(对一个随机过程而言)和互相关函数(对两个随机过程而言)。

自相关函数是描述某一个时刻的数值与另一时刻数值之间的依赖关系。它被定义为乘积的平均值，τ 为时延或称滞后，其表达式为

$$R_x(\tau,t)=\lim_{T\to\infty}\frac{1}{T}\int_0^T x(t)\cdot x(t+\tau)\mathrm{d}t \tag{8-85a}$$

当 T 不能取无穷大时，采用估计值

$$\hat{R}_x(\tau,t)=\frac{1}{T}\int_0^T x(t)\cdot x(t+\tau)\mathrm{d}t \tag{8-85b}$$

若随机过程为各态历经的平稳随机过程，则平均值与时间无关，而只取决于 τ，故上式可改写为

$$\hat{R}_x(\tau,t)=\hat{R}_x(\tau) \tag{8-85c}$$

由此可得自相关函数 $\hat{R}_x(\tau)$的性质：

1)自相关函数在 $\tau=0$ 处具有极大值，且等于均方值。因为求自相关值时，是两个数相乘，两个数在同一时刻可正可负，取其均值时要抵消一部分，不如乘积全是正的平均值大。$\tau=0$ 处随机过程各点值自乘，全为正数，所以 $\tau=0$ 时出现最大值，

则有

$$\hat{R}_x(0) \geqslant |\hat{R}_x(\tau)| \tag{8-86}$$

且

$$\hat{R}_x(0) = \frac{1}{T}\int_0^T x^2(t)\mathrm{d}t = \psi_x^2 \tag{8-87}$$

2)自相关函数是对称于 y 轴的偶函数,即

$$\hat{R}_x(\tau) = \hat{R}_x(-\tau) \tag{8-88}$$

τ 的符号表示时延方向,向左移为正,向右移为负,但两者移动距离相同,所以自相关函数不变。

3)$\tau=\infty$时,自相关函数趋于均值的平方

$$\hat{R}_x(\infty) = \hat{\mu}_x^2 \tag{8-89}$$

根据以上性质,给出四种典型信号的自相关函数图(图 8-18)。其中假定信号是经过"中心化"处理的,即 $\mu=0$。

图 8-18(a)为正弦波信号。其相关函数为余弦信号,其包络线为常数,不随 τ 之增加而衰减。由此可知,正弦波可以根据"现在值"预测"未来值"。由相关函数的性质可知,其周期与正弦波的周期完全相同。值得注意的是,相关函数中完全不包括周期样本函数中的相位信息,这是自相关函数的一个特点或者是缺点。

图 8-18(b)为正弦波加随机噪声及其自相关函数图。其中当 τ 较小时,包络线降低较快,而当 τ 较大时包络线成为稳定值。这说明波形的"现值"与其"近期值"很不相似(由于随机噪声的影响)而与其"远期值"则很相似。这点由时域曲线也可以清楚地看出来。

图 8-18(c)为窄带随机信号及其自相关函数图。所谓"窄带"是指波形由较少的谐波成分所合成。当两个频率成分很相近的谐波合成为"拍"时,其自相关函数的包络线呈缓慢下降曲线,并呈近似于"拍"的现象。当 τ 增加,时域波形愈来愈不相似,当 τ 等于"拍"的周期时,$R_x(t)=0$,此时波形几乎完全不相似了。但当 τ 大于"拍"的周期时,$R_x(t)$值又逐渐有些增加,这是因为时域曲线的幅值又开始增大的缘故。

图 8-18(d)为宽带随机信号及其自相关函数图。所谓"宽带"是指波形由多种频率的谐波成分所合成,因此波形形状十分复杂。根据"现值"很难预计其"近期值"及"未来值"。这一特点表现在其自相关函数曲线上是当 τ 稍微增加时,$R_x(\tau)$值急剧降落,称为"陡降特性"。

对"无穷带宽"的信号,即信号中包含的频率成分为无穷大。这种信号称为"白噪声"。这是由于白光是由不同频率成分的有色光所合成的概念引伸而来的一个名词。完全可以设想,白噪声的自相关函数将蜕变为一个脉冲函数。

在工程实践中,当同时存在有几个随机过程时,人们总希望能找出它们相互间的相关性。因而需要研究两个随机过程、两组数据之间的依赖关系。例如图 8-19 所示的两个随机过程 $x(t)$和 $y(t)$。它们的互相关函数可由 $x(t)$在 t 时刻的值与 $y(t)$在$(t+\tau)$时刻的值的乘积平均求得。当平均时间(或取样时间)T 趋于无穷时,平均

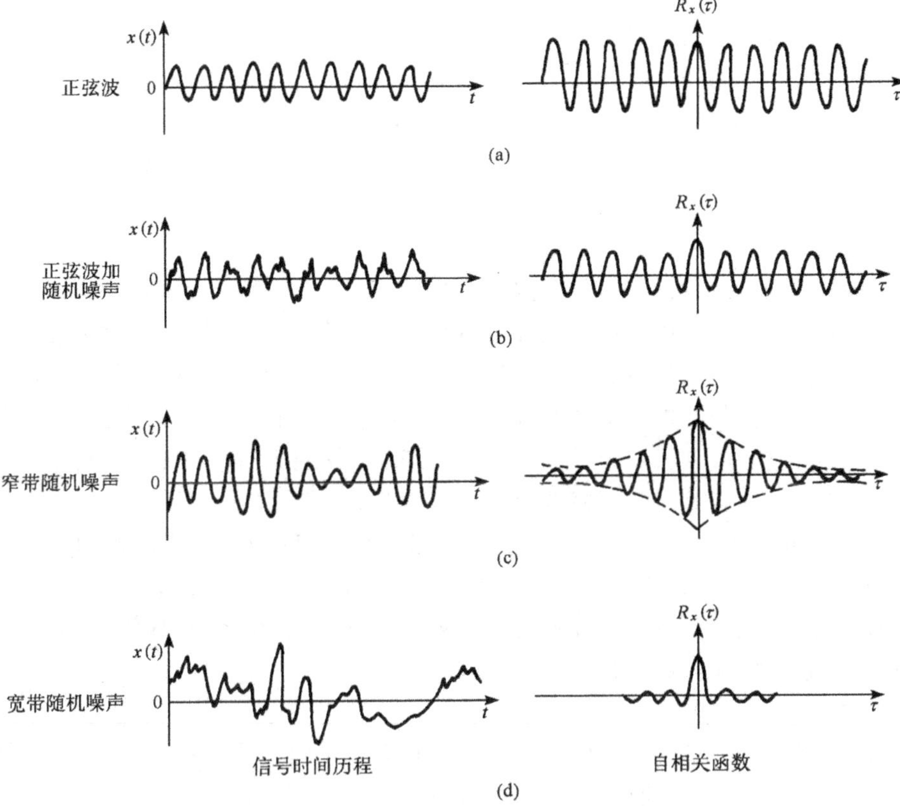

图 8-18　典型信号自相关函数图

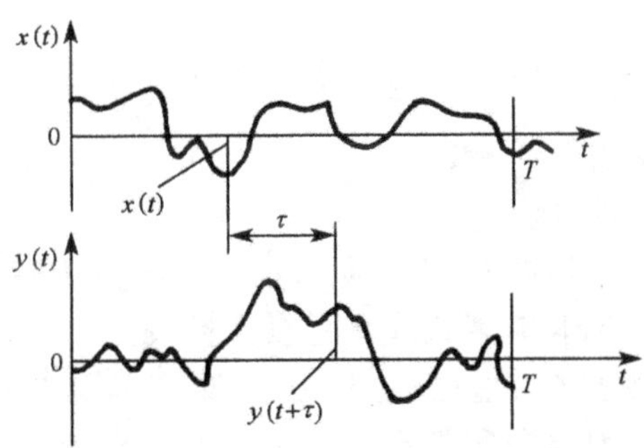

图 8-19　互相关测量

乘积将趋于正确的互相关函数，即

$$R_{xy}(\tau) = \lim_{T\to\infty} \frac{1}{T}\int_0^T x(t) \cdot y(t+\tau)\mathrm{d}t \tag{8-90a}$$

T 不能趋于无穷大时，取其估计值

$$\hat{R}_{xy}(\tau) = \frac{1}{T}\int_0^T x(t) \cdot y(t+\tau)\mathrm{d}t \tag{8-90b}$$

互相关函数 $\hat{R}_{xy}(\tau)$是可正可负的实值函数。它与自相关不同，不一定在 $\tau=0$ 处具有最大值，也不是偶函数。一般情况下，互相关函数 $R_{xy}(\tau)\neq R_{yx}(\tau)$，但在 x 与 y 互换时有以下关系：

$$\left.\begin{aligned} &R_{xy}(\tau) = R_{yx}(-\tau) \\ \text{或}\quad &R_{xy}(-\tau) = R_{yx}(\tau) \end{aligned}\right\} \tag{8-91}$$

当 $\tau\to\infty$时，$R_{xy}(\tau)=0$，称 $x(t)$与 $y(t)$是不相关的。

4.谱密度分析

前面三个描述随机过程的统计特性是分别从不同角度研究其规律的。均值、均方值、方差和概率密度函数都是在幅域内研究幅值分布的统计规律；相关函数是在时域内研究其统计规律；对随机振动的频域进行分析叫作谱密度分析。

随机振动的频率、幅值和相位都是随机的，既不能作幅度和相位谱分析，又不能用离散谱描述，但它具有统计的特性，可作功率谱、密度谱分析。由于功率谱图中突出了主频率，所以有时根据需要只对随机信号作功率谱分析。

进行谱分析的目的在于对随机振动记录曲线作某些加工，使波形的性质能清楚地表现出来。例如欲从地震原始记录波形中辨认最大振幅、波数、振动周期及能量几乎都是不可能的，必须经过处理才能辨认。谱密度分析结果，应该求出自谱、互谱、相干函数和传递函数等特征量。

(1)自功率谱密度

自功率谱密度函数又称自谱密度函数。自谱可通过幅度谱的平方求得，也可以通过相关函数的富里哀变换求得。自谱的定义：

$$S_x(f) = \int_{-\infty}^{\infty} R_x(\tau)e^{-j2\pi f\tau}\mathrm{d}\tau \tag{8-92a}$$

且

$$R_x(\tau) = \int_{-\infty}^{\infty} S_x(f)e^{-j2\pi f\tau}\mathrm{d}f \tag{8-92b}$$

式中：$S_x(f)$——自功率谱密度函数；

$R(\tau)$——自相关函数。

即随机振动波形在时域的自相关函数 $R_x(\tau)$，可以用富里哀变换求得频域的自功率谱密度函数 $S_x(f)$，且两者构成富里哀变换对。

自功率谱密度函数 $S_x(f)$是在$(-\infty\sim\infty)$频率范围内的功率谱，所以又称双边谱。但在实际工程中，频率范围都是在 $0\sim\infty$内，考虑到两边能量等效，可以用单边功率谱 $G_x(f)$代替双边功率谱 $S_x(f)$，故得

$$G_x(f) = 2S_x(f) \tag{8-93}$$

式中，$f\geqslant0$。图 8-20 表示了单边谱和双边谱的关系。

由式(7-93b)和式(7-94)得

$$R_x(\tau) = \int_{-\infty}^{\infty} S_x(f)e^{-j2\pi f\tau}\mathrm{d}f = \int_0^{\infty} G_x(f)e^{-j2\pi f\tau}\mathrm{d}f$$

当 $\tau=0$，$e^{-j2\pi f\tau}=1$ 时，得

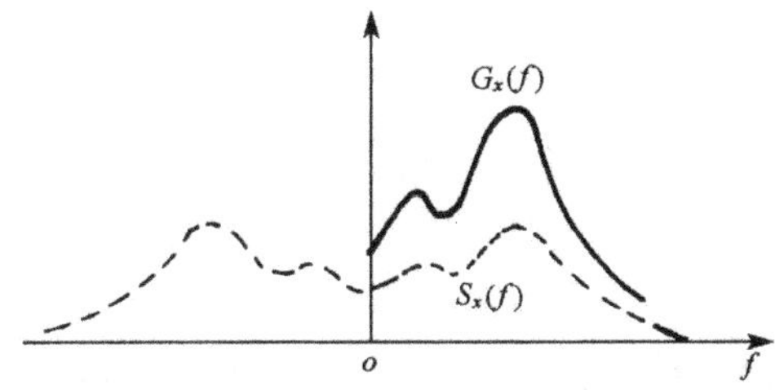

图 8-20　单边谱与双边谱的关系

$$R_x(0)=\int_{-\infty}^{\infty}S_x(f)\mathrm{d}f=\int_{0}^{\infty}G(f)\mathrm{d}f=\psi_x^2 \tag{8-94}$$

上式表明，自谱密度函数图形的积分所得总面积等于随机信号 $x(t)$ 的均方值 ψ_x^2，它代表信号所含的总能量的大小（或功率的大小）。因此，自谱密度函数将表示单位频率宽度上所含能量（功率）的大小。而自谱密度函数的图形就表示能量按频率分布的情况。$S_x(f)$ 或 $G_x(f)$ 具有能量（功率）的含义，也具有密度的含义，因而被称作自功率谱密度函数。几种典型的随机信号的自谱密度函数列于表 8-21。

表 8-21　随机信号自谱密度函数

序号	类别＼名称	样本函数	概率密度函数	自相关函数	自功率谱密度函数
a	正弦波	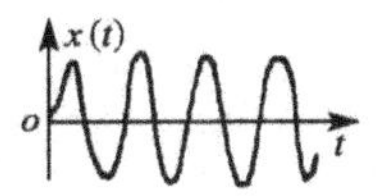	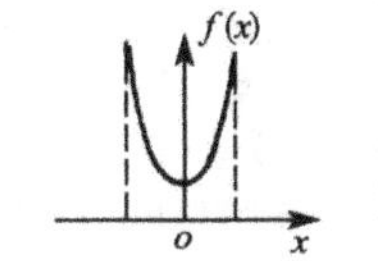	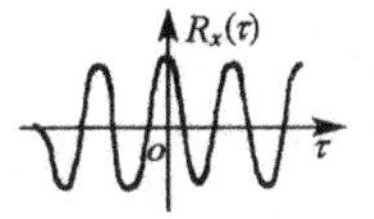	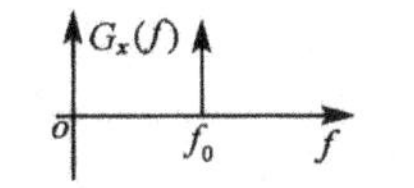
b	正弦波加随机噪声	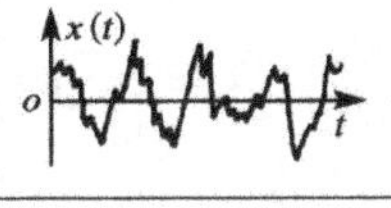	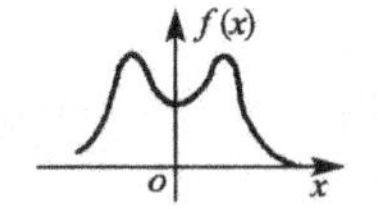	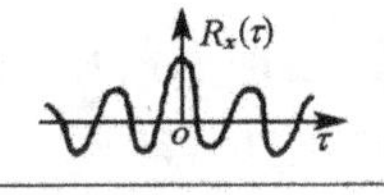	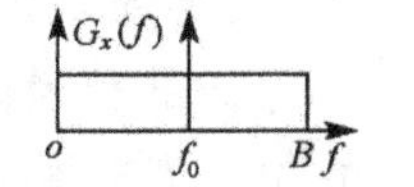
c	窄带随机过程	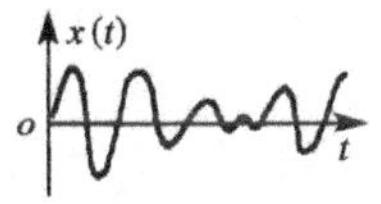	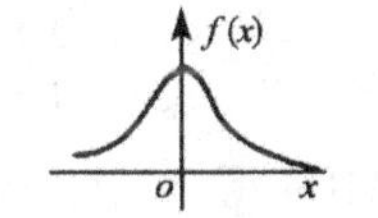	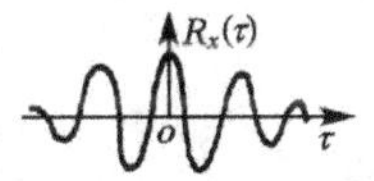	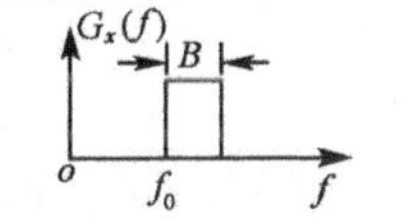
d	宽带随机过程	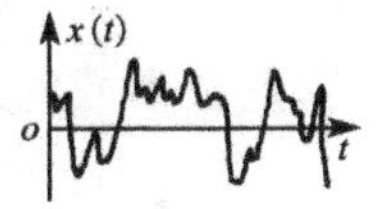	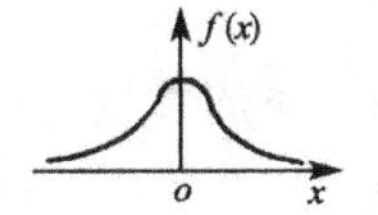	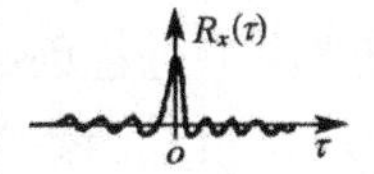	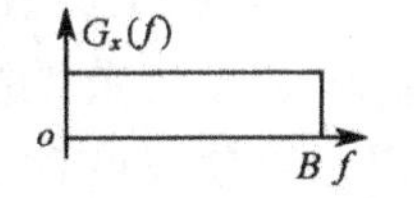
e	白噪声	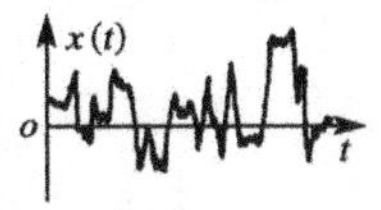	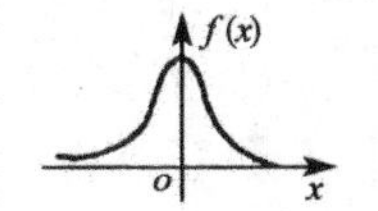	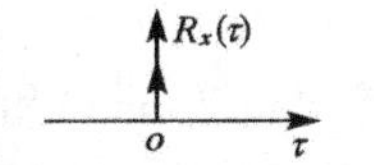	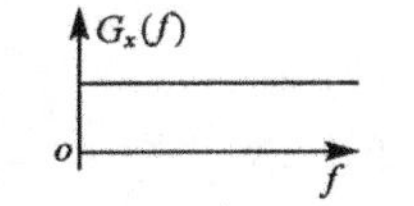

(2)互功率谱密度

互功率谱密度函数又称互谱或交叉功率谱密度函数。定义为

$$S_{xy}(f) = \int_{-\infty}^{\infty} R_{xy}(\tau) e^{-j2\pi f\tau} \mathrm{d}\tau \tag{8-95a}$$

$$R_{xy}(\tau) = \int_{-\infty}^{\infty} S_{xy}(f) e^{-j2\pi f\tau} \mathrm{d}\tau \tag{8-95b}$$

式中：$S_{xy}(f)$——互功率谱密度函数；$R_{xy}(\tau)$为互相关函数。

随机信号的互谱是互相关函数的傅里叶变换，两者又构成一个傅里叶变换对。因为互相关函数不是偶函数，所以互谱用下列复数形式表示：

$$G_{xy}(f) = C_{xy}(f) - jQ_{xy}(f) \qquad (f \geqslant 0) \tag{8-96}$$

式中：$C_{xy}(f)$——共谱密度函数（实部）；

$Q_{xy}(f)$——重谱密度函数（虚部）。

实部和虚部分别为 $x(t)$和 $y(t)$在窄带区间$(f, f+\Delta f)$内的平均乘积除以带宽 $B(B=\Delta f)$得到的值

$$C_{xy}(f) \lim_{\substack{B\to 0\\ T\to\infty}} \frac{1}{BT}\int_{0}^{T} x_B(t) y_B(t) \mathrm{d}t \tag{8-97a}$$

$$Q_{xy}(f) \lim_{\substack{B\to 0\\ T\to\infty}} \frac{1}{BT}\int_{0}^{T} x_B(t) y_B^{*}(t) \mathrm{d}t \tag{8-97b}$$

其中 $y(t)$与 $y^{*}(t)$相移 90°。互谱密度也可用极坐标表示

$$G_{xy}(f) = |G_{xy}(f)| e^{-j\varphi_{xy}(f)} \tag{8-98}$$

其中：

$$|G_{xy}(f)| = \sqrt{C_{xy}^2(f) + Q_{xy}^2(f)}$$

$$\varphi_{xy}(f) = \mathrm{arctg}\, \frac{Q_{xy}(f)}{C_{xy}(f)}$$

(3)传递函数

系统的传递函数，即系统中两点 x、y 之间的传递函数等于互谱密度函数与点 x 的功率谱密度函数之比，即

$$H_{xy}(f) = \frac{S_{xy}(f)}{S_{xx}(f)} \tag{8-99}$$

若能测得 $S_{xy}(f)$和 $S_{xx}(f)$，就能确定 $H_{xy}(f)$的大小。

(4)相干函数

相干函数是描述两个过程因果关系的量度。因为它是在频域内描述相关性，所以又称凝聚函数。定义相干函数为：

$$r_{xy}^2(f) = \frac{|S_{xy}(f)|^2}{S_x(f)S_y(f)} \leqslant 1 \tag{8-100}$$

式中：$S_{xy}(f)$——随机过程 $x(t)$和 $y(t)$的互谱密度；

$S_x(f)$——随机过程 $y(t)$的自谱密度；

$S_y(f)$——随机过程 $y(t)$的自谱密度。

若 $r_{xy}^2(f)=0$，则表明 $x(t)$与 $y(t)$在此频率域上是不相干的。

若 $r_{xy}^2(f)=0$ 成立，则说明上述两个随机过程是独立的。

若 $r_{xy}^2(f)=1$，则说明上述两个函数完全相干。

一般情况下，$r_{xy}^2(f)$在 0～1 之间。这对于一个结构系统来说，输出部分是来源于输入部分，其余部分为外界干扰。因此相干函数常用来判断传递特性计算的有效性。

8-5-3 随机振动试验数据处理的一般步骤

前面对各种随机信号在幅域、时域和频域的概率分布和特征作了理论方面的介绍，但要付诸实践则必须借助计算机。近 30 年来随着数字式电子计算机的迅速发展，特别是富氏变换算法的出现，极大地推动了信号分析理论的应用，形成了一整套的分析方法和分析技术。由信号分析理论可知，所用的样本函数大部分是连续的，且是无限长的。但是这些连续化数据是数字式计算机所不能接受的，同时样本数据也不可能是无限长的。这就给我们提出了两个问题：一是怎样将连续信号离散化，也就是采样规律和快速富里哀变换的算法问题。二是怎样从有限长样本数据进行参数估算问题。由此可见，数据处理和信号分析在解决工程实际问题时，是两个不可分割的内容。但从学科上来讲，两者又有相对独立性。数据处理的内容及流程如图 8-21 所示。

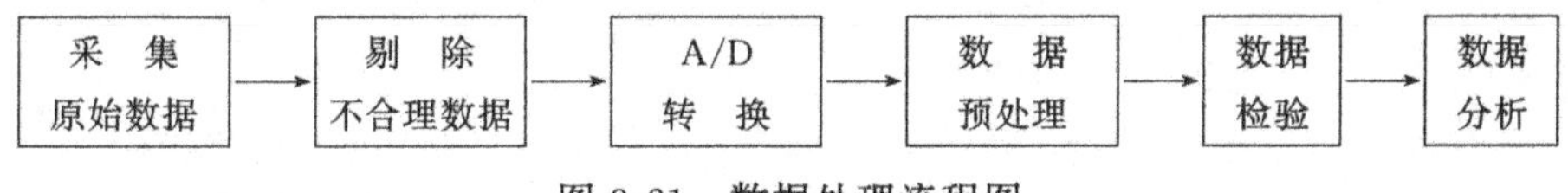

图 8-21 数据处理流程图

1. 不合理数据的剔除

数据有模拟量和数字量之分，因为模拟量比数字量更直观，容易判断，所以在将模拟量信号转换成数字量之前，一般先判断是否有不合理的数据需要剔除。在采集数据过程中，因噪音干扰或传感器等使用不当，都可能产生过高或过低的偏差，其中不合理的数不可避免地存在，应将其剔除。

2. 模拟量转换为数字量

模拟量转换为数字量即 A/D 转换，是试验数据进行数字化处理不可缺少的步骤。它包括的主要内容是采样和量化。对连续的电模拟量按一定的时间间隔进行取值，此工作称为采样。经过采样后的信号 $x(t)$就变成了离散信号 $x(n\cdot\Delta t)$，$n=0,1,2,\cdots$，Δt 为采样间隔时间。Δt 太大，即采样过稀，离散化的信号将不能真实反映原来的连续信号。Δt 太小，即采样过密，必然增加计算工作量。确定 Δt 的原则，一般认为应该满足采样定理，定理规定无失真的采样频率 f_s 应该大于等于两倍信号的最高频率成分 f_c。采样时，若事先未知 f_c 值，则可用两个任意采样频率 f_{s_1}和 f_{s_2}分别采样。得到的频谱 $x_{s_1}(t)$与 $x_{s_2}(t)$，两者差别不大时，可以认为 $f_c\leqslant\frac{f_{s_1}}{2}$（设 $f_{s_1}<f_2$；若两者差别较大，则再取样，使 $f_{s_3}>f_{s_2}$，对频谱 $x_{s_3}(f)$和 $x_{s_2}(f)$进行比较，依此类推就可以确定 f_c。

量化是在幅值上对连续的模拟量离散化。经过采样，使连续的时间函数在时间上离散化。完成这一过程是靠电子元件“模-数转换器”或称 A/D 转换器来进行。在模数转换之前，一般应先进行滤波，以排除高于研究信号的频率。

3. 数据预处理

数据预处理的目的，一是确定经过量化后的数字量与被测参量单位之间的换算关系，即校正数据的物理单位；二是进行中心化处理，即将原始数据减去平均值的处理，以便简化计算公式；再次是消除趋势项，趋势项是指样本记录周期大于记录长度的频率成分。它可能是由于仪器的零点漂移或测试系统引起的，或者是变化缓慢的误差等，如果不把它事先消除，在相关分析和功率谱分析时将引起很大的畸变，以致使低频谱的估计完全失真。

4. 数据检验

前面讲到，对不同随机过程要求采用不同的分析方法。因此，对样本进行分析之前必须鉴别样本函数的基本特性，例如平稳性、周期性、正态性等，以便选取正确的分析方法。检验方法可参阅表 8-21 以及概率论和数理统计的有关章节。

5. 数据分析

数据经过以上各步处理后，即可用数学方法计算样本函数的统计特征，如自相关或互相关函数、功率谱、传递函数等等，然后依据样本函数的性质分析结构的各阶振动频率、振型、阻尼等动力特性。

动力试验数据处理的另一种新方法是实验模态分析法。所谓试验模态分析法就是不用结构的质量矩阵、刚度矩阵和阻尼矩阵来描述结构的动力特性，而是通过试验方法求得结构的固有频率、模态阻尼和振型等振动模态参数。对于复杂结构，经过某些假定，可用少数低阶模态的叠加代替复杂的数学模型。与传统的分析方法相比，实验模态分析法还可以由结构的响应反推结构的激励荷载，从而提供了控制结构动力反应的必要资料。实验模态分析法，已在结构动力分析中占据重要地位，已成为解决结构动力学问题的一个新的分支。

第九章　结构试验示例

例题一　预应力多孔板结构性能检验

1. 预应力多孔板设计资料及试验要求

预应力多孔板板长 3510mm($L_0=3400$mm)，板宽 1180mm；板自重 7.8kN，装修重(抹面和灌缝)0.5kN/m^2，活荷载 4.0kN/m^2。实配低碳冷拔钢丝 16ϕ^b5，混凝土等级 C30。荷载短期效应组合下按实配钢筋计算的板底混凝土拉应力 $\sigma_{sc}=2.5$ N/mm^2，预压应力计算值 $\sigma_{pc}=3.0$N/mm^2，计算挠度值为 5.8mm。裂缝控制等级二级。试作均布加载和三分点加载的加载方案和加载程序，进行检验性试验并对其结构性能作出评价。

2. 试验方案确定

均布加载时，应将板进行分区，每区不大于 1m^2，将板分成四个区格，区与区的间隔不小于 50～100mm。荷载用重物的重量应保持恒定，本试验可采用混凝土块，每块重 0.024kN。三分点加载可采用吊盘加重物，或采用液压千斤顶、载荷架、试验台座组成的液压加荷系统来进行，千斤顶产生的荷载经荷载分配梁将荷载传递至试件的加荷点上，设备总重为 2kN。

荷载和测点布置如图 9-1 所示。其观测内容为挠度和裂缝宽度。

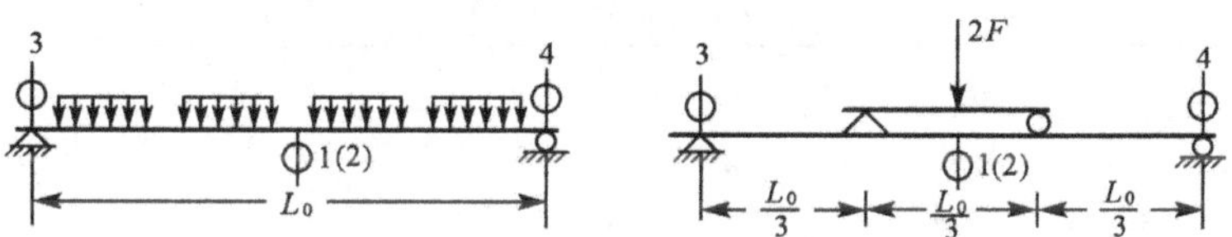

图 9-1　多孔板试验方案

1～4——百分表

3. 确定加荷程序

(1)多孔板的试验参数

多孔板计算跨度 $L_0=3400$mm，宽度 $b=1200$mm。试验参数列于表 9-1；

检验指标及检验系数(参见表 4-6)；

抗裂检验系数：$[\gamma_{cr}]=1.24$；$0.95[\gamma_{cr}]=1.18$；

承载力检验系数列于表 9-2。

表 9-1 试验参数

荷载＼加载方式	均布加载 /(kN/m²)	三分点加载 /kN
构件自重 装修重	$G_{K1}=1.85$ $G_{K2}=0.5$	$F_{GK1}=2.83$
混凝土块重 设备总重	$w=24N$	 $W=2.0$
结构自重	$G_K=2.35$	$F_{G_K}=2.83$
短期荷载检验值	$Q_s=6.35$	$F_s=9.72$
承载力检验荷载设计值	$Q_d=8.42$	$F_d=12.88$

注:表中数据参见第四章例题 4-5。

表 9-2 承载力检验系数

承载力检验指标	①	②	③	④	⑤	⑥
$\gamma_0[\gamma_u]$	1.45	1.40	1.5	—	1.35 1.18	1.50

(2)均布加载方案

将装修重量作为预加载值,其他荷载按下列方法计算加载值。

正常使用极限状态加载值:$Q=kQ_s-G_k$

承载力极限状态加载值:$Q=k'\ Q_d-G_k$

式中 k、k' 为正常使用极限状态和承载力极限状态的加载系数,承载力检验荷载计算值参见表 4-8,其分级值详见表 9-3。各级荷载下的检验内容列于表注。加载时间控制为每级 2.5min,持续时间 10min,恒载时间 30min。

表 9-3 多孔板加载程序

荷载等级	时间	均布加载		三分点加载		加载系数	备 注
		每级 /(kN/m²)	累计 /(kN/m²)	每级 /kN	累计 /kN		
0	0:00	1.85+0.5		2.83+10		$k=0.2$	自重和装修重作为预加载值,检查试验装置及仪表
1	12	0.19	0.19	0.06	0.06	0.4	正式加载
2	25	1.27	1.46	1.94	2.00	0.6	
3	37	1.27	2.73	1.95	3.95	0.8	
4	50	1.27	4.00	1.94	5.89	1.0	挠度检验 $a_s^0\leqslant 6.4$mm
5	1:22	0.64	4.64	0.97	6.86	1.1	
6	35	0.52	5.16	0.78	7.64	1.18	抗裂检验的 0.95(1.24×0.95=1.18)
7	47	0.38	5.54	0.58	8.22	1.24	观察裂缝出现

续表

荷载等级	时间	均布加载		三分点加载		加载系数	备注
		每级/(kN/m²)	累计/(kN/m²)	每级/kN	累计/kN		
8	2∶00	0.38	5.92	0.59	8.81	1.30	
9	12	0.64	6.56	0.97	9.78	1.40	
10	25	0.64	7.20	0.97	10.75	1.50	
11	37	0.64	7.83	0.97	11.72	1.60	
12	50	0.61	8.45	0.94	12.66	$k'=1.28$	承载力检验标志 ⑤的 0.95 (1.35×0.95=1.28);
13	3∶02	0.59	9.04	0.90	13.56	1.35	承载力检验标志 ⑤
14	15	0.42	9.46	0.64	14.20	1.40	承载力检验标志 ②
15	27	0.42	9.88	0.65	14.85	1.45	承载力检验标志 ①
16	40	0.42	10.30	0.65	15.50	1.50	承载力检验标志 ③⑥
17	52	0.42	10.72	0.65	16.15	1.55	承载力合格后加载

(3)三分点加载

三分点加载时,应考虑加载设备重量 $W=2.0\text{kN}$,按下式计算加载值:

正常使用极限状态加载值:$F=kF_s-F_{GK1}-\dfrac{W}{2}$

承载力极限状态加载值:$F=k'F_d-F_{GK1}-\dfrac{W}{2}$

计算结果列于表 9-3,加载时间均与均布加载相同。

(4)加载检验程序

将荷载分级、级间间歇时间、加载值和检验内容均列于表 9-3,试验时,按表列次序进行加载和检验,以免漏检项目。

4. 进行试验

(1) 试验准备

在构件上画出支座反力作用线位置;将构件安装在试验台座上,并安装仪表及其支架;准备加载物;填写结构性能检验表 9-4 中的分级荷载值及有关的检验指标;将荷载值折算成重物;加载时按重物数量计算。

(2) 加载试验

加载试验时,应严格按预先确定的加载程序进行。预加载的目的是检验仪表的安装质量及工作情况。开始加载时间计为零点钟 0∶00,加载以每区格中的混凝土块数来控制,0∶50 对挠度进行检验,1∶35～1∶47 观察是否出现裂缝,判断抗裂性能是否合格,从 2∶50 开始分别检验承载力的各项指标,3∶40 检验完毕,并得出结构性能是否合格的结论,3∶52 观察到裂缝宽度 1.55mm,即达到承载力检验标志而检验结束。

(3) 挠度检验

表 9-4　结构性能检验记录表

荷载等级	时间	荷载 每级/(块/格)	荷载 累计/(块/格)	测点:1 仪表号: 读数	差值	累计	2 读数	差值	累计	3 读数	差值	累计	4 读数	差值	累计	实测挠度/mm	最大裂缝宽度/mm 南侧	北侧	备　注
0	0∶00			2.84			5.25			12.34			14.72						
1	12	8	8	2.90	0.06	0.06	5.35	0.10	0.10	12.30	0.04	0.04	14.69	0.03	0.03	0.05			
2	25	54	62	3.66	0.76	0.82	6.02	0.67	0.77	12.05	0.25	0.29	14.45	0.24	0.27	0.52			
3	37	54	116	4.64	0.98	1.80	6.81	0.79	1.56	11.79	0.26	0.55	14.20	0.25	0.52	1.15			
4	50	54	170	5.33	0.69	2.49	7.41	0.60	2.16	11.62	0.17	0.72	14.05	0.15	0.67	1.63			挠度检验合格
5	1∶22	27	197	5.67	0.34	2.83	7.72	0.31	2.47	11.52	0.10	0.82	13.97	0.08	0.75	1.87			
6	35	22	219	5.86	0.19	3.02	7.90	0.18	2.65	11.48	0.04	0.86	13.94	0.03	0.78	2.02			
7	47	16	235	6.03	0.17	3.19	8.05	0.15	2.80	11.45	0.03	0.89	13.91	0.03	0.81	2.15			抗裂检验合格
8	2∶00	16	251	6.28	0.25	3.44	8.28	0.23	3.03	11.40	0.05	0.94	13.87	0.04	0.85	2.34			
9	12	27	278	6.69	0.41	3.85	8.66	0.38	3.41	11.31	0.09	1.03	13.80	0.07	0.92	2.65			
10	25	27	305	7.13	0.44	4.29	9.07	0.41	3.82	11.22	0.09	1.12	13.75	0.05	0.97	3.01	—	—	
11	37	27	332	8.61	1.48	5.77	10.27	1.20	5.02	11.10	0.12	1.24	13.62	0.13	1.10	4.23	0.01	0.03	构件开裂
12	50	26	358	11.47	2.86	8.63	13.13	2.86	7.88	10.94	0.16	1.40	13.43	0.19	1.29	6.91	0.05	0.09	承载力标志　⑤未见
13	3∶02	25	383	15.42	3.95	12.58	16.98	3.85	11.73	10.77	0.17	1.57	13.27	0.16	1.45	10.65	0.10	0.12	承载力标志　⑤未见
14	15	18	401	19.87	4.45	17.03	21.33	4.35	16.08	10.57	0.20	1.77	13.09	0.18	1.63	14.86	0.14	0.17	承载力标志　②未见
15	27	18	419	24.56	4.69	21.72	26.02	4.69	20.77	10.49	0.08	1.85	13.04	0.05	1.68	19.48	0.17	0.20	承载力标志　①未见
16	40	18	437	38.63	14.07	35.79	40.07	14.05	34.82	10.23	0.26	2.11	12.87	0.17	1.85	33.33	0.47	0.53	承载力标志　③⑥
17	52	18	45.5	—	—	—	—	—	—	—	—	—	—	—	—	—	1.18	1.55	承载力标志　①
测点布置示意图	3　4　1,2　北侧　板面　板底　南侧																		测　读________ 记　录________ 校　核________ 日　期________

根据跨中仪表读数 a_1、a_2 和支座仪表读数 a_3、a_4 计算差值、累计值和实测值。在正常使用短期检验荷载(第 4 级)作用下,实测挠度 a_q^0 为:

$$a_q^0 = \frac{1}{2}(a_1 + a_2 - a_3 - a_4) = 1.63\text{mm}$$

计算自重产生的挠度 a_g^c,第 11 级荷载时构件开裂,开裂前一级荷载(即第 10 级)的挠度实测值 $a_b^0 = 3.01\text{mm}$,由此计算自重产生的挠度如下:

$$a_g^c = \frac{M_g}{M_b}a_b^0 = \frac{Q_k}{Q_b}a_b^0 = \frac{2.35}{7.2} \times 3.01 = 0.98$$

检验挠度实测值 a_s^0 为:

$$a_s^0 = a_q^0 + a_g^c = 1.63 + 0.98 = 2.62\text{mm} < 1.2[a_s^c] = 1.2 \times 5.3 = 6.4\text{mm}$$

故挠度检验合格。

(4) 抗裂检验

按计算抗裂检验系数为 1.18 和 1.24,但在该级荷载作用下未观察到裂缝,直到第 11 级荷载持续时间内才观察到了裂缝,这时加载系数为 1.6,所以加载系数应取第 11 级和第 10 级加载系数的平均值,作为抗裂检验系数的实测值,即

$$\gamma_{cr}^0 = \frac{1.6 + 1.5}{2} = 1.55 > [\gamma_{cr}] = 1.24$$

故抗裂检验合格。

(5) 承载力检验

在规定的检验荷载下,未观察到相应的承载力标志,故承载力检验合格。检验合格后继续加载至 17 级荷载(加载系数 $k' = 1.55$),荷载持续时间为 10min 时,观察到 1.55mm 宽的裂缝,即达到承载力检验指标①,故承载力检验系数实测值为 $\gamma_u^0 = 1.55 > (\gamma_u) = 1.45$。

5. 结构性能评定及其结论

在加载过程中,应逐级填写试验内容,并随级作出检验结论,直至试验结束时给出结构性能检验"合格"或"不合格"的评定。

绘制试验曲线时,主要应给出试验实测荷载—挠度曲线,如图 9-2 所示。由曲线可看出,构件在开裂前挠度发展呈线性,开裂后荷载—挠度曲线发生转折,以后挠度发展加快。此外,还应描绘裂缝图,并与试验记录一并作为原始记录。最后填写结构性能评定表 9-5。

表 9-5 构件性能评定表

构件名称________规格________生产工艺________生产日期________

项目	外形尺寸	保护层厚度/mm	主筋规格数　量	混凝土强度等级/MPa	构件自重/kN	短期荷载检验值 Q_s	承载力检验荷载设计值 Q_d
设计值	3510×1180×130	17	16ϕ^b5	30.0	7.8	6.35	8.42
实测值	3511×1178×133	16	16ϕ^b5	34.5			

续表

项目	外形尺寸	保护层厚度/mm	主筋规格 数 量	混凝土强度等级/MPa	构件自重/kN	短期荷载检验值 Q_s	承载力检验荷载设计值 Q_d
试 验	加荷、仪表布置： 3 4 Φ1(2) 4×850=3400 加载至 11 级观察到裂缝；11 级时裂缝宽度达到 1.55mm，构件达到承载力极限状态 裂缝图 b(顶) h b(底) h						

检验项目	承载力		挠度/mm		抗 裂		裂缝宽度/mm	
检验指标	$[\gamma_u]_Q$	1.45	$[a_s]$	6.4	$[\gamma_{cr}]$	1.24	$W_{f,\max}$	1.50
实测值	$\gamma_{u①}^0$	1.55	a_s^0	2.62	γ_{cr}^0	1.55	$W_{f,\max}^0$	
评定								
检验结论	结构性能检验合格							

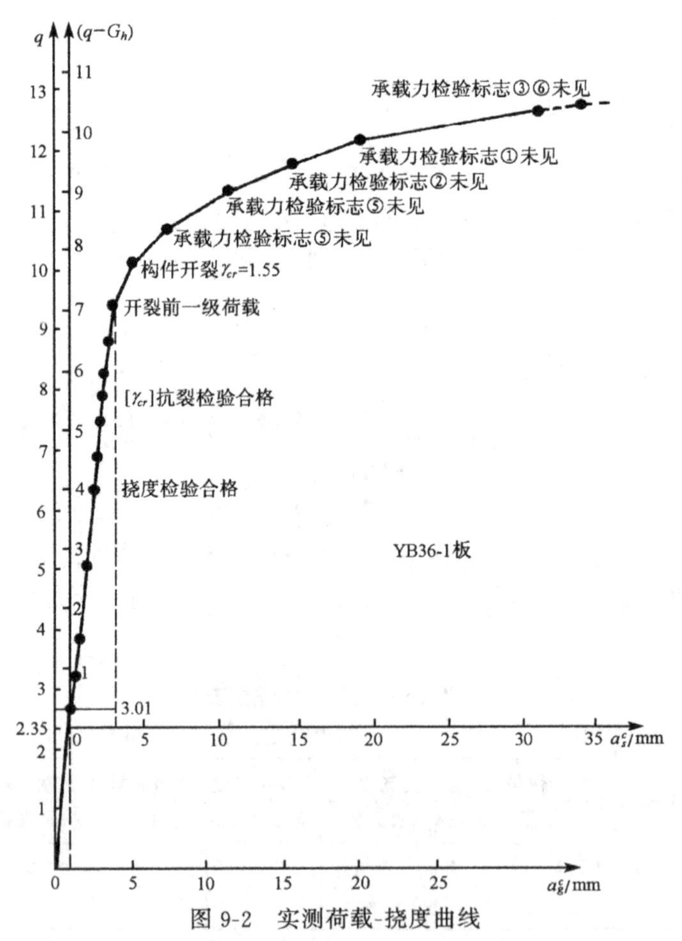

图 9-2 实测荷载-挠度曲线

例题二　结构模型撞击试验

1. 结构模型基本参数

结构模型比例为$\frac{1}{2}$。梁和板均为预制钢筋混凝土构件，设有钢筋混凝土构造柱，墙体采用 240×115×90mm 多孔砖砌筑；底层高 1.8m，其余各层高 1.6m，总高 10.2m；两开间，内廊式。试验要求在进行拟动力试验前、后分别进行结构动力特性试验。本节对试验前的撞击试验进行讨论。

2. 试验目的

测定模型结构的固有频率、阻尼比和振型等结构动力特性。

3. 试验方法

(1)撞击荷载的模拟

本试验采用木锤，由人工用锤对结构施加突然性撞击荷载，迫使结构起振。具体加载方案是：在模型结构的顶层，沿 x 方向施加撞击力，力的大小由荷重传感器测定。为了使撞击力产生的能量较集中地分布在低频区域内，应对受击部位采取必要的技术措施。此外为减小脉动信号的影响，试验时每隔 5s 撞击一次，共撞 40 次。最后对其进行统计分析，得到荷载能量的分布图(见图 9-4)。试验证明，荷载频率和能量足以能使结构模型起振。

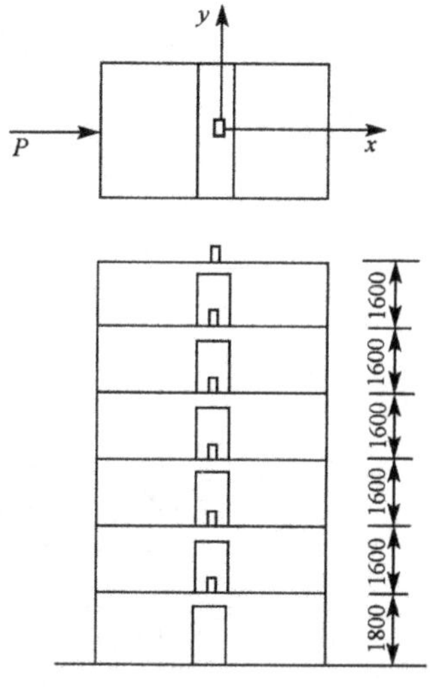

图 9-3　结构模型$\left(\frac{1}{2}\right)$

(2)测试方法

以试验台座为基准，从第一层(第二层的地面)开始，每层在模型结构重心位置上设一个测点，测点位置如图 9-3 所示。

撞击荷载产生的力由力传感器测定，其信号经 YD-15 型放大器放大后送入高精度智能型信号数据采集仪，然后由计算机分析系统进行分析处理，最后由打印机打印；结构起振后的振动信号，由 891 型拾振器采集，经 891 型放大器放大后送入高精度智能型信号数据采集仪，然后送入计算机分析系统进行分析处理，最后由打印机打印。其测试系统见图 9-5 所示。

4. 试验结果

(1) 模型的固有频率和阻尼比

在撞击荷载作用下，模型振动的时间历程曲线如图 9-6 所示。

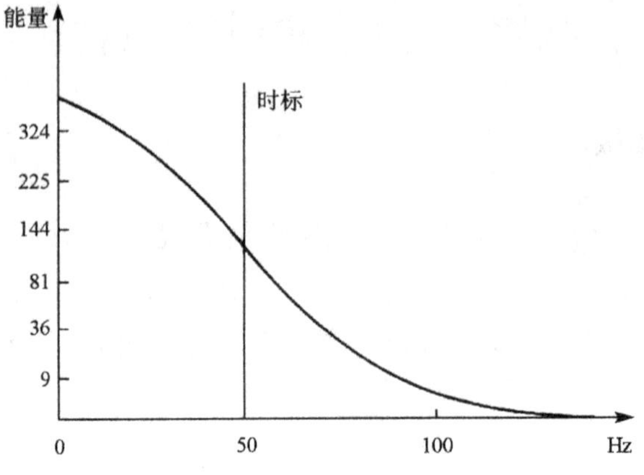

图 9-4　荷载能量分布

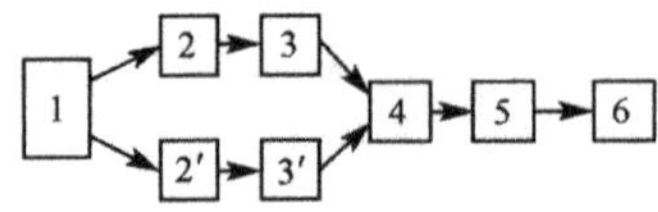

图 9-5　模型动力试验测试系统

1—模型试件；2—891 型拾振器；2′—力传感器；

3—891 型放大器；3′—YD-15 型放大器；

4—高精度智能型信号数据采集仪；5—计算机分析系统；6—打印机

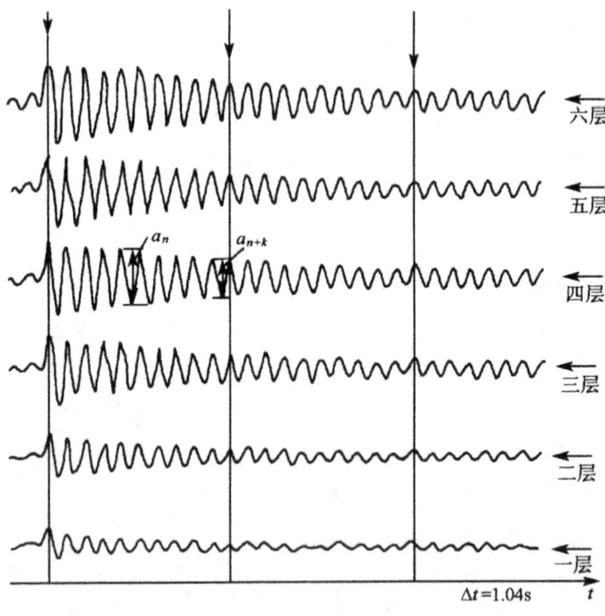

图 9-6　六层楼房撞击振动位移历程曲线

从图 9-6 可以直接算出频率和阻尼比，如取图上两个时标之间的时差，由记录图可知，两时标间的间隔时间为 1.04s，故其频率 f 和周期 T 分别为：

$$f=\frac{10}{1.04}=9.62\text{Hz};\quad T=\frac{1.04}{10}=0.104\text{s}$$

阻尼比 ξ 为

$$\xi=\frac{\ln\dfrac{a_n}{a_n+k}}{k\cdot 2\pi}=\frac{\ln\dfrac{a_1}{a_{1+5}}}{5\times 2\pi}=\frac{\ln\dfrac{22}{12.5}}{10\pi}=0.018$$

(2)功率谱

用计算机分析系统进行分析，得功率谱图如图 9-7。图上第一个峰值是基频的最大振幅，其对应的频率为 9.75Hz；过一段时间后出现第二频率为 31.75Hz，第二频率的最大振幅在第三层，但相对于基频而言振幅很小；再经过相当长时间后有出现第三频率的迹象，但均极微弱。

(3) 振型分析

绘制振型图时，应将图上的记录值换算成实际振幅，然后画出振型图，如图 9-8 和表 9-6 所示。

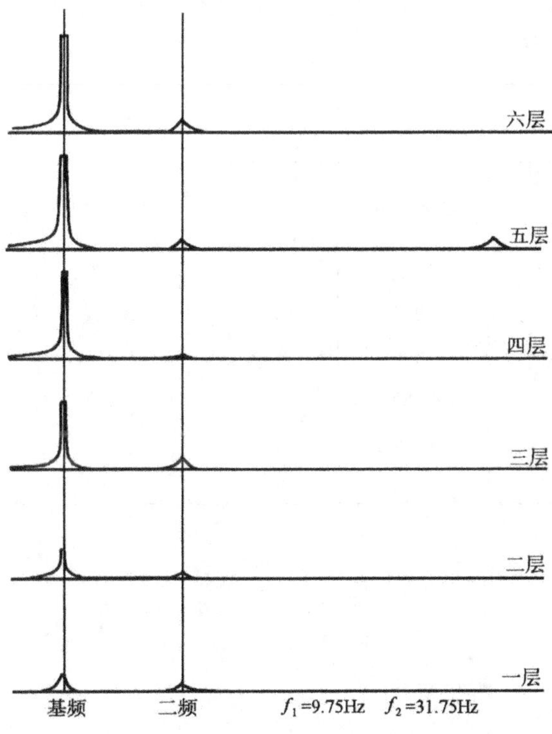

图 9-7 模型 1～6 层功率谱图

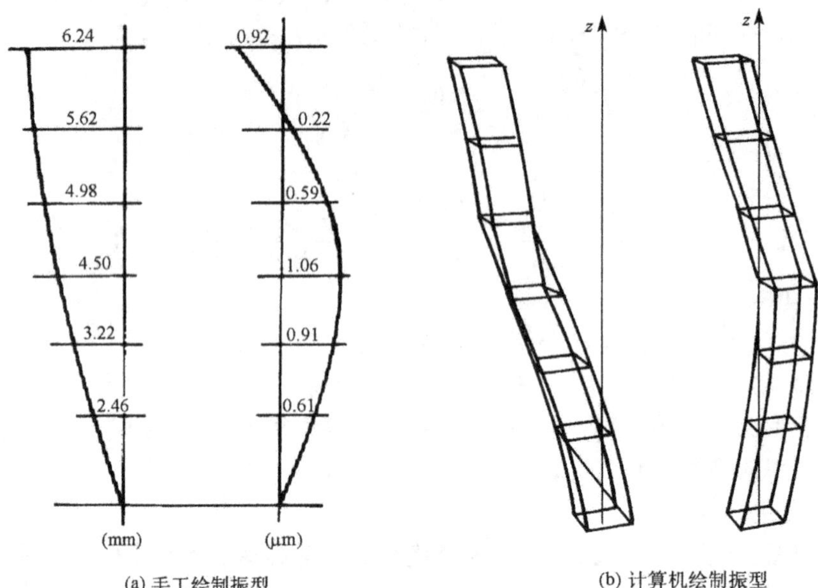

(a) 手工绘制振型　　　　(b) 计算机绘制振型

图 9-8　振型图

表 9-6

振　型	Ⅰ 振 型			Ⅱ 振 型		
测点编号	实测振幅 /mm	放大倍数	实际振幅 /μm	实测振幅	放大倍数	实际振幅 /μm
6	37.18	5790	6.421	5.33	5790	0.921
5	33.22	5920	5.620	1.314	5920	−0.222
4	24.92	5000	4.983	2.940	5000	−0.588
3	25.52	5680	4.500	6.009	5680	−1.060
2	21.64	6730	3.220	6.144	6730	−0.913
1	16.41	6675	2.458	4.098	6675	−0.614

参 考 文 献

[1] 傅恒菁主编. 建筑结构试验. 北京:冶金工业出版社,1992
[2] 姚振纲、刘祖华编著. 建筑结构试验. 上海:同济大学出版社,1996
[3] 湖南大学、太原工业大学、福州大学合编. 建筑结构试验(新一版). 北京:中国建筑工业出版社,1991
[4] 王娴明编著. 建筑结构试验. 北京:清华大学出版社,1988
[5] 朱伯龙主编. 结构抗震试验. 北京:地震出版社,1989
[6] 吴宗岱、陶宝棋主编. 应变电测原理及技术. 北京:国防工业出版社,1982
[7] 刘烈全编. 试验应力分析中的电测法. 北京:国防工业出版社,1979
[8] 中国科学院数理统计组编. 回归分析方法. 北京:科学出版社,1975
[9] 中国科学院数学研究所. 常用数理统计方法. 北京:科学出版社,1979
[10] 中山大学. 概率论及数理统计. 北京:人民教育出版社,1980
[11] 汪荣鑫编. 数理统计. 西安:西安交通大学出版社,1986
[12] 浙江大学数学系高等数学教研组编. 概率论与数理统计. 北京:高等教育出版社,1979
[13] 赵家贵等编著. 工程检测技术及模拟信号变换. 北京:轻工业出版社,1989
[14] 常国光编. 信号分析和数据处理基础. 西安:西安冶金建筑学院出版社,1987
[15] 上海师范大学概率统计教研室. 回归分析及试验设计. 上海:上海教育出版社,1978
[16] 戴诗亮. 随机振动实验技术. 北京:清华大学出版社,1984
[17] 江宇一郎等. 模型试验理论和应用. 北京:科学出版社,1984
[18] 郑山锁. 动力试验模型在任意配重条件下与原型结构的相似关系. 工业建筑,2000(3):35～39
[19] [日]梅村魁等编. 结构试验与结构设计(翻译本). 北京:人民教育出版社,1980
[20] 白新桂编著. 数据分析与试验优化设计. 北京:清华大学出版社,1988
[21] 相关函数与谱分析的应用. 黄世霖. 北京:清华大学出版社,1980
[22] 朱世杰等译. 结构模型和试验技术. 北京:中国铁道出版社,1989
[23] [美]罗伯特·L·威格尔主编. 地震工程学. 北京:科学出版社,1985
[24] Eeny J. Cowan, John Dixen. Building Scienee Labcratcry Manual. 1978
[25] R. W. Clough J. Penzien. Dynamics of Structures. 1975
[26] Charles Lipson, Narenora J, Sheth. Statistical Design and Analysis of Engineering Experiments. 1973
[27] G. M. Sabnis et. al.. Structural Modeling and Experimental Techniques. 1983.
[28] Biaxial Seismic Shock Testing System. Kajima Institute of Construction Technology, 1979